土木工程施工

主　编：魏启智　王　慧　彭小洪

副主编：曾新发　刘巧玲　施棉军

　　　　胡毅方　陈　黎　周晓冰

　　　　龚晨辉　谢　妮　李云龙

参　编：张　拓　任　欣

湖南大学出版社·长沙

内 容 简 介

土木工程施工课程是土木工程技术专业的一门核心课程，为满足高校学生的学习特点和"以从事施工一线技术与管理工作的能力培养为核心"的需要，本书对课程体系和教学内容进行重组和优化，以达到培养学生的职业能力，使其胜任工作岗位的目的。本书按照先进性、针对性、地区性和规范性的原则，突出理论与实践的有机结合，重点介绍了土木工程中的主要施工技术、基本操作方法，并在参考有关资料和教材的基础上，介绍了许多近 10 年来我国在土木工程上比较成熟的新知识、新理论、新成果、新工艺，适用于本科及高职院校土建类学生的学习，也适用于建筑工程施工第一线人员的自学。

图书在版编目（CIP）数据

土木工程施工/魏启智，王慧，彭小洪主编. —长沙：
湖南大学出版社，2024.5
ISBN 978-7-5667-3486-0

Ⅰ.①土…　Ⅱ.①魏…　②王…　③彭…　Ⅲ.①土木工
程—工程施工　Ⅳ.①TU7

中国国家版本馆 CIP 数据核字（2024）第 062629 号

土木工程施工
TUMU GONGCHENG SHIGONG

主　　编：魏启智　王　慧　彭小洪
责任编辑：黄　旺
特约编辑：曾　敏
印　　装：长沙市雅高彩印有限公司
开　　本：787 mm×1092 mm　1/16　　印张：27.5　　字数：492 千字
版　　次：2024 年 5 月第 1 版　　　印次：2024 年 5 月第 1 次印刷
书　　号：ISBN 978-7-5667-3486-0
定　　价：66.00 元

出 版 人：李文邦
出版发行：湖南大学出版社
社　　址：湖南·长沙·岳麓山　　邮　编：410082
电　　话：0731-88822559（营销部），88820006（编辑室），88821006（出版部）
传　　真：0731-88822264（总编室）
网　　址：http：//press.hnu.edu.cn
电子邮箱：77473909@qq.com

前言
FOREWORD

"土木工程施工"课程是土木工程技术专业的一门核心课程,为满足高校学生的学习特点和"以从事施工一线技术与管理工作的能力培养为核心"的需要,我们对课程体系和教学内容进行重组和优化,按照"注重实践性、加强针对性、突出实用性"以及"适用+够用"的原则,密切结合行业企业的生产工作任务要求,分解重构课程内容,按照教学规律,构建以工作过程为导向的教学内容体系。

本书特点:

①充分体现科学性、先进性、实用性,突出理论与实践有机结合。

②紧密结合新颁布实施的国家系列规范,采用新的规范标准要求,进一步扩大了本书的可实施性,以满足高校土建类师生及土木工程广大施工技术人员的需要。

③重点突出,内容更新,增加补充了建设部重点推广的新技术、新工艺,删除了以往同类教材中比较落后的施工工艺和方法。

本书适用于本科及高职院校土建类学生的学习,也适用于建筑工程施工第一线人员的自学,使用价值较高。因此,本书既可以作为高校土建类有关专业的教材,又可以作为建筑工程类培训的教材,还可以作为建筑施工技术人员的技术参考书。

本书由湖南城市学院魏启智、安徽科技学院王慧、安徽科技学院彭小洪担任主编,湖南城市学院曾新发、湖南农业大学刘巧玲、湖南工业大学施棉军、湖南城市学院胡毅方、湖南农业大学陈黎、萍乡学院周晓冰、赣东学院龚晨辉、广西农业职业技术大学谢妮、万安县两山集团有限公司李云龙担任副主编,湖南城市学院张拓、西南科技大学任欣担任参编。本书由本编写组共同编写,由魏启智、王慧、彭小洪统稿审定。

由于编者水平有限,书中难免存在不足之处,敬请广大读者批评指正,以便及时修订完善。

编　者

目录
CONTENTS

第1章

土方工程

本 章 提 要

本章内容包括土方规划、土方工程施工的要点、土方工程机械化施工。在土方规划中，涉及了土的工程分类和性质、土方边坡、土方量计算、场地设计标高的确定和土方调配等问题。在土方工程施工要点中，重点论述了土壁稳定、施工排水、流砂防治和填土压实，是土方工程施工的关键。在土方工程机械化施工中，着重阐述常用土方机械的类型、性能及提高生产率的措施。

【教学目标】

（1）知识目标

① 了解土方工程施工的特点，掌握土方工程的分类与性质；

② 掌握场地设计标高的确定、土方量的计算、土方调配；

③ 掌握边坡稳定及土壁支护的基本原理及主要方法；

④ 了解施工排、降水方法及流砂防治措施；

⑤ 熟悉常用土方机械的性能和使用范围，掌握土方的填筑与压实的要求和方法。

（2）能力目标

① 能应用所学理论知识正确表达、描述和分析土方施工相关问题；

② 掌握土木工程专业知识，具有就土木工程复杂问题进行分析性研究的基础能力，在解决土木工程复杂工程问题时具有综合分析能力。

（3）素质目标

① 熟悉与土木工程相关的职业和行业的标准、政策和法律法规，能够对于土木工程项目的设计、施工和运行的方案对社会、健康、安全、法律以及文化的影响做出评价；

② 理解在工程项目全过程中，土木工程师在公众健康、公共安全、社会和文化，以及法律等方面应承担的责任。

（4）情感价值提升

① 培养文明诚信、团结协作的职业素养；

② 培养严谨务实的工作作风。

【思维导图】

土石方工程

- 任务 1 概述
  - 知识 1 土方工程施工特点
  - 知识 2 土方工程的内容
  - 知识 3 土的工程分类
  - 知识 4 土的工程性质
- 任务 2 土方工程量计处与调配
  - 知识 1 基坑（槽）土方量计算
  - 知识 2 场地平整土方量计算
  - 知识 3 土方调配方案
- 任务 3 基坑内降水、排水
  - 知识 1 降低地下水位的基本方法
  - 知识 2 轻型井点的设计
- 任务 4 基坑（槽）开挖及支护
  - 知识 1 开挖方法
  - 知识 2 基坑边坡
  - 知识 3 浅基坑（槽）的支护
  - 知识 4 深基坑边坡支护
- 任务 5 土方填筑与压实
  - 知识 1 填筑土料要求
  - 知识 2 填筑要求
  - 知识 3 填土压实方法
  - 知识 4 影响填土压实的因素
  - 知识 5 填土压实的质量控制与检验
- 任务 6 土方机械化施工
  - 知识 1 土方施工机械
  - 知识 2 土方工程机械的选择
- 任务 7 基础验槽
- 任务 8 土石方工程特殊问题的处理
  - 知识 1 滑坡与塌方的处理
  - 知识 2 冲沟、土洞、古河道、古湖的处理
  - 知识 3 流砂处理
  - 知识 4 土石方开挖与回填安全技术措施

1.1 概述

1.1.1 土方工程施工特点

土方工程的工程量大，施工工期长，劳动强度大，施工条件复杂，天气变化对施工的影响大。土方开挖的难易程度取决于土质条件和地下水位的深浅等。

土方工程多为露天作业，受气候、水文、地质等影响较大，难以确定的因素较多。因此在土方工程施工前，应做好施工组织设计，对现场进行踏勘。掌握土的种类和工程性质、施工工期、质量要求、施工条件以及场地原有地下管线、电缆、地下构筑物埋设分布情况等；收集施工区域的地形图和地质、水文、气象等资料，作为合理拟订施工方案、选择施工方法、选择施工机械和组织施工的依据。施工中应做好各项准备工作，如计算土方量，设计边坡或土壁支撑，进行施工排水或降水设计，选择土方机械、运输工具和计算其需要量。施工前还应完成场地清理、地表水排除和测量放线等工作。在施工中，应严防流砂及塌方等意外事故的发生。

1.1.2 土方工程的内容

在土木工程施工中，常见的土方工程有：

① 场地平整，其中包括确定场地设计标高，计算挖、填土方量，合理地进行土方调配等。

② 开挖沟槽、基坑、竖井、隧道、修筑路基、堤坝，其中包括施工排水、降水，土壁边坡和支护结构等。

③ 土方回填与压实，其中包括土料选择，填土压实的方法及密实度检验等。

此外，在土方工程施工前，应完成场地清理，地面水的排除和测量放线工作；在施工中，则应及时采取有关技术措施，预防产生流砂、管涌和塌方现象，确保施工安全。

因此，在施工前，首先要进行调查研究，了解土壤的种类和工程性质，土方工程的施工工期、质量要求及施工条件，施工地区的地形、地质、水文、气象等资料，以便编制切实可行的施工组织设计，拟订合理的施工方案。为了减轻繁重的体力劳动，提高劳动生产率，加快工程进度，降低工程成本，在组织土方工程施工时，应尽可能采用先进的施工工艺和施工组织，实现土方工程施工综合机械化。

1.1.3 土的工程分类

土的种类繁多，其工程性质直接影响土方工程施工方法的选择、劳动量的消耗和工程费用。

土的分类方法很多，如按照土的沉积年代、按照颗粒级配、按照密实度分类等。在建筑工程施工中，按照土的开挖难易程度将土分为 8 类（见表 1-1），这也是确定建筑安装工程劳动定额的依据。

表 1-1　土的工程分类

土的分类	可松性系数		土的名称	开挖方法及工具
	K_s	K_s'		
一类土 （松软土）	1.08～1.17	1.01～1.04	砂，亚砂土，冲积砂土层，种植土，泥炭（淤泥）	用锹、锄头挖掘
二类土 （普通土）	1.14～1.28	1.02～1.05	亚黏土，潮湿的黄土，夹有碎石、卵石的砂，种植土，填筑土和亚砂土	用锹、锄头挖掘，少许用镐翻松
三类土 （坚土）	1.24～1.30	1.04～1.07	中等密实黏土，重亚黏土，干黄土及含碎石、卵石的黄土，亚黏土，压实的填筑土	主要用镐，少许用锹、锄头挖掘，部分用撬棍
四类土 （砂砾坚土）	1.26～1.37	1.06～1.09	重黏土及含碎石、卵石的黏土，粗卵石，密实的黄土，天然级配砂石，软泥灰岩及蛋白石	先用镐、撬棍，然后用锹挖掘，部分用楔子、大锤
五类土 （软石）	1.30～1.45	1.10～1.20	硬石炭纪黏土，中等密实的页岩、泥灰岩，白垩土，胶结不紧的砾岩，软的石灰岩	用镐或撬棍、大锤挖掘，部分使用爆破方法
六类土 （次坚石）	1.30～1.45	1.10～1.20	泥岩，砂岩，砾岩，坚实的页岩、泥灰岩，密实的石灰岩，风化花岗岩、片麻岩	用爆破的方法开挖，部分用镐
七类土 （坚石）	1.30～1.45	1.10～1.20	大理岩，辉绿岩，玢岩，粗、中粒花岗岩，坚实的白云岩、砂岩、片麻岩、石灰岩，风化痕迹的安山岩、玄武岩	用爆破的方法开挖
八类土 （特坚石）	1.45～1.50	1.20～1.30	安山岩，玄武岩，花岗片麻岩，坚实的细粒花岗岩、闪长岩、石英岩、辉长岩、辉绿岩，玢岩	用爆破的方法开挖

1.1.4 土的工程性质

土的物理性质是确定地基处理方案和制订施工方案的重要依据，对土方工程的稳定性、施工方法、工程量和工程造价都有影响。

（1）土的天然含水量

土的天然含水量是用来表示土的干湿程度，即土中水的质量与固体颗粒质量之比的百分率，用 ω 来表示，即：

$$w = \frac{G_1 - G_2}{G_2} \times 100\%$$

土的含水量测定方法为：

把土样称量后放入烘箱内进行烘干，温度在 $100 \sim 105\ ℃$，直至重量不再减少为止，进行称量。第 1 次称量为含水状态土的质量 G_1，第 2 次称量为烘干后土的质量 G_2，利用公式可计算出土的含水量。

土的含水量表示土的干湿程度：土的含水量在 5% 以内，称为干土；土的含水量在 5% ～ 30% 以内，称为潮湿土；土的含水量大于 30%，称为湿土。

（2）土的天然密度和干密度

土在天然状态下单位体积的质量叫土的密度，用 ρ 表示，即：

$$\rho = m/V$$

干密度是土的固体颗粒重量（m_s）与总体积的比值，用 ρ_d 表示，即：

$$\rho_d = m_s/V$$

土的密度一般用环刀法测定，即用一个体积已知的环刀切入土样中，上下端用刀削平，称出质量，减去环刀的质量，与环刀的体积相比，就得到土的天然密度。不同的土密度不同。密度越大，土越密实，强度越高，压缩变形越小。

（3）土的孔隙比和孔隙率

土的孔隙比是土的孔隙体积（V_a）与固体体积（V_s）的比值，用 e 表示，即：

$$e = V_a/V_s$$

土的孔隙率是土的孔隙体积（V_a）与总体积（V）的比值，符号为 n，用百分率表示，即：

$$n = (V_a/V) \times 100\%$$

（4）土的可松性和可松性系数

天然土经开挖后，体积因松散而增加，虽经振动夯实，仍然不能完全复原的性质，叫土的可松性。

土的可松性的大小用可松性系数表示，分为最初可松性系数和最终可松性系数，见表 1-2。

表 1-2　土的可松性系数 K_s、$K_s{'}$

土的类别	K_s	$K_s{'}$	土的类别	K_s	$K_s{'}$
一类土	$1.08 \sim 1.17$	$1.01 \sim 1.04$	五类土	$1.30 \sim 1.45$	$1.10 \sim 1.20$
二类土	$1.14 \sim 1.28$	$1.02 \sim 1.05$	六类土	$1.30 \sim 1.45$	$1.10 \sim 1.20$
三类土	$1.24 \sim 1.30$	$1.04 \sim 1.07$	七类土	$1.30 \sim 1.45$	$1.10 \sim 1.20$
四类土	$1.26 \sim 1.37$	$1.06 \sim 1.09$	八类土	$1.45 \sim 1.50$	$1.20 \sim 1.30$

① 最初可松性系数 K_s：

$$K_s = V_2 / V_1$$

② 最终可松性系数 K_s'：

$$K_s' = V_3 / V_1$$

式中，V_1 —— 土在天然状态下的体积(m^3)；

V_2 —— 土挖出后在松散状态下的体(m^3)；

V_3 —— 土经压(夯)实后的体积(m^3)。

在土方工程中，K_s 是用于计算挖方工程量、装运车辆及挖土机械生产效率的重要参数，K_s' 是计算填方所需挖方工程量的重要参数。可以说，土的最初和最终可松性对土方平衡调配、基坑开挖时留弃土方量及运输工具的选择有直接影响。

（5）土的渗透系数

土的渗透系数 K 表示单位时间内水穿透土层的能力，以 m/d 表示。根据土的渗透系数不同，可分为透水性土（如砂土）和不透水性土（如黏土）。土的渗透系数影响施工降水与排水的速度，一般土的渗透系数见表1-3。

表1-3　土的渗透系数 K

土的名称	渗透系数 K/(m/d)	土的名称	渗透系数 K/(m/d)
黏土	< 0.005	中砂	5.00 ~ 20.00
亚黏土	0.005 ~ 0.10	均质中砂	35 ~ 50
轻亚黏土	0.10 ~ 0.50	粗砂	20 ~ 50
黄土	0.25 ~ 0.50	圆砾石	50 ~ 100
粉砂	0.50 ~ 1.00	卵石	100 ~ 500
细砂	1.005 ~ 5.00		

1.2 土方工程量计算与调配

1.2.1 基坑(槽)土方量计算

土方工程施工之前，必须对土方工程量进行计算。由于土方工程的外形往往比较复杂，而且不规则，要精确计算比较困难。一般情况下，都是将其假设或划分成为一定的几何形状，并采用具有一定精度而又和实际情况近似的方法进行计算。一般能够满足工程应用的需要。

1. 基坑土方量计算(见图1-1)

基坑土方工程量可按立体几何中的拟柱体体积公式计算，即：

$$V = \frac{H}{6} \times (F_1 + 4F_0 + F_2)$$

式中，H —— 基坑深度(m)；

F_1，F_2 —— 基坑上、下的底面积(m^2)；

F_0——基坑中截面的面积(m^2)。

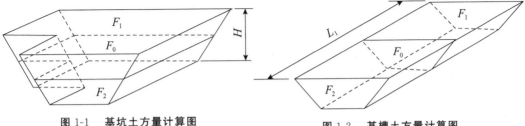

图 1-1 基坑土方量计算图　　　　图 1-2 基槽土方量计算图

2. 基槽土方量计算(见图 1-2)

基槽和路堤的土方量计算,可以沿长度方向分段后,按相同的方法计算各段的土方量,再将各段土方量相加即得总土方量,即:

$$V_1 = \frac{L_1}{6} \times (F_1 + 4F_0 + F_2)$$

$$V = V_1 + V_2 + \cdots + V_n$$

式中,V——总土方量;

　　　L_1——第 1 段的长度;

　　　$V_1, V_2, \cdots, V_n$——各分段的土方量。

【例 1-1】 已知某基坑底长 80 m,底宽 60 m。场地地面高程为 176.50,基坑底面的高程为 168.50,四面放坡,坡度系数为 0.5,试计算挖方工程量。

【解】基坑的高度为:$H = 176.50 - 168.50 = 8(\mathrm{m})$

基坑的上口长度为:$80 + 8 \times 0.5 \times 2 = 88(\mathrm{m})$

基坑的上口宽度为:$60 + 8 \times 0.5 \times 2 = 68(\mathrm{m})$

$$F_1 = 68 \times 88 = 5\,984(\mathrm{m}^2)$$

$$F_2 = 60 \times 80 = 4\,800(\mathrm{m}^2)$$

$$F_0 = 64 \times 84 = 5\,376(\mathrm{m}^2)$$

则　　　　　　　$V = H/6 \times (F_1 + 4F_0 + F_2)$

$$= 8/6 \times (5\,984 + 4 \times 5\,376 + 4\,800)$$

$$= 43\,050.67(\mathrm{m}^3)$$

1.2.2 场地平整土方量计算

(1) 定义

场地平整就是将自然地面改造成人们所要求的平面。在目前工程总承包施工中,三通一平的工作往往由施工单位实施,因此场地平整也成为开工前的一项工作内容。场地平整前,要进行场地竖向规划设计,确定场地设计标高,计算挖方和填方的工程量,然后根据工程规模、施工期限、现有条件选择土方机械,拟定施工方案。当场地对高程无特殊要求时,一般可以根据在平整前和平整后的土方量相等的原则来确定场地的设计高程，使挖土土方量和填土土方量基本一致，从而减少场地土方施工的工程量，使开挖出的土方得到合理的利用。计算土方量的方法有方格网法和横断面法。

（2）方格网法

大面积场地平整的土方量，通常采用方格网法计算。即根据方格网角点的自然地面标高和实际采用的设计标高，算出相应的角点填挖高度（施工高度），然后计算每一方格的土方量，并计算出场地边坡的土方量。这样便可求得整个场地的填、挖土方总量。

场地设计标高是进行场地平整和土方量计算的依据，也是总图规划和竖向设计的依据。合理确定场地的设计标高，对减少土方量，节约土方运输费用，加快施工进度等都有重要的经济意义。选择设计标高时应考虑以下因素：

▶ 满足生产工艺和运输的要求；

▶ 尽量利用地形，以减少挖方数量；

▶ 尽量使场地内的挖方量与填方量达到平衡，以降低土方运输费用；

▶ 需有一定的泄水坡度（不小于 0.2%），使能满足排水要求；

▶ 考虑最高洪水位的要求。

其步骤如下：

1）初步确定场地设计标高

根据已有地形图，将场地划分为若干个方格，方格边长一般为 $10 \sim 40$ m，在各方格左上角逐一标出其角点的编号；然后求出各方格角点的地面标高，标于各方格的左下角；地形平坦时，可根据地形图上相邻两等高线的标高，用插入法求得；地形起伏较大或无地形图时，可在地面用木桩打好方格网，然后用仪器直接测出。

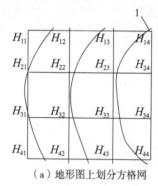
（a）地形图上划分方格网

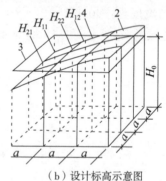
（b）设计标高示意图

图 1-3 场地设计标高计算示意图

1— 等高线；2— 自然地面；3— 设计平面；4— 零线

按照场地内土方在平整前及平整后相等的原则，场地设计标高可按下式计算：

$$H_0 a^2 N = \sum a^2 \frac{H_{11} + H_{12} + H_{21} + H_{22}}{4}$$

$$H_0 = \sum \frac{(H_{11} + H_{12} + H_{21} + H_{22})}{4N}$$

式中，H_0——场地设计标高的初步计算值(m)；

   a——方格边长(m)；

   N——方格个数；

   H_{11}、H_{12}、H_{21}、H_{22}——任一方格的四个角点的标高(m)。

$$H_0 = \frac{\sum H_1 + 2\sum H_2 + 3\sum H_3 + 4\sum H_4}{4N}$$

式中，H_1——一个方格仅有的角点标高(m)；

   H_2——两个方格共有的角点标高(m)；

   H_3——三个方格共有的角点标高(m)；

   H_4——四个方格共有的角点标高(m)；

   N——方格个数。

2）场地设计标高的调整

所计算的标高，系初步计算值，实际上，还需要考虑以下因素进一步进行调整：

▶ 由于土具有可松性，必要时应相应地提高设计标高；

▶ 场内挖方、填方对设计标高的影响；

▶ 考虑施工经济性的影响；

▶ 考虑泄水坡度对设计标高的影响。

实际工程中由于排水的要求，场地表面需要有一定的泄水坡度，因此，还必须根据场地泄水坡度的要求，计算出场地内各方格角点实际施工所用的设计标高。

考虑泄水时分：单向泄水和双向泄水。

单向泄水设计标高的确定方法是把已经调整后的设计标高 H_0' 作为场地中心线的标高，由规划条件确定某点高程，然后由挖填平衡条件求该点高程。

场地(见图1-4)。内任意一点的设计标高则为：

$$H_n' = H_0' \pm L_x i_x$$

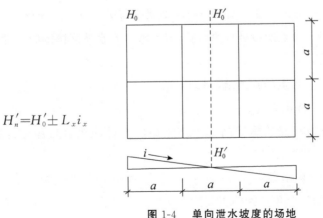

图1-4　单向泄水坡度的场地

式中，H_n'——场地内任意一点的设计标高（m）；

L_x——该点至H_0'的距离（m）；

i_x——场地泄水坡度（不小于0.2%）；

$\pm$——该点比H_0'高则取"+"，反之取"—"。

双向泄水设计标高的确定方法，其原理与前相同，将H_0'作为场地中心点标高。场地（见图1-5）内任意一点的设计标高为：

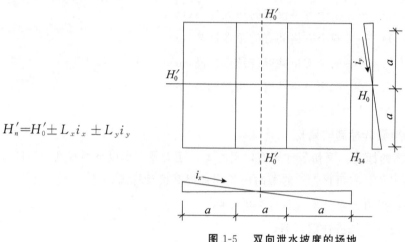

$$H_n'=H_0'\pm L_x i_x \pm L_y i_y$$

图1-5 双向泄水坡度的场地

式中，L_x、L_y——该点在$x-x$、$y-y$方向距场地中心线的距离；

i_x、i_y——该点与$x-x$、$y-y$方向的泄水坡度。其余符号表示的内容同前。

3）施工高度

将设计高程和自然地面高程分别标注在方格网点上。各方格角点的施工高度按下式计算：

$$h_n = H_i' - H_i$$

式中，h_n——各角点施工高度（m），即填挖高度，以"+"为填，"—"为挖；

H_i'——角点的设计标高（m）（若不考虑泄水坡度影响时，即为场地的初始设计标高）；

H_i——角点的自然地面标高（m）。

4）计算零点，标出零线

① 计算各方格角点的施工高度。施工高度为设计地面高程与自然地面高程的差值，挖方为"—"，填方为"+"。

② 计算零点，标出零线。

当同一方格的四个角点的施工高度全为"+"或全为"—"时，说明该方格内的土方全部为填方或全部为挖方；如果一个方格中一部分角点的施工高度为"+"，而另一部分为"—"时，说明此方格中的土方一部分为填方，而另一部分为挖方，这时必定存在不挖不填的点，这样的点叫零点，把一个方格中的所有零点都连接起来，形成直线或曲线，这道线叫零线，即挖方与填方的分界线。

零点的位置，是根据方格角点的施工高度用几何法求出，如图1-6所示。

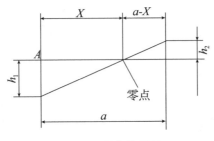

图 1-6　零点位置图

通过相似三角形的比例关系，可得零点位置公式为：

$$\frac{X}{h_1} = \frac{a-X}{h_2} \Rightarrow X = \frac{ah_1}{h_1 + h_2}$$

式中，X——零点距角点 A 的距离（m）；

a——方格边长（m）；

h_1，h_2——相邻两角点填、挖方施工高度（m），以绝对值带入。

5）计算土方工程量

计算场地土方量时，先求出各方格的挖、填方土方量和场地周围边坡的挖、填土方量，把挖、填方土方量分别加起来，就得到场地挖、填方的总土方量。

① 方格内土方量计算。

场地各方格土方量计算，一般有下列3种类型。

a. 方格四个角点全部为挖或填方时（见图1-7），其挖方或填方体积为：

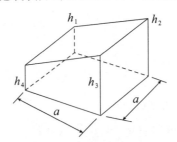

图 1-7　角点全填或全挖图

$$V = \frac{a^2}{4}(h_1 + h_2 + h_3 + h_4)$$

式中，a——方格边长（m）；

h_1，h_2，h_3，h_4——方格四个角点挖或填的施工高度（m），以绝对值带入。

b. 方格四个角点中，相邻两角点为挖方，另外两角点为填方时（见图1-8），其挖方和填方体积分别为：

$$V_{挖} = \frac{a^2}{4} \left(\frac{h_1^2}{h_1 + h_4} + \frac{h_2^2}{h_2 + h_3} \right)$$

$$V_{填} = \frac{a^2}{4} \left(\frac{h_4^2}{h_1 + h_4} + \frac{h_3^2}{h_2 + h_3} \right)$$

c. 方格三个角点为挖方，另一个角点为填方时（见图1-9），其挖方和填方体积分别为：

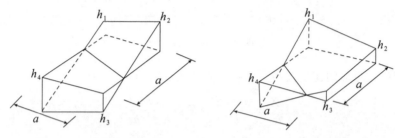

图1-8　两点填方或挖方图　　　　图1-9　三点填方或挖方图

$$V_{填} = V_4 = \frac{a^2}{6} \cdot \frac{h_4^3}{(h_1 + h_4)(h_3 + h_4)}$$

$$V_{挖} = V_{1,2,3} = \frac{a^2}{6}(2h_1 + h_2 + 2h_3 - h_4) + V_4$$

② 边坡土方量计算。

场地四周边坡土方量的计算见图1-10，该图是场地边坡的平面示意图，从图中可以看出，边坡的土方量可以划分为两种近似的几何形体进行计算，一种为三角棱锥体，另一种为三角棱柱体。分别计算后，将各分段计算的结果相加，即可求出边坡土方的挖、填方土方量。

a. 三角棱锥体边坡体积：

$$V_1 = \frac{1}{3} F_1 l_1$$

式中，l_1—— 边坡 ① 的长度（m）；

　　　F_1—— 边坡 ① 的端面（m²），按下式计算：

$$F_1 = \frac{1}{2} m h_2 h_2 = \frac{1}{2} m h_2^2$$

式中，m—— 边坡的坡度系数；

　　　h_2—— 角点的施工高度（m）。

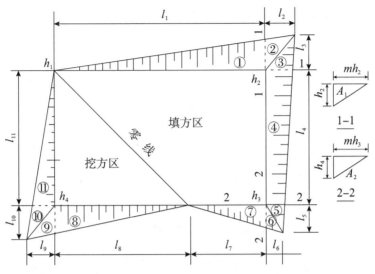

图 1-10 边坡土方量计算图

b. 三角棱柱体边坡体积：

$$V_4 = \frac{F_3 + F_5}{2} l_4$$

式中，F_3，F_5——边坡④两端横截面的面积（m^2）；

l_4——边坡④的长度（m）。

6）计算土方总量

将挖方区和填方区所有方格计算的土方量和边坡土方量汇总，即得该场地平整挖方和填方的总土方量。

（3）横截面法

横截面法适合于地形起伏变化较大的地区，或者地形狭长、挖填深度较大又不规则的地区。其计算步骤和方法如下：

1）划分横截面

根据地形图、竖向布置或现场测绘，将要计算的场地划分为横截面 AA'、BB'、CC'…使截面尽量垂直于等高线或主要建筑物的边长，如图 1-11 所示，各截面间的间距可以不等，一般可用 10 m 或 20 m，在平坦地区可大些，但最大不超过 100 m。

2）画横截面图形

按比例绘制每个横截面的自然地面和设计

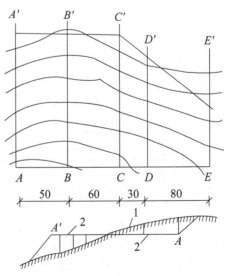

图 1-11 横截面法示意图

地面的轮廓线，自然地面轮廓线与设计地面轮廓线之间的面积，即为挖方或填方的截面面积。

3）计算横截面面积

按表 1-4 中的横截面面积计算公式，计算每个截面的挖方或填方截面面积。

表 1-4　常用横截面面积计算公式

横截面图式	横截面面积计算公式
	$A = h(b + nh)$
	$A = h\left[b + \dfrac{h(m+n)}{2}\right]$
	$A = b\,\dfrac{h_1 + h_2}{2} + nh_1 h_2$
	$A = h_1\,\dfrac{a_1 + a_2}{2} + h_2\,\dfrac{a_2 + a_3}{2} + h_3\,\dfrac{a_3 + a_4}{2} + h_4\,\dfrac{a_4 + a_5}{2}$
	$A = \dfrac{a}{2}(h_0 + 2h + h_6)$ $h = h_1 + h_2 + h_3 + h_4 + h_5$

4）计算土方量

根据横截面面积，按下式计算土方量：

$$V = \frac{A_1 + A_2}{2} \times s$$

式中，V—— 相邻两截面的土方量（m^3）；

A_1，A_2 —— 相邻两截面的挖（一）或填（＋）的截面积（m^2）；

s —— 相邻两截面的间距（m）。

1.2.3 土方调配方案

（1）土方调配原则

① 土方调配应力求做到挖方与填方基本平衡和就近调配、运距最短。

② 土方调配应考虑近期施工与后期利用相结合的原则。

③ 土方调配应考虑分区与全场相结合的原则。

④ 合理布置挖、填方分区线，选择恰当的调配方向、运输线路，使土方机械和运输车辆的性能得到充分发挥。

⑤ 好土用在对回填质量要求高的地区。

⑥ 土方调配应尽可能与大型地下建筑物的施工相结合。

（2）土方调配图表的编制

① 划分调配区：划出零线，确定挖填方区。

② 计算土方量：计算各调配区的挖填方土方量。

③ 计算调配区之间的平均运距：根据重心位置，确定平均运距。

④ 进行土方调配。

⑤ 绘制土方调配图（采取就近原则）。

在基坑（槽）开挖时，一旦土体失去平衡，边坡就会塌方。为了防止塌方，保证施工安全，在基坑（槽）开挖超过一定限度时，土壁应放坡开挖，或者临时支撑或支护以保证土壁的稳定。

1.3 基坑降水、排水

施工排水和人工降低地下水位是配合基坑开挖的安全措施之一。当基坑或沟槽开挖至地下水位以下时，土的含水层被切断，地下水将不断渗入坑内。大气降水、施工用水等也会流入坑内。基坑或沟槽内的土被水浸泡后可能引起边坡的坍塌，使施工不能正常进行，还会影响地基承载能力。所以，做好施工排水和降水工作，保持干燥的开挖工作面是十分重要的。施工前应进行降水与排水的设计。

防止地表水（雨水、施工用水、生活污水等）流入基坑，一般应充分利用现场地形地貌特征，采取在基坑周围设置排水沟、截水沟或修筑土堤等措施，并尽可能利用已有的排水设施。在基坑内采用明排水时，应设置排水沟和集水井。在基坑外降水时，应有降水范围的估算，对重要建筑物或公共设施在降水过程中应进行监测。对不同的土质应用不同的降水形式。降水系统施工完后，应试运转，如发现井管失效，应采取措施使其恢复正常，如不可能恢复则应报废，另行设置新的井管。降水系统运转过程中应随时检查观测孔中的水位。

基坑或沟槽降水的方法通常有集水井降水法和井点降水法。无论采用何种方法，降水工作应持续到基础施工完毕并回填土后才能停止。

1.3.1 降低地下水位的基本方法

（1）集水井明排法

集水井降水法是在基坑开挖过程中，沿坑底周围开挖排水沟，排水沟纵坡宜控制在 1‰ ～ 20‰，在坑底每隔一定距离设一个集水井，地下水通过排水沟流入集水井中，然后用水泵抽走，见图 1-12。

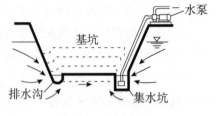

图 1-12　集水井降水

水井降水法是一种常用的简易的降水方法集，适用于面积较小、降水深度不大的基坑（槽）开挖工程。

1）集水井设置

为防止基底土结构遭到破坏，在基坑开挖到接近地下水位时，沿坑底周围开挖有一定坡度的排水沟和设置一定数量的集水井。排水沟和集水井应设置在建筑物基础底面范围以外，且在地下水走向的上游。根据基坑涌水量的大小、基坑平面形状和尺寸、水泵的抽水能力等，确定集水井的数量和间距。一般每 20 ～ 40 m 设置 1 个。

集水井的直径或宽度为 0.7 ～ 0.8 m，坑的深度要始终保持低于挖土工作面 0.8 ～ 1.0 m。集水井井壁用挡土板支护，井底铺碎石滤水层，以免抽水时泥沙堵塞水泵，并保证基底土结构不受扰动。

当基坑挖至地下水位以下，且采用集水井排水时，如果坑底、坑壁的土粒形成流动状态随地下水的渗流不断涌入基坑，即称为流砂。发生流砂时，土完全丧失承载力，土边挖边冒，很难挖到设计深度，给施工带来极大困难，严重时还会引起边坡塌方，甚至危及邻近建筑物。

发生流砂现象的关键因素是动水压力的大小与方向，所以，防治流砂的主要途径是减小或平衡动水压力，或者改变动水压力的方向。其具体措施有：抢挖法、打钢板桩法、井点降低地下水位等方法。此外，还可选择在枯水期施工或在基坑四周修筑地下连续墙止水。

2）水泵性能及选用

集水井降水法常用的水泵有离心泵和潜水泵。

（2）井点降水法

井点降水就是在基坑开挖前，预先在基坑周围埋设一定数量的滤水管（井），利用抽水设备不断抽出地下水，使地下水位降低到坑底以下，直至基础工程施工完毕。井点降水法可改善工作条件，防止流砂发生。同时，由于地下水位降落过程中动水压力向下作用与土体自重作用，使基底土层压密，可提高地基土的承载能力。

井点降水按其系统的设置、吸水原理和方法的不同，可分为轻型（真空）井点、喷射井点、电渗井点、管井井点和深井井点。不同井点降水方法可根据基础规模，土的渗透性、降水深度、设备条件及经济性适当选用，可参考表1-5。其中轻型井点属于基本类型，应用最广泛。

表 1-5   井点降水类型及适用条件

井点降水类型	土层渗透系数 /(m/d)	可能降低的水位深度 /m
轻型井点 多级轻型井点	0.1～50	3～6 6～12
喷射井点	0.1～2	8～20
电渗井点	＜0.1	宜配合其他形式降水使用
深井井点	10～250	＞15

1.3.2 轻型井点的设计

（1）轻型井点的设备

轻型井点由管路系统和抽水设备两部分组成。

管路系统由滤管、井点管、弯联管和总管等组成，见图1-13。

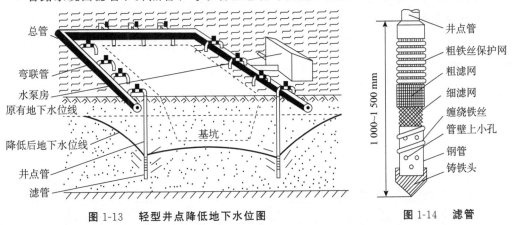

图 1-13   轻型井点降低地下水位图　　　　图 1-14   滤管

滤管是轻型井点的进水装置，它的上端与井点管连接，通常直径为 38～55 mm，长度为 1.0～1.5 m（见图1-14）。滤管需有良好的工作性能，它被埋置于土的蓄水层中，地下水通过它被吸入井点管并阻止泥沙进入管内。井点管是直径为 38～55 mm、长度为 5～7 m 的钢管，井点管上端通过弯联管与总管连接。总管是直径为 100～127 mm 的无缝钢管，总管上等间距布置有与弯联管连接的短接头。

抽水设备由真空泵、离心泵和水气分离器等组成。

轻型井点设备工作原理见图1-15。

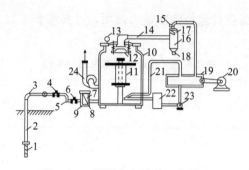

图 1-15　轻型井点设备工作原理

1, 7— 滤管；2— 井点管；3— 弯联管；4, 6, 12— 阀门；5— 集水总管；8— 过滤箱；

9— 淘砂孔；10— 水气分离器；11- 浮筒；13, 15— 真空计；14— 进水管；

16— 副水气分离器；17— 挡水板；18— 放水口；19— 真空泵；20— 动机；

21— 冷却水管；22— 冷却水箱；23— 循环水泵；24— 离心水泵

（2）轻型井点的布置

轻型井点的布置应根据基坑的平面形状及尺寸，基坑的深度，土质，地下水位的高低及流向，降水深度要求等确定。

轻型井点的布置分为平面布置和高程布置两个方面。

1）平面布置

当基坑宽度小于 6 m，降水深度不超过 5 m 时，可采用单排线状井点并布置在地下水上游一侧，两端延伸长度不小于基坑的宽度（见图 1-16）。

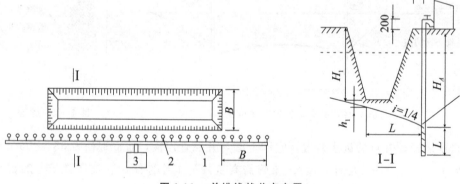

图 1-16　单排线状井点布置

1— 总管；2— 井点管；3— 抽水设备

如宽度大于 6 m 或土质不良时，则沿基坑两侧布置井点，即采用双排线状井点。

当基坑面积较大时，采用环状井点布置（见图 1-17）。

考虑施工机械进出基坑方便，基坑地下水下游一侧可不封闭。

井点管距基坑壁一般不小于 1 m，以防局部漏气。井点管的间距由计算或经验确定。在总管四角部位，井点管宜适当加密设置。

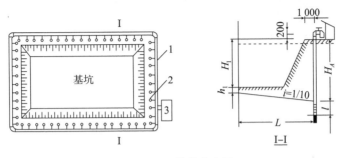

图 1-17 环状井点布置

1— 井点管；2— 总管；3— 抽水设备

2）高程布置

高程布置的相关公式为：

$$H \geqslant H_1 + h + iL$$

式中，H_1——井点管埋设面至基坑底面的距离（m）；

h——基坑底面至降低后的地下水位线的距离，一般为 $0.5 \sim 1.0$ m；

i——水力坡度，单排井点取 $1/5 \sim 1/4$，双排井点取 $1/7$，环状井点取 $1/10$；

L——井点管至基坑中心的水平距离（m）。

由上式算出的 H 值大于 6 m 时，为了满足降水深度的要求，应降低井点管管路系统的埋置面。事先挖槽降低埋置面高程，使管路系统安装在靠近原地下水位线甚至稍低于原地下水位线的位置。此时，可设置明沟和集水井，排除事先挖槽所引起的渗水。然后再布置井点系统就能充分利用设备能力，增加降水深度。井点管露出地面的长度一般为 0.2 m。

当一级井点系统达不到降水深度要求时，可采用二级井点，即先挖去第一级井点排干的土，然后再布置第二级井点。

（3）轻型井点的计算

根据井底是否达到不透水层，水井可分为完整井与不完整井。凡滤管底到达含水层下面的不透水层顶面的井称为完整井，否则称为不完整井。根据地下水有无压力，又分为无压井与承压井，凡是抽取不透水层以上水的井称为无压井，凡是抽取不透水层之间的水的井点，称为承压井。

对于无压完整井的环状井点系统，群井涌水量计算公式为：

$$Q = 1.366 K \frac{(2H - s)s}{\lg R - \lg x_0} (\mathrm{m^3/d})$$

式中，Q——井点系统的涌水量（$\mathrm{m^3/d}$）；

K——土的渗透系数（m/d）；

H——含水层厚度（m）；

s—— 水位降低值(m);

R—— 抽水影响半径(m),常用下式计算:

$$R = 1.95s \sqrt{HK}$$

x_0—— 环状井点系统的假想圆半径(m),对于矩形基坑,其长度与宽度之比不大于 5 时,可按下式计算:

$$x_0 = \sqrt{\frac{F}{\pi}}$$

式中,F—— 环状井点系统包围的面积(m^2)。

单根井点管的最大出水量,取决于滤管的构造、尺寸和土的渗透系数,可按照下式计算:

$$q = 65\pi dl K^{\frac{1}{3}}$$

式中,q—— 单根井点管的最大出水量(m^3/d);

d—— 滤管的直径(m);

l—— 滤管的长度(m);

K—— 土的渗透系数(m/d)。

渗透系数 K 值的确定是否准确,对计算结果影响较大。渗透系数的测定方法有现场抽水试验和实验室测定两种。对大型工程,一般宜采用现场抽水试验,以获取较为准确的数据,具体方法是在现场设置抽水孔,并在同一直线上设置观察井,根据抽水稳定后观察的水深及抽水孔相应的抽水量计算 K 值。

在实际工程中往往会遇到无压非完整井的井点系统,其涌水量的计算相对比较复杂,无压非完整井的地下涌水不仅从井的侧面流入,还会从井点底部流入,因此其涌水量较完整井大。为了简化计算,仍可按无压完整井的环状井点系统的涌水量公式计算,但是此时应将式中 H 换成有效深度 H_0,H_0 可查表1-6。当算得 H_0 大于实际含水层厚度 H 时,则取 H 值。

表 1-6   有效深度 H_0 的值

$s'/(s'+l)$	0.2	0.3	0.5	0.8
H_0	$1.3(s'+l)$	$1.5(s'+l)$	$1.7(s'+l)$	$1.85(s'+l)$

承压完整井环状井点涌水量的计算公式为:

$$q = 2.37K \frac{Ms}{\lg R - \lg x_0} (\text{m}^3/\text{d})$$

式中,M—— 承压含水层厚度(m);

K,R,x_0,s 意义同前。

井点管的最少数量由下式确定:

$$n' = 1.1 \frac{Q}{q}$$

井点管平均间距为：

$$D' = \frac{L}{n'}$$

式中，L——总管长度（m）。

（4）轻型井点的施工

井孔冲成后，立即拔出冲管，插入井点管，并在井点管与孔壁之间迅速填灌砂滤层，以防孔壁塌土。砂滤层的填灌质量是保证轻型井点顺利抽水的关键。一般宜选用干净粗砂，填灌均匀，并填至滤管顶上 1～1.5 m，以保证水流畅通。井点填沙后，在地面以下 0.5～1.0 m 范围内应用黏土封口，以防漏气。

轻型井点的施工程序为敷设总管，冲孔埋设井点管，安装抽水设备，抽水试运转。

井点管埋设有多种方法。一般采用冲孔法。用起重设备将冲管吊起插在井点位置上，然后开动高压水泵，将土冲松，冲管则边冲边沉。冲孔直径一般为 300 mm，以保证井管四周有一定厚度的砂滤层，冲孔深度宜比滤管底深 0.5 m 左右，以防冲管拔出时，部分土颗粒沉于底部而触及滤管底部。井点管埋设完毕，应接通总管与抽水设备进行试抽水，检查有无漏水、漏气，出水是否正常，有无堵塞等现象，如有异常情况，应检修好后方可使用。

井点管使用时，应保证连续不断地抽水，并准备双电源，正常出水规律是"先大后小，先混后清"。

抽水时需要经常观测真空度以判断井点系统工作是否正常，真空度一般应不低于 55.3 kPa～66.7 kPa，并检查观测井中水位下降情况，如果有较多井点管发生堵塞，影响降水效果时，应逐根用高压水反向冲洗或拔出重埋。井点降水工作结束后所留的井孔，必须用沙砾或黏土填实。

1.4 基坑(槽) 开挖及支护

1.4.1 开挖方法

基坑开挖前应根据工程结构形式、基础埋置深度、地质条件、施工方法及工期等因素，确定基坑开挖方法。

对于大型基坑，宜用机械开挖。

基坑挖完后应组织验槽，做好记录，如发现土质与地质勘探报告、设计不符时，应与有关人员研究并及时处理。

1.4.2 基坑边坡

影响基坑边坡稳定的因素主要有以下几个方面：

① 土的种类；

② 基坑开挖深度；

③ 水的作用；

④ 坡顶堆载；

⑤ 振动的影响。

为了防止土壁塌方，保证施工安全，当挖方超过一定深度或填方超过一定高度时，应做成一定形式的边坡。

$$土方边坡坡度 = \frac{h}{b} = \frac{1}{b/h} = 1 : m$$

式中，$m = b/h$，称为坡度系数。

土方边坡大小应根据土质、开挖深度、开挖方法、施工工期、地下水位、坡顶荷载及气候条件等因素确定。边坡可做成直线形、折线形或阶梯形（见图 1-18）。

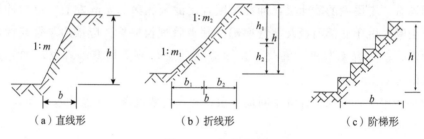

|（a）直线形|（b）折线形|（c）阶梯形|

图 1-18 土方边坡

土方边坡坡度一般在设计文件上有规定，若设计文件上无规定，可按照《建筑地基基础工程施工质量验收规范》（GB 502022—002）规定执行。

规范规定，当地质条件良好、土质均匀且地下水位低于基坑或管沟底面高程时，挖方边坡可挖成直壁而不加支撑，但深度不宜超过表 1-7 所列规定。

表 1-7 地质条件良好、土质均匀时直立开挖的最大深度

土的类别	直立开挖的最大深度 /m
密实、中密的砂土和碎石类土（填充物为砂土）	1.00
硬塑、可塑的轻亚黏土及亚黏土	1.25
硬塑、可塑的黏土及碎石类土（填充物为黏性土）	1.50
坚硬的黏土	2.00

当土的湿度、土质及其他地质条件较好且地下水位低于基底时，深度 5 m 以内不加支撑的基坑基槽或管沟，其边坡的最陡坡度见表 1-8。

表 1-8　深度在 5 m 内的基坑(槽)或管沟边坡的最陡坡度

土的类别	边坡的坡度(1:m)		
	坡顶无荷载	坡顶有静载	坡顶有动载
中密的砂土	1:1.00	1:1.25	1:1.50
中密的碎石土(充填物为砂土)	1:0.75	1:1.00	1:1.25
硬塑的轻亚黏土	1:0.67	1:0.75	1:1.00
中密的碎石土(充填物为黏性土)	1:0.50	1:0.67	1:0.75
硬塑的亚黏土、黏土	1:0.33	1:0.50	1:0.67
老黄土	1:0.10	1:0.25	1:0.33
软土(经井点降水后)	1:1.00	—	—

　　土方开挖时如果边坡太陡，容易造成土体失稳，发生塌方事故；如果边坡太平缓，不仅会增加土方量，浪费机械动力和人力，而且占用过多的施工场地，可能影响邻近建筑的使用和安全。因此，必须合理地确定边坡坡度，以满足安全和经济两方面的要求。由于影响因素较多，精确地计算边坡坡度尚有困难，一般工程目前都是根据经验确定土方边坡坡度。

1.4.3 基坑(槽)支护(撑)

　　开挖基坑(槽)时，如地质和周围条件允许，可放坡开挖，这往往是比较经济的。但在建筑稠密地区施工，有时不允许按要求放坡的宽度开挖，或有防止地下水渗入基坑要求时，就需要土壁支撑或板桩支撑土壁，以保证施工的顺利和安全，并减少对相邻已有建筑物的不利影响。

　　表 1-9 所列方法为一般沟槽的支护方法，主要采用横撑式支撑；表 1-10 所列方法为一般浅基坑的支护方法，主要采用结合上端放坡加以拉锚等单支点板桩或悬臂式板桩支撑，或采用重力支护结构如水泥搅拌桩等；表 1-11 所列方法为一般深基坑的支护方法，主要采用多支点板桩。

表 1-9　一般沟槽的支撑方法

支撑方式	简图	支撑方法及适用条件
间断式水平支撑		两侧挡土板水平放置，用工具或木横撑借木楔顶紧，挖一层土，支顶一层。 适用于能保持直立壁的干土或天然湿度的黏土，地下水很少，深度在 2 m 以内

支撑方式	简图	支撑方法及适用条件
断续式水平支撑		挡土板水平放置，中间留出间隔，并在两侧同时对称立竖枋木，再用工具或木横撑上下顶紧。 适于能保持直立壁的干土或天然湿度的黏土，地下水很少，深度在 3 m 以内
连续式水平支撑		挡土板水平连续放置，不留间隙，然后两侧同时对称立竖枋木，上下各顶一根撑木，端头加木楔顶紧。 适用于较松散的干土或天然湿度的黏性土，地下水很少，深度 3～5 m
连续或间断式垂直支撑		挡土板垂直放置，连续或留适当间隙，然后每侧上下各水平顶一根枋木，再用横撑顶紧。 适于土质较松散或湿度很高的土，地下水较少，深度不限
水平垂直混合支撑		沟槽上部设连续或水平支撑，下部设连续或垂直支撑。 适于沟槽深度较大，下部有含水土层的情况

表 1-10 一般浅基坑的支护方法

支撑方式	简图	支撑方法及适用条件
斜柱支撑		水平挡土板钉在柱桩内侧,柱桩外侧用斜撑支顶,斜撑底端支在短桩上,在挡土板内侧回填土。 适于开挖面积较大、深度不大的基坑或使用机械挖土
锚拉支撑		水平挡土板支在柱桩的内侧,柱桩一端打入土中,另一端用拉杆与锚桩拉紧,在挡土板内侧回填土。 适于开挖面积较大、深度不大的基坑或使用机械挖土
短柱横隔支撑		打入小短木桩,部分打入土中,部分露出地面,钉上水平挡土板,在背面填土。 适于开挖宽度大的基坑,当部分地段下部放坡不够时使用
临时挡土墙支撑		沿坡脚用砖、石叠砌或用草袋装土砂堆砌,使坡脚保持稳定。 适于开挖宽度大的基坑,当部分地段下部放坡不够时使用

表 1-11　一般深基坑的支护方法

支撑方式	示意图	支撑方法及适用条件
型钢桩、横挡板支撑		沿挡土位置预先打人钢轨、工字钢或 H 型钢桩，间距 1～1.5 m，然后边挖边方，将 3—6 cm 厚的挡土板塞进钢桩之间挡土，并在横向挡板与型钢桩之间打入楔子，使横板与土体紧密接触。 适用于地下水较低，深度不是很大的一般黏性土或砂土层
钢板桩支撑		在开挖基坑的周围打钢板桩或钢筋混凝土板桩，板桩入土深度及悬臂长度应经计算确定，如基坑宽度很大，可水平支撑。 适用于一般地下水，深度和宽度不是很大的黏性砂土层
地下连接墙支护		在开挖的基坑周围，先建造混凝土或钢筋混凝土地下连续墙，达到强度后，在墙中间用机械或人工挖土，直至要求深度。当跨度、深度很大时，可在内部加设水平支撑及支柱。用于逆作法施工，每下挖一层，把下一层梁、板、柱浇筑完成，以此作为地下连续墙的水平框架支撑，如此循环作业，直到地下室的底层全部挖完土，浇筑完成。 适用于开挖较大、较深（＞10 m）、有地下水、周围有建筑物或公路的基坑，作为地下结构的外墙一部分，或用于高层建筑的逆作法施工，作为地下室结构的部分外墙
地下连续墙与土层锚杆结合支护		在待开挖基坑的周围先建造地下连续墙支护，在墙中部用机械配合人工开挖土方至锚杆部位，用锚杆钻孔机在要求位置钻孔，放入锚杆，进行灌浆，待达到强度，装上锚杆横梁，或锚头垫座，然后继续下挖至要求深度，如设 2 或 3 层锚杆，每挖一层装一层，采用快凝砂浆灌注。适用于开挖较大、较深（＞10 m）、有地下水的大型基坑，周围有高层建筑，不允许支护有变形，采用机械挖方，要求有较大空间、不允许内部设支撑时

续表

支撑方式	示意图	支撑方法及适用条件
土层锚杆支护		沿开挖基坑（或边坡）每 2～4 m 设置一层水平土层锚杆，直到挖土至要求深度。 适用于较硬土层或破碎岩石中开挖较大、较深基坑，邻近有建筑物必须保证边坡稳定时
板桩（灌注桩）中央横顶支撑		在基坑周围打板桩或设挡土灌注桩，在内侧放坡挖中间部分土方到坑底，先施工中间部分结构至地面，然后利用此结构作支撑向板桩（灌注桩）支水平横顶撑，挖除放坡部分土方，每挖一层支一层水平横顶撑，直至设计深度，最后再建该部分结构。 适用于开挖较大、较深的基坑，支护桩刚度不够，又不允许设置过多支撑时
板桩（灌注桩）中央斜顶支撑		在基坑周围打板桩或设挡土灌注桩，在内侧放坡挖中间部分土方到坑底，并先施工好中间部分基础，再从基础向桩上方支斜顶撑。然后把放坡的土方挖除，每挖一层支一层斜撑，直至坑底，最后建该部分结构。 适用于开挖较大、较深基坑，支护桩刚度不够，坑内不允许设置过多支撑时
分层板桩支撑		在开挖厂房群基础周围先打支护板桩，然后在内侧挖土方至群基础底标高，再在中部主体深基础四周打二级支护板桩，挖主体深基础土方，施工主体结构至地面，最后施工外围群基础。 适用于开挖较大、较深基坑，当中部主体与周围群基础标高不相等而又无重型板桩时

1.5 土方填筑与压实

1.5.1 填筑土料要求

① 为了保证填方工程在强度和稳定性方面的要求，必须正确选择土的种类和填筑方法。

② 含有大量有机物的土，石膏或水溶性硫酸盐含量大于 5% 的土，冻结或液化状态的黏土或粉状砂质黏土等，一般不能作填土之用。但在场地平整工程中，除修建房屋和构筑物的地基填土外，其余各部分填方所用的土不受此限制。

③ 填土应分层进行，并尽量采用同类土填筑。

④ 填土必须具有一定的密实度，以避免建筑物的不均匀沉陷。

⑤ 如采用不同土填筑时，应将透水性较大的土层置于透水性较小的土层之下。

⑥ 在填土施工时，土的实际干密度若大于或等于控制干密度，则符合质量要求。

1.5.2 填筑要求

土方填筑前，应根据工程特点、填料种类、设计压实系数、施工条件等因素合理选择压实机具，并确定填料含水量控制范围、铺土厚度和压实遍数等参数。

1.5.3 填土压实方法

（1）碾压法

碾压法是由沿着表面滚动的鼓筒或轮子的压力压实土壤。一切拖动和自动的碾压机具，常见的如平碾、羊足碾和气胎碾等，其工作原理都相同。这些机具主要用于大面积填土。

（2）夯实法

夯实法是利用夯锤自由下落的冲击力来夯实土壤，主要用于小面积的回填土。夯实机具类型较多，有木夯、石夯、蛙式打夯机以及利用挖土机或起重机装上夯板后的夯土机等。其中蛙式打夯机轻巧灵活，构造简单，在小型土方工程中应用最广。

夯实法的优点是可以夯实较厚的土层。采用重型夯土机（如 1 t 以上的重锤）时，其夯实厚度可达 1～1.5 m。但对木夯、蛙式打夯机等夯土工具，其夯实厚度则较小，一般均在 200 mm 以内。

（3）振动法

该法是将重锤放在土层的表面或内部，借助振动设备使重锤振动，土壤颗粒即发生相对位移达到紧密状态。此法用于振实非黏性土效果较好。

近年来，又将碾压和振动结合而设计和制造出振动平碾、振动凸块碾等新型压实机械。振动平碾适用于填料为爆破碎石碴、碎石类土、杂填土或粉土的大型填方；振动凸块碾则适用于粉质黏土或黏土的大型填方。当压实爆破石碴或碎石类土时，可选用 8～15 t 重的振动平碾，铺土厚度为 0.6～1.5 m，宜静压后振压，碾压遍数应由现场试验确定，一般为 6～8 遍。

1.5.4 影响填土压实的因素

（1）压实功的影响

填土压实后的密度与压实机械在其上所施加的功有一定的关系。土的密度与所消耗的功的关系见图 1-19。当土的含水量一定，在开始压实时，土的密度急剧增加，待到接近土的最大密度时，压实功虽然增加许多，而土的密度则变化甚小。在实际施工中，对于砂土只需碾压 2～3 遍，对亚砂土只需 3～4 遍，对亚黏土或黏土只需 5～6 遍。

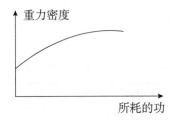

图 1-19　土的密度与压实功的关系

（2）含水量的影响

土的含水量对填土压实有很大影响，较干燥的土，由于土颗粒之间的摩阻力大，填土不易被夯实。而含水量较大，超过一定限度，土颗粒间的空隙全部被水充填而呈饱和状态，填土也不易被压实，容易形成橡皮土。只有当土具有适当的含水量，土颗粒之间的摩阻力由于水的润滑作用而减少，土才易被压实。为了保证填土在压实过程中具有最优的含水量，当土过湿时，应予翻松晾晒或掺入同类干土及其他吸水性材料。如土料过干，则应预先洒水湿润。土的含水量一般以手握成团、落地开花为宜。土的干密度与含水量的关系见图 1-20。

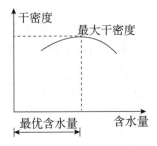

图 1-20　土的干密度与含水量的关系

（3）铺土厚度的影响

土在压实功的作用下，其应力随深度增加而逐渐减少，在压实过程中，土的密实度也是表层大，而随深度加深逐渐减少，超过一定深度后，虽经反复碾压，土的密实度仍与未压实前一样。各种不同压实机械的压实影响深度与土的性质、含水量有关，所以，填方每层铺土的厚度，应根据土质、压实的密实度要求和压实机械性能确定。

一般情况下，用羊足碾铺土时厚度为 0.5 m 左右，用平碾时为 0.3 m 左右，用动力打夯机时为 0.4 m 左右，人工打夯时为 0.2 m 左右。

1.5.5 填土压实的质量控制与检验

（1）填土压实的质量控制

填土经压实后必须达到设计要求的密实度，填方的密度要求和质量指标通常以压实系数 λ_c 作为检验标准，土的控制干密度 ρ_d 与最大干密度 $\rho_{d\max}$ 之比称为压实系数 λ_c。利用填土作为地基时，规范规定了不同结构类型、不同填土部位的压实系数值。见表 1-12。

表 1-12　压实填土的质量控制

结构类型	填土部位	压实系数 λ_c	控制含水量 /%
砌体承重结构和框架结构	在地基主要受力层范围以内	$\geqslant 0.97$	$w_{op} \pm 2$
	在地基主要受力层范围以下	$\geqslant 0.95$	
排架结构	在地基主要受力层范围以内	$\geqslant 0.96$	$w_{op} \pm 2$
	在地基主要受力层范围以下	$\geqslant 0.94$	
地坪垫层以下及基础底面标高以上的压实填土		$\geqslant 0.94$	$w_{op} \pm 2$

注：压实系数 λ_c 为压实填土的控制干密度 ρ_d 与最大干密度 $\rho_{d\max}$ 的比值，w_{op} 为最优含水量。

压实填土的最大干密度一般在实验室由击实试验确定，再根据规范规定的压实系数，即可算出填土控制干密度值。在填土施工时，土的实际干密度大于、等于控制干密度时，则符合质量要求。

（2）填土压实的质量检验

① 填土施工过程中应检查排水措施，每层填筑厚度、含水量控制和压实程序。

② 填土经夯实或压实后，要对每层回填土的干密度进行检验，其压实系数应满足设计要求。一般采用环刀法（或灌砂法）取样测定土的干密度。

③ 按填土对象不同，规范规定了不同的抽取标准。

1.6 土方机械化施工

由于土方工程量大，尤其是建设一个大型工业企业，往往有几十万、几百万甚至几千万立方米的土方，其施工面积往往可达几平方千米，甚至几十平方千米。在这种情况下，土方工程全部由人工来完成，消耗的劳动量将是个庞大的数字且工期也会拖得很长。因此，为了减轻繁重的体力劳动、提高劳动生产率、加快工程进度、降低工程成本，在组织土方工程施工时，应尽可能采用机械化施工。

土方工程施工机械的种类繁多，常用的有推土机、铲运机、装载机、平土机、松土机、单斗挖土机、多斗挖土机和各种碾压、夯实机械等。随着液压技术的发展，土方工程机械已逐步由液压传动代替机械传动。液压技术有利于土方机械向大型、大功率方向发展。

1.6.1. 土方施工机械

（1）推土机

推土机是土方工程施工的主要机械之一，是在拖拉机上安装推土板等工作装置而成的机械。我国目前生产的推土机有：红旗 100、T-120、移山 160、T-180、黄河 220、T-240 和 T-320 等数种。

推土机操纵灵活、运转方便、所需工作面较小、行驶速度快、易于转移，能爬 30°左右的缓坡，因此应用范围较广。多用于场地清理和平整，开挖深度 15 m 以内的基坑，填平沟坑，以及配合铲运机、挖土机工作等。推土机可以推掘一类至四类土壤，能爬 30°左右的缓坡，经济运距 100 m 以内，效率最高为 60 m。

1）推土机的组成

推土机由推土刀、推架、操纵系统等组成，见图 1-21。

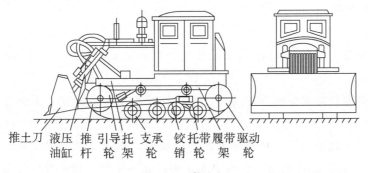

推土刀 液压 推 引导托 支承 铰托带履带驱动
　　　 油缸 杆 轮架 轮 销轮架 轮

图 1-21　推土机

作业时，机械向前开行，放下推土刀切削土壤，碎土堆积在刀前，待逐渐积满以后，略提起推土刀，使刀刃贴着地面推移碎土，推到指定地点以后，提刀卸土，然后调头或倒车，返回铲掘地点。在运土过程中，由于碎土会从推土刀的两端流失，其经济运距一般在 100 m 以内。

2）推土机的类型

① 按照推土刀的安装形式分为固定推土刀和回转推土刀。

② 按照行走装置形式分为履带式和轮胎式。履带式推土机的履带板有多种形式，以适应在不同地面上行走。轮胎式推土机大多采用宽基轮胎，全轮驱动，以提高牵引性能，并改善通过性能，其接地比压为 200～350 kPa。由于履带式推土机后端一般可以装松土齿耙、绞盘和反铲装置等，还可以做其他机械的牵引车和铲运机的助铲机，故目前应用广泛。

③ 按照工作装置操纵系统分为液压操纵和机械操纵等。液压操纵式利用液压缸来操纵推土刀的升降，可以借助整机的部分重力，强制推土刀切土，切土力大，操纵轻便，广泛用于中小型推土机上；机械操纵式依靠钢丝绳滑轮组操纵，只能利用推土刀的自重切土，效率较低，一般用于大型或特大型推土机上。

3) 推土机的作业内容与方法

作业内容主要有：

① 挖土深度不大的场地平整，开挖深度不大于 1.5 m 的基坑，回填基坑和沟槽，堆筑高度在 1.5 m 以内的路基、堤坝。

② 平整其他机械卸置的土堆，推送松散的硬土、岩石和冻土。

③ 配合铲运机进行助铲，配合挖掘机施工，为挖土机清理余土和创造工作面。

④ 牵引其他无动力的土方施工机械，如拖式铲运机、松土机、羊足碾等，进行土方其他施工过程的施工。

铲土方法见下。

① 平整场地：一般平整场地可分两步进行，即先平整高差较大的地方，待整个区域基本平整到高差不大时，再配合测量按高程先整平一小块，然后从已经整平的小块开始，逐刀顺序推平，同时每次重叠 30～40 cm 直到整个区域平整。在平整场地时应注意以下各点：

a. 切勿将推土机置于倾斜地上开始平整，否则容易造成整个平整面倾斜而达不到质量要求。

b. 铲土时要注意观察前方的地形，并根据发动机声音的变化来调整推土机铲刀深度。

c. 根据坐在驾驶室里的感觉来判断是否推平，如推土机行驶平稳，说明已经推平，此时铲刀位置应保持不动。如感觉推土机行驶不平稳，就应及时调整铲刀的铲土深度。

② 泥泞地的推土：在含水量较大的地面或雨后泥泞地上推土时，要注意防止陷车。推土量不宜过大，每刀土要一气推出，在行驶途中尽量避免停歇、换挡、转向、制动等，防止中途熄火后启动困难。

③ 清除硬土(路面或冻土)：排除较硬的土壤时，先应用推土机将硬土破松。如需用推土机推除，可将铲刀改成侧推刀，使一个刀角向下，先将土层破开，然后沿破口逐步将土层排除。

④ 推除块石：推土中如遇大块孤石，可以先将周围的土推掉，使孤石露出土外，再用铲刀试推，如已松动，可将铲刀插到孤石底部并往上提刀，即可将孤石清除。如遇到群石，应从边上顺序一块一块排除，当第1块排除后，可顺着石窝推第2块，直到推完为止。

（2）铲运机

铲运机是利用装在前后轮轴之间的铲运斗，在行驶中顺序进行土壤铲削、装载、运输和铺卸土壤作业的铲土运输机械。它能独立完成铲、装、运、卸各个工序，还兼有一定的压实和平整土地的功能，主要用于土方填挖和场地平整，有较高的生产效率，是土方工程中应用最广的机种。

1）铲运机的组成

由铲斗（工作装置）、行走装置、操纵机构和牵引机等组成，见图1-22。

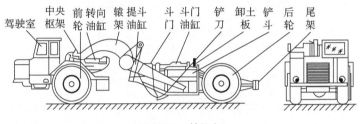

图 1-22　铲运机

2）铲运机的特点

行驶速度快、操纵灵活、运转方便、生产率高。能独立完成铲土、运土、填筑、压实等多项作业。

3）铲运机的运行路线（见图1-23）

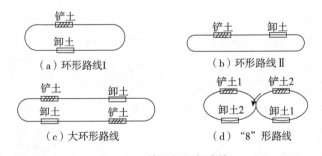

（a）环形路线Ⅰ　　　　（b）环形路线Ⅱ

（c）大环形路线　　　　（d）"8"形路线

图 1-23　铲运机运行路线

① 环形路线。对于地形起伏不大，而施工地段较短（50～100 m）和填方不高（0.1～1.5 m）的路堤、基坑及场地平整工程，宜采用环形路线。

② 大环形路线。当填、挖交替，且相互间的距离又不大时，可采用大环形路线。这样可进行多次铲土和卸土，减少铲运机转弯次数，提高其工作效率。

③"8"字形路线。在地形起伏较大，施工地段狭长的情况下，宜采用"8"字形路

线，按照这种路线运行，铲运机上、下坡时斜向行驶，所以坡度平缓，减少了转弯次数及空车行驶距离，可缩短运行时间，提高生产率。装土、运土和卸土时，按"8"字形运行，一个循环完成两次装土和卸土工序。装土和卸土沿直线运行，转弯时刚好把土装完或卸完，但两条路线间的夹角应小于60°，此法可减少转弯次数和空车行驶距离，提高工效。

（3）单斗挖土机

挖土机是用铲斗开挖和装载土方的挖掘机械。可将挖出的土就近卸下或配备自卸汽车进行远距离卸土。挖土机按铲土斗数目有单斗挖土机和多斗挖土机之分，但多斗挖土机在土方工程中很少使用，我国也尚未定型生产。故本书主要讲述单斗挖土机。

单斗挖土机是用单铲斗开挖和装载土方的挖掘机械。广泛应用于开挖建筑基坑、沟槽和清除土丘等土方作业。

1）正铲挖土机（见图1-24）

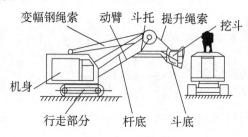

图1-24　正铲挖土机

正铲挖掘机适用于开挖一至四类的土、经爆破后的岩石和冻土。土的含水量应小于2.7%，土块粒径应小于挖斗宽度的1/3。使用正铲挖掘力大，生产率高，主要用于开挖停机面以上的土方，工作面的高度一般不小于1.5 m，如工作面过低，一次挖掘不易装满铲斗，会降低生产率。如开挖高度超过挖掘机挖掘高度时，可分层开挖，正铲开挖应配备一定数量的自卸汽车运土，汽车行驶道路应设置在正铲斗回转半径之内，可以在同一平面，也可略高于停机面，以便正铲下沟槽挖土。正铲挖土，一般用于土方量较大的工程。

正铲挖掘机的挖土特点是"前进向上，强制切土"。根据开挖路线和自卸汽车相对位置的不同，一般有两种开挖方式：侧向开挖和正向开挖。

2）反铲挖土机（见图1-25）

适用于开挖一至三类的砂土或黏土。主要用于挖掘停机面以下深度不大的基坑（槽）或管沟及含水量大的土，最大挖掘深度为4~6 m，效率高的挖掘深度为1.5~3 m，对地下水位较高处也适用。挖出的土方卸在基坑（槽）、管沟的两边，或配备自卸汽车运走。反铲挖掘机的挖土特点是"后退向下，强制切土"。

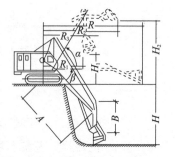

图1-25　反铲挖土机工作示意图

3）拉铲挖土机（见图1-26）

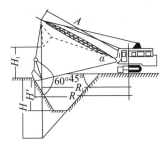

图 1-26 拉铲挖土机工作示意图

拉铲挖土机土斗被用钢丝绳悬吊在支杆上，卸土时斗齿朝下。因拉铲卸土时斗齿朝下，湿的黏土也能卸净，所以最适于开挖含水量大的土方，但不能挖硬土。适用于一至三类的土，开挖较深较大的基坑（槽）沟渠，挖取水中泥土以及填筑路基、修筑堤坝等。拉铲挖土大多将土卸在基坑（槽）附近堆放，如配备自卸汽车运土，则工效较低。

拉铲挖掘机的工作特点是"后退向下，自重切土"。拉铲挖土时起重臂倾斜度应在45°以上，先挖两侧然后中间，分层进行，保持边坡整齐，距边坡的安全距离应不小于 2 m。

4）抓铲挖土机（见图 1-27）

抓铲挖土机土斗具有活瓣，用钢丝绳悬挂在支杆上。抓铲挖掘机只能开挖一类、二类土，挖土特点是"直上直下，自重切土"，其挖掘能力较低。

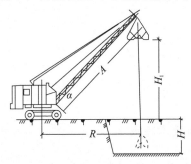

图 1-27 抓铲挖土机工作示意图

1.6.2 土方工程机械的选择

在实际施工中，土方工程机械主要依据以下几方面因素选择：

① 基坑情况，包括几何尺寸大小、深浅、土质、有无地下水及开挖方式等。

② 作业环境，包括占地范围，工程量大小，地上与地下障碍物等。

③ 季节，包括冬、雨期时间长短，冬期温度与雨期降水量等情况。

④ 机械配套与供应情况。

⑤ 施工工期长短和经济效益目标。

1.7 基础验槽

基槽(坑)挖至设计标高后,应会同勘察、设计、监理和建设部门进行验槽,检查地基是否与勘察资料相符合并满足设计要求。

(1)验槽内容

① 检查基槽开挖的平面位置和尺寸与设计图纸是否相符,开挖深度、标高是否符合图纸设计要求。

② 观察槽壁、槽底的土质类型、均匀程度,是否存在异常土层,是否与勘察报告一致;核对基土质和地下水情况。

③ 检验基槽中有无旧房基、古井、洞穴,古墓及其他地下掩埋物,确定其位置、深度和形状。

④ 检查基槽边坡外缘与附近建筑物的距离对建筑物稳定性有无影响。

(2)验槽方法

验槽方法有直接观察法、轻便触探法。

1.8 土石方工程特殊问题的处理

土石方工程特殊问题的处理

1.8.1 滑坡与塌方的处理

1.8.2 流砂处理

1.8.3 土石方开挖与回填安全技术措施

课后习题

1. 试述土方工程的施工特点。

2. 什么是土的可松性?土的可松性对土方施工有何影响?

3. 土按开挖难易程度可分为几类?开挖方法有何不同?

4. 边坡塌方的原因有哪些?

5. 试述钢板桩的施工工艺。

6. 填土压实的方法有哪些?影响填土压实的主要因素有哪些?怎样检查填土压实的质量?

7. 何谓流砂现象?试述流砂现象产生的原因及防治流砂的方法。

8. 什么是集水井降水法？集水井应如何布置？

9. 井点降水的作用是什么？试述井点降水的原理。

10. 井点降水的方法有哪些？

11. 试述轻型井点降水的设备组成和布置方案。

12. 土方施工常用机械有哪些？

13. 用推土机平整场地时，应注意哪些问题？

14. 单斗挖土机有几种不同的铲斗类型？它们的工作特点各是什么？

15. 综合题。

（1）某场地平整有 6 000 m³ 的填方量需从附近取土填筑，其土质为亚黏土，试计算：

① 填土的挖方量；

② 如用斗容量为 3 m³ 的汽车运输，需运多少车次？

（2）矩形基坑底面积为 3 m×4 m，深 3.5 m，边坡坡度为 1∶0.5，试计算其土方量。

（3）建筑场地方格网如图 1-35 所示，方格网长 40 m×40 m，试用公式法计算场地总挖方量和总填方量。

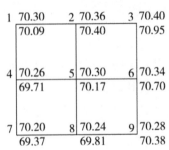

图 1-35　15 题图

第2章
地基与基础工程

本 章 提 要

本章内容包括地基土工程特性、天然地基、地基处理、浅基础施工、桩基础概述、混凝土预制桩的施工、混凝土灌注桩的施工等问题。重点论述了浅基础、桩基础施工技术，其中桩基础是土方工程施工的关键。在桩基础施工中，着重阐述常用桩基础施工质量通病防止的措施。

【教学目标】

（1）知识目标

① 了解土方工程施工的特点，土的工程性质、天然地基平整与防护；

② 熟悉天然地基局部方法、浅基础施工工艺；

③ 掌握预制桩、灌注桩、人工挖孔桩施工工艺及质量通病防治方法及施工安全措施。

（2）能力目标

① 能应用所学理论知识正确表达、描述和分析地基与基础施工相关问题；

② 掌握土木工程专业知识，具有就土木工程复杂问题进行分析性研究的基础能力。在解决土木工程复杂工程问题时具有综合分析能力。

（3）素质目标

① 熟悉与土木工程相关的职业和行业的标准、政策和法律法规，能够对于土木工程项目的设计、施工和运行的方案对社会、健康、安全、法律以及文化的影响做出评价；

② 理解在工程项目全过程中，土木工程师在公众健康、公共安全、社会和文化，以及法律等方面应承担的责任。

（4）情感价值提升

① 培养"质量就是生命、安全重于泰山"的意识；

② 培养严谨务实的工作作风。

【思维导图】

2.1 地基土工程特性

　　地基土是指建筑物下面支承基础承受上部结构荷载的土体。构成地基的土体对上部结构的作用复杂，承受上部结构荷载的能力取决于地基土的工程特性：物理性质、压缩性、强度、稳定性、均匀性、动力特性和水理性等。

2.2 天然地基局部处理

在施工过程中如发现地基土质过硬或过软不符合设计要求，或发现空洞、暗沟等存在，应本着使建筑物各部位沉降尽量趋于一致，以减小地基不均匀沉降的原则进行局部处理。

（1）松土坑（填土、墓穴、淤泥等）的处理

① 当坑的范围较小，可将坑中松软虚土挖除，使坑底及四壁均见天然土为止，然后采用与坑边的天然土层压缩性相近的材料回填。例如，当天然土沙或级配砂石回填，回填时应分层夯实，或用平板振捣器振密，每层厚度不大于 200 mm。如天然土为较密实的黏性土，则用 3∶7 灰土分层回填夯实；如为中密的沉积黏性土，则可用 1∶9 或 2∶8 灰土分层回填夯实。

② 当坑的范围较大或因其他条件限制，基槽不能开挖太宽，槽壁挖不到天然土层时，应将该范围内的基槽适当加宽。

③ 如坑在槽内所占的范围较大（长度在 5 m 以上），且坑底土质与一般槽底天然土质相同，也可将基础落深，做 1∶2 踏步与两端相接，踏步多少根据坑深而定，但每步高不大于 0.5 m，长不小于 1.0 m。

④ 在单独基础下，如松土坑的深度较浅时，可将松土坑内松土全部挖除，将柱基落深；如松土坑较深时，可将一定深度范围内的松土挖除，然后用与坑边的天然土压缩性相近的材料回填。至于换土的具体深度，应视柱基荷载和松土的密实程度而定。

⑤ 在以上几种情况中，如遇到地下水位较高，或坑内积水无法夯实时，亦可用沙石或混凝土代替灰土。寒冷地区冬季施工时，槽底换土不能使用冻土，因为冻土不易夯实，且解冻后强度会显著降低，造成较大的不均匀沉降。

对于较深的松土坑（如坑深大于槽宽或大于 1.5 m 时），基底处理后，还应适当考虑是否需要加强上部结构的强度，以抵抗由于可能发生的不均匀沉降而引起的内力。常用的加强办法是：在灰土基础上 1～2 皮砖处（或混凝土基础内）、防潮层下 1～2 皮砖处及首层顶板处各配置 3～4 根 $\phi 8～12$ mm 的钢筋。

（2）砖井或土井的处理

① 当砖井在基槽中间，井内填土已较密实，则应将井的砖圈拆除至槽底以下 1 m（或更多些），在此拆除范围内用 2∶8 或 3∶7 灰土分层夯实至槽底。如井的直径大于 1.5 m 时，则应适当考虑加强上部结构的强度，如在墙内配筋或做地基梁跨越砖井。

② 若井在基础的转角处，除采用上述拆除回填办法处理外，还应对基础进行加强处理。

a. 当井位于房屋转角处，而基础压在井上部分不多，并且在井上部分所损失的承压面积可由其余基槽承担而不引起过多的沉降时，则可采用从基础中挑梁的办法解决。

b. 当井位于墙的转角处，而基础压在井上的面积较大，且采用挑梁办法较困难或不经济时，则可将基础沿墙长方向向外延长出去，使延长部分落在老土上。落在老土上的基础总面积，应等于或稍大于井圈范围内原有基础的面积，然后在基础墙内再采用配筋或钢筋混凝土梁来加强。

③ 如井已回填，但不密实，甚至还是软土时，可用大块石将下面软土挤紧，再选用上述办法回填处理。若井内不能夯填密实时，则可在井的砖圈上加钢筋混凝土盖封口，上部再回填处理。

（3）橡皮土的处理

当地基为黏性土，且含水量趋于饱和时，夯拍后会使地基土变成踩上去有一种颤动感觉的"橡皮土"。因此，如发现地基土含水量趋近于饱和时，要避免直接夯拍，这时，可采用晾槽或掺石灰粉的办法降低土的含水量。如已出现橡皮土，可做如下处理：

① 暂停一段时间施工，避免再直接拍打，使"橡皮土"含水量逐渐降低，或将土层翻晾；

② 如地基已成"橡皮土"，可在上面铺一层碎石或碎砖后进行夯击，将表土层挤紧；

③ 橡皮土较严重的，可将土层翻起并粉碎均匀，掺加石灰粉，改变原土结构成为灰土；

④ 当为荷载大的房屋地基，采取打石桩，将毛石(块度为 20～30 cm)依次打入土中；

⑤ 挖去"橡皮土"，重新填好土或级配砂石夯实。

2.3 地基处理

地基处理

2.3.1 地基处理技术概述

2.3.2 灰土垫层地基

2.3.3 沙垫层地基

2.3.4 重锤夯实法

2.3.5 强夯法

2.4 浅基础施工

2.4.1 浅基础的类别

2.4.2 浅基础施工

2.5 桩基础概述

2.5.1 桩基础的工作特点

桩基础是一种既古老又现代的高层建筑物和重要建筑物工程中被广泛采用的基础形式。桩基础的作用是将上部结构较大的荷载通过桩穿过软弱土层传递到较深的坚硬土层上，以解决浅基础承载力不足和变形较大的地基问题。桩基础具有承载力高，沉降量小而均匀，沉降速率缓慢等特点。它能承受垂直荷载、水平荷载、上拔力以及机器的振动或动力作用，已广泛用于房屋地基、桥梁、水利等工程中。

2.5.2 桩基础的组成与分类

桩由桩身和承台组成。工程中的桩基础，往往由数根桩组成，桩顶设置承台，把各桩连成整体，并将上部结构的荷载均匀传递给桩。桩基础按不同的方法可进行以下分类。桩基础结构见图 2-3。

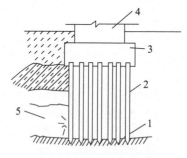

图 2-3　桩基础示意图

1—持力层；2—桩；3—承台；4—上部建筑物；5—软弱层

（1）按承台位置的高低不同分

① 高承台桩基础 —— 承台底面高于地面，它的受力和变形不同于低承台桩基础。一般应用在桥梁、码头工程中。

② 低承台桩基础 —— 承台底面低于地面，一般用于房屋建筑工程中。

（2）按承载性质不同分

① 端承桩 —— 上穿过软弱土层并将建筑物的荷载通过桩传递到桩端坚硬土层或岩层上。桩侧较软弱土对桩身的摩擦作用很小，其摩擦力可忽略不计。

② 摩擦桩 —— 沉入软弱土层一定深度通过桩侧土的摩擦作用，将上部荷载传递扩散于桩周围土中，桩端土也起一定的支承作用。

（3）按桩身的材料不同分

① 钢筋混凝土桩。可以预制，也可以现浇。根据设计，桩的长度和截面尺寸可任意选择。

② 钢桩。常用的有直径250～1 200 mm的钢管桩和宽翼工字形钢桩。钢桩的承载力较大，起吊、运输、沉桩、接桩都较方便，但消耗钢材多，造价高。

③ 木桩。目前已很少使用，只在某些加面工程或能就地取材临时工程中使用。在地下水位以下时，木材有很好的耐久性，而在干湿交替的环境下，极易腐蚀。

④ 沙石桩。主要用于地基加面，挤密土壤。

⑤ 灰土桩。主要用于地基加固。

（4）按桩的使用功能不同分

有竖向抗压桩、竖向抗拔桩、水平荷载桩、复合受力桩。

（5）按桩直径大小分

有小直径（$d \leqslant 250$ mm）桩、中等直径（250 mm $< d < 800$ mm）桩、大直径（$d \geqslant 800$ mm）桩。

（6）按成孔方法分

有非挤土桩、部分挤土桩、挤土桩等。

（7）按制作工艺不同分

① 预制桩。钢筋混凝土预制桩是在工厂或施工现场预制，用锤击打入、振动沉入等方法，使桩沉入地下。

② 灌注桩。又叫现浇桩，直接在设计桩位的地基上成孔，在孔内放置钢筋笼或不放钢筋，然后在孔内灌注混凝土而成桩。与预制桩相比，可节省钢材，在持力层起伏不平时，桩长可根据实际情况设计。

（8）按截面形式不同分

① 方形截面桩。这种桩制作、运输和堆放比较方便，截面边长一般为 $250 \sim 550$ mm。

② 圆形空心桩。这种桩是用离心旋转法在工厂中预制，它具有用料省、自重轻、表面积大等特点。高度不得超过 1.5 m。

2.6 混凝土预制桩的施工

2.6.1 桩的分类

（1）钢筋混凝土实心方桩

钢筋混凝土实心桩，断面一般呈方形。桩身截面一般沿桩长不变。实心方桩截面尺寸一般为 200 mm×200 mm～600 mm×600 mm。

钢筋混凝土实心桩的优点是长度和截面可在一定范围内根据需要选择，由于在地面上预制，制作质量容易保证，承载能力高，耐久性好。因此，工程上应用较广。

（2）钢筋混凝土管桩

混凝土管桩一般在预制厂用离心法生产。桩径有 φ300 mm、φ400 mm、φ500 mm 等，每节长度 8 m、10 m、12 m 不等。接桩时，接头数量不宜超过 4 个。混凝土管桩各节段之间的连接可以用角钢焊接或法兰螺栓连接。由于用离心法成型，混凝土中多余的水分由于离心力而甩出，故混凝土致密、强度高，抵抗地下水和其他腐蚀的性能好。混凝土管桩应达到设计强度 100% 后方可运到现场打桩。堆放层数不超过 4 层，底层管桩边缘应用楔形木块塞紧，以防滚动。

2.6.2 桩的制作、运输和堆放

（1）桩的制作

较短的桩一般在预制厂制作，较长的桩一般在施工现场附近露天预制。预制场地的地面要平整、夯实，并防止浸水沉陷。现场制作砼预制桩一般采用"间隔重叠法"生产，桩与桩间用塑料薄膜或隔离剂隔开，邻桩与上层桩的砼须待邻桩与下层桩的砼达到设计强度的 30% 以后方可进行；叠浇层数，应由地面允许荷载和施工要求而定，一般不超过 4 层，层与层之间涂刷隔离剂，以保证起吊时不互相黏结。上层桩必须在下层桩的混凝土达到设计强度等级的 30% 以后，方可进行浇筑。

制作完成的预制桩应在每根桩上标明编号及制作日期，如设计不埋设吊环，则应标明绑扎点位置。

预制桩制作质量应符合下列规定：

① 桩的表面应平整、密实，掉角深度小于 10 mm，且局部蜂窝和掉角的缺损总面积不得超过该桩表面全部面积的 0.5%，同时不得过分集中。

② 由于混凝土收缩产生的裂缝，深度小于 20 mm，宽度小于 0.25 mm；横向裂缝长度不得超过边长的一半。

（2）桩的起吊

桩的砼强度达到设计强度等级的 70% 方可起吊，如需提前起吊，应进行强度和抗

裂度验算。吊点应设在设计规定之处，设计无规定时，应按吊桩弯矩最小的原则确定吊点位置。见图2-4。

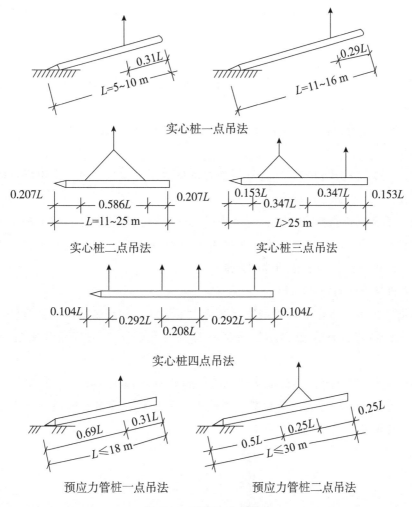

实心桩一点吊法

实心桩二点吊法　　　　　　实心桩三点吊法

实心桩四点吊法

预应力管桩一点吊法　　　　预应力管桩二点吊法

图 2-4　预制桩吊点位置

（3）桩的运输

钢筋混凝土预制桩应在混凝土达到设计强度等级的70%后方可起吊，达到设计强度等级的100%后才能运输和打桩。如提前吊运，必须采取措施并经过验算合格后才能进行。

（4）桩的堆放

桩堆放时，地面必须平整、坚实，排水良好。垫木间距应根据吊点确定，各层垫木应位于同一垂直线上，最下层垫木应适当加宽，堆放层数不宜超过4层，不同规格的桩应分别堆放。运到打桩位置堆放，应布置在打桩架附近的起重钩工作半径范围内，并考虑到起重方向，避免空中转向。

2.6.3 打入法施工

预制桩的打入法施工，就是利用锤击的方法把桩打入地下。这是预制桩最常用的沉桩方法。

（1）打桩机具及选择

打桩机具主要有打桩机及辅助设备。打桩机主要有桩锤、桩架和动力装置3部分。

1）桩锤

常见桩锤类型有落锤、单动汽锤、双动汽锤、柴油锤、液压锤等。

2）桩架

① 作用：支持桩身和桩锤，将桩吊到打桩位置，并在打入过程中引导桩的方向，保证桩锤沿着所要求的方向冲击。

② 桩架的选择：选择桩架时，应考虑桩锤的类型、桩的长度和施工条件等因素。桩架的高度由桩的长度、桩锤高度、桩帽厚度及所用滑轮组的高度来确定。此外，还应留1～3 m的高度作为桩锤的伸缩余地。

常用的桩架形式有以下3种：

① 滚筒式桩架。行走靠两根钢滚筒在垫木上滚动，优点是结构比较简单，制作容易，但在平面转弯、调头方面不够灵活，操作人员较多。适用于预制桩和灌注桩施工。

② 多功能桩架（见图2-5）。多功能桩架的机动性和适应性很大，在水平方向可做360°旋转，导架可以伸缩和前后倾斜，底座下装有铁轮，底盘在轨道上行走。这种桩架可适用于各种预制桩和灌注桩施工。

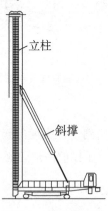

图 2-5　多功能桩架

③ 履带式桩架（见图2-6）。以履带起重机为底盘，增加导杆和斜撑组成，用以打桩。移动方便，比多功能桩架更灵活，可用于各种预制桩和灌注桩施工。

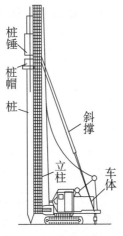

图 2-6 履带式桩架

3) 动力装置

动力设备包括驱动桩锤用的动力设施，如卷扬机、锅炉、空气压缩机和管道，绳索和滑轮等。

（2）打桩前的准备工作

① 处理障碍物。

② 平整场地。

③ 材料、机具、水电的准备。

④ 进行打桩试验。

⑤ 确定打桩顺序。打桩时，由于桩对土体的挤密作用，先打入的桩被后打入的桩水平挤推而造成偏移和变位或被垂直挤拔造成浮桩，而后打入的桩难以达到设计高程或入土深度，造成土体隆起和挤压，截桩过大。所以，群桩施工时，为了保证质量和进度，防止周围建筑物破坏，打桩前根据桩的密集程度、规格、长短以及桩架移动是否方便等因素来选择正确的打桩顺序。常用的打桩顺序一般有：自两侧向中间打设、逐排打设、自中间向四周打设、自中间向两侧打设，详见图 2-7。

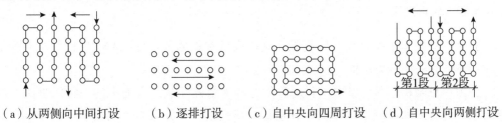

（a）从两侧向中间打设　（b）逐排打设　（c）自中央向四周打设　（d）自中央向两侧打设

图 2-7 打桩顺序

⑥ 抄平放线，定桩位。

⑦ 垫木、桩帽和送桩。桩锤与桩帽之间应放置垫木，以减轻桩锤对桩帽的直接冲

击。在打桩时，若要使桩顶打入土中一定深度，则需设置送桩。送桩大多用钢材制作，其长度和截面尺寸应视需要而定。用送桩打桩时，待桩打至自然地面上 0.5 m 左右，把送桩套在桩顶上，用桩锤击打送桩顶部，使桩顶没入土中。

（3）打桩

打桩开始时，应先采用小的落距(0.5～0.8 m)做轻的锤击，使桩正常沉入土中约 1～2 m 后，经检查桩尖不发生偏移，再逐渐增大落距至规定高度，继续锤击，直至把桩打到设计要求的深度。打桩宜采用"重锤低击"。桩插入土中时的垂直度偏差不超过 0.5%，固定桩锤和桩帽，使桩、桩帽、桩锤在同一铅垂线上，确保桩能垂直下沉。打桩过程中，如遇桩身倾斜、桩位位移、贯入度剧变、桩顶或桩身严重裂缝或破碎等异常情况，应暂停打桩，处置后再行施工。采用送桩法将桩顶标高低于地面的桩送入土中时，桩与送桩杆应在同一轴线上，拔出送桩杆后，桩孔应及时回填。

（4）多节桩的接桩

常用接桩方法有焊接、法兰连接或硫黄胶泥锚接。前两种方法适用于各类土层，后一种适用于软土层。焊接接桩：钢板宜用低碳钢，焊条宜用 E43，先四角点焊固定，再对称焊接；法兰接桩：钢板和螺栓亦宜用低碳钢并紧固牢靠；硫黄胶泥锚接桩的硫黄胶泥配合比应通过试验确定。桩的接头形式如图 2-8 所示。

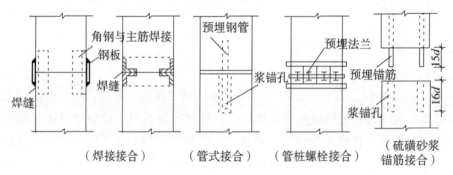

图 2-8　桩的接头形式

2.6.4 静力压桩施工

打桩机打桩施工噪声大，特别是在城市人口密集地区打桩，影响居民休息，为了减少噪声，可采用静力压桩。

静力压桩是在软弱土层中，利用静压力将预制桩逐节压入土中的一种沉桩法。这种方法节约钢筋和混凝土，降低工程造价，而且施工时无噪声、无振动、无污染，对周围环境的干扰小，适用于软土地区、城市中心或建筑物密集处的桩基础工程，以及精密工厂的扩建工程。图 2-9 所示的是全液压式静力压桩机压桩。

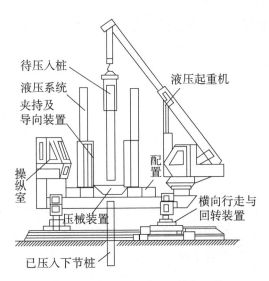

图 2-9 全液压式静力压桩机压桩

待压入桩
液压系统
夹持及
导向装置
液压起重机
操纵室
配置
压械装置
横向行走与
回转装置
已压入下节桩

静力压桩在一般情况下是分段预制、分段压入、逐段接长。每节桩长度取决于桩架高度，通常 6 m 左右。接桩方法可采用焊接法、硫黄胶泥锚接法等。

2.6.5 振动沉桩施工

振动沉桩是利用固定在桩顶部的振动器所产生的激振力，通过桩身使土颗粒受迫振动，使其改变排列组织，产生收缩和位移，这样桩表面与土层间的摩擦力就减少，桩在自重和振动力共同作用下沉入土中。

振动沉桩设备简单，不需要其他辅助设备，重量轻、体积小、搬运方便、费用低、工效高，适用于在黏土、松散砂土及黄土和软土中沉桩，更适合于打钢板桩，同时借助起重设备可以拔桩。

2.6.6 打桩中常见问题的分析和处理

打桩施工常会发生打坏、打歪、打不下等问题。发生这些问题的原因是复杂的，有工艺和操作上的原因，有桩的制作质量上的原因，也有土层变化复杂等原因。因此，发生这些问题时，必须具体分析、具体处理，必要时，应与设计单位共同研究解决。

（1）桩顶、桩身被打坏

这个现象一般是桩顶四周和四角打坏，或者顶面被打碎。有时甚至将桩头钢筋网部分的混凝土全部打碎，几层钢筋网都露在外面，有的是桩身混凝土崩裂脱落，甚至桩身断折。发生这些问题的原因及处理方法如下：

① 打桩时，桩的顶部由于直接受到冲击而产生很高的局部应力。因此，桩顶的配筋应做特别处理。

② 桩身混凝土保护层太厚，直接受冲击的是素混凝土，因此容易剥落。主筋放得不正是引起保护层过厚的原因，必须注意避免。

③ 桩的顶面与桩的轴线不垂直，则桩处于偏心受冲击状态，局部应力增大，极易损坏。

④ 桩下沉速度慢而施打时间长、锤击次数多或冲击能量过大称为过打。遇到过打，应分析地质资料，判断土层情况，改善操作方法，采取有效措施解决。

⑤ 桩身混凝土强度不高。

（2）打歪

桩顶不平、桩身混凝土凸肚、桩尖偏心、接桩不正或土中有障碍物，都容易使桩打歪；另外，桩被打歪往往与操作有直接关系，例如桩初入土时，桩身就有歪斜，但未纠正即予施打，就很容易把桩打歪。

（3）打不下

在城市内打桩，如初入土 1～2 m 就打不下去，贯入度突然变小，桩锤严重回弹，则可能遇上旧的灰土或混凝土基础等障碍物，必要时应彻底清除或钻透后再打，或者将桩拔出，适当移位后再打。如桩已打入土中很深，突然打不下去，这可能有以下几种情况：桩顶或桩身已打坏；土层中央有较厚的沙层或其他硬土层；遇上钢碴、孤石等障碍。

（4）一桩打下，邻桩上升

这种现象多在软土中发生，即桩贯入土中时，由于桩身周围的土体受到急剧的挤压和扰动，被挤压和扰动的土，靠近地面的部分，将在地表隆起和水平移动。若布桩较密，打桩顺序又欠合理时，一桩打下，将影响到邻桩上升，或将邻桩拉断，或引起周围土坡开裂、建筑物出现裂缝。

2.6.7 打桩质量要求与验收

打桩质量评定包括两个方面：一是能否满足设计规定的贯入度或高程的要求；二是桩打入后的偏差是否在施工规范允许的范围内。

（1）贯入度或高程必须符合设计要求

桩端达到坚硬、硬塑的黏性土、碎石土，中密以上的粉土和砂土或风化岩等土层时，应以贯入度控制为主，桩端进入持力层深度或桩尖高程作参考；若贯入度已达到而桩端标高未达到时，应继续锤击 3 阵，其每阵 10 击的平均贯入度不应大于规定的数值；桩端位于其他软土层时，以桩端设计高程控制为主，贯入度作参考。这里的贯入度是指最后贯入度，即施工中最后 10 击内桩的平均入土深度。它是打桩质量标准的重要控制指标。

（2）平面位置或垂直度必须符合施工规范要求

桩打入后，桩位的允许偏差应符合《建筑地基基础工程施工质量验收规范》(GB50202—2002) 的规定。

（3）验收

基桩工程验收时应提交下列资料：

① 工程地质勘察报告、桩基施工图、图纸会审纪要、设计变更单及材料代用通知单等；

② 经审定的施工组织设计、施工方案及执行中的变更情况；

③ 桩位测量放线图，包括工程桩位线复核签证单；

④ 成桩质量检查报告；

⑤ 单桩承载力检测报告；

⑥ 基坑挖至设计高程的基桩竣工平面图及桩顶高程图。

2.6.8 打桩施工时对邻近建筑物的影响及预防措施

打桩对周围环境的影响，除振动、噪声外，还有土体的变形、位移和形成超静孔隙水压力，这使土体原来所处的平衡状态破坏，对周围原有的建筑物和地下设施带来不良影响，轻则使建筑物的粉刷脱落，墙体和地坪开裂；重则使圈梁和过梁变形，门窗启闭困难，它还会使邻近的地下管线破损和断裂，甚至中断使用；还能使邻近的路基变形，影响交通安全等；如附近有生产车间和大型设备基础，它也可能使车间跨度发生变化、基础被推移，因而影响正常的生产。

总结多年来的施工经验，减少或预防沉桩对周围环境的有害影响，可采用钻孔打桩工艺、合理安排沉桩顺序、控制沉桩速率、挖防震沟等方法达到降低不良影响的目的。

2.7 混凝土灌注桩的施工

混凝土灌注桩是直接在施工现场的桩位上成孔，然后在孔内浇筑混凝土成桩。钢筋混凝土灌注桩还需在桩孔内安放钢筋笼后再浇筑混凝土成桩。

与预制桩相比较，灌注桩可节约钢材、木材和水泥，且施工工艺简单，成本较低。能适应持力层的起伏变化制成不同长度的桩，可按工程需要制作成大口径桩。施工时不需要分节制作和接桩，可减少大量的运输和起吊工作量。施工时无振动、噪声小，对环境干扰较小。但其操作要求较严格，施工后需一定的养护期，不能立即承受荷载。

灌注桩按成孔方法分为干作业成孔灌注桩、泥浆护壁成孔灌注桩、沉管灌注桩、爆扩成孔灌注桩、人工挖孔灌注桩等。

2.7.1 干作业成孔灌注桩施工

用钻机成孔时若无地下水或地下水很小，基本上不影响工程施工时，可采用干作业成孔灌注桩施工。它主要适用于北方地区和地下水位低的土层。

施工工艺流程是：场地清理 → 测量放线定桩位 → 桩机就位 → 钻孔取土成孔 → 清除孔底沉渣 → 成孔质量检查验收 → 吊放钢筋笼 → 浇筑孔内混凝土。

在施工中干作业成孔一般采用螺旋钻成孔（见图 2-10），还可采用机扩法扩底。为了确保成桩后的质量，施工中应注意以下几点：

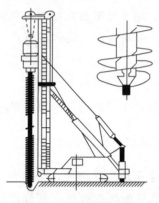

图 2-10　螺旋钻孔机

① 开始钻孔时，应保持钻杆垂直、位置正确，防止因钻杆晃动引起孔径扩大及增多孔底虚土。

② 发现钻杆（见图 2-11）摇晃、移动、偏斜或难以钻进时，应提钻检查，排除地下障碍物，避免桩孔偏斜和钻具损坏。

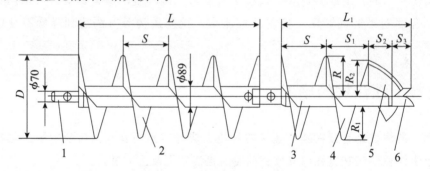

图 2-11　螺旋钻杆结构示意图

1— 连接芯轴；2— 等径螺旋叶片；3— 芯管；

4— 变轻螺旋叶片；5— 切削翼板；6— 前导钻头

③ 钻进过程中，应随时清理孔口黏土，遇到地下水、塌孔、缩孔等异常情况，应停止钻孔，同有关单位研究处理。

④ 钻头（见图 2-12）进入硬土层时，易造成钻孔偏斜，可提起钻头上下反复扫钻几次，以便削去硬土。若纠正无效，可在孔中局部回填黏土至偏孔处 0.5 m 以上，再重新钻进。

⑤ 成孔达到设计深度后，应保护好孔口，按规定验收，并做好施工记录。

⑥ 孔底虚土尽可能清除干净，可采用夯锤夯击孔底虚土或进行压力注水泥浆处理，然后快吊放钢筋笼，并浇筑混凝土。混凝土应分层浇筑，每层高度不大于1.5 m。

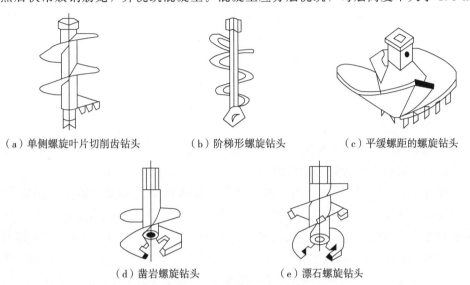

（a）单侧螺旋叶片切削齿钻头　　（b）阶梯形螺旋钻头　　（c）平缓螺距的螺旋钻头

（d）凿岩螺旋钻头　　　　　（e）漂石螺旋钻头

图2-12　大直径的螺旋钻头结构形式

2.7.2 泥浆护壁成孔灌注桩施工

泥浆护壁成孔灌注桩是利用泥浆护壁，钻孔时通过循环泥浆将钻头切削下的土渣排出孔外而成孔，而后吊放钢筋笼，水下灌注混凝土而成桩。成孔方式有正（反）循环回转钻成孔，正（反）循环潜水钻成孔、冲击钻成孔、冲抓锥成孔、钻斗钻成孔等。

泥浆护壁成孔灌注桩施工工艺流程为：

（1）测定桩位

平整清理好施工场地后，设置桩基轴线定位点和水准点，根据桩位平面布置施工图，定出每根桩的位置，并做好标志。施工前，桩位要检查复核，以防被外界因素影响而造成偏移。

（2）埋设护筒

护筒的作用：固定桩孔位置，防止地面水流入，保护孔口，增高桩孔内水压力，防止塌孔，成孔时引导钻头方向。护筒用4～8 mm厚钢板制成，内径比钻头直径大100～200 mm，顶面高出地面0.4～0.6 m，上部开1～2个溢浆孔。埋设护筒时，先挖去桩孔处表土，将护筒埋入土中，其埋设深度，在黏土中不宜小于1 m，在砂土中不宜小于1.5 m。其高度要满足孔内泥浆液面高度的要求，孔内泥浆面应保持高出地下水位1 m以上。采用挖坑埋设时，坑的直径应比护筒外径大0.8～1.0 m。护筒中心与桩位中心线偏差不应大于50 mm，对位后应在护筒外侧填入黏土并分层夯实。

（3）泥浆制备

泥浆的作用是护壁、携沙排土、切土润滑、冷却钻头等，其中以护壁为主。泥浆制备方法应根据土质条件确定：在黏土和粉质黏土中成孔时，可注入清水，以原土造浆。在其他土层中成孔，泥浆可选用高塑性的黏土制备。施工中应经常测定泥浆密度，并定期测定黏度、含沙率和胶体率。为了提高泥浆质量可加入外掺料，如增重剂、增黏剂、分散剂等。

（4）成孔

1）回转钻成孔

回转钻成孔是我国灌注桩施工中最常用的方法之一。按排渣方式不同分为正循环回转钻成孔和反循环回转钻成孔两种。

正循环回转钻成孔（见图 2-13）由钻机回转装置带动钻杆和钻头回转切削破碎岩土，由泥浆泵往钻杆输进泥浆，泥浆沿孔壁上升，从孔口溢浆孔溢出流入泥浆池，经沉淀处理返回循环池。正循环成孔泥浆的上返速度低，携带土粒直径小，排渣能力差，岩土重复破碎现象严重，适用于填土、淤泥、黏土、粉土、砂土等地层，对于卵砾石含量不大于 15%，粒径小于 10 mm 的部分沙卵砾石层和软质基岩及较硬基岩也可使用。

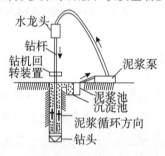

图 2-13　正循环回转钻机成孔工艺原理图

反循环回转钻成孔（图 2-14）是由钻机回转装置带动钻杆和钻头回转切削破碎岩土，利用泵吸、气举、喷射等措施抽吸循环护壁泥浆，挟带钻渣从钻杆内腔抽吸出孔外的成孔方法。成孔时泥浆由钻杆与孔壁间的间隙流入钻孔，由砂石泵在钻杆内形成真空，使钻下的土渣由钻杆内腔吸出至地面而流向沉淀池，沉淀后再流入泥浆池。反循环工艺的泥浆上流的速度较高，排放土渣的能力强。

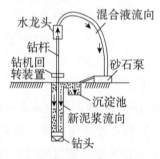

图 2-14　反循环回转钻机成孔工艺原理图

2）潜水钻成孔

潜水电钻同样使用泥浆护壁成孔。其出渣方式也分为正循环和反循环两种。

3）冲击钻成孔

冲孔是用冲击钻机把带钻刃的重钻头提高，靠自由下落的冲击力来切削岩层或冲挤土层，排出碎渣成孔。冲击钻机有钻杆式和钢丝绳式两种。

4）抓孔

抓孔即用冲抓锥成孔机将冲抓锥头提升到一定高度，锥斗内有压重铁块和活动抓片，松开卷扬机刹车时，抓片张开，钻头便以自由落体冲入土中。然后开动卷扬机提升钻头，这时抓片闭合抓土，冲抓锥整体被提升到地面上将土渣卸去，如此循环抓孔。该法成孔直径为 450～600 mm，成孔深度 10 m 左右，适用于有坚硬夹杂物的黏土、沙卵石土和碎石类土。

（5）清孔

当钻孔达到设计要求深度并经检查合格后，应立即进行清孔，目的是清除孔底沉渣以减少桩基的沉降量，提高承载能力，确保桩基质量。清孔方法有真空吸泥渣法、射水抽渣法、换浆法和掏渣法。

（6）吊放钢筋笼

清孔后应立即安放钢筋笼、浇混凝土。钢筋笼一般都在工地制作，制作时要求主筋环向均匀布置，箍筋直径及间距、主筋保护层、加劲箍的间距等均应符合设计要求。分段制作的钢筋笼，其接头采用焊接且应符合施工及验收规范的规定。吊放钢筋笼时应保持垂直、缓缓放入，防止碰撞孔壁。若造成塌孔或安放钢筋笼时间太长，应进行二次清孔后再浇筑混凝土。

（7）水下混凝土浇筑

泥浆护壁成孔灌注桩的水下混凝土浇筑常用导管法，混凝土强度等级不低于C20，坍落度为 18～22 cm。导管一般用无缝钢管制作，直径为 200～300 mm，每节长度为 2～3 m，最下一节为脚管，长度不小于 4 m，各节管用法兰盘和螺栓连接。

（8）常见工程质量事故及处理方法

泥浆护壁成孔灌注桩施工时常易发生孔壁坍塌、斜孔、孔底隔层、夹泥、流砂等工程问题，水下混凝土浇筑属隐蔽工程，一旦发生质量事故难以观察和补救，所以应严格遵守操作规程，在有经验的工程技术人员指导下认真施工，并做好隐蔽工程记录，以确保工程质量。

1）孔壁坍塌

孔壁坍塌指成孔过程中孔壁土层不同程度坍落。主要原因是提升下落冲击锤、掏渣筒或钢筋骨架时碰撞护筒及孔壁；护筒周围未用黏土紧密填实，孔内泥浆液面下降，孔内水压降低等造成塌孔。塌孔处理方法有：一是在孔壁坍塌段用石子黏土投入，重新开钻，并调整泥浆容重和液面高度；二是使用冲孔机时，填入混合料后低锤密击，使孔壁坚固后，再正常冲击。

2）偏孔

偏孔指成孔过程中出现孔位偏移或孔身倾斜。偏孔的主要原因是桩架不稳固，导杆不垂直或土层软硬不均。对于冲孔成孔，则可能是由于导向不严格或遇到探头石及基岩倾斜所引起的。处理方法为：将桩架重新安装牢固，使其平稳垂直；如孔的偏移过大，应填入石子黏土，重新成孔；如有探头石，可用取岩钻将其除去或低锤密击将石击碎；如遇基岩倾斜，可以投入毛石于低处，再开钻或密打。

3）孔底隔层

孔底隔层指孔底残留石碴过厚，孔脚涌进泥砂或塌壁泥土落底。造成孔底隔层的主要原因是清孔不彻底，清孔后泥浆浓度减少或浇筑混凝土、安放钢筋骨架时碰撞孔壁造成塌孔落土。主要防治方法为：做好清孔工作，注意泥浆浓度及孔内水位变化，施工时注意保护孔壁。

4）夹泥或软弱夹层

夹泥或软弱夹层指桩身混凝土混进泥土或形成浮浆泡沫软弱夹层。其形成的主要原因是浇筑混凝土时孔壁坍塌或导管口埋入混凝土高度太小，泥浆被喷翻，掺入混凝土中。防治措施是：经常注意混凝土表面高程变化，保持导管下口埋入混凝土表面高程变化，保持导管下口埋入混凝土下的高度，并应在钢筋笼下放孔内 4 h 内浇筑混凝土。

5）流砂

指成孔时发现大量流砂涌塞孔底。流砂产生的原因是孔外水压力比孔内水压力大，孔壁土松散。流砂严重时可抛入碎砖石、黏土，用锤冲入流砂层，防止流砂涌入。

2.7.3 沉管灌注桩施工

沉管灌注桩又叫套管成孔灌注桩，是目前采用较为广泛的一种灌注桩。依据使用桩锤和成桩工艺不同，分为锤击沉管灌注桩、振动沉管灌注桩、静压沉管灌注桩，振动冲击沉管灌注桩和沉管夯扩灌注桩等。

锤击沉管灌注桩的机械设备由桩管、桩锤、桩架、卷扬机滑轮组、行走机构组成。锤击沉管桩适用于一般黏性土、淤泥质土、砂土和人工填土地基，但不能在密实的沙砾石、漂石层中使用。它的施工程序一般为：定位埋设混凝土预制桩尖 → 桩机就位 → 锤击沉管 → 灌注混凝土 → 边拔管，边锤击，边继续灌注混凝土（中间插入吊放钢筋笼）→ 成桩，详见图 2-15。

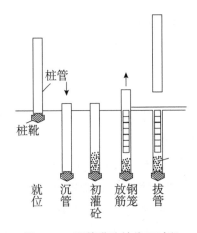

图 2-15　沉管灌注桩施工过程

施工时，用桩架吊起钢桩管，对准埋好的预制钢筋混凝土桩尖。桩管与桩尖连接处要垫以麻袋、草绳，以防地下水渗入管内。缓缓放下桩管，套入桩尖压进土中，桩管上端扣上桩帽，检查桩管与桩锤是否在同一垂直线上，桩管垂直度偏差 ≤ 0.5% 时即可锤击沉管。先用低锤轻击，观察无偏移后再正常施打，直至符合设计要求的沉桩高程，并检查确认管内无泥浆或进水，即可浇筑混凝土。管内混凝土应尽量灌满，然后开始拔管。凡灌注配有不到孔底的钢筋笼的桩身混凝土时，第一次混凝土应先灌至笼底高程，然后放置钢筋笼，再灌混凝土至桩顶高程。第一次拔管高度应控制在能容纳第二次所需灌入的混凝土量为限，不宜拔得过高。在拔管过程中应用专用测锤或浮标检查混凝土面的下降情况。

2.7.4 人工挖孔灌注桩施工

人工挖孔灌注桩是指桩孔采用人工挖掘方法进行成孔，然后安放钢筋笼，浇筑混凝土而成的桩，详见图 2-16。

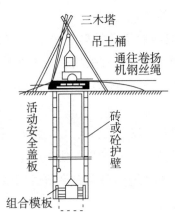

图 2-16　人工挖孔桩成孔工艺

由于采用人工挖孔，所以桩径不得小于 800 mm，同时为了防止在人工挖孔过程中出现塌方现象的发生，应该分段开挖，分段设置钢筋混凝土护壁。人工挖孔灌注桩其结构上的特点是单桩的承载能力高，受力性能好，既能承受垂直荷载，又能承受水平荷载；人工挖孔灌注桩具有机具设备简单，施工操作方便，占用施工场地小，噪声小，振动小，不污染环境，对周围建筑物影响小，施工质量可靠，可全面展开施工，工期短，造价低等优点，因此得到广泛应用。

人工挖孔灌注桩适用于土质较好、地下水位较低的黏土、亚黏土及含少量沙卵石的黏土层等地质条件。可用于高层建筑、公用建筑、水工结构（如泵站，桥墩）作桩基，起支承、抗滑、挡土之用。对软土、流砂及地下水位较高、涌水量大的土层不宜采用。

（1）人工挖孔桩的施工机具

① 电动葫芦或手动卷扬机，提土桶及三脚支架。

② 潜水泵：用于抽出孔中积水。

③ 鼓风机和输风管：用于向桩孔中强制送入新鲜空气。

④ 镐、锹、土筐等挖土工具，若遇坚硬土层或岩石还应配风镐等。

⑤ 照明灯、对讲机、电铃等。

人工挖孔桩的护壁常采用现浇混凝土护壁，也可采用钢护筒或采用沉井护壁等。

（2）人工挖孔桩的施工注意事项

① 桩孔开挖，当桩净距小于 2 倍桩径且小于 2.5 m 时，应采用间隔开挖。

② 每段挖土后必须吊线检查中心线位置是否正确，桩孔中心线平面位置偏差不宜超过 50 mm，桩的垂直度偏差不得超过 1%，桩径不得小于设计直径。

③ 防止土壁坍塌及流砂。挖土如遇到松散或流砂土层时，可减少每段开挖深度或采用钢护筒、预制混凝土沉井等作为护壁，待穿过此土层后再按一般方法施工。流砂现象严重时，应采用井点降水处理。

④ 浇筑桩身混凝土时，应注意清孔及防止积水，桩身混凝土应一次连续浇筑完毕，不留施工缝。为防止混凝土离析，宜采用串筒来浇筑混凝土，如果地下水穿过护壁流入量较大无法抽干时，则应采用导管法浇筑水下混凝土。

⑤ 必须制定好安全措施：

施工人员进入孔内必须戴安全帽，孔内有人作业时，孔上必须有人监督防护。

孔内必须设置应急软爬梯供人员上下井；使用的电动葫芦、吊笼等应安全可靠并配有自动卡紧保险装置；不得用麻绳和尼龙绳吊挂或脚踏井壁凸缘上下；电动葫芦使用前必须检验其安全起吊能力。

每日开工前必须检测井下的有毒有害气体，并有足够的安全防护措施。桩孔开挖深度超过 10 m 时，应有专门向井下送风的设备。

护壁应高出地面 200 ～ 300 mm，以防杂物滚入孔内；孔周围要设 0.8 m 高的护栏。

孔内照明要用 12 V 以下的安全灯或安全矿灯。使用的电器必须有严格的接地、接零和漏电保护器（如潜水泵等）。

（3）护壁钢筋和护壁模板、混凝土

① 挖孔桩护壁模板一般做成通用（标准）模板。直径小于 1 200 mm 的桩孔，模板由 5 ～ 8 块组成。模板高度由施工段高度确定，一般模板高度宜为 0.8 ～ 1.0 m。

② 护壁厚度一般为 100 ～ 150 mm，大直径桩护壁厚度为 200 ～ 300 mm。

③ 护壁钢筋按设计要求执行，应先安放钢筋，然后才能安装护壁模板。

④ 护壁支模中心点，应与桩中心一致。

⑤ 灌注护壁混凝土，护壁混凝土形式分为外齿式和内齿式（见图 2-17），一般采用内齿式。护壁混凝土的强等级应符合设计要求，护壁模板一般 24 h 后拆除。

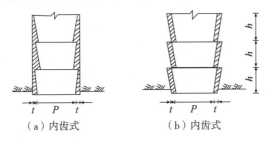

图 2-17 混凝土护壁形式

⑥ 灌注混凝土一般采用干浇法和水下灌注法。当孔内无水时，采用干浇法，一般采用串筒注入桩孔的方法。混凝土离开串筒的出口自由下落高度宜始终控制在 2 m 以内。当孔内有水时采用水下灌注法。

课后习题

1. 什么是浅基础？

2. 砖基础的大放脚有哪两种形式？施工要点有哪些？

3. 地基处理的目的是什么？常用地基处理的方法有哪些？

4. 简述沙垫层施工的施工要点。

5. 重锤夯实法与强夯法有何不同？

6. 简述桩基础的分类。

7. 摩擦型桩和端承型桩受力上有何区别？施工中应如何控制？

8. 如何确定桩架的高度和选择桩锤？

9. 打桩顺序有哪几种？打桩顺序与哪些因素有关？

10. 预制桩的沉桩方法主要有哪几种？

11. 打桩常遇到哪些问题？应如何处理？

12. 打桩对周围环境有什么影响？如何预防？

13. 混凝土灌注桩的优点有哪些？

14. 什么是泥浆护壁成孔？泥浆护壁成孔的方法有几种？

15. 试述人工挖孔灌注桩的优点。

第3章

砌体工程

本 章 提 要

本章内容包括砌体结构主要材料、脚手架工程、垂直运输机械、砌体工程施工工艺、砌体工程安全技术等问题。重点论述了脚手架、垂直运输机械、砌体施工工艺，其中脚手架工程、砌体施工工艺及砌体安全施工技术是本章的关键。在砌体施工工艺中，着重阐述砖砌体等常用砌体结构的施工工艺。

【教学目标】

（1）知识目标

① 了解砌体结构主要工程材料，垂直运输机械及砌体施工安全技术；

② 熟悉脚手架搭设安全措施、垂直运输机械安全措施；

③ 掌握脚手架搭设施工工艺、砌体工程施工工艺及安全措施。

（2）能力目标

① 能应用所学理论知识正确表达、指导砌体工程施工，指导脚手架搭设及发现其安全隐患；

② 掌握土木工程专业知识，具有就指导砌体工程施工、脚手架搭设、分析砌体施工安全的基础能力，在解决土木工程复杂工程问题时具有综合分析能力。

（3）素质目标

① 熟悉与土木工程相关的职业和行业的标准、政策和法律法规，能够对土木工程项目的设计、施工和运行的方案对社会、健康、安全、法律以及文化的影响做出评价；

② 理解在工程项目全过程中，土木工程师在公众健康、公共安全、社会和文化，以及法律等方面应承担的责任。

（4）情感价值提升

① 培养"质量就是生命、安全重于泰山"的意识；

② 提升对我国"秦砖汉瓦"悠久历史的自豪感，培养严谨务实的工作作风。

【思维导图】

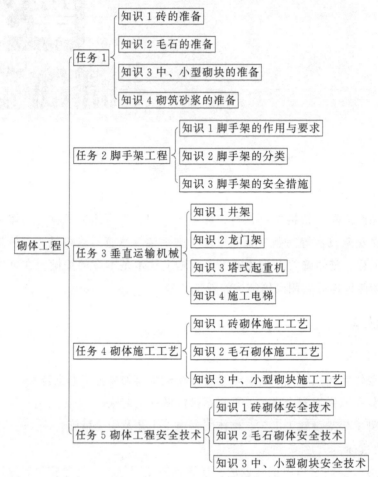

砌筑工程是指砖石块体和各种类型砌块的施工。早在三四千年前就已经出现了用天然石料加工成的块材的砌体结构。在大约 2000 多年前又出现了由烧制的黏土砖砌筑的砌体结构。祖先遗留下来的"秦砖汉瓦"，在我国古代建筑中占有重要地位，至今仍在建筑工程中起着很大的作用。

砌筑工程是一个综合的施工过程，它包括材料运输、脚手架搭设和墙体砌筑等。

3.1 砌体结构的材料

砌体工程所用的材料应有产品的合格证书、产品性能检测报告。块材、水泥、钢筋、沙子、外加剂等应有材料进场复验报告。禁止使用国家明令淘汰的材料，如黏土烧结砖。

3.1.1 砖的准备

3.1.2 毛石的准备

3.1.3 中、小型砌块的准备

3.1.4 砌筑砂浆的准备

砖的准备

3.2 脚手架工程

砌筑用脚手架是墙体砌筑过程中堆放材料和工人进行操作的临时设施。工人在地面或楼面上砌筑砖墙时，劳动生产率受砌砖的砌筑高度影响。在距地面 0.6 m 左右时生产效率最高，但是当砌到一定高度，工人的劳动效率明显降低，而且劳动强度也显著升高，此时必须按要求搭设脚手架以满足要求。考虑砌砖工作效率及施工组织等因素，每次搭设脚手架的高度确定为 1.2 m 左右，称为"一步架高度"，又叫作砖墙的可砌高度。脚手架的宽度一般为 1.5～2 m，砌筑用脚手架的每步架高度一般为 1.2～1.4 m，装饰用脚手架的一步架高一般为 1.6～1.8 m。

3.2.1 脚手架的作用与要求

（1）脚手架的作用

① 工人可以在脚手架上面进行施工操作；

② 按照规定，材料可以在脚手架上临时堆放；

③ 材料可以在脚手架进行短距离的运输；

④ 脚手架起到了安全防护作用。

（2）脚手架的基本要求

脚手架是工程施工的辅助工具，在建筑物施工中，都需要搭设脚手架，当竣工后就全部拆除。脚手架的使用必须安全，搭设必须符合以下基本要求：

应满足工人操作、材料堆置和运输的需要；坚固稳定，安全可靠；搭拆简单，搬移方便；尽量节约材料，能多次周转使用。

3.2.2 脚手架的分类

脚手架按搭设位置的不同，分为外脚手架和里脚手架；按所用的材料，分为木脚手架、竹脚手架和钢制脚手架等；按其用途，分为操作用脚手架、防护用脚手架、承重和支撑用脚手架；按其构造形式，分为多立杆式脚手架、框式脚手架、吊挂式脚手架、悬挑式脚手架、升降式脚手架以及用于楼层间操作的工具式脚手架等；按搭设立杆的排数，可以分为单排脚手架和双排脚手架。

（1）外脚手架

凡搭在建筑物外围的架子，称外脚手架，既可用于外墙砌筑，又可用于外装饰施工。其主要形式有多立杆式、框式、桥式等。多立杆式应用最广，框式次之。

1）钢管扣件式脚手架

钢管扣件式脚手架是目前应用最广泛的一种脚手架，周转次数多，摊销费用低，搭拆简单，适用建筑物平立面的变化。

① 钢管扣件式脚手架的构造要求。

钢管扣件式脚手架主要由钢管和扣件组成，主要由立杆、纵向水平杆（大横杆）、横向水平杆（小横杆）、斜撑、脚手板及底座等组成，如图 3-1 所示。钢管一般采用 $\varphi48$ mm、厚 3.5 mm 的焊接钢管，用于立杆、大横杆和斜撑的钢管长度为 4～6.5 m，小横杆长为 2.1～2.3 m。底座有两种：一种用厚为 8 mm，边长为 150 mm 的钢板做底板，用外径 60 mm、壁厚 3.5 mm、长 150 mm 的钢管做套筒，二者焊接而成，如图 3-2 所示；另一种是用可锻铸铁铸成，底板厚 10 mm，直径 150 mm，插芯直径 36 mm，高 150 m。钢管扣件式脚手架的基本形式有单排脚手架和双排脚手架。

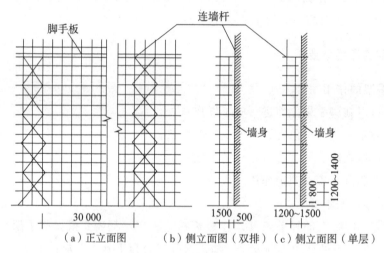

（a）正立面图　　（b）侧立面图（双排）　（c）侧立面图（单层）

图 3-1　钢管扣件式脚手架

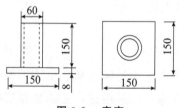

图 3-2　底座

扣件为钢管与钢管之间的连接件，其基本形式有3种：直角扣件、对接扣件和回转扣件，如图3-3所示，用于钢管之间的直角连接、直角对接或成一定角度的连接。

（a）直角扣件　　　　（b）对接扣件　　　　（c）回转扣件

图3-3　扣件形式

② 钢管扣件式脚手架的搭设与拆除。

a. 搭设范围的地基要夯实整平，做好排水处理，如地基土质不好，则底座下垫以木板或垫块。立杆要竖直，相邻两根立杆接头应错开500 mm。

b. 各杆件相交伸出的端头，均应大于100 mm，以防止滑脱。

c. 大横杆在每一面脚手架范围内的纵向水平高低差，不宜超过1皮砖的厚度。同一步内外两根大横杆的接头，应相互错开，不宜在同一跨度间内。在垂直方向相邻的两根大横杆的接头也应错开，其水平距离不宜小于500 mm。

d. 小横杆可紧固于大横杆上，靠近立杆的小横杆可紧固于立杆上。双排脚手架小横杆靠墙的一端应离开墙面50～150 mm。

e. 连墙杆每3步5跨设置一根，其作用是防止脚手架外倾，同时增加立杆的纵向刚度，如图3-4所示。

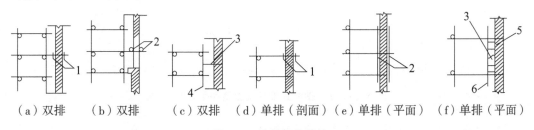

（a）双排　　　（b）双排　　　（c）双排　　　（d）单排（剖面）　（e）单排（平面）　（f）单排（平面）

图3-4　连墙杆的做法

1—扣件；2，6—短钢管；3—铅丝与墙内埋设的钢筋环拉住；4—顶墙横杆；5—木楔

f. 剪刀撑的设置要求：24 m以下的脚手架宜每隔6跨设置一道剪刀撑，从两端转角处起由底至顶连续布置；24 m以上的双排脚手架应在外面整个长度和高度上连续设置剪刀撑；每副剪刀撑跨越立杆的根数不应超过7根，与地面所成角度为45°～60°。

g. 拆除钢管扣件式脚手架时，应按照自上而下的顺序，逐根往下传递，不要乱扔。拆下的钢管和扣件应分类整理存放，损坏的要进行整修。钢管应每年刷一次漆，防止生锈。

2）碗扣式钢管脚手架

碗扣式钢管脚手架或称多功能碗扣型脚手架，其立杆与水平杆靠特制的碗扣接头连接，如图3-5所示。碗扣式钢管脚手架的主要构配件由立杆、顶杆、横杆、斜杆和底座等组成，如图3-6所示。立杆和顶杆各有两种规格，在杆上均焊有间距为600 mm的下碗扣，每一碗扣接头可同时连接4根横杆，横杆可相互垂直亦可组成其他角度，因而可以搭设各种形式脚手架，立杆接长时，接头应错开，至顶层再用两种顶杆找平。

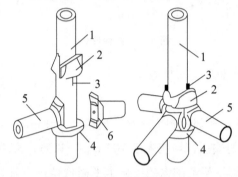

图3-5　碗扣接头

1—立杆；2—上碗扣；3—限位销；4—下碗扣；5—横杆；6—横杆接头

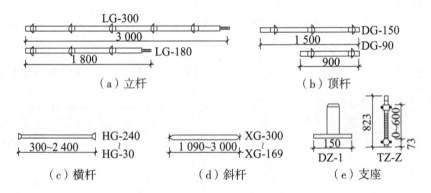

（a）立杆　　　　（b）顶杆

（c）横杆　　　　（d）斜杆　　　　（e）支座

图3-6　碗扣式脚手架主要构配件

碗扣分上碗扣和下碗扣。下碗扣焊在钢管上，上碗扣对应地套在钢管上。其销槽对准焊在钢管上的限位销即能上下滑动。连接时，只需将横杆接头插入下碗扣内，将上碗扣沿限位销扣下，并顺时针旋转，靠上碗扣螺旋面使之与限位销顶紧，从而将横杆和立杆牢固地连在一起，形成框架结构。

碗扣式钢管脚手架特别适合于搭设扇形表面及高层建筑施工和装修两用外脚手架，还可作为模板的支撑，特别是高架路面模板的支撑。

3）门式钢管脚手架

门式钢管脚手架又称多功能门式脚手架，是目前国际应用最普遍的脚手架之一。作为高层建筑施工的脚手架及各种支撑物件，它具有安全、经济、搭设拆除效率高的特点。

① 门式钢管脚手架的构造及主要部件。

门式钢管脚手架由门式框架、剪刀撑和水平梁架或脚手板构成基本单元，如图 3-7 所示。将基本单元连接起来(或增加梯子和栏杆等部件)即构成整片脚手架，如图3-8 所示。

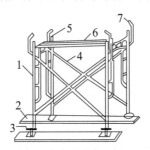

图 3-7 门式脚手架的基本单元

1—门架；2— 平板；3—螺旋基脚；4—剪刀撑；5— 连接棒；6— 水平梁架；7—锁臂

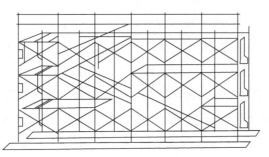

图 3-8 整片门式脚手架

门式钢管脚手架的搭设高度一般限制在 45 m 以内。施工荷载限定为均布载荷 1816 N/m^2，或作用于脚手板跨中的集中荷载为 1916 N。

门式钢管脚手架的主要部件如图 3-9 所示。

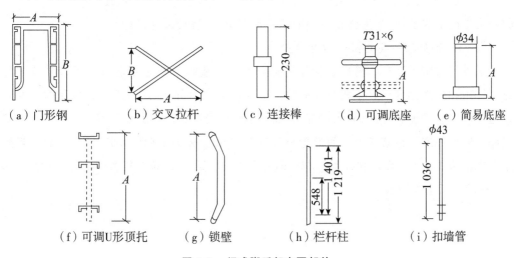

（a）门形钢　（b）交叉拉杆　（c）连接棒　（d）可调底座　（e）简易底座

（f）可调U形顶托　（g）锁壁　（h）栏杆柱　（i）扣墙管

图 3-9 门式脚手架主要部件

　　门式脚手架之间的连接是采用方便可靠的自锚结构（见图 3-10），常用形式为制动片式和偏重片式两种。

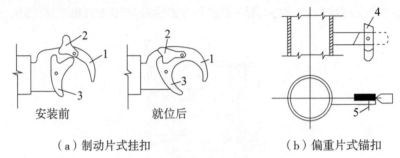

安装前　　　　就位后

（a）制动片式挂扣　　　　　（b）偏重片式锚扣

图 3-10　　门式脚手架连接形式

1— 固定片；2— 主制动片；3— 被制动片；4—φ10 mm 圆钢偏重片；5— 铆钉

　　a. 制动片式。如图 3-10(a) 所示，在挂扣的固定片上，铆有主制动片和被制动片。安装前二者脱开，就位后被制动片逆时针方向转动卡住横梁，主制动片即自行落下将被制动片卡住，使脚手板（或水平梁架）自锚于门架横梁上。

　　b. 偏重片式。如图 3-10(b) 所示，用于门架与剪刀撑的连接，在门架竖管上焊一段端头开槽的 φ12 mm 圆钢，槽呈坡形，槽内设一偏重片（用 φ10 mm 圆钢制威，厚 2 mm)，在其近端处开一椭圆形孔。安装时置于虚线位置，其端部斜面与槽内斜面相合，不会转动，而后装入剪刀撑，就位后将偏重片稍向外拉，自然旋转到实线位置而自锚。

　　② 门式钢管脚手架搭设的一般程序。

　　铺放垫木（板）→ 拉线、放底座 → 自一端起立门架并随即装剪刀撑 → 装水平梁架（或脚手板）→ 装梯子 →（需要时，装设通常的纵向水平杆）→ 装设连墙杆 → 照上述步骤，逐层向上安装 → 装加强整体刚度的长剪刀撑 → 装设顶部栏杆。

　　③ 门式钢管脚手架的搭设与拆除。

　　搭设门式脚手架时，基底必须先平整夯实。外墙脚手架必须通过扣墙管与墙体拉结，并用扣件把钢管和处于相交方向的门架连接起来，如图 3-11 所示。整片脚手架必须适量放置水平加固杆（纵向水平杆），前 3 层要每层设置，如图 3-12 所示。3 层以上则每隔 3 层设一道。在架子外侧面设置长剪刀撑（φ48 mm 脚手钢管，长 6 ～ 8 m），其高度和宽度为 3 ～ 4 个步距和柱距，与地面夹角为 45°～ 60°，相邻长剪刀撑之间相隔 3 ～ 5 个柱距，沿全高布置。

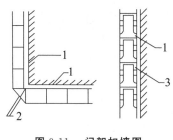

图 3-11 门架扣墙图

1— 扣墙管；2— 钢管；3— 门形架

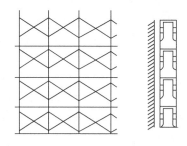

图 3-12 防不均匀沉降的整体加固做法

使用连墙管或连墙器将脚手架和建筑结构紧密连接，连墙点的最大间距在垂直方向为 6 m，在水平方向为 8 m。高层脚手架应增加连墙点布设密度。连墙点一般做法如图 3-13 所示。

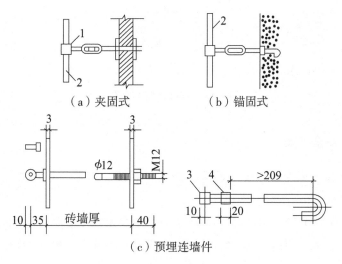

（a）夹固式 （b）锚固式

（c）预埋连墙件

图 3-13 连墙点的一般做法

1— 扣件；2— 门架立杆；3— 接头螺钉；4— 连接螺母 M12

脚手架在转角处必须与墙连接牢靠，并利用钢管和回转扣件把处于相交方向的门架连接起来。

拆除门式脚手架时应自上而下进行，部件拆除顺序与安装顺序相反，不允许将拆除的部件直接从高空掷下。应将拆下的部件分品种捆绑后，使用垂直吊运设备将其运至地面，集中保管。

（2）里脚手架

里脚手架搭设于建筑物内部，每砌完一层墙后，即将其转移到上一层楼面，进行新的一层砌体砌筑，也可用于内外墙的砌筑和室内装饰施工。由于里脚手架在使用过程中不断转移施工地点，装拆频繁，故要求轻便灵活、装拆方便。其结构形式有折叠式、支柱式和门架式等多种，如图 3-14、图 3-15、图 3-16 所示。

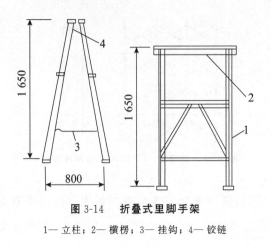

图 3-14 折叠式里脚手架

1— 立柱；2— 横楞；3— 挂钩；4— 铰链

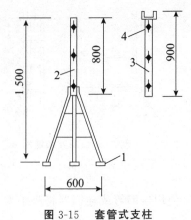

图 3-15 套管式支柱

1— 支脚；2— 立管；3— 插管；4— 销孔

（a）竹马凳

（b）木马凳

（c）钢马凳

图 3-16 马凳式里脚手架

3.2.3 脚手架的安全措施

确保脚手架使用安全是施工中的重要问题，因此，脚手架使用中一般应做好以下几个方面的问题：

① 做好安全宣传教育，制定安全措施，按照安全技术规程搭设、使用和拆除脚手架。

② 使用脚手架时必须沿外墙设置安全网，以防材料下落伤人和高空操作人员坠落。

③ 架设安全网时，其伸出墙面宽度应不小于 2 m，外口要高于里口 500 mm，两网搭接应扎接牢固，每隔一定距离应用拉绳将斜杆与地面锚桩拉牢，如图 3-17 所示。

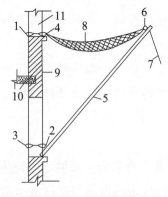

图 3-17 安全网搭设

1，2，3—水平杆；4—内水平杆；5—斜杆；6—外水平杆；7—拉绳；

8—安全网；9—外端；10—模板；11—窗口

④ 高层、多层建筑使用外脚手架施工时，要挂设安全网。建筑物低于 3 层时，安全网从地面上撑起，距地面约 3～4 m；建筑物在 3 层以上时，安全网应随外墙砌高而逐层上升，每升一次为一个楼层的高度。砌体高度大于 4 m 时，要开始设安全网。有出入口处架设安全网，在网上应加铺竹席一层，以保证安全。

⑤ 脚手架搭设人员必须是经过按现行国家标准《特种作业人员安全技术考核管理规则》(GB5036) 考核合格的专业架子工。上岗人员应定期体检，合格者方可持证上岗。

⑥ 在搭设和使用过程中，要经常进行检查，暂停工程复工和大风、大雨，大雪后对脚手架须进行全面的检查，发现倾斜、沉陷、悬空，接头松动、扣件破裂、杆件折裂等，应及时加固。

⑦ 在脚手架使用期间。严禁拆除下列杆件：主节点处的纵、横向水平杆，纵、横向扫地杆；连墙杆。

⑧ 钢脚手架（包括钢井架、钢龙门架、钢独脚拔杆提升架等）不得搭设在距离 35 kV 以上的高压线路 4.5 m 以内和 1～10 kV 的高压线路 2 m 以内的区域，否则使用期间应断电或拆除电源。

⑨ 金属及其他脚手架，在山区以及高于附近建筑物的地方，雷雨季节应设置防雷装置。钢脚手架的防雷措施是用接地装置与脚手架连接，一般每隔 50 m 设置一处。最远点到接地装置脚手架上的过渡电阻不应超过 10 Ω。

⑩ 金属脚手架上设置电焊机等电器设备时，应放在干燥的木板上。施工用电线路须按安全规定架设。

⑪ 搭拆脚手架时，地面应设围栏和禁戒标志，并派专人看守。严禁非操作人员入内。脚手架的拆除作业应按确定的拆除程序进行。连墙杆应在位于其上的可拆杆件都拆除之后才能拆除。拆下的杆配件应以安全的方式运出和吊下，严禁向下抛掷。在拆除过程中，应做好配合、协调动作，禁止单人进行拆除较重杆件等危险性作业。

3.3 垂直运输机械

3.3.1 井架

在垂直运输过程中，井架是施工中最常用的，也是最为简便的运输设施。井字架的特点是稳定性好，运输量大，可以搭设较大的高度，除用型钢或钢管加工的定型井架之外，还可用脚手架材料搭设而成。井架多为单孔井架，但也可构成两孔或多孔井架。井架通常带一个超重臂和吊盘。井架内设吊盘（也可在吊盘下加设混凝土料斗），两孔或三孔井架可分别设吊盘和料斗，以满足同时运输多种材料的需要。起重臂起重能力为 5～10 kN，在其外伸工作范围内也可做小距离的水平运输。吊盘起重量为 10～15 kN，其中可放置运料的手推车或其他散装材料。搭设高度可达 40 m，需设缆风绳保持井架的稳定。图 3-18 是用角钢制作的井架构造图。

3.3.2 龙门架

龙门架是由两立柱及天轮梁（横梁）构成。立柱是由若干个格构柱用螺栓拼装而成，而格构柱是用角钢及钢管焊接而成或直接用厚壁钢管构成门架。门架上设滑轮、导轨、吊盘、缆风绳等，进行材料、机具和小型预制构件的垂直运输。如图 3-19 所示。龙门架构造简单、制作容易、用材少。装拆方便，但刚度和稳定性较差，超重高度一般为 15 ～ 30 m。根据立柱结构不同，其起重量为 5 ～ 12 kN，适用于中小型工程。

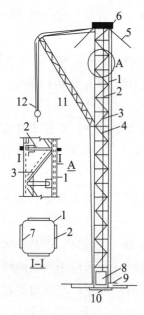

图 3-18   角钢井架

1— 立柱；2— 平撑；3— 斜撑；4— 钢丝绳；5— 缆风绳；6— 天轮；7— 导轨；8— 吊盘；9— 地轮；10— 垫木；11— 摇臂拔杆；12— 滑轮组

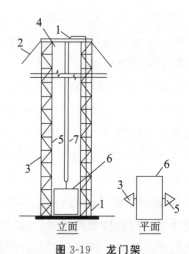

图 3-19   龙门架

1— 滑轮；2— 缆风绳；3— 立杆；4— 横梁；5— 导轨；6— 吊盘；7— 钢丝绳

3.3.3 塔式起重机

塔式起重机的起重臂安装在塔身顶部，它具有提升、回转、水平运输等功能，具有较大的工作空间，不仅是重要的吊装设备，而且也是重要的垂直运输设备，尤其在吊运长、大、重的物料时有明显的优势。故在可能条件下宜优先选用。常用的塔式起重机的类型有轨道式塔式起重机、轮胎式塔式起重机、爬升式塔式起重机和附着式塔式起重机（见图 3-20）等。

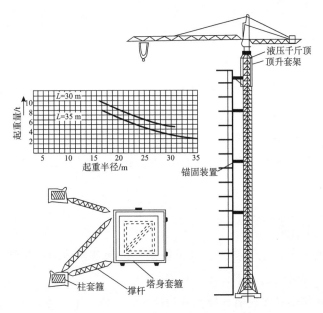

图 3-20 QT₄-10 型附着式塔式起重机

3.3.4 施工电梯

目前，在高层建筑施工中常采用人货两用的建筑施工电梯，又称人货施工电梯。施工电梯的吊笼装在井架外侧，沿齿条式轨道升降，并设有紧急制动装置。架身附着在外墙或其他建筑物结构上，载重量达 1.0～1.2 t，可容纳 12～15 人。施工电梯的高度随着建筑物主体结构施工而增加，最高可达 100 m，如图 3-21 所示。

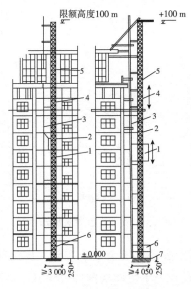

图 3-21 建筑施工电梯

1— 吊笼；2— 小吊杆；3— 架设安装杆；4— 平衡箱；5— 导轨架；6— 底笼；7— 混凝土基础

3.4 砌体施工工艺

砌体除应采用符合质量要求的原材料外，还必须有良好的砌筑质量，以使砌体有良好的整体性、稳定性和良好的受力性能，一般要求灰缝横平竖直、砂浆饱满、厚薄均匀、上下错缝，内外搭砌、接楼牢固、墙面垂直；要预防不均匀沉降引起开裂；要注意施工中墙、柱的稳定性；冬期施工时还要采取相应的措施。

3.4.1 砖砌体施工

（1）砖墙的组成形式

砖砌体的组砌要求：上下错缝，内外搭接，以保证砌体的整体性，同时组砌要有规律，少砍砖，以提高砌筑效率，节约材料。

普通砖墙的砌筑形式主要有6种：一顺一丁、三顺一丁、梅花丁、二平一侧、全顺式和全丁式。

① 一顺一丁。一顺一丁砌法是一皮全部顺砖与一皮全部丁砖相互间隔砌成，上下皮间的竖缝相互错开1/4砖长，如图3-22(a)所示。

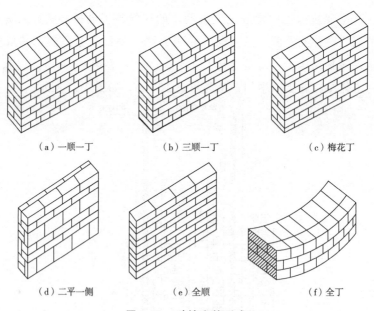

（a）一顺一丁　　　　（b）三顺一丁　　　　（c）梅花丁

（d）二平一侧　　　　（e）全顺　　　　（f）全丁

图3-22　砖墙砌筑形式

② 三顺一丁。三顺一丁砌法是三皮全部顺砖与一皮全部丁砖间隔砌成，上下皮顺砖与丁砖间竖缝错开1/4砖长，上下皮顺砖间竖缝错开1/2砖长，如图3-22(b)所示。

③ 梅花丁。梅花丁砌法是每皮丁砖与顺砖相隔。上皮丁砖坐中于下皮顺砖，上下皮间竖缝相互错开1/4砖长，如图3-22(c)所示。

④ 二平一侧法。二平一侧法是两皮砖平砌与一皮砖侧砌的一种方法。这种砌法主要用于砌筑 180 mm 的外墙和内墙，如图 3-22(d) 所示。

⑤ 全顺砖法。全顺砌法是每皮都用顺砖砌筑，上下皮竖缝相互错开 1/2 砖长，这种砌法仅适用于砌筑半砖墙，如图 3-22(e) 所示。

⑥ 全丁砌法。全丁砌法是全部用丁砖砌筑，这种砌法仅适用于圆弧形砌体(如水池、烟筒、水塔)，如图 3-22(f) 所示。

为了使砖墙的转角处各皮间竖缝相互错开，必须在外角处砌七分头砖(3/4 砖长)。

当采用一顺一丁组砌时，七分头的顺面方向依次砌顺砖。丁面方向依次砌丁砖，如图 3-23(a) 所示。

砖墙的丁字接头处，应分皮相互砌通，内角相交处竖缝应错开 1/4 砖长，并在横墙端头处加砌七分头砖，如图 3-23(b) 所示。

砖墙的十字接头处，应分皮相互砌通，交角处的竖缝应相互错开 1/4 砖长，如图 3-23(c) 所示。

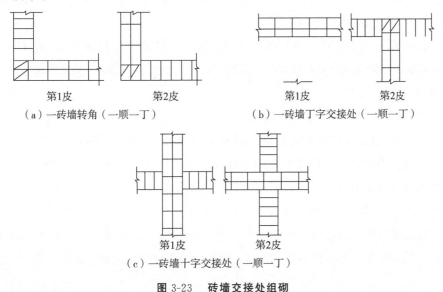

图 3-23　砖墙交接处组砌

(2) 砖基础组砌形式

砖基础有带形基础和独立基础，基础下部扩大部分称为大放脚，上部分称为基础墙。

大放脚有等高式和不等高式两种：等高式大放脚是两皮一收，两边各收进 1/4 砖长；不等高大放脚是两皮一收和一皮一收相间隔，两边各收进 1/4 砖长。大放脚一般采用一顺一丁砌法，竖缝要错开，要注意十字及丁字接头处砖块的搭接，在这些交接处，纵横墙要隔皮砌通；大放脚的最下一皮及每层的最上一皮应以丁砌为主，如图 3-24 所示。

在大放脚下面为基础地基，地基一般用灰土、碎砖三合土或混凝土等。在墙基顶面应设防潮层。防潮层宜 1:25 水泥砂浆加适量的防水剂铺设，其厚度一般为 20 mm，位置在底层室内地面以下一皮砖处，即离底层室内地面下 60 mm 处。

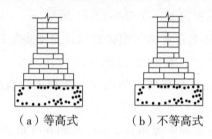

（a）等高式　　　（b）不等高式

图 3-24　基础大放脚形式

（3）砖砌体的施工工艺

1）砌筑方法

砖砌体的砌筑方法有"三一"砌砖法、挤浆法、刮浆法和满口灰法。其中"三一"砌砖法和挤浆法最为常用。

"三一"砌砖法即是一块砖，一铲灰、一揉压并随手将挤出的砂浆刮去的砌筑方法。实心砖砌体宜采用"三一"砌砖法。

挤浆法即用灰勺、大铲或铺灰器在墙顶上铺一段砂浆。然后双手拿砖或单手拿砖，用砖挤入砂浆中一定厚度之后把砖放平，达到下齐边、上齐线、横平竖直的要求。

2）砌筑的施工过程

砌筑的施工过程为抄平、放线、摆砖、立皮数杆、盘角挂线、砌砖、勾缝处理等。

① 抄平。砌墙前应在基础防潮层或楼面上定出各层高程，并用 M7.5 水泥砂浆或 C10 细石混凝土找平，使各段砖墙底部高程符合设计要求。找平时，应使上下两层外墙之间不致出现明显的接缝。

② 放线。确定各段墙体砌筑的位置。根据轴线桩或龙门板上轴线位置，在做好的基础顶面，弹出墙身中线及边线，同时弹出门洞口的位置。二层以上墙的轴线可以用经纬仪或锤球将轴线引上，并弹出各墙的轴线、边线、门窗洞口位置线。如图 3-25 所示。

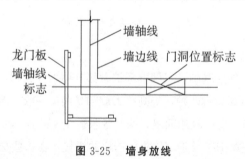

图 3-25　墙身放线

③ 摆砖。摆砖，又称摆脚，是指在放线的基面上按选定的组砌方式用干砖试摆。目的是校对所放出的墨线在门窗洞口、附墙垛等处是否符合砖的模数，以尽可能减少砍砖，并使砌体灰缝均匀，组砌得当。一般在房屋外纵墙方向摆顺砖，在山墙方向摆

丁砖，摆砖由一个大角摆到另一个大角，砖与砖留 10 mm 缝隙。

④ 立皮数杆。皮数杆是指在其上画有每皮砖和砖缝厚度以及门窗洞口、过梁、模板、梁底、预埋件等高程位置的一种木制标杆，如图 3-26 所示。它是砌筑时控制砌体竖向尺回寸的标志。皮数杆一般立于房屋的四大角、内外墙交接处、楼梯间以及洞口多的地方，在没有转角的较长墙体上大约每隔 10～15 m 立根。皮数杆上的 ±0.000 要与房的 ±0.000 相吻合。

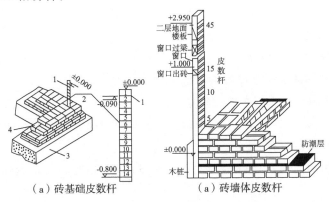

图 3-26　皮数杆

1— 防潮层；2— 皮数杆；3— 垫层；4— 大放脚

⑤ 盘角、挂线。墙角是控制墙面横平竖直的主要依据，所以，一般砌筑时应先砌墙角，墙角砖层高度必须与皮数杆相符合，做到"三皮一吊，五皮一靠"。墙角必须双向垂直。墙角砌好后，即可挂小线，作为砌筑中间墙体的依据，为保证砌体垂直平整，砌筑时必须挂线，一般 240 mm 厚墙可单面挂线，370 mm 厚墙及以上的墙则应双面挂线。

⑥ 砌砖。砖砌体最为常用的砌筑方法为"三一"砌砖法和挤浆法。"三一"砌砖法的优点是灰缝容易饱满、黏结性好、墙面整洁。挤浆法的优点：可以连续挤砌几块砖，减少烦琐的动作；平推平挤可使灰缝饱满；效率高；保证砌筑质量。砖砌体水平灰缝砂浆饱满度不得低于 80％，使其砂浆饱满，严禁用水冲浆灌缝。

⑦ 勾缝处理。勾缝是砌体工程的最后一道工序，具有保护墙面和增加墙面美观的作用。内墙或混水墙可采用砌筑砂浆随砌随勾缝，称为原浆勾缝。清水墙应采用 1：(1.5～2)的水泥砂浆勾缝，称为加浆勾缝。墙面勾缝应横平竖直、深浅一致、搭接平整，不得有丢缝、开裂和黏结不牢等现象。砖墙勾缝通常有凹缝、凸缝、斜缝和平缝。宜采用凹缝或平缝，凹缝深度一般为 4～5 mm。勾缝完毕后，应进行墙面、柱面和落地灰的清理。

(4) 砌砖施工中的技术要求

1) 楼层高程的传递及控制

在房屋建筑中，楼层或楼面高程向下向上传递常用的方法有以下几种：

① 皮数杆传递。

② 用钢尺沿一墙角的 ±0.000 m 高程起向上直接丈量传递。

每层楼墙砌到一定高度（一般为 1.2 m）后，用水准仪在各内墙面分别进行抄平，并在墙面上弹出离室内建筑地面（建筑地面是结构楼地面加上楼地面建筑做法厚度）高 500 mm 的水平线，俗称"50 线"。这条线可作为该楼层地面和室内装修施工时，控制高程的依据。

2）临时施工洞口留设

在墙上留置的临时施工洞口，其侧边离交接处的墙面不应小于 500 mm，洞口净宽度不应超过 1 m。抗震设防烈度为 9 度地区建筑物的临时施工洞口的位置，应会同设计单位研究决定。临时施工洞口应做好补砌。

3）设置脚手眼的注意事项

不得在下列墙体或部位中设置脚手眼：

① 120 mm 厚墙、料石清水墙和独立柱；

② 过梁上与过梁成 60° 角的三角形范围内及过梁净跨度 1/2 的高度范围内；

③ 宽度小于 1 m 的窗间墙；

④ 砌体门窗洞口两侧 200 mm（石砌体为 300 mm）和转角处 450 mm（石砌体为 600 mm）的范围内；

⑤ 梁或梁垫下及其左右 500 mm 的范围内；

⑥ 设计不允许设置脚手架的部位。

施工脚手眼补砌时，灰缝应填满砂浆，不得用干砖填塞。外墙脚手眼需用混凝土填补密实，防止该部位出现渗漏。

4）防止墙体出现不均匀沉降

若房屋相邻高差较大时，应先建高层部分；分段施工时，砌体相邻施工段的高差，不得超过一个楼层，也不得大于 4 m，柱和墙上严禁施加大的集中荷载（如架设起重机），以减少灰缝变形而导致砌体沉降。现场施工时，砖墙每天砌筑的高度不宜超过 1.8 m，雨天施工时，每天砌筑高度不宜超过 1.2 m。

5）墙体缝隙处理

每层承重墙最上一皮砖、梁或梁垫下面的砖应用丁砖砌筑。隔墙和填充墙的顶面与上部结构接触处宜用 20～30 mm 缝隙，用浸泡了防腐剂的木楔子每间隔 1000 mm 左右对称塞紧并用砂浆填实。

6）空心砖墙的技术要求

非承重空心砖墙应侧砌，其空洞呈水平方向，上、下皮垂直灰缝相互错开 1/2 砖长，非承重空心砖墙，其底部应至少砌 3 皮实心砖，在门口两侧一砖长范围内，也应用实心砖砌筑。砌筑时在不够整砖处，如无半砖规格，可用普通黏土砖补砌。承重空心砖的孔洞应沿垂直方向砌筑，且长圆孔应顺墙方向。半砖厚的空心砖隔墙，如墙较高，应在墙的水平灰缝中加设 $2\phi6$ mm 钢筋或每隔一定高度砌几皮实心砖带。

空心砖墙与烧结普通砖交接处，应以普通砖墙引出不小于 240 mm 长与空心砖墙相连接，并每隔 2 皮空心砖高在交接处的水平缝中设置 $2\phi6$ mm 钢筋作为拉结筋，拉结筋在空心砖墙中的长度不小于空心砖加 240 mm，如图 3-27 所示。

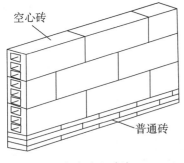
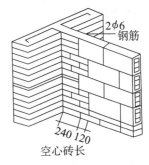

（a）空心砖墙　　　　　　　（b）空心砖与烧结普通砖拉结筋示意图

图 3-27　空心砖墙及其拉结筋

（5）砖砌体的质量要求

砖砌体的基本质量要求为横平竖直、砂浆饱满、上下错缝、接槎可靠。

砖砌体组砌方法应正确，上下错缝，内外搭接，砖柱不得有包心砌法。

检查数量：外墙每 20 m 抽查 1 处，每处 3～5 m，且不少于 3 处；内墙按有代表性的自然间抽 10%，但不应少于 3 间。

检查方法：观察检查。

合格标准：除符合本条要求外，清水墙、窗间墙无通缝；混水墙中长度大于或等于 300 mm 的通缝每间不超过 3 处，且不得位于同一面墙体上。

砖和砂浆的强度等级必须符合设计要求。

抽检数量：每一生产厂家的砖到现场后，按烧结砖 15 万块、多孔砖 5 万块、灰沙砖及粉煤灰砖 10 万块各为一验收批，抽检数量为 1 组。

检验方法：查砖和砂浆试块试验报告。

砖砌体的水平灰缝厚度和竖缝厚度一般为 10 mm，但不小于 8 mm，也不大于 12 mm。其水平灰缝的砂浆饱满度不应低于 80%。

抽检数量：每检验批抽查不应少于 5 处。

检验方法：用百格网检查砖底面与砂浆的黏结痕迹面积。每处检验 3 块砖，取其平均值。质量检查用工具见图 3-28。

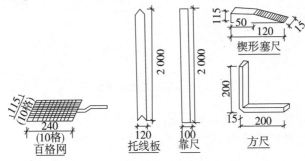

图 3-28　质量检查用工具

砖砌体的转角处和交接处应同时砌筑，严禁无可靠措施的内外墙分砌施工。对不能同时砌筑而又必须留置的临时间断处，应砌成斜槎（见图3-29），斜槎水平投影长度不小于高度的2/3。砖砌体接槎时，必须将接槎处的表面清理干净，浇水湿润，并应填筑砂浆，保持灰缝平直。

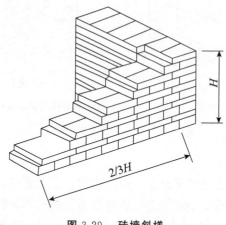

图 3-29　砖墙斜槎

抽检数量：每检验批抽20%接槎，且不应少于5处。

检验方法：观察检查。

非抗震设防及抗震设防烈度为6度、7度地区的临时间断处，当不能留斜槎时，留直槎，但直槎必须做成凸槎。留直槎处应加设拉结筋，拉结筋的数量为每120 mm墙厚放置1根 $\phi6$ 拉结钢筋（120 mm墙厚放置 $2\phi6$ 拉结钢筋），间距沿墙高不应超过500 mm。埋入长度从墙的留槎处算起每边均不应小于500 mm；对抗震设防烈度为6度、7度地区，不应小于1000 mm。末端应有90°弯钩，如图3-30所示。

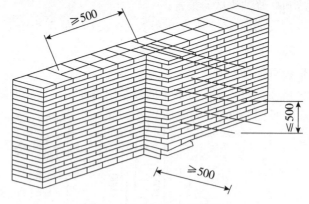

图 3-30　隔墙与墙的接槎

抽检数量：每检验批抽20%接槎，且不应少于5处。

检验方法：观察和尺量检查。

合格标准：留槎正确，拉结钢筋设置数量、直径正确，竖向间距偏差不超过100 mm，留置长度基本符合规定。

砖砌体的位置及垂直度允许偏差应符合表 3-2 的规定。

表 3-2　砖砌体的位置及垂直度允许偏差(mm)

项次	项目			允许偏差	检验方法
1	轴线位置偏移			10	用经纬仪和尺检查,或用其他测量仪器检查
2	垂直度	每层		5	用 2 m 托线板检查
		全高	≤10 m	10	用经纬仪、吊线和尺检查, 或者用其他测量仪器检查
			>10 m	20	

抽检数量:承重墙、柱的轴线位置全数检查。外墙垂直度全高查阳角不应少于 4 处,每层每 20 m 查一处;内墙的垂直度检查按有代表性的自然间抽 10%,但不应少于 2 处;柱的垂直度检查不少于 5 根。

构造柱和砖组合墙的房屋,应在纵横墙交接处、墙端都和较大洞口洞边设置构造柱,其间距不宜大于 4 m。各层洞口宜设置在对应位置,并宜上下对齐。设有钢筋混凝土构造柱的抗震多层砖房,应先绑扎钢筋。而后砌砖墙,最后浇筑混凝土。构造柱与墙体的连接处应砌成马牙槎,马牙槎应先退后进,如图 3-31 所示。预留的拉结钢筋应位置正确,施工中不得任意弯折。墙与柱应沿高度方向每 500 mm 设 $2\phi6$ 钢筋,每边伸入墙内不应少于 1 m,构造柱应与圈梁连接。

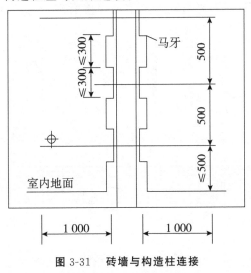

图 3-31　砖墙与构造柱连接

抽检数量:每检验批抽 20% 构造柱,且不少于 3 处。

检验方法:观察检查。

合格标准:钢筋竖向位移不超过 100 mm,每一马牙槎沿高度方向的尺寸不超过 300 mm。钢筋竖向位移和马牙槎尺寸偏差每一构造柱不应超过 2 处。

3.4.2 毛石砌体施工

3.4.3 中、小型砌块施工

(1) 编制砌块排列图

砌块施工前，应根据施工图纸的平面、立面尺寸，先绘出小型砌块排列图。在立面图上按比例绘出纵横墙。标出模板、大梁、过梁、楼梯、孔洞等位置，在纵横墙上绘出水平灰缝线，然后以主规格为主、其他型号为辅，按墙体错缝搭砌的原则和竖缝大小进行排列。

在墙体上大量使用的主要规格砌块，称为主规格砌块；与其他相搭配使用的砌块，称为副规格砌块。砌块排列应遵守的技术要求是：上下皮砌块错缝搭接长度一般为砌块长度的1/2（较短的砌块必须满足这个要求），或不得小于砌块皮高的1/3，以保证砌块牢固搭接；外墙转角处及纵横墙交接处应用砌块相互搭接，如纵横墙不能互相搭接，则应每二皮设置一道钢筋网片。

砌块中水平灰缝厚度应为 10 ~ 20 mm，当水平灰缝有配筋或柔性拉结条时，其灰缝厚度应为 20 ~ 25 mm。竖缝的宽度为 15 ~ 20 mm，当竖缝宽度大于 30 mm 时，应用强度等级不低于C20的细石混凝土填实；当竖缝宽度大于或等于 150 mm 或楼层高不是砌块加灰缝的整数倍时，都要用黏土砖镶砌。需要罐砖时，尽量对称分散布置。如图 3-34 所示。

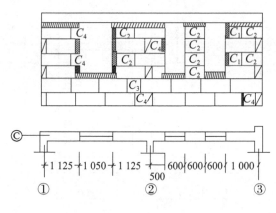

图 3-34　砌块排列图

(2) 中、小型砌块的施工工艺

砌块施工工艺流程主要有以下内容：

①铺灰。砌块墙体所采用的砂浆，应具有较好的和易性；砂浆稠度宜为 50 ~ 80 mm；铺灰应均匀平整，长度一般不超过 5 m，炎热天气及严寒季节应适当缩短。

②砌块吊装就位。吊装砌块一般用摩擦式夹具，夹砌块时应避免偏心。砌块就位时，应使夹具中心尽可能与墙身中心线在同一垂直线上，对准位置徐徐下落于砂浆层

上，待砌块安放稳定后，方可松开夹具。

③校正。砌块吊装就位后，用锤球或托线板检查砌块的垂直度，用拉准线的方法检查砌块的水平度。校正时可用人力轻微推动砌块或用撬杠轻轻撬动砌块。

④灌缝。竖缝可用夹板在墙体内外夹住，然后灌砂浆，用竹片插或用镀棒捣，使其密实。当砂浆收水后，即用刮缝板把竖缝和水平缝刮齐。此后，砌块一般不准撬动，以防止破坏砂浆的黏结力。

⑤镶砖。镶砖工作要紧密融合安装。在砌块校正后进行，严禁在安装好一层墙身后才镶砖。如在一层楼的砌块安装完毕还需镶砖时，最后一皮砖和安装模板梁、檩条等构件下的砖层都必须用丁砖镶砌。

（3）中、小型砌块的施工注意事项

①砌块砌筑时，提前 1~2 d 适当浇水湿润。砌块表面有浮水时，不得施工。

②砌块砌筑应随铺随砌，砌体灰缝应横平竖直。饱满度水平灰缝不得低于 90%，竖向灰缝不得低于 80%。砌筑中不得出现瞎缝、透明缝和假缝。

③墙体转角处和纵横墙交接处应同时砌筑。墙体临时间断处应设在门窗洞口边并砌成斜槎，严禁留直槎。斜槎水平投影长度应大于等于斜槎高度 2/3。非承重隔墙不能与承重墙或柱同时砌筑时，应在连接处承重墙或柱的水平灰缝中预埋 $\phi 4$ mm 钢筋点焊网片（$2\phi 6$ mm 钢筋）做拉结筋，其间距沿墙或柱高不得大于 400 mm，埋入墙内与伸出墙外的每边长度均不小于 600 mm，如图 3-35 所示。

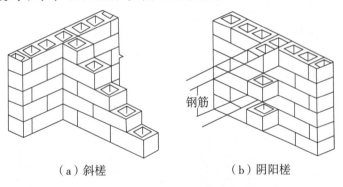

（a）斜槎　　　　　　　　　（b）阴阳槎

图 3-35　小砌块砌体斜槎和阴阳槎

4）墙体分段施工时的分段位置宜设置在伸缩缝、沉降缝、防震缝、构造柱或门窗洞口处。相邻施工段的砌筑高度不得超过一个楼层高度，也不宜大于 4 m。每日砌筑高度宜控制在 1.4 m 或一步脚手架高度范围内。

砌体工程的
安全技术

3.5 砌体工程的安全技术

3.5.1 砖砌体安全技术

3.5.2 毛石砌体安全技术

3.5.3 中、小型砌块安全技术

课后习题

1. 砌筑工程中脚手架眼如何设置？
2. 在砖砌体施工准备工作中是否在任何时候都需要给砖浇水？为什么？
3. 砌体工程的质量要求是什么？
4. 皮数杆的作用是什么？如何设置皮数杆？
5. 毛石砌体工程施工中的安全要求是什么？
6. 砖砌体工程中构造柱如何设置？如何施工？
7. 中小型砌块的施工工艺是什么？
8. 砌体工程的准备工作有哪些？
9. 砌体工程的材料有什么质量要求？
10. 脚手架的作用是什么？

第4章

钢筋混凝土工程

本 章 提 要

本章主要内容有模板工程、钢筋工程施工、混凝土工程施工及钢筋混凝土的质量与安全技术。在模板工程中，主要介绍模板的作用、分类和基本要求，模板的安装与拆除；钢筋工程施工主要介绍钢筋的分类、钢筋的验收与存放，钢筋的冷加工、连接、配料与代换、绑扎与安装，并对钢筋安装进行质量控制及成品保护；混凝土工程施工主要介绍混凝土的施工配料，混凝土的搅拌、运输、浇筑与振捣及混凝土的养护，钢筋混凝土的质量与安全技术主要介绍混凝土质量的检查，混凝土质量缺陷及质量缺陷的防治与处理，钢筋混凝土工程的安全技术。

【教学目标】

（1）知识目标

① 了解模板工程的作用、分类和基本要求，掌握模板的安装与拆除；；

② 了解钢筋的分类、钢筋的验收与存放，掌握钢筋的加工、连接、配料与代换、绑扎与安装，理解钢筋安装进行质量控制及成品保护的具体要求；

③ 了解混凝土工程施工主要介绍混凝土的施工配料，混凝土的搅拌、运输、浇筑与振捣及混凝土的养护，钢筋混凝土的质量与安全技术主要介绍混凝土质量的检查，混凝土质量缺陷及质量缺陷的防治与处理，钢筋混凝土工程的安全技术。

（2）能力目标

① 能根据项目建设做出阶段做好各阶段项目建设的准备工作；

② 能根据已知工程资料编制施工组织设计的大纲；

③ 能根据工程特点运用 BIM 技术编制施工组织总设计应用框架；

④ 能将本知识点简单的用于工程实践环节。

（3）素质目标

① 培养理论结合实践的应用能力；

② 提升相应的专业技术及工程项目管理能力；

③ 提高学生表达沟通能力；

④ 培养学生团队协作精神和卓越工匠精神；

⑤ 树立学生的职业观和道德观。

（4）情感价值提升

① 培养文明诚信、团结协作的职业素养；

② 培养严谨务实的工作作风。

【思维导图】

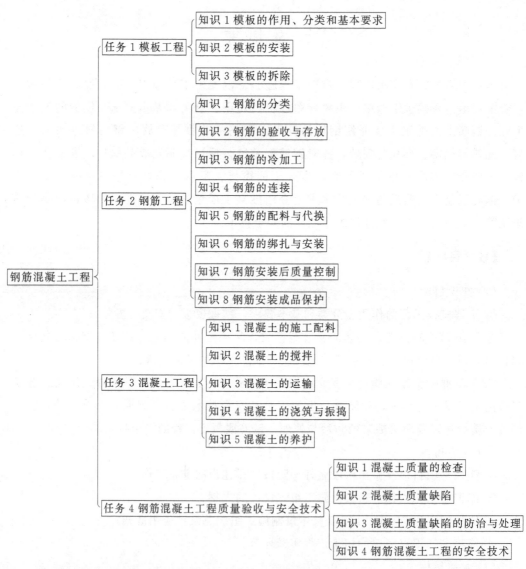

钢筋混凝土工程包括现浇混凝土结构和预制混凝土结构，它是建筑施工中最为常见的施工内容，也是建筑施工中主要的部分。随着建筑施工技术的发展，钢筋混凝土

工程在主体结构施工中的地位将越来越高，其内容包括模板工程、钢筋工程、混凝土工程。本章主要介绍现浇钢筋混凝土施工。其施工程序如图4-1所示。

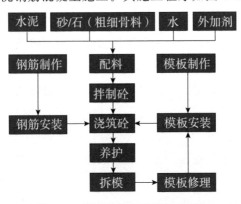

图 4-1 钢筋混凝土工程施工程序

4.1 模板工程施工

模板是使混凝土结构和构件按所要求的几何尺寸和空间位置成型的模型板。模板系统包括模板和支撑系统两大部分，并需一定数量的紧固连接件。在现浇钢筋混凝土结构施工中，对模板的要求是保证工程结构各部分形状尺寸和相互位置的正确性，具有足够的承载能力、刚度和稳定性，构造简单，装拆方便，接缝严密不得漏浆，经济。模板工程量大，材料和劳动力消耗多。正确选择模板形式、材料及合理组织施工对加速现浇钢筋混凝土结构施工和降低工程造价具有重要作用。

4.1.1 模板的作用、分类和基本要求

（1）模板的作用

模板系统主要由模板和支撑系统组成。模板主要是为了使混凝土能够按照设计要求的结构尺寸、形状和大小浇筑成型，同时还能为混凝土构件提供较为光滑的表面，在冬季施工中，模板还可以起到一定的保温作用。模板的支撑系统主要采用钢材支撑，主要是为了承受模板传来的荷载，保证模板能够按照设计要求的空间位置支设牢固，防止模板在混凝土浇筑过程中出现胀模和失稳现象的发生，保证模板在混凝土浇筑和养护过程中具有足够的强度、刚度和稳定性。

（2）模板的分类

模板按照不同的分类依据有不同的分类方法。

按照模板的搭拆方法不同，可分为固定式、移动式和永久式。固定式模板是指一般常用的模板和支撑安装完毕后位置不变动，待所浇筑的混凝土达到规定的强度标准值后，方可拆除的模板。移动式模板是指模板和支撑安装完毕后，随混凝土浇筑而移

动，直到混凝土结构全部浇筑完毕才能拆除的模板。永久式模板是指模板在混凝土浇筑过程中及混凝土强度增加过程中起模板作用。在结构使用过程中与结构连成整体，不再拆除，成为结构组成的一部分，如预制钢筋混凝土薄板、压型钢板模板。

按照模板的规格形式不同，可分为定型模板和非定型模板。

按照模板所使用的材料不同，可分为木模板、钢模板，钢木模板、胶合板模板、塑料模板、玻璃钢模板等。目前，竹胶合板和钢模板应用得比较广泛。

按安装工艺不同，可分为组合式模板、大模板、滑升模板、爬升模板、永久性模板以及飞模、模壳、隧道模等。

按照结构类型可分为基础模板、柱模板、墙模板、梁模板、楼板模板等。

1) 木模板

木模板是传统模板的使用形式，目前除了有些中小工程或工程的某些部位使用木模板以外，基本上以使用钢模板和竹胶合板为主。但是其他形式的模板在构造上可以说是从木模板演变而来的。

木模板及其支架系统一般在加工厂或现场木工棚加工成元件，然后再在现场拼装。图 4-2 所示为基本元件之一拼板的构造。

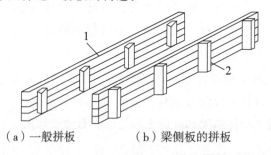

（a）一般拼板　　　（b）梁侧板的拼板

图 4-2　拼版的构造

1— 板条；2— 拼条

拼板由规则的板条用拼条拼钉而成，板条厚度一般为 25 ～ 50 mm，板条宽度不超过 200 mm，以保证干缩时缝隙均匀，浇水后易于密缝。但梁底板的板条宽度不受限制，以减少拼缝，防止漏浆。拼板的拼条一般平放，但梁侧板的拼条立放。拼条的间距取决于新浇混凝土的侧压力和板条的厚度，一般为 400 ～ 500 mm。

2) 钢模板

定型组合钢模板是一种工具式定型模板。由钢模板和配件组成，配件包括连接件和支承件。钢模板通过各种连接件和支承件可组合成多种尺寸、结构和几何形状的模板。施工时可在现场直接组装，亦可预拼装成大块模板或构件模板用起重机吊运安装。

钢模板一般均为具有一定形状和尺寸的定型模板，由钢板和型钢焊接而成。钢模板包括平面模板、阳角模板、阴角模板和连接角模等 4 种(见图 4-3)。

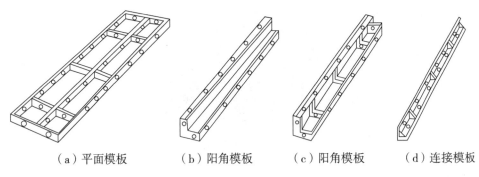

（a）平面模板　　　（b）阳角模板　　　（c）阳角模板　　　（d）连接模板

图 4-3　钢模板

钢模板的主要规格见表 4-1。我国钢模板的宽度以 100 mm 为基数，按照 50 mm 进级；长度以 450 mm 为基数，按照 150 mm 进级；边肋孔距长向为 160 mm，短向为 75 mm，可以横竖向拼接，组拼成以 50 mm 进级的任何尺寸模板。

表 4-1　钢模板的规格

名　称	宽度/mm	长度/mm	肋高/mm
平面模板	300，250，200，150，100	1500，1200，900，750，600，450	55
阳角模板	100×100，50×50		
阴角模板	150×150，100×100		
连接角模	50×50		

钢模板配件中，连接件主要有 U 形卡、L 形插销、钩头螺栓、对拉螺栓、S 形扣件以及碟形扣件等（见图 4-4）。

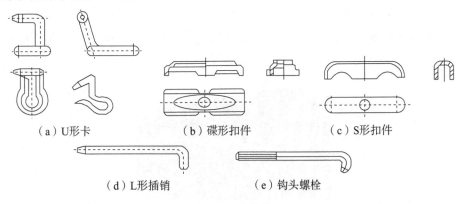

（a）U形卡　　　（b）碟形扣件　　　（c）S形扣件

（d）L形插销　　　　（e）钩头螺栓

图 4-4　连接件

3）组合式模板（见图 4-5）

组合模板是一种工具式的定型模板，由具有一定模数的若干类型的板块、角模、支撑和连接件组成，拼装灵活，可拼出多种尺寸和几何形状，通用性强，适应各类建筑物的梁、柱、板、墙、基础等构件的施工需要，也可拼成大模板、隧道模和台模等。

图 4-5 组合式钢模板

4）覆塑竹胶合模板（见图 4-6）

覆塑竹胶合模板是目前广泛使用的一种模板。有单面覆塑和双面覆塑，规格为 2440～1220 mm，厚度 10～12 mm。竹胶合模板组织严密、坚硬强韧，板面平整光滑，可钻可锯、耐低温高温，可用于施工现浇清水砼专用模板。

图 4-6 竹胶合板模板铺设楼面模板

5）模壳（见图 4-7）

是用于钢筋砼密肋楼板的一种工具式模板。密肋楼板由薄板与间距较小的密肋组成，模板的拼装难度大，且不经济。采用塑料或玻璃钢按密肋楼板的规格尺寸加工成需要的模壳，则具有一次成型、多次周转的便利。

图 4-7 模壳成品

6）永久性模板（见图 4-8）

又称一次消耗模板，即在现浇砼结构浇筑后不再拆除，有的模板与现浇结构叠合成共同受力构件。永久性模板分为压型钢板和配筋的砼薄板两种，多用于现浇钢筋砼楼（屋）面板，永久性模板简化了现浇结构的支模工艺，改善了劳动条件，节约了拆模用工，加快了工程进度，提高了工程质量。

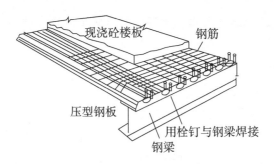

图 4-8　永久性模板

7) 工具式支撑

是采用各种工具式的定型桁架、支撑、托具、卡具等组成模板的支架系统，节约材料、扩大施工空间、加快施工进度。

① 桁架（见图 4-9）。可搁置在墙上、梁侧模板横档上，以支撑梁或板的模板。组合式桁架使用时两榀一组，跨度可调范围为 2.5～3.5 m。荷重较大时可多榀成组排放；结构跨度超过桁架最大跨度时，可在中间加支柱后连续安装桁架。

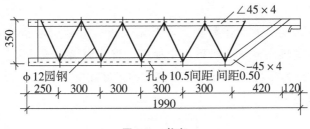

图 4-9　桁架

② 支柱（见图 4-10）。常用支柱一为顶撑，二为井架。顶撑有木制琵琶撑和活动式钢管支撑，活动钢管支撑的可调高度为 1.5～3.6 m，每挡调节高度为 100 mm。荷重较大或高度较大时，一般搭设扣件式钢管井架或排架。

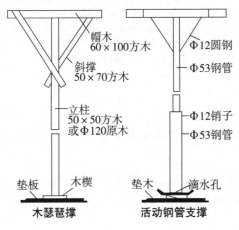

图 4-10　支柱

③ 夹具及卡具：常用的有工具式柱箍和组合式梁卡具。柱箍亦称定位夹箍，用角钢、槽钢、扁钢或木方制成，是直接支承或夹紧各类柱模的支承件。

（3）模板的基本要求

模板及其支架应根据工程结构形式、荷载大小，地基土类别、施工设备和材料供应等条件进行设计。模板及其支架应具有足够的承载能力、刚度和稳定性，能可靠地承受浇筑混凝土的重量、侧压力以及施工荷载。还应该符合下列规定：

① 能够保证工程结构和构件各部分形状尺寸及相互位置的正确；

② 构造简单，装拆方便，并便于钢筋的绑扎、安装和混凝土的浇筑、养护等要求；

③ 模板的接缝不应漏浆；

④ 模板与混凝土的接触面应涂隔离剂；

⑤ 对模板及其支架应定期维修，钢模板及钢支架应防止锈蚀。

4.1.2 模板的安装

（1）基础模板

基础的特点是高度不大而体积较大，基础模板一般利用地基或基槽（坑）进行支撑。如土质良好，基础的最下一级可不用模板，直接原槽浇筑混凝土。安装时，要保证上下模板不发生相对位移。如为杯形基础，则还要在其中放入杯口模板，图 4-11 所示为阶梯形基础模板。

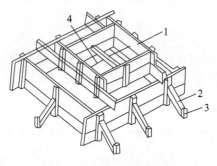

图 4-11　阶梯形基础模板
1— 拼板；2— 斜撑；3— 木桩；4— 铁丝

（2）柱模板安装

① 工艺流程：弹柱位置线 → 抹找平层做定位墩 → 安装柱模板 → 安装柱箍 → 安拉杆或斜撑 → 办理预检。

② 接高程抹好水泥砂浆找平层，按位置线做好定位墩台，以便保证柱轴线、边线与高程的准确，或者按照放线位置，在柱四边离地 5～8 cm 处的主筋上焊接支杆，从四面顶住模板以防止位移。

③ 安装柱模板：通排柱，先装两端柱，经校正、固定、拉通线校正中间各柱。模

板按柱子大小，预拼成一面一片(一面的一边带二个角模)，或两面一片，就位后先用铅丝与主筋绑扎临时固定，用U形卡将两侧模板连接卡紧，安装完两面再安另外两面模板。钢模板之间应加海绵条夹紧，防止漏浆。

④ 安装柱箍：柱箍可用角钢、钢管等制成，柱箍应根据柱模尺寸、混凝土侧压力大小，在模板设计中确定柱箍尺寸间距。

⑤ 安装柱模的拉杆或斜撑：柱模每边设2根拉杆，固定于事先预埋在模板内的钢筋环上，用经纬仪控制，用花篮螺栓调节校正模板垂直度。拉杆与地面夹角宜为45°，预埋的钢筋环与柱距离宜为3/4柱高。柱高4m或4m以上时，一般应四面支撑，柱高超过6m时，不宜单柱支撑，宜几根柱同时支撑连成构架。

⑥ 柱模与梁模连接处应保证柱模的长度符合模数，不符合部分应作节点处理；或以梁底高程为准，由上往下配模，不符合模数的部分放到柱根处。

⑦ 浇筑混凝土的自由倾落高度不应超过2m，当柱模超过2m以上时，应留设门子板或设串筒。

⑧ 复查柱模垂直度、位移、对角线以及支撑、连接件稳固情况，将柱模内清理干净，封闭清理口，办理柱模预检，如图4-12所示。

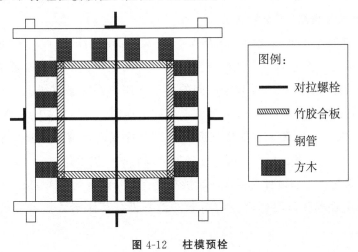

图例：
━ 对拉螺栓
▨ 竹胶合板
▢ 钢管
▪ 方木

图 4-12　柱模预检

(3)墙模板安装

① 工艺流程：弹线 → 安装门窗口模板 → 安装一侧模板 → 安装另一侧模板 → 调整固定 → 办理预检。

② 复查墙模板位置的定位基准线。按位置线安装门洞模板，下预埋件或木砖。

③ 把预先拼装好的一面模板按位置线就位，然后安装拉杆或斜撑，安塑料套管和穿墙螺栓，穿墙螺栓规格和间距在模板设计时应明确规定，安装模板应边校正边安装，注意对两侧穿孔的模板对称放置，穿墙螺栓与墙模保持垂直。

④ 清扫墙内杂物，再安另一侧模板，调整斜撑(拉杆)使模板垂直后，拧紧穿墙

螺栓。

⑤ 模板单块拼装时，应从墙角模开始，向互相垂直的两个方向组拼，并随时注意加设支撑，保证模板稳定。当完成第一步单块就位组拼模板后，可安装钢内楞，钢内楞与模板肋用钩头螺栓紧固，其间距不大于 600 mm，模板预组拼安装时，应边就位、边校正，并随即安装各种连接件、支承件。相邻模板边肋用 U 形卡连接的间距不大于 300 mm，预组拼模板接缝处宜满上 U 形卡，并反正交替安装。

⑥ 上下层墙模板接槎处理，当采用模板单块拼装时，可在下层模板上端设一道穿墙螺栓，拆模时，该层模板不拆除，作为上层模板的支撑面。采用预组拼模板时，可在下层混凝土墙上端往下 200 mm 处，设置水平螺杆，紧固一道通长角钢作为上层模板的支承。

⑦ 模板安装完毕后，检查一遍扣件、螺栓是否紧固，模板拼缝及下口是否严密，办理预检手续。

⑧ 钢模板之间应加海绵条夹紧，防止漏浆。

（4）梁模板安装

① 模板的工艺流程：弹轴线、水平线 → 柱头模板 → 模板 → 安装梁下支撑 → 安装梁底模板 → 绑扎梁钢筋 → 安装侧模。

② 在柱子混凝土上弹出梁的轴线及水平线（梁底高程引测用），并复核。安装梁模支架之前，首层为土壤地面时应平整夯实，无论首层是土壤地面或模板地面，在专用支柱下脚要铺设通长脚手板，并且楼层间的上下支座应在一条直线上。支柱一般采用双排（设计定），间距以 60 ～ 100 cm 为宜。支柱上连固 10 cm×10 cm 木楞（或定型钢楞）或梁卡具。支柱中间和下方加横杆或斜杆，支柱双向加剪刀撑和水平拉杆，离地 50 cm 设一道，以上每隔 2 m 设一道。立杆加可调底座。当梁跨度 ≥ 4 m 时，跨中梁底处应按设计要求起拱，如设计无要求，起拱高度宜为梁跨度的 1/1 000 ～ 3/1 000。

③ 在支柱上调整预留梁底模板的高度，符合设计要求后，拉线安装梁底模板并找直。

④ 在底模上绑扎钢筋，经验收合格后，清除杂物，安装梁侧模板，用梁卡具或安装上下锁口楞及外竖楞，附以斜撑，其间距一般宜为 75 cm。当梁高超 60 cm 时，需加腰楞，并穿对拉螺栓，加固。侧梁模上口要拉线找直，用定型夹固定。有楼板模板时，在梁上连接好阴角模，与板模拼接。

⑤ 梁口与柱头模板的连接可采用角模拼接，或设计专门的模板，不应用碎拼模板。

⑥ 需在梁上预留孔洞时，应采用钢管预埋，并尽量使穿梁孔洞分散，穿孔位置宜设置在梁中。孔沿梁跨度方向的间距不少于梁高度，以防削弱梁截面。穿梁管道孔设置的高度范围如图 4-13 所示。

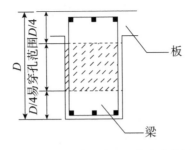

图 4-13　穿梁管道孔设置的亮度范围

⑦ 复核检查梁模尺寸，与相邻梁柱模板连接固定。有楼板模板时，与板模拼接固定。图 4-14 为梁模板支设示意图。

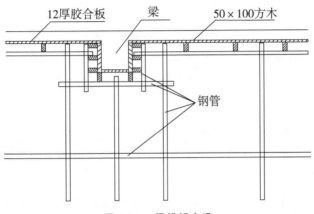

图 4-14　梁模板支设

（5）楼板模板安装

① 工艺流程：地面夯实 → 支立柱 → 安大小龙骨 → 铺模板 → 校正高程及起拱 → 加立杆的水平拉杆 → 办预检。

② 模板安装在基土上时，基土地面应夯实，并垫通长脚手板，楼层地面立支柱前也应垫通长脚手板。采用多层支架支模时，支柱应垂直，上下层支柱应在同一竖向中心线上。

③ 从边跨一侧开始安装，先安第一排龙骨和支柱，临时固定，再安第二排龙骨和支柱，依次逐排安装。支柱与龙骨间距应根据模板设计规定。一般支柱间距为 80 ～ 120 cm，大龙骨（杠木）间距为 60 ～ 120 cm，小龙骨（楞木）间距为 40 ～ 60 cm。

④ 调节支柱高度，特大龙骨找平。

⑤ 铺定型组合钢模板块：可从一侧开始铺，每两块板间边肋用 U 形卡连接，U 形卡安装间距一般不大于 30 cm（即每隔一孔插一个）。每个 U 形卡卡紧方向应正反相间，不要安在同一方向。模板在大面积上均应采用大尺寸的定型组合钢模板块，在拼缝处可用窄尺寸的拼缝模板或木板代替，但均应拼缝严密，钢模板之间应加海绵条夹紧，防止漏浆。

⑥ 用水平仪测量模板高程，进行校正，并用靠尺找平。支柱之间应加水平拉杆。根据支柱高度决定水平拉杆设几道。一般情况下离地面 20 ～ 30 cm 处一道，往上纵横方向每隔 1.6 m 左右设一道，并应经常检查，保证完整牢固。如图 4-15 所示。

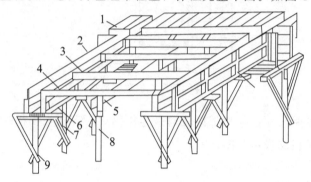

图 4-15　梁及楼板的模板

1— 楼板模板；2— 梁侧模板；3— 楞木；4— 托木；5— 杠木；
6— 夹木；7— 短撑木；8— 杠木撑；9— 顶撑

4.1.3 模板的拆除

在钢筋混凝土结构施工过程中，施工单位都希望尽可能早的拆除混凝土结构的模板，以加快模板的周转，减少资金的投入，降低工程成本。但是任何结构或构件都要承受荷载（包括自身荷载），即使在混凝土的施工阶段也不例外，只有达到一定的龄期后混凝土的强度足够大时结构和构件才能承受荷载，才可以拆除模板。因此要拆除模板混凝土就必须有一定的强度，同时还应注意不能因为拆除模板而使结构或构件的表面棱角受损坏。模板拆除的时间与结构构件的特性、施工气温、混凝土施工中采取的措施等有关。模板拆除必须结合具体的施工情况，以设计要求的或施工规范规定的混凝土强度为拆模依据。而确定混凝土构件强度是否达到要求的途径是通过检验混凝土同条件试块强度的高低。所谓混凝土同条件试块，是指采用与结构构件相同的混凝土制作的试块，在与混凝土结构构件养护条件相同的环境下养护而成的混凝土试块。

（1）侧模板的拆除

侧模板的拆除，只需要混凝土强度达到能保证其表面及棱角不会因拆除模板而损坏即可，一般当混凝土强度达到 2.5 MPa 后，就能保证混凝土不会因拆除模板而损坏，但是拆除模板时一定不能猛打猛敲。

（2）底模板的拆除

底模板的拆除，如设计无具体要求，应在混凝土强度达到表 4-2 的规定后方可进行。

表 4-2　底模板拆除时的混凝土强度要求

构件类型	构件跨度 /m	达到设计的混凝土立方体抗压强度标准值的百分率 /％
板	≤ 2	≥ 50
	> 2，≤ 8	≥ 75
	> 8	≥ 100
梁、拱、壳	≤ 8	≥ 75
	> 8	≥ 100
悬臂构件	—	≥ 100

（3）拆模顺序与要求

模板及其支架拆除的顺序及安全措施应按照事先编制的施工技术方案进行。

拆模顺序一般：先支的后拆，后支的先拆，先拆除非承重模板，后拆除承重模板。重大复杂的模板拆除，应编制好专门的拆除方案。

多层梁板结构模板支架的拆除，应按下列要求进行：上层模板正在浇注混凝土时，下层的模板及支架不得拆除；再下一层的模板及支架，可拆除一部分，跨度 4 m 及 4 m 以上的梁应保留其支架，且间距不得大于 3 m。

拆除的模板和支架宜分散堆放并及时清运。

已拆除模板及其支架的结构，应在混凝土强度达到设计的混凝土强度标准值后才能承受全部使用荷载。当承受施工荷载产生的效应比使用荷载更为不利时，必须经过核算，加临时支撑。

4.2 钢筋工程施工

4.2.1 钢筋的分类

钢筋混凝土工程及预应力混凝土工程常用的钢材有热轧钢筋、钢绞线、消除应力钢丝和热处理钢筋四类。

钢筋混凝土工程常用热轧钢筋，国标《钢筋混凝土用热轧光圆钢筋》(GB13013—91) 和《钢筋混凝土用热轧带肋钢筋》(GB1499—1998) 规定，热轧钢筋分为 HPB235、HRB335、HRB400 和 RRB400 四个牌号。牌号中 HPB 代表热轧光圆钢筋，HRB 代表热轧带肋钢筋，牌号中的数字表示热轧钢筋的屈服强度。其中热轧光圆钢筋由碳素结构钢轧制而成，表面光滑；热轧带肋钢筋由低合金钢轧制而成，外表带肋。

4.2.2 钢筋的验收与存放

钢筋的验收
与存放

4.2.3 钢筋的冷加工

施工中，钢筋的冷加工指的是在常温情况下，对工程施工现场的钢筋进行重新制作加工，以得到半成品钢筋，其中包括冷拉、冷拔、调直、切断、除锈、弯曲成型等工作。

（1）钢筋的冷拉、冷拔

（2）钢筋的调直

钢筋调直可以利用冷拉进行。如果冷拉只是为了调直，而不是为了提高钢筋强度，则钢筋调直时的冷拉率为：HPB235 级钢筋不宜大于 4‰，HRB335、HRB400 级钢筋不宜大于 1‰。如所使用的钢筋无弯钩弯折要求时，调直冷拉可适当放宽：HPB235 级钢筋不大于 6‰，HRB335、HRB400 级钢筋不超 2‰。对不准采用冷拉钢筋的结构，钢筋调直冷拉率不得大于 1‰。除利用冷拉调直外，粗钢筋还可采用锤直和扳直的方法，直径为 4 ～ 14 mm 的钢筋可采用调直机进行调直。经调直的钢筋应平直、无局部曲折。

（3）钢筋的切断

钢筋切断采用钢筋切断机或手动切断器。手动切断器一般用于切断直径小于 12 mm 的钢筋。钢筋切断机有电动和液压两种，可切断直径小于 40 mm 的钢筋。直径大于 40 mm 的钢筋常用氧乙炔焰或电弧切割或锯断。钢筋应按下料长度切断，钢筋的下料长度允许偏差为 ±10 mm。

（4）钢筋的除锈

为保证钢筋与混凝土之间的握裹力，钢筋在使用之前，应将其表面的油漆、漆污、铁锈等清除干净。钢筋的除锈，一是在钢筋冷拉或调直过程中除锈，这对大量钢筋除锈较为经济；二是采用电动除锈机除锈，对钢筋局部除锈较为方便；三是采用手工除锈(用钢丝刷、沙盘)、喷沙和酸洗除锈等。在除锈过程中发现钢筋严重锈蚀并已损伤钢筋截面或在除锈后钢筋表面有严重麻坑、斑点伤蚀钢筋截面时，应降级使用或剔除不用。

（5）钢筋的弯曲成型

钢筋下料后，应按弯曲设备特点及钢筋直径和弯曲角度进行画线，以便弯曲成设计所要求的尺寸。如弯曲钢筋两边对称时，画线工作宜从钢筋中线开始向两边进行，当弯曲形状比较复杂的钢筋时，可先放出实样，再进行弯曲。

钢筋弯曲采用弯曲机或人工扳手弯曲。弯曲机可弯直径 6 ～ 40 mm 的钢筋，人工扳手可弯直径小于 12 mm 的钢筋。

4.2.4 钢筋的连接

钢筋的连接方式可分为3类：绑扎连接、焊接和机械连接。纵向受力钢筋的连接方式应符合设计要求。机械连接接头和焊接连接接头的类型及质量应符合国家现行标准的规定。受力钢筋的接头宜设在受力较小处，在同一根钢筋上宜少设接头。

绑扎连接需要较长的搭接长度，浪费钢材且连接不可靠，故宜限制使用。焊接连接方法成本较低，质量可靠，故宜优先选用。机械连接设备简单，节约能源，无明火作业，施工不受气候条件限制，连接可靠，技术易于掌握，适用范围广，特别适合焊接连接有困难的现场。

（1）绑扎连接

钢筋搭接处，应在中心及两端，用 20 ～ 22 号铁丝扎牢。

1）接头位置的要求

规范规定，同一构件中相邻纵向受力钢筋的绑扎接头宜相互错开。绑扎接头中钢筋的横向净距 s 不应小于钢筋直径 d，且不应小于 25 mm。

钢筋绑扎搭接接头连接区段的长度为 $1.3l_1$（l_1 为搭接长度），凡搭接接头中点位于该连接区段长度内的搭接接头均属于同一连接区段。同一连接区段内，纵向钢筋搭接接头面积百分率为该区段内有搭接接头的纵向受力钢筋截面面积与全部纵向受力钢筋截面面积的比值，如图 4-17 所示。

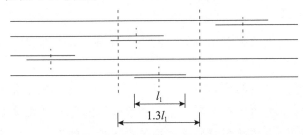

图 4-17　钢筋绑扎搭接接头连接区段及接头面积百分率

注：图中所示搭接接头同一连接区段内的搭接钢筋为两根，当各钢筋直径相同时，接头面积百分率为 50%。

同一连接区段内，纵向受拉钢筋搭接接头面积百分率应符合设计要求。当设计无具体要求时，应符合下列规定：

① 对梁类、板类及墙类构件，不宜大于 25%。

② 对柱类构件，不宜大于 50%。

③ 当工程中确有必要增大接头面积百分率时：对梁类构件，不应大于 50%；对其他构件，可根据实际情况放宽。

2）搭接长度的要求

① 当纵向受拉钢筋的绑扎搭接接头面积百分率不大于 25% 时，其最小搭接长度应

符合表 4-5 的规定。

② 当纵向受拉钢筋搭接接头面积百分率大于 25%，但不大于 50% 时，其最小搭接长度应按表 4-5 中数据乘以系数 1.2 取用；当接头面积百分率大于 50% 时，应乘以系数 1.35 取用。

表 4-5　纵向受拉钢筋的最小搭接长度

项　次	钢筋类型	混凝土等级			
		C15	C20 ～ C25	C30 ～ C35	≥ C40
1	HPB235	45d	35d	30d	25d
2	HRB335	55d	45d	35d	30d
3	HRB400 或 RRB400	—	55d	40d	35d

注：两根直径不同的钢筋的搭接长度以较细钢筋计算。

3) 钢筋末端弯钩的规定

受拉区域内 HPB235 级钢筋绑扎接头的末端应做弯钩，HRB335、HRB400 级钢筋末端可不做弯钩，有时为了满足锚固长度而做 90° 或 135° 弯钩。直径不大于 12 mm 的受压 HPB235 级钢筋的末端以及轴心受压构件中任意直径的受力钢筋的末端，可不做弯钩，但搭接长度不应小于钢筋直径的 35 倍。搭接长度的末端距钢筋弯折处，不得小于钢筋直径 10 倍，接头不宜位于构件最大弯短处。

(2) 焊接连接

钢筋焊接方法：常用的有闪光对焊、电渣压力焊、电弧焊和电阻点捍、气压焊以及埋弧压力焊。

钢筋的焊接质量与钢材的可焊性、焊接工艺有关。可捍性与含碳、合金元素的数量有关，含碳量、锰量增加，则可焊性差，而含适量的钛，可改善可焊性。焊接工艺（焊接参数与操作水平）亦影响焊接质量，即使可捍性差的钢材，若焊接工艺适宜，亦可获得良好的焊接质量。

1) 闪光对焊

钢筋闪光对焊的原理(见图 4-18)，是利用对焊机使两段钢筋接触，通过低压的强电流，待钢筋被加热到一定温度变软后，进行轴向加压顶锻，形成对焊接头。

闪光对焊广泛用于钢筋接长以及预应力钢筋与螺丝杆的焊接。钢筋闪光对焊按工艺可分为：连续闪光焊、预热闪光焊、闪光 — 预热 — 闪光焊三种。闪光对焊适用于焊接直径 10 ～ 40 mm 的 Ⅰ、Ⅱ、Ⅲ 级钢筋和直径为 10 ～ 25 mm 的 Ⅳ 级钢筋。

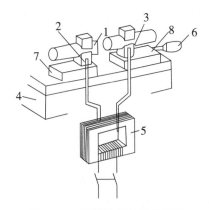

图 4-18 钢筋闪光对焊的原理

1— 焊接的钢筋；2— 固定电极；3 — 可动电极；4— 基座；

5— 变压器；6— 平动顶压机构；7— 固定支座；8— 滑动机构

在钢筋对焊生产中，焊工应认真进行自检，若发现偏心、弯折、烧伤、裂缝等缺陷，应切除接头重焊，并查找原因，及时消除。

2）电渣压力焊

现浇钢筋混凝土框架结构中竖向钢筋的连接，宜采用自动或手工电渣压力焊进行焊接（直径 14 ～ 40 mm 的 HPB235、HRB335 级钢筋）。与电弧焊比较，它工效高、节约钢材、成本低，在高层建筑施工中得到广泛应用。

电渣压力焊设备包括电源、控制箱、焊接夹具、焊剂盒。自动电渣压力焊的设备还包括控制系统及操作箱。

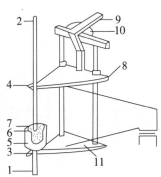

图 4-19 钢筋电渣压力焊设备

1，2— 钢筋；3— 固定夹具；4— 活动夹具；5— 焊剂盒；6— 导电剂；

7— 焊药；8— 滑动架；9— 操作手柄；10— 支架；11— 固定架

焊接夹具（见图 4-19）应具有一定刚度，要求坚固、灵巧、上下钳口同心，上下钢筋的轴线应尽量一致，其最大偏移不得超过 $0.1d$（d 为钢筋直径），同时也不得大于 2 mm。焊接时，先将钢筋端部约 120 mm 范围内的铁锈除尽，将夹具夹牢在下部钢筋上，并将上部钢筋扶直夹牢于活动电极中，上下钢筋间放一小块导电剂（或钢丝小球），装上药盒，装满焊药，接通电路，用手柄使电弧引燃（引弧）。然后稳定一段时间使之形成渣池并使钢筋熔化（稳弧），随着钢筋的熔化，用手柄使上部钢筋缓慢下送。稳弧时间的长短视电流、电压和钢筋直径而定。当稳弧达到规定时间后，在断电的同时用手柄进行加压顶锻以排除夹渣气泡，形成接头。接头焊毕，应停歇 20～30 s 后（在寒冷地区施焊时，停歇时间应适当延长），才可回收焊剂和卸下焊接夹具。引弧、稳弧、顶锻三个过程连续进行。电渣压力焊的参数为焊接电流、渣池电压和焊接通电时间，它们均根据钢筋直径选择。

在钢筋电渣压力焊的焊接生产中，焊工应认真进行自检，若发现偏心、弯折、烧伤、焊包不饱满等焊接缺陷，应切除接头重焊，并查找原因，及时消除。切除接头时，应切除热影响区的钢筋，即离焊缝中心约为 1.1 倍钢筋直径的长度范围内的部分应切除。

3）电弧焊接

电弧焊是利用弧焊机使焊条与焊件之间产生高温电弧，使焊条和电弧燃烧范围内的焊件熔化，待其凝固便形成焊缝或接头。电弧焊广泛用于钢筋接头与钢筋骨架焊接、装配式结构接头焊接、钢筋与钢板焊接及各种钢结构焊接。

弧焊机有直流与交流之分，常用的是交流弧焊机。

焊条的种类很多，根据钢材等级和焊接接头形式选择焊条，如结 420、结 500 等。焊条表面涂有焊药，它可保证电弧稳定，使焊缝避免被氧化，并产生熔渣覆盖焊缝以减缓冷却速度。

焊接电流和焊条直径应根据钢筋级别、直径、接头形式和焊接位置进行选择。

钢筋电弧焊的接头形式有 3 种：搭接接头、帮条接头及坡口接头，如图 4-20 所示。

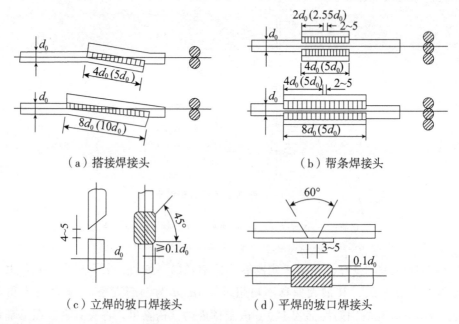

（a）搭接焊接头 （b）帮条焊接头

（c）立焊的坡口焊接头 （d）平焊的坡口焊接头

图 4-20 钢筋电弧焊的接头形式

搭接接头的长度、帮条的长度、焊缝的宽度和高度，均应符合规范《电弧焊焊接工艺规程》(GB/T 19867.1—2005) 的规定。接头除外观质量检查外，亦须抽样进行拉伸试验。

4) 电阻点焊

电阻点焊主要用于焊接钢筋网片、钢筋骨架等(适用于直径 6～14 mm 的 HPB235、HRB335 级钢筋和直径 3～5 mm 的冷拔低碳钢丝)，它生产效率高，节约材料，应用广泛。

5) 气压焊

气压焊接钢筋是利用乙炔-氧混合气体燃烧的高温火焰对已有初始压力的两根钢筋端面接合处加热，使钢筋端部产生塑性变形，并促使钢筋端面的金属原子互相扩散，当钢筋加热到约 1 250～1 350℃(相当于钢材熔点的 0.80～0.90 倍，此时钢筋加热部位呈橘黄色，有白亮闪光出现)时进行加压顶锻，使钢筋内的原子得以再结晶而焊接在一起。

钢筋气压焊设备由氧气瓶、乙炔瓶、烤枪、钢筋卡具、油缸及油泵等组成，如图 4-21 所示。

钢筋气压焊工艺过程如下：

施焊前先磨平钢筋端面，并与钢筋轴线基本垂直，清除接头附近的铁锈、油污等杂物。

用卡具将两根被焊的钢筋对正夹紧，对钢筋施加 30～50 MPa 的初压力，使钢筋端面压密实。

用氧-乙炔火焰将钢筋接头处加热，在开始阶段火焰应用还原焰，以防钢筋端面氧化。待接头完全闭合后再改用中性焰加热，以提高火焰温度，加快升温速度，此时火焰在以裂缝为中心的两倍钢筋直径范围内均匀摆动。

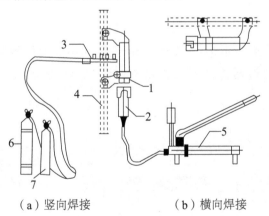

（a）竖向焊接　　　　　（b）横向焊接

图 4-21　气压焊装置系统图

1—压接器；2—顶头油缸；3—架热器；4—钢筋；5—加压器(手动)；6—氧气；7—乙炔

当钢筋端面加热到 1 250 ～ 1 300℃ 时，再次对钢筋轴向加 30 ～ 50 N/mm^2 的压力，待接头达到所需的凸出量时停止加热，解除压力，取下卡具，气压焊接头完成。

6）埋弧压力焊

埋弧压力焊是利用焊剂层下的电弧，将两焊件相邻部位熔化，然后加压顶锻使两焊件焊合，如图 4-22 所示。这种焊接方法工艺简单，比电弧焊工效高。不用焊条，质量好，具有焊后钢板变形小、抗拉强度高的特点。

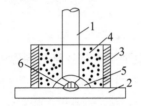

图 4-22   埋弧压力焊示意图

1— 钢筋；2— 钢板；3— 焊剂盒；4—431 焊剂；5— 电弧柱；6— 弧焰

埋弧压力焊适宜钢筋与钢板做丁字接头焊接。

（3）机械连接

1）钢筋套筒挤压连接

套筒挤压连接是把两根待接钢筋的端头先插入一个优质钢套管，然后用挤压机在侧向加压数道，套筒塑性变形后即与带肋钢筋紧密咬合达到连接的目的。套筒挤压连接的优点是接头强度高，质量稳定可靠，安全、无明火，且不受气候影响，适应性强，可用于垂直、水平、倾斜、高空、水下等的钢筋连接，还特别适用于不可焊钢筋、进口钢筋的连接，近年来推广应用迅速。套筒挤压连接又分为径向挤压和轴向挤压两种作业方式。

① 径向套筒挤压连接。径向套筒挤压连接是沿套筒直径方向从套管中间依次向两端挤压套筒，使之冷塑变形后，把插在套管里的两根钢筋紧紧咬合成一体（见图 4-23）。它适用于带肋钢筋连接，可连接 HRB335、HRB400 级直径为 12 ～ 40 mm 钢筋。

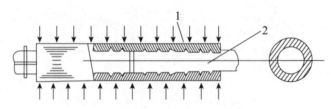

图 4-23   钢筋径向掠夺连接原理图

1— 钢套筒；2— 被连接的钢筋

② 轴向套筒挤压连接。轴向套筒挤压连接是沿钢筋轴线冷挤压金属套筒，把插入套管里的两根待连接热轧带肋钢筋紧紧连成一体（见图 4-24）。它适用于一、二级抗震设防的地震区和非地震区的钢筋混凝土结构工程的钢筋连接施工，可连接 HRB335、

HRB400 级直径为 20 ～ 32 mm 的竖向、斜向和水平钢筋。

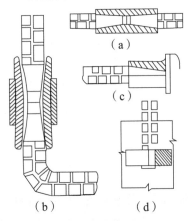

图 4-24　**钢筋锥套管螺纹连接**

（a）两根直钢筋连接；（b）一根直钢筋与一根弯钢筋连接；

（c）在金属结构上接装钢筋；（d）在混凝土构件中插接钢筋

2）钢筋螺纹套筒连接

① 锥螺纹连接。锥螺纹连接是用锥形纹套筒将两根钢筋端头对接在一起，利用螺纹的机械咬合力传递拉力或压力（见图 4-25）。所用的设备主要是套丝机，通常安放在现场对钢筋端头进行套丝。套完锥形丝扣的钢筋用塑料帽保护，防止搬运，堆放过程中受损。套筒一般在工厂内加工。连接钢筋时，利用测力扳手拧紧套筒至规定的力矩值即可完成钢筋对接。

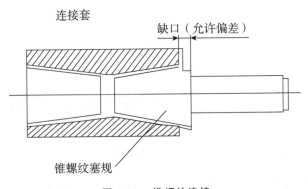

图 4-25　**锥螺纹连接**

注：锥螺纹塞规拧入连接套后，连接套的大端边缘应在锥螺纹塞规大端的缺口范围内。

② 直螺纹钢筋连接。钢筋直螺纹套筒连接是通过钢筋端头特制的直螺纹和直螺纹套管，将两根钢筋咬合在一起。与钢筋锥螺纹套筒连接的技术原理相比，相同之处都是通过钢筋端头螺纹与套筒内螺纹合成钢筋接头，主要区别在钢筋等强技术效应上。钢筋等强直螺纹套筒连接有以下两种形式：

　　a. 滚压切削直螺纹接头。

　　b. 镦粗切削直螺纹接头。

　　具体加工工艺和质量要求见《钢筋机械连接技术规程》(JGJ 107 — 2016)。

　　③ 机械连接接头的现场检验。机械连接接头的现场检验按验收批进行。对于同一施工条件下采用同一批材料的同等级、同形式、同规格的接头，以 500 个为一个检验批，不足 500 个也作为一个检验批。对每一个检验批，必须随机取 3 个试件做单向拉伸试验，按设计要求的接头性能 A、B、C 等级进行检验和评定。

4.2.5 钢筋的配料与代换

　　钢筋配料就是根据结构施工图，分别计算构件中各种钢筋的下料长度、根数及重量，并编制钢筋配料单。钢筋配料是确定钢筋材料计划、进行钢筋加工和结算的依据。

　　(1) 钢筋配料单的编制

　　① 熟悉图纸编制钢筋配料单之前必须熟悉图纸，把结构施工图中钢筋的品种、规格列成钢筋明细表，并读出钢筋设计尺寸。

　　② 计算钢筋的下料长度。

　　③ 填写钢筋配料单。即根据钢筋下料长度，汇总编制钢筋配料单。在配料单中要反映出工程名称、钢筋编号、钢筋简图和尺寸，钢筋直径、数量、下料长度、质量等。

　　④ 填写钢筋料牌。根据钢筋配料单，将每一编号的钢筋制作一块料牌，作为钢筋加工的依据，见图 4-26 所示。

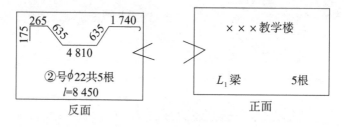

图 4-26　钢筋料牌

　　(2) 钢筋下料长度的计算原则及规定

　　钢筋切断时的直线长度称为钢筋的下料长度。

　　1) 外包尺寸。

　　结构施工图中所标注的钢筋尺寸一律是外包尺寸，即钢筋外边缘至外边缘之间的长度，如图 4-27 所示。

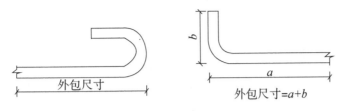

图 4-27　**钢筋外包尺寸示意图**

2）混凝土保护层厚度

混凝土保护层是指受力钢筋外边缘至混凝土构件表面的距离，其作用是保护钢筋在混凝土结构中不受锈蚀。无设计要求时应符合表 4-6 的规定。

表 4-6　**纵向受力钢筋的混凝土保护层最小厚度**（mm）

项次	环境与条件	构件名称	混凝土强度等级		
			≤ C20	C25 ～ C35	≥ C35
1	室内正常环境	板、墙、壳	15		
		梁、柱	25		
2	露天或室内高温环境	板、墙、壳	35	25	15
		梁、柱	45	35	25
3	有垫层	基础	35		
	无垫层		70		

3）量度差值

钢筋加工中需要进行弯曲。钢筋弯曲后，外边缘增长，内边缘缩短，但中心线长度不会发生变化。这样，钢筋的外包尺寸与钢筋中心线长度之间存在一个差值，这个差值称为量度差值。

计算钢筋下料长度时应扣除量度差值。否则由于钢筋下料太长，一方面造成浪费，另一方面可引起钢筋的保护层不够以及钢筋安装的不方便甚至影响钢筋的位置（特别是钢筋密集时）。

根据理论推导和实践经验，钢筋弯曲处的量度差值如表 4-7 所示（推导略）。

表 4-7　**钢筋弯曲量度差值**

弯曲角度 /°	量度差值
45	$0.5d$
60	$0.85d$
90	$2.0d$
135	$2.5d$

4）末端弯钩增加值

弯钩形式最常用的是半圆弯钩，即 180° 弯钩。受力钢筋的弯钩和弯折应符合下列要求：

①HPB235钢筋末端应作180°弯钩，其弯弧内直径不应小于钢筋直径的2.5倍，弯钩的弯后平直部分长度不应小于钢筋直径的3倍。每钩增加值为6.25d。

②当设计要求钢筋末端需作135°弯钩时，HRB335、HRB400钢筋的弯弧内直径不应小于钢筋直径的4倍，弯钩的弯后平直部分长度应符合设计要求。

③钢筋作不大于90°的弯折时，弯折处的弯弧内直径不应小于钢筋直径的5倍，弯钩的弯后平直部分长度应符合设计要求。

5）箍筋弯钩增加值

箍筋的弯钩形式如图4-28所示。有抗震或抗扭要求的结构应按图4-28(a)形式加工箍筋，一般结构可按图4-28(b)、(c)形式加工箍筋。箍筋弯后的平直部分长度：对一般结构，不宜小于箍筋直径的5倍；对有抗震要求的结构，不应小于箍筋直径的10倍。箍筋的下料长度应比其外包尺寸大，在计算中也要增加一定的长度即箍筋弯钩增加值（见表4-8）。

（a）135°/135° （b）90°/180° （c）90°/90°

图4-28　**箍筋弯钩形式**

表4-8　**箍筋弯钩增加值**

箍筋形式	箍筋弯钩增加值
135°/135°	14d（24d）
90°/180°	14d（24d）
90°/90°	11d（21d）

注：表中括号中的数据为有抗震要求时。

6）计算公式

直钢筋下料长度＝直构件长度－保护层厚度＋弯钩增加长度

弯起钢筋下料长度＝直段长度＋斜段长度－弯折量度差值＋弯钩增加长度

箍筋下料长度＝直段长度＋弯钩增加长度－弯折量度差值

（3）钢筋配料的注意事项

① 在设计图纸中，钢筋配置的细节问题没有注明时，一般按构造要求处理。

② 配料计算时，要考虑钢筋的形状和尺寸，在满足设计要求的前提下，要有利于加工。

③ 配料时，还要考虑施工需要的附加钢筋。

④ 计算好各种钢筋的下料长度后还应填写钢筋配料单。要反映出工程名称，构件名称，钢筋编号、钢筋简图及尺寸、直径、钢号、数量，下料长度及钢筋重量，以便组织加工。

(4) 钢筋配料计算实例

【例4-1】 某框架梁配筋如图4-29所示，总共有5根，已知梁的混凝土保护层为25 mm，箍筋弯钩形式为135°/135°，按抗震设防，试计算图中各钢筋的单根筋下料长度(钢筋级别均为 HRB335 级)。

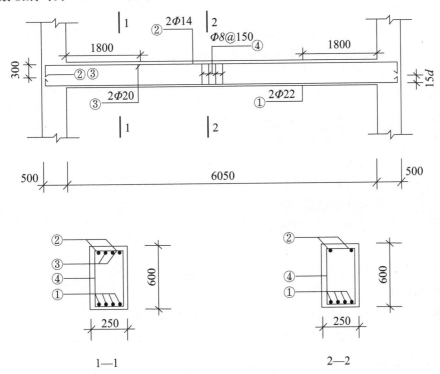

图 4-29 某建筑物简支梁配筋图

【解】① 号钢筋下料长度：

$$(6\ 050 + 2 \times 500 - 2 \times 25) - 2 \times 2 \times 22 + 2 \times 15 \times 22 = 7\ 572(\text{mm})$$

② 号钢筋下料长度：

$$6\ 050 + 2 \times 500 - 2 \times 25 - 2 \times 2 \times 14 + 2 \times 300 = 7\ 544(\text{mm})$$

③ 号弯起钢筋下料长度：

$$(1\ 800 + 500 - 25) - 2 \times 20 + 300 = 2\ 535(\text{mm})$$

④ 号箍筋下料长度：

宽度：$250 - 2 \times 25 = 200(\text{mm})$

高度：$500 - 2 \times 25 = 450(\text{mm})$

下料长度：$(200 + 450) \times 2 + 24 \times 8 = 1\ 492(\text{mm})$

（5）钢筋代换

在钢筋配料中如遇施工现场现有钢筋品种或规格与设计要求不符，需要代换时，可参照以下原则进行钢筋代换。但是钢筋代换必须征得设计单位认可并出具设计变更后方可进行实际的钢筋代换，否则不允许进行代换。

1）代换原则

① 等强度代换：不同种类的钢筋代换，按抗拉强度值相等的原则进行代换。

② 等面积代换：相同种类和级别的钢筋代换，应按面积相等的原则进行代换。

2）代换方法

① 等强度代换方法。如设计图中所用的钢筋设计强度为 f_{y1}，钢筋总面积 A_{s1}，代换后的钢筋设计强度为 f_{y2}，钢筋总面积 A_{s2}，则应使：

$$A_{s1}f_{y1} \leqslant A_{s2}f_{y2}$$

从而
$$n_1 \pi d_1^2 f_{y1}/4 \leqslant n_2 \pi d_2^2 f_{y2}/4$$

所以
$$n_2 \geqslant n_1 d_1^2 f_{y1}/(d_2^2 f_{y2})$$

式中，n_1 —— 原设计钢筋根数；

$\quad\quad\quad n_2$ —— 代换后钢筋根数；

$\quad\quad\quad d_1$ —— 原设计钢筋直径；

$\quad\quad\quad d_2$ —— 代换后钢筋直径。

② 等面积代换方法。该法应满足：

$$A_{s1} \leqslant A_{s2}$$

$$n_2 \geqslant n_1 d_1^2/d_2^2$$

3）钢筋代换注意事项

钢筋代换时，应征得设计单位同意，并应符合下列规定：

① 对重要构件，如吊车梁、薄腹梁桁架下弦等，不宜用光面钢筋代替变形钢筋，以免裂缝开展过大。

② 钢筋代换后，应满足混凝土结构设计规范中所规定的钢筋间距、锚固长度、最小钢筋直径、根数等要求。

③ 当构件受裂缝宽度或挠度控制时，钢筋代换后应进行刚度、裂缝验算。

④ 梁的纵向受力钢筋与弯起钢筋应分别代换，以保证正截面与斜截面强度。偏心受压构件（如框架柱、有吊车的厂房柱、桁架上弦等）或偏心受拉构件作钢筋代换时，不取整个截面配筋量计算，应按受力面（受拉或受压）分别代换。

⑤ 有抗震要求的梁、柱和框架，不宜以强度等级较高的钢筋代换原设计中的钢筋。如必须代换时，还应符合抗震对钢筋的要求。

⑥ 预制构件的吊环，必须采用未经冷拉的 HPB235 热轧钢筋制作，严禁以其他钢筋代换。

4.2.6 钢筋的绑扎与安装

钢筋加工后，进行绑扎、安装。钢筋绑扎、安装前，应先熟悉图纸。核对钢筋配料单和钢筋加工牌，研究与有关工种的配合，确定施工方法。

钢筋的接长、钢筋骨架或钢筋网的成型应优先采用焊接或机械连接，如不能采用焊接（如缺乏电焊机或焊机功率不够）或骨架过大过重不便于运输安装时，可采用绑扎的方法。钢筋绑扎一般采用20～22号镀锌铁丝。绑扎时应注意钢筋位置是否准确，绑扎是否牢固，搭接长度及绑扎点位置是否符合规范要求。板和墙的钢筋网，除靠近外围两行钢筋的相交点全部扎牢外，中间部分的相交点可相隔交错扎牢，但必须保证受力钢筋不位移。双向受力的钢筋，须全部扎牢；梁和柱的箍筋，除设计有特殊要求时，应与受力钢筋垂直设置。箍筋弯钩叠合处，应沿受力钢筋方向错开设置；柱中的竖向钢筋搭接时，角部钢筋的弯钩应与模板成45°（多边形柱为模板内角的平分角，圆形柱应与模板切线垂直）；弯钩与模板的角度最小不得小于15°。

钢筋保护层应按设计或规范的要求正确确定。工地常用预制水泥垫块或废弃的大理石块垫在钢筋与模板之间，以控制保护层厚度。垫块应布置成梅花形，其相互间距不大于1 m。上下双层钢筋之间的尺寸，可绑扎短钢筋或设置马凳来控制。

4.2.7 钢筋安装质量控制

（1）隐蔽验收

在浇筑混凝土之前，应进行钢筋隐蔽工程验收，其内容包括：

① 纵向受力钢筋的品种、规格、数量、位置等；

② 钢筋的连接方式、接头位置、接头数量、接头面积百分率等；

③ 箍筋、横向钢筋的品种、规格、数量、间距等；

④ 预埋件的规格、数量、位置等。

（2）钢筋连接

1）主控项目

在施工现场，应按国家现行标准《钢筋机械连接技术规程》（JGJ 107）、《钢筋焊接及验收规程》（JGJ 18）的规定抽取钢筋机械连接接头、焊接接头试件作力学性能检验，其质量应符合有关规程的规定。

2）一般项目

在施工现场，应按国家现行标准《钢筋机械连接技术规程》（JGJ 107）、《钢筋焊接及验收规程》（JGJ 18）的规定对钢筋机械连接接头、焊接接头的外观进行检查，其质量应符合有关规程的规定。

（3）钢筋安装

1）主控项目

钢筋安装时，受力钢筋的品种、级别、规格和数量必须符合设计要求。

检查数量：全数检查。

检验方法：观察，钢尺检查。

2）一般项目

钢筋安装位置的偏差应符合表 4-9 的规定。

检查数量：在同一检验批内，对梁、柱和独立基础，应抽查构件数量的 10%，且不少于 3 件；对墙和板，应按有代表性的自然间抽查 10%，且不少于 3 间；对大空间结构，墙可按相邻轴线间高度 5 m 左右划分检查面，板可按纵、横轴线划分检查面，抽查 10%，且均不少于 3 面。

表 4-9   钢筋安装位置的允许偏差和检验方法

项目			允许偏差 /mm	检验方法
绑扎钢筋网	长、宽		±10	钢尺检查
	网眼尺寸		±20	钢尺量连续三挡，取最大值
绑扎钢筋骨架	长		±10	钢尺检查
	宽、高		±5	钢尺检查
受力钢筋	间距		±10	钢尺量两端、中间各一点，取最大值
	排距		±5	
	保护层厚度	±10	±10	钢尺检查
		±10	±5	钢尺检查
		±10	±3	钢尺检查
绑扎箍筋、横向钢筋间距			±20	钢尺量连续三挡，取最大值
钢筋弯起点位置			20	钢尺检查
预埋件	中心线位置		5	钢尺检查
	水平高差		+3，0	钢尺和塞尺检查

注：1. 检查预埋件中心线位置时，应沿纵、横两个方向量测，并取其中的较大值；

2. 表中梁类、板类构件上部纵向受力钢筋保护层厚度的合格点率应达到 90% 及以上，且不得有超过表中数值 1.5 倍的尺寸偏差。

（4）桩钢筋

① 钢筋笼制作应对钢筋规格、焊条规格、品种、焊口规格、焊缝长度、焊缝外观和质量、主筋和箍筋的制作偏差等进行检查。

② 钢筋笼的材质、尺寸应符合设计要求，钢筋笼制作允许偏差应符合表 4-10 的要求。

表 4-10　钢筋笼制作允许偏差

项目	允许偏差 /mm
主筋间距	±10
箍筋间距	±20
钢筋笼直径	±10
钢筋笼长度	±100

③ 应对钢筋笼安放的实际位置等进行检查，并填写相应质量检测、检查记录。

（5）植筋

1）钻孔的质量检查

钻孔的质量检查应包括下列内容：

① 钻孔的位置、直径、孔深和垂直度，允许偏差见表 4-11；

表 4-11　钻孔质量要求

检查项目	钻孔深度允许偏差 /mm	垂直度允许偏差 /°	位置允许偏差 /mm
允许偏差	±20 −0	±20	±20

② 钻孔的清孔情况；

③ 钻孔周围混凝土是否存在缺陷、是否已基本干燥，环境温度是否符合要求；

④ 钻孔是否伤及钢筋。

2）锚固质量的检查

锚固质量的检查应符合下列要求：

① 对于化学植筋应对照施工图检查植筋位置、尺寸、垂直（水平）度及胶浆外观固化情况等；用铁钉刻划检查胶浆固化程度，以手拔摇方式初步检验被连接件是否锚牢锚实等；

② 按《混凝土结构加固设计规范》（GB 50367）及《混凝土结构后锚固技术规程》（JGJ 145）要求进行锚固承载力检验，并符合要求。

4.2.8 钢筋安装成品保护

① 浇筑混凝土时，在柱、墙的钢筋上套上 PVC 套管或包裹塑料薄膜保护，并且及时用湿布将被污染的钢筋擦净。

② 对尚未浇筑的后浇带钢筋，可采用覆盖胶合板或木板的方法进行保护，当其上部有车辆通过或有较大荷载时，应覆盖钢板保护。

4.3 混凝土工程施工

混凝土工程包括混凝土配料、搅拌、运输、浇筑、振捣和养护等施工过程，各个施工过程相互联系和影响，任一施工过程处理不当都会影响混凝土的最终质量。因此，在施工中必须注意各个环节并严格按照规范要求进行施工，以确保混凝土的工程质量。

4.3.1 混凝土的施工配料

混凝土应按国家现行标准《普通混凝土配合比设计规程》(JGJ 55)的有关规定，根据混凝土强度等级、耐久性和工作性等要求进行配合比设计。对有特殊要求的混凝土，其配合比设计应符合国家现行有关标准的规定。

施工配料必须加以严格控制，施工配料时影响混凝土质量的因素主要有两方面：一是称量不准；二是未按沙、石骨料实际含水率的变化进行施工配合比的换算。因此，为了确保混凝土的质量，在施工中必须及时进行施工配合比的换算和严格控制称量。

(1) 施工配合比换算

实验室提供的配合比，是根据完全干燥的沙、石骨料制定的，而实际使用的沙、石骨料一般都含有一些水分，而且含水量又会随气候条件发生变化。所以，施工时应及时测定沙、石骨料的含水率(含水率等于含水量与干料之比)，并将混凝土配合比换算成在实际含水率情况下的施工配合比。

设混凝土实验室配合比为水泥：沙子：石子 $=1:x:y$，测得沙子的含水率为 w_x，石子的含水率为 w_y，则施工配合比应为 $1:x(1+w_x):y(1+w_y)$。

按实验室配合比，1 m³ 混凝土水泥用量为 C(kg)，计算时确保混凝土水灰比 (w/C) 不变(w 为用水量)，则换算后材料用量为：

水泥：$C'=C$

沙子：$C_砂=C_x(1+w_x)$

石子：$G_石=C_y(1+w_y)$

水：$w=w-C_xw_x-C_yw_y$

【例4-2】 已知 C20 混凝土的试验室配合比为 $1:2.5:5.12$，水灰比为 0.65，经测定沙的含水率为 3%，石子的含水率为 1%，每立方米混凝土的水泥用量 310 kg，则施工配合比为：

$1:2.55(1+3\%):5.12(1+1\%)=1:2.63:5.17$

每立方米混凝土材料用量为：

水泥：310 kg

沙子：$310\times2.63=815.3$(kg)

石子：$310 \times 5.17 = 1\,602.7$(kg)

水：$310 \times 0.65 - 310 \times 2.55 \times 3\% - 310 \times 5.12 \times 1\% = 161.9$(kg)

（2）施工配料

施工中往往以一袋或两袋水泥为下料单位，每搅拌一次叫作一盘。因此，求出每立方米混凝土材料用量后，还必须根据工地现有搅拌机出料容量确定每次需用几袋水泥，然后按水泥用量算出沙、石子的每盘用量。

上例中，如采用 JZ250 型搅拌机，出料容量为 0.25 m^3，则每搅拌一次的装料数量为：

水泥：$310 \times 0.25 = 77.5$(kg)（取一袋半水泥，即 75kg）

沙子：$815.3 \times 75/310 = 197.25$ (kg)

石子：$1\,602.7 \times 75/310 = 387.75$ (kg)

水：$161.9 \times 75/310 = 39.2$ (kg)

4.3.2 混凝土的搅拌

混凝土搅拌是将各种组成材料拌制成质地均匀、颜色一致、具备一定流动性的混凝土拌合物。如混凝土搅拌得不均匀就不能获得密实的混凝土，影响混凝土的质量，所以搅拌是混凝土施工工艺中很重要的一道工序。由于人工搅拌混凝土质量差，消耗水泥多，而且劳动强度大，所以只有在工程量很小时才用人工搅拌。一般均采用机械搅拌。

（1）混凝土搅拌机

混凝土搅拌机按其搅拌原理分为自落式和强制式两类（见图 4-30）。

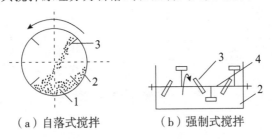

（a）自落式搅拌　　　　（b）强制式搅拌

图 4-30　混凝土搅拌机工作原理图

1—混凝土拌合物；2—搅拌筒；3—叶片；4—转轴

自落式搅拌机的搅拌筒内壁焊有弧形叶片，当搅拌筒绕水平轴旋转时，叶片不断将物料提升到一定高度，利用重力的作用自由落下。由于各物料颗粒下落的时间、速度、落点和滚动距离不同，从而使物料颗粒达到混合的目的。自落式搅拌机宜于搅拌塑性混凝土和低流动性混凝土（见图 4-31）。

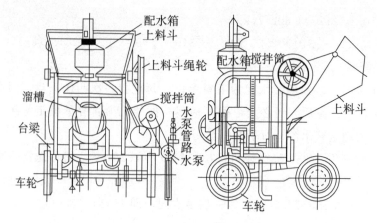

图 4-31　自落式混凝土搅拌机

强制式搅拌机利用运动着的叶片强迫物料颗粒朝环向、径向和竖向各个方面产生运动，使各物料均匀混合。强制式搅拌机作用比自落式强烈，宜于搅拌干硬性混凝土和轻骨料混凝土(见图 4-32)。强制式搅拌机分立辅式和卧轴式。立轴式又分涡浆式和行星式。卧轴式又分 JD 单卧轴搅拌机和 JS 双卧轴搅拌机，由旋转的搅拌叶片强制搅动，兼有自落和强制搅拌。两种机能，搅拌强烈，搅拌的混凝土质量好，搅拌时间短，生产效率高。

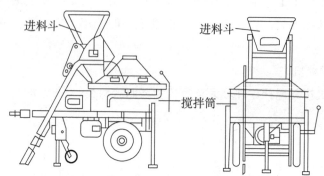

图 4-32　强制式混凝土搅拌机

(2) 搅拌制度的确定

为了获得质量优良的混凝土拌合物，除正确选择搅拌机外，还必须正确确定搅拌制度，即确定搅拌时间、投料顺序及进料容量等。

1) 搅拌时间

搅拌时间应为全部材料投入搅拌筒起，到开始卸料为止所经历的时间。它是影响混凝土质量及搅拌机生产率的一个主要因素。搅拌时间过短，混凝土不均匀；搅拌时间过长，会降低搅拌的生产效率，同时会使不坚硬的骨料破碎、脱角，有时还会发生离析现象，从而影响混凝土的质量。因此，应兼顾技术要求和经济合理性要求，确定合适的搅拌时间。

混凝土搅拌的最短时间可按表4-12确定。

表 4-12 混凝土搅拌的最短时间 /s

混凝土坍落度 /mm	搅拌机类型	搅拌机出料容量 /L		
		≤250	250～500	≥500
≤30	强制式	60	90	120
	自落式	90	120	150
>30	强制式	60	60	90
	自落式	90	90	120

2）投料顺序

投料顺序应从提高搅拌质量，减少机械磨损、水泥飞扬，改善工作环境，提高混凝土强度，节约水泥等方面综合考虑确定。常用的方法有一次投料法、二次投料法和水泥裹沙法等。

① 一次投料法：在料斗中先装入石子，再加入水泥和沙子，然后一次投入搅拌机。对自落式搅拌机应在搅拌筒内先加入水，对强制式搅拌机则应在投料的同时缓缓均匀分散地加水。这种投料顺序是把水泥夹在石子和沙子之间，上料时水泥不致飞扬，而且水泥也不致粘在料斗底和鼓筒止。上料时水泥和沙先进入筒内形成水泥浆，缩短了包裹石子的过程，能提高搅拌机生产率。

② 二次投料法：分为预拌水泥砂浆法和预拌水泥净浆法。

预拌水泥砂浆法是先将水泥、沙和水加入搅拌筒内进行充分搅拌，成为均匀的水泥砂浆后，再加入石子搅拌成均匀的混凝土。

预拌水泥净浆法是将水泥和水充分搅拌成均匀的水泥净浆后，再加入沙和石子搅拌成混凝土。

国内外的试验表明，二次投料法搅拌的混凝土与一次投料法相比较，混凝土强度可提高约15%，在强度等级相同的情况下，可节约水泥15%～20%。

③ 水泥裹沙法（简称SEC法）。它是分两次加水，两次搅拌。即先将全部沙、石子和部分水倒入搅拌机拌和，使骨料湿润，称之为造壳搅拌，搅拌时间以4～75 s为宜，再倒入全部水泥搅拌20 s，加入拌和水和外加剂进行第2次搅拌，60 s左右完成。与一次投料法相比，混凝土强度可提高20%～30%，节约水泥5%～10%，混凝土不离析，泌水少，工作性好。我国在此基础上又开发了裹石法，裹沙石法、净浆裹石法等，均达到了提高混凝土强度、节约水泥的目的。

3）进料容量（干料容量）

搅拌前各种材料体积的累积。进料容量V_j与搅拌机搅拌筒的几何容量V_g有一定的比例关系，一般情况下 $V_j/V_g = 0.22 \sim 0.4$，鼓筒式搅拌机可用较小值。如任意超载（进料容量超过 10%），就会使材料在搅拌筒内无充分的空间进行拌和，影响混凝土拌合物的均匀性；如装料过少，则又不能充分发挥搅拌机的效率。进料容量可根据搅拌机的出料容量按混凝土的施工配合比计算。

4.3.3 混凝土的运输

（1）对混凝土运输的要求

混凝土自搅拌机中卸出后，应及时运至浇筑地点，为保证混凝土的质量，对混凝土运输的基本要求是：

① 混凝土运输过程中要能保持良好的均匀性，不离析、不漏浆。

② 保证混凝土具有设计配合比所规定的坍落度（见表 4-13）。

表 4-13　混凝土浇筑时的坍落度

项次	结构类型	坍落度 /mm
1	基础或地面等的垫层，无配筋的厚大结构（挡土墙、基础或厚大的块体等）或配筋稀疏的结构	$10 \sim 30$
2	板、梁和大型及中型截面的柱子等	$30 \sim 50$
3	配筋密列的结构（薄壁、斗仓、筒仓、细柱等）	$50 \sim 70$
4	配筋特密的结构	$70 \sim 90$

注：1. 本表指采用机械掘捣的坍落度，采用人工捣实时可适当增大。

2. 需要配置大坍落度混凝土时，应掺用外加剂。

3. 曲面或斜面结构的混凝土，其坍落度值应根据实际需要另行选定。

4. 轻骨料混凝土的坍落度，宜比表中数值减少 $10 \sim 20$ mm。

5. 自密实混凝土的坍落度另行规定。

③ 使混凝土在初凝前浇入模板并捣实完毕，混凝土自搅拌机中卸出后到浇筑完毕的时间不超过表 4-14 所示数据。

表 4-14　混凝土从搅拌机中卸出后到浇筑完毕的延续时间 /min

混凝土强度等级	气温不高于 25 ℃	气温高于 25 ℃
C30 及 C30 以下	120	90
C30 以上	90	60

注：1. 掺用外加剂或采用快硬水泥拌制混凝土时，应按试验确定。

2. 轻骨料混凝土的运输、浇筑延续时间应适当缩短。

④ 保证混凝土浇筑能连续进行。

（2）混凝土运输工具

混凝土运输分为地面运输、垂直运输和楼面运输 3 种。

① 地面运输时，短距离多用双轮手推车、机动翻斗车，长距离宜用自卸汽车、混凝土搅拌运输车。其中，混凝土搅拌运输车可以把搅拌站拌好的混凝土运到距离较远的工地，在运输途中继续缓慢搅拌，以防混凝土离析，也可以装入干料，在到达浇筑地点前 15 ~ 20 min 开动搅拌机搅拌。

② 垂直运输时，可采用各种井架、龙门架和塔式起重机作为垂直运输工具。对于浇筑量大、浇筑速度比较稳定的大型设备基础和高层建筑，宜采用混凝土泵，也可采用自升式塔式起重机或爬升式塔式起重机运输。

（3）泵送混凝土

泵送混凝土是利用混凝土泵通过管道将混凝土输送到浇筑地点，一次完成地面水平运输、垂直运输及楼面水平运输。泵送混凝土具有输送能力大、速度快、效率高、节省人力、能连续作业等特点。因此，它成为施工现场运输混凝土的一种重要的方法。当前，泵送混凝土的最大水平输送距离可达 800 m，最大垂直输送高度可达 300 m。采用泵送混凝土时，应使混凝土供应、输送和浇筑的效率协调一致，原则上应保证泵送工作连续进行，防止泵的管道阻塞。如果间歇时间超过 45 min 或混凝土出现离析时，应立即用压力水或其他方法冲洗管内残留的混凝土，严防混凝土在管内硬结而堵塞。此外，在混凝土泵输送过程中，受料斗应经常保持足够的混凝土，防止吸入过多的空气。

泵送混凝土的主要设备有：混凝土泵、输送管和布料装置。

泵送混凝土时，为使混凝土拌合物在泵送过程中不致离析和堵塞，就必须正确选择混凝土拌合物的原材料及配合比。

泵送混凝土施工中应注意的问题：输送管的布置宜短直，尽量减少弯管数，转弯宜缓，管段接头要严密，少用锥形管；混凝土的供料应保证混凝土泵能连续工作，不间断；正确选择骨料级配，严格控制配合比；泵送前，为减少泵送阻力，应先用适量的与混凝土内同成分的水泥砂浆或水泥浆润滑输送管内壁；泵送过程中，泵的受料斗内应充满混凝土，防止吸入空气形成阻塞；防止停歇时间过长，若停歇时间超过 45 mim，应立即用压力或其他方法冲洗管内残留的混凝土；泵送结束后，要及对清洗泵体和管道；用混凝土泵浇筑的建筑物，由于混凝土的水泥含量较大，要加强养护，防止龟裂。

4.3.4 混凝土的浇筑与振捣

（1）混凝土浇筑前的准备工作

混凝土浇筑前，应对模板、钢筋、支架和预埋件进行检查。检查模板的位置、高程、尺寸、强度和刚度是否符合要求，接缝是否严密，预埋件位置和数量是否符合图纸要求；检查钢筋的规格、数量、位置、接头和保护层厚度是否正确；清理模板上的垃圾和钢筋上的油污，浇水湿润模板；填写隐蔽工程记录。

（2）混凝土的浇筑

1）混凝土浇筑的一般规定

① 混凝土浇筑前不应发生离析或初凝现象，如已发生，须重新搅拌。

② 为了防止混凝土离析，混凝土自高处倾落时，其自由倾落高度不宜超过 2 m；若混凝土自由下落高度超过 2 m，应设串筒、斜槽、溜管或振动溜管等，如图 4-33 所示。

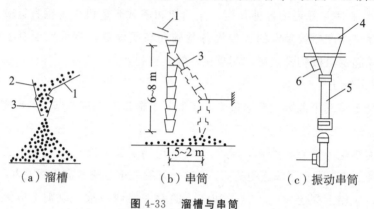

图 4-33　溜槽与串筒

1— 溜槽；2— 挡板；3— 串筒；4— 漏斗；5— 节管；6— 振动器

③ 混凝土的浇筑工作，应尽可能连续进行。如必须有间歇，其间歇时间应尽量缩短，并应在上一层混凝土初凝结前将次层混凝土浇筑完毕。混凝土从搅拌机中卸出，经运输、浇筑及间歇的全部时间不得超过有关规范的规定，否则应留置施工缝。

④ 混凝土的浇筑应分段、分层连续进行，随浇随捣。

⑤ 在竖向结构中浇筑混凝土时，不得发生离析现象。当浇筑高度超过 3 m 时，应采用串筒、溜槽或振动溜管。竖向结构浇筑时，应先在其底部浇筑一层 50 ～ 100 mm 厚的与混凝土内砂浆成分相同的水泥砂浆，然后再浇筑混凝土，以防止烂根现象的发生。

2）施工缝的留设与处理

如果由于技术或施工组织上的原因，不能对混凝土结构一次连续浇筑完毕，而必须停歇较长的时间，其停歇时脚已超过混凝土初凝时间，致使混凝土已初凝，当继续浇混凝土时，形成了接缝，即为施工缝。施工缝的位置应在混凝土浇筑前按设计要求和施工技术方案确定。施工缝的处理应按施工技术方案执行。

① 施工缝留设位置。

施工缝设置的原则，一般宜留在结构受力（剪力）较小且便于施工的部位。

根据施工缝留设的原则，一般柱应留水平缝，梁、板和墙应留垂直缝。施工缝留设具体位置如下：

a. 柱子的施工缝宜留在基础顶面、梁下面、吊车梁的上面和无梁楼盖柱帽下面，如图 4-34 所示。

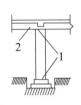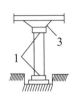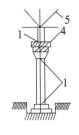

（a）肋形楼板柱　　（b）无梁楼板柱　　（c）吊车梁柱

图 4-34　**柱子施工缝的位置**

1— 施工缝；2— 梁；3— 柱帽；4— 吊车梁；5— 屋架

b. 与板连接为一体的大截面梁，施工缝应留在板底面以下 20 ～ 30 cm。

c. 单向板留在平行于板短边的任何位置。

d. 有主次梁的楼盖，宜顺次梁方向（或者平行于主梁）浇筑，施工缝留在次梁跨度中间 1/3 范围内，如图 4-35 所示。

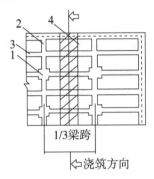

图 4-35　**有梁板的施工缝位置**

1— 柱；2— 主梁；3— 次梁；4— 板

e. 楼梯的施工缝应留置在楼梯长度中间 1/3 范围内。

f. 墙的施工缝应留置在门洞过梁跨中的 1/3 范围内，也可留在纵横墙的交接处。

双向受力模板、大体积混凝土结构、拱、薄壳、蓄水池等复杂结构工程的施工缝应按设计要求留置。

② 施工缝的处理。

施工缝处继续浇筑混凝土时，应待混凝土的抗压强度不小于 1.2 MPa 时进行。混凝土达到这一强度的时间取决于水泥的标号、混凝土的强度等级、气温等，可以根据试块试验确定，也可以查阅有关手册确定。

施工缝浇筑混凝土之前，应除去施工缝表面的水泥薄膜、松动石子和软弱的混凝土层，并加以充分湿润和冲洗干净，不得有积水。浇筑时，施工缝处宜先铺水泥浆（水泥：水 =1：0.4），或与混凝土成分相同的水泥砂浆一层，厚度为 30 ～ 50 mm，以保证接缝的质量。浇筑过程中，施工缝应细致捣实，使其紧密结合。

3）混凝土浇筑的方法

① 多层钢筋混凝土框架结构的浇筑。

浇筑框架结构首先要划分施工层和施工段，施工层一般按结构层划分，而每一施工层的施工段划分，则要考虑正序数量、技术要求、结构特点等。

混凝土的浇筑顺序为：先浇捣柱子，在柱子浇捣完毕后，停歇 1～1.5 h，使混凝土达到一定强度后，再浇捣梁和板。

一个施工段内的每排柱子应从两端同时开始向中间推进，不可从一端开始向另一端推进，以防柱子模板逐渐受推倾斜，使误差积累难以纠正。梁和板一般同时浇筑，从一端开始向前推进。只有当梁高大于 1 m 时，才允许将梁单独浇筑，此时，施工缝应留在板下 20～30 mm 处。

② 大体积钢筋混凝土结构的浇筑。

大体积钢筋混凝土结构一般是指任意结构尺寸都大于 1 m 的构件，多为工业建筑中的设备基础及高层建筑中厚大的桩基承台或基础底板等。其特点是混凝土浇筑面和浇筑量大，整体性要求高，不能留施工缝，以及浇筑后水泥的水化热量大且聚集在构件内部形成较大的内外温差（不宜超过 20℃），易造成混凝土表面产生收缩裂缝等。为此，应优先选用水化热低、初凝时间较长的矿渣水泥，降低水泥用量，掺入适量的粉煤灰和缓凝减水剂，降低浇筑速度和减小浇筑层厚度，采取人工降温措施等，防止大体积混凝土浇筑后产生裂缝。

为保证混凝土浇筑工作连续进行，不留施工缝，应在下一层混凝土初凝之前，将上一层混凝土浇筑完毕。

大体积钢筋混凝土结构的浇筑方案，一般分为全面分层、分段分层和斜面分层 3 种，如图 4-36 所示。

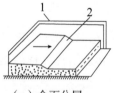 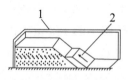 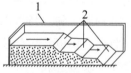

（a）全面分层　　　　　　（b）分段分层　　　　　　（c）斜面分层

图 4-36　大体积混凝土的浇筑方案

1— 模板；2— 新浇筑的混凝土

全面分层：即在第一层浇筑完毕后，再回头浇筑第二层，如此逐层浇筑，直至完工为止。全面分层法适用于结构平面尺寸不太大的结构，从短边开始沿长边方向进行较好。

分段分层：当结构平面面积较大时，全面分层已经不再适用，这时可以采用分段分层的浇注方案。混凝土从底层开始浇筑，进行 2～3 m 后再回头浇第二层，同样依次浇筑各层。分段分层适用于厚度不大，而面积、长度极大的结构。

斜面分层：要求斜坡坡度不大于1/3，适用于结构长度大大超过厚度(3倍)的情况。

（4）后浇带的施工。

后浇带是在现浇混凝土结构施工过程中，克服由于温度、收缩而可能产生有害裂缝而设置的临时施工缝。该缝需根据设计要求保留一段时间后再浇筑混凝土，将整个结构连成整体。后浇带的位置应按设计要求和施工技术方案确定。后浇带的设置距离，应考虑有效降低温度和收缩应力的条件下，通过计算来获得。在正常的施工条件下，有关规范对此的规定是：混凝土置于室内和土中，后浇带的设置距离为30 m，而露天为20 m。

后浇带的保留时间应根据设计确定，若设计无要求时，一般至少保留28 d以上。

后浇带的宽度应考虑施工简便，避免应力集中。一般其宽度为700～1 000 mm。后浇带内的钢筋应完好保存。

后浇带混凝土浇筑应严格按照施工技术方案进行。在浇筑混凝土前，必须将整个混凝土表面按照施工缝的要求进行处理。填充后浇带混凝土可采用微膨胀或无收缩水泥，也可采用普通水泥加入相应的外加剂拌制，但必须要求填筑混凝土的强度等级比原来结构强度提高一级，并保持至少15 d的湿润养护。

（3）混凝土的振捣

混凝土浇入模板后，由于内部骨料和砂浆之间摩阻力与黏结力作用，混凝土流动性很低。不能自动充满模板内各角落，其内部是疏松的，空气与气泡含量占混凝土体积约5％～20％。不能达到要求的密实度，必须进行适当的振捣，促使混凝土混合物克服阻力并逸出气泡消除空隙，使混凝土满足设计要求的强度等级和足够的密实度。

混凝土捣实分人工捣实和机械振实两种方式。人工捣实是用插钎等工具的冲击力来使混凝土密实成型，效率低、效果差，只有在缺少机械或工程量不大的情况下才进行人工捣实。机械振实是将振动器的振动力传给混凝土使之发生强迫振动而密实成型，效率高、质量好。

混凝土振捣设备按其工作方式分为内部振动器、表面振动器、外部振动器和振动台，如图4-37所示。

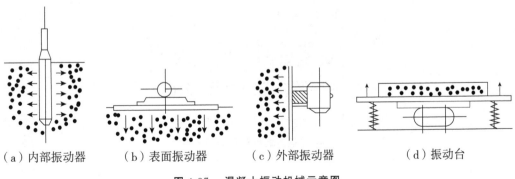

（a）内部振动器　　（b）表面振动器　　（c）外部振动器　　（d）振动台

图4-37　混凝土振动机械示意图

1) 内部振动器

内部振动器又称插入式振动器，构造如图 4-38 所示。常用来捣实梁、柱、墙、基础和大体积混凝土。

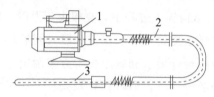

图 4-38　插入式振动器

1— 电动机；2— 软轴；3— 振动棒

插入式振动器的操作要点：

① 插入式振动器的振捣方法有两种：一是垂直振捣。即振动棒与混凝土表面垂直；二是斜向振捣，即振动棒与混凝土表面成一定的角度，约为 40°～45°。

② 振捣器的操作要做到快插慢拔，插点要均匀，透点移动，顺序进行，不得遗漏，达到均匀振实。振动棒的移动，可采用行列式或交错式，如图 4-39 所示。振动棒的有效作用半径一般为 300～400 mm。

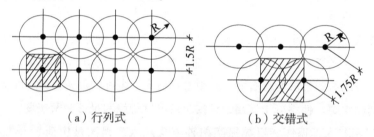

（a）行列式　　　　　　　　　（b）交错式

图 4-39　振捣点的布置

R— 振动棒有效作用半径

③ 混凝土分层浇筑时，为了保证每一层混凝土上下振捣均匀，应将振动棒上下来回抽动 50～100 mm；同时，在振捣上层混凝土时，还应将振动棒深入下层混凝土中 50 mm 左右，如图 4-40 所示。

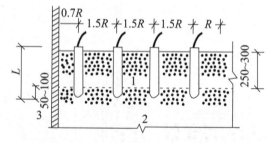

图 4-40　插入式振动器的插入深度

1— 新浇筑的混凝土；2— 下层已振捣但尚未初凝的混凝土；

3— 模板；R— 有效作用半径；L— 振捣棒长度

④ 每一振捣点的振捣时间一般为 20 ～ 30 s；使用高频振捣器时，最短不应少于 10 s。以混凝土表面呈水平并出现水泥浆和不再出现气泡及不显著沉落为准。

⑤ 使用振动器时，不允许将其支承在结构钢筋上或碰撞钢筋，不宜紧靠模板振捣。

2）外部振动器

外部振动器又称附着式振动器，如图 4-41 所示。它是将一个带偏心块的电动振动器利用螺栓或夹具固定在构件模板外侧，振动动力通过模板传给混凝土。适用于振捣钢筋密集、断面尺寸小于 250 mm 的构件及不宜使用插入式振动器的构件，如墙体、薄腹梁等。

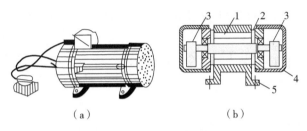

图 4-41　附着式振动器
1— 电动机；2— 轴；3— 偏心块；4— 护罩；5— 机座

3）表面振动器

表面振动器又称平板振动器，是将附着式振动器固定在一块底板上而成，它适用于捣实模板、地面、板形构件和薄壳等构件。

4）振动台

振动台是将模板和混凝土构件放于平台上一起振动，主要用于预制构件的生产，适用于预制构件厂生产预制构件。

4.3.5 混凝土的养护

混凝土成型后，为保证水泥能充分进行水化反应，应及时进行养护。养护的目的就是为混凝土硬化创造必要的湿度和温度条件，防止由于水分蒸发或冻结造成混凝土强度降低和出现收缩裂缝、剥皮、起沙和内部酥松等现象，确保混凝土质量。混凝土必须养护至其强度达到 1.2 MPa 以上，才准在上面行入和架设支架、安装模板，且不得冲击混凝土，以免振动和破坏正在硬化过程中混凝土的内部结构。不允许用悬挑构件作为交通运输通道，或作为工具、材料的停放场。

混凝土养护方法一般有自然养护、喷涂薄膜养护和蒸汽养护 3 种。

（1）自然养护

自然养护是指在室外平均气温高于 5 ℃ 的条件下，选择适当的覆盖材料并适当浇水，使混凝土在规定的时间内保持湿润环境。

（2）喷涂薄膜养护

喷涂薄膜养护是将过氯乙烯树脂养护剂用喷枪喷涂在混凝土表面上，溶剂挥发后在混凝土表面形成一层塑料薄膜，将混凝土与空气隔绝，阻止其中水分的蒸发以保证水泥水化作用的正常进行。有的薄膜在养护完成后能够自行老化脱落，否则，不能用于混凝土表面欲进行粉刷的墙面上，以免形成隔离层。喷涂薄膜适用于不宜洒水养护的高耸构筑物和大面积混凝土结构。在夏季，薄膜成型后要防晒，否则易产生裂纹。

（3）蒸汽养护

蒸汽养护就是将构件放置在有饱和蒸汽或蒸汽空气混合物的养护室内，在较高的温度和相对湿度的环境中进行养护，以加速混凝土的硬化，使混凝土在较短的时间内达到规定的强度标准值。蒸汽养护主要用于预制构件厂生产预制构件。

4.4 钢筋混凝土的质量与安全技术

钢筋混凝土
的质量与
安全技术

4.4.1 混凝土质量的检查

4.4.2 混凝土质量缺陷

4.4.4 钢筋混凝土工程的安全技术

课后习题

1. 跨度在 4 m 及 4 m 以上的梁模板为什么要起拱？有什么具体要求？

2. 钢筋冷拉后为什么能节约钢材？试述钢筋冷拉的原理。

3. 钢筋的加工有哪些内容？钢筋绑扎接头的最小搭接长度和搭接位置是怎样规定的？

4. 如何根据沙、石的含水率换算施工配合比？

5. 搅拌混凝土的投料顺序有几种？对混凝土的质量有何影响？

6. 泵送混凝土有什么优点？其配合比和浇筑方法与普通混凝土有什么不同？

7. 试述钢筋冷拔原理及工艺。钢筋净拔与冷拉有何区别？

8. 混凝土浇筑时应注意哪些问题？如何防止离析？

9. 试述钢筋代换的原则及方法。

10. 什么是施工缝？留设位置如何？如何处理？

11. 搅拌时间对混凝土质量有何影响？

12. 常见混凝土的质量缺陷有哪些？分析其产生原因。如何防治与处理？

13. 拆模的顺序如何？应注意哪些事项？

14. 综合题。

(1) 已知某混凝土实验室配合比为 1 : 2.56 : 5.5，水灰比为 0.64，每立方米混凝土的水泥用量为 251.4 kg，测得沙子含水率为 4%，石子含水率为 2%。试求：

① 该混凝土的施工配合比；

② 若用 JZ250 型搅拌机，出料容量为 0.25 m³，则每拌制一盘混凝土，各种材料的需用量为多少？

(2) 某主梁设计主筋为 $3\phi20(f_{y1}=240 \text{ N/mm}^2)$，今现场无 HRB235 钢筋，拟用 HRB335 钢筋抵换 $(f_{y2}=340 \text{ N/mm}^2)$，试计算需几根钢筋？

(3) 计算下图所示的钢筋下料长度。

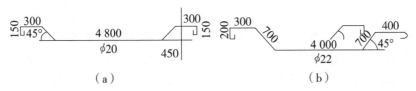

(a)　　　　　　　　　　　　(b)

图 4-42　题 14 图

第5章
预应力混凝土工程

本 章 提 要

本章内容包括先张法施工、后张法施工的要点、无黏结预应力施工工艺及预应力施工质量检查与施工安全措施。在先张法施工中，主要介绍了其施工设备和施工工艺。在后张法施工中，主要介绍了其施工设备、预应力钢筋的类型和要求以及施工工艺。在无黏结预应力施工工艺中，主要介绍了其主要特点、无黏结预应力筋的制作、施工工艺的基本情况及常见事故的处理。在预应力施工质量检查与施工安全措施中，主要涉及了预应力施工主要质量项目、质量控制项目和预应力施工主要安全措施。

【教学目标】

（1）知识目标

① 了解先张法施工的设备类型及其要求，掌握先张法的施工工艺流程；

② 了解后张法施工的设备类型及其要求，了解预应力钢筋的类型和要求，掌握后张法的施工工艺流程；

③ 了解无黏结预应力施工工艺；

④ 了解预应力施工主要质量项目和质量控制项目，了解预应力施工主要安全措施。

（2）能力目标

① 能应用所学理论知识正确表达、描述和分析预应力混凝土工程相关问题；

② 掌握土木工程专业知识，具有就土木工程复杂问题进行分析性研究的基础能力，在解决土木工程复杂工程问题时具有综合分析能力。

（3）素质目标

① 熟悉与土木工程相关的职业和行业的标准、政策和法律法规，能够对土木工程项目的设计、施工和运行的方案对社会、健康、安全、法律以及文化的影响做出评价；

② 理解在工程项目全过程中，土木工程师在公众健康、公共安全、社会和文化，以及法律等方面应承担的责任。

4. 情感价值提升

（1）培养文明诚信、团结协作的职业素养；

（2）培养严谨务实的工作作风。

【思维导图】

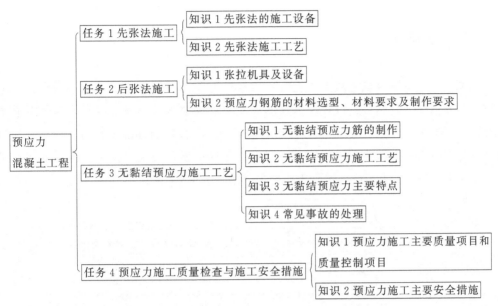

预应力混凝土是在外荷载作用前，预先建立有内应力的混凝土。一般是在混凝土结构或构件受拉区域，通过对预应力筋进行张拉、锚固、放松，借助钢筋的弹性回缩，使受拉区混凝土事先获得预压应力。预压应力的大小和分布应能减少或抵消外荷载质产生的拉应力。

预应力混凝土按预应力的大小可分为全预应力混凝土和部分预应力混凝土。按施加应力方式可分为先张法预应力混凝土、后张法预应力混凝土和自应力混凝土。接预应力筋的黏结状态可分为有黏结预应力混凝土和无黏结预应力混凝土。按施工方法又可分为预制预应力混凝土、现浇预应力混凝土和叠合预应力混凝土等。

预应力混凝土与普通钢筋混凝土相比较，可以更有效地利用高强钢材，提高使用荷载下结构的抗裂度和刚度，减小结构构件的截面尺寸，自重轻、质量好、材料省、耐久性好。虽然预应力混凝土施工要增添专用设备，技术含量高、操作要求严，相应的工程成本高，但在跨度较大的结构中，或在一定范围内代替钢结构使用时，其综合经济效益较好。

混凝土及钢筋混凝土是广泛使用的土木工程结构材料，而预应力混凝土则是钢筋混凝土的最高级应用。我国预应力技术起源于20世纪50年代，50多年来随着我国预应力材料、工艺、设备和结构技术的发展，预应力混凝土技术水平不断提高，应用领域进一步扩大，由开始的体内预应力混凝土结构向外延伸到框架、桁架等钢结构和空间结构中，且已经从单一的结构材料技术发展成为具有结构材料功能、结构设计手段和特殊工艺方法的综合技术——预应力技术，其应用领域及其推广使用的范围和数量，已成为衡量一个国家建筑技术水平的重要标志之一。本章主要以目前常用的预应力施工工艺为主线，分别叙述先张法预应力、后张法预应力、无黏结预应力和预应力施工质量检查与施工安全措施的基本知识。

5.1 先张法施工

先张法施工是在浇筑混凝土前在台座或钢模上张拉预应力筋，并临时固定在台座的横梁上或钢模上，然后进行普通钢筋的绑扎，支设模板，浇筑混凝土，养护混凝土至设计强度的 75% 以上，放松预应力筋，使混凝土在预应力筋的反弹力作用下，通过混凝土与预应力筋之间的黏结力传递预应力，使得钢筋混凝土构件受拉区的混凝土承受预压应力。图 5-1 为预应力混凝土构件先张法施工示意图。

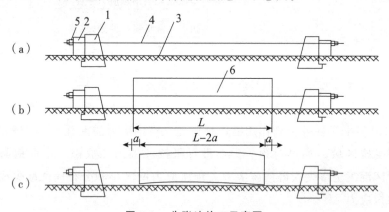

图 5-1　先张法施工示意图

(a) 预应力筋张拉阶段；(b) 混凝土浇筑和养护阶段；(c) 预应力筋放松阶段

1—台座；2—横梁；3—台面；4—预应力筋；5—锚固夹具；6—混凝土构件

由于先张法施工预应力筋张拉、锚固、放松，混凝土的浇筑、养护均在台座上进行，预应力筋放松前，其拉力都是由台座承受的，而台座或钢模承受预应力筋的张拉能力有限，因此先张法施工适于生产中小型预应力混凝土构件，如预应力模板、预应力屋面板、中小型预应力吊车梁等构件。先张法预应力传递靠黏结力，预应力筋用夹具固定在台座上，放松后夹具可回收使用。先张法施工中常用的预应力筋有钢丝和钢筋两类。

5.1.1 先张法的施工设备

（1）张拉台座

台座是先张法施工张拉和临时固定预应力筋的支撑结构，它承受预应力筋的全部张拉力，必须具有足够的强度、刚度和稳定性，同时要满足生产工艺要求。台座按构造形式分为墩式台座和槽式台座。

1）墩式台座

墩式台座是由传力墩、台面和横梁组成的（见图 5-2），可以用于永久性的预制厂制作中小型预应力混凝土构件。

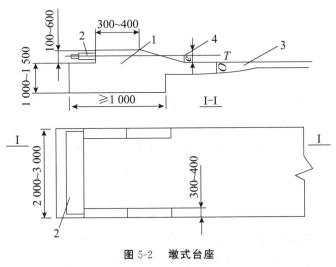

图 5-2　墩式台座

1—传力墩；2—横梁；3—台面；4—预应力筋

传力墩是墩式台座的主要受力结构，依靠其自重和土压力平衡张拉力产生的倾覆力矩，依靠土的反力和摩阻力平衡张力产生的水平位移。台面是预应力混凝土构件成型的胎模，台面要求平整、光滑，沿其纵向留设 0.3% 的排水坡度，每隔 10～20 m 设置宽 30～50 mm 温度缝。横梁是锚固夹具临时固定预应力筋的支点，也是张拉机械张拉预应力筋的支座，常采用型钢或由钢筋混凝土制作而成。横梁挠度要求小于 2 mm，并不得产生翘曲。

墩式台座张拉一次可生产多块预应力混凝土构件，减少了张拉和临时固定的工作，同时也减少了由于预应力筋滑移和横梁变形引起的预应力损失值。

2）墩式台座设计

① 外形尺寸。

台座的长度和宽度主要根据施工现场的实际情况、构件长度、生产数量等决定。生产用冷拔低碳钢丝或高强度钢丝配筋的钢筋混凝土构件，台座长度一般在 100 m 左右，并且不大于 150 m，此种台座称为长线台座，采用长线台座，张拉一次可以生产多根（块）构件。一般情况下台座长度为 50～20 m，台座宽度 2～4 m。

② 稳定性验算。

台座有变形、位移或者倾角，都会引起预应力的较大损失，所以在设计台座时，必须根据实际情况进行稳定性验算，包括抗倾覆验算和抗滑移验算（见图 5-3）。

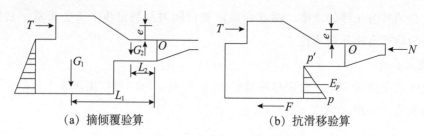

(a) 摘倾覆验算   (b) 抗滑移验算

图 5-3 墩式台座稳定性验算简图

倾覆稳定系数 K_1 应大于或等于 1.5，验算公式为：

$$K_1 = M_1/M \geqslant 1.5$$

式中，M—— 由张拉力产生的倾覆力矩，$M = Te$；

    T—— 张拉力的合力；

    e—— 张拉力合力 T 的作用点到倾覆转动点 O 的力臂；

    M_1—— 抗倾覆力矩，主要由台座自重及土压力等产生，如不考虑土压力，则

$$M_1 = G_1 L_1 + G_2 L_2$$

式中，G_1—— 传力墩的自重；

    L_1—— 传力墩重心至倾覆转动点 O 的力臂；

    G_2—— 传力墩外伸台面局部加厚部分的自重；

    L_2—— 传力墩外伸台面局部加厚部分重心至倾覆转动点 O 的力臂。

滑移稳定系数 K_2 应大于或等于 1.3，验算公式为：

$$K_2 = T_1/T \geqslant 1.3$$

式中，T_1—— 抗滑移力，对独立台墩，由侧壁上压力和底部的摩阻力等产生，对于台面共同工作的台墩，不存在滑移的问题，可不作抗滑移验算，此时应验算台面的强度；

    T—— 张拉力的合力。

墩式台座的强度验算：传力墩的牛腿和外伸台面局部加厚部分，分别按钢筋混凝土结构的牛腿和偏心受压构件计算；横梁按简支梁计算。

横梁应当具有足够的刚度，受力后其挠度应不大于 2 mm。

3）槽式台座

槽式台座是由端柱，传力柱和上、下横梁以及台面等组成，见图 5-4。

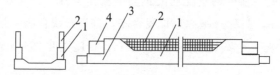

图 5-4 槽式台座

1— 钢筋混凝土压杆；2— 砖墙；3— 下横梁；4— 上横梁

槽式台座底可以承受张拉力，又可以作为构件蒸汽养护槽，多用于在预制厂制作用粗钢筋做预应力钢材的大型构件。一砖厚的砖墙起挡土作用，同时又是蒸汽养护预应力混凝土构件的保温侧墙。槽式台座也应当进行强度和稳定性验算，端柱和传力柱是槽式台座的主要受力结构，又叫钢筋混凝土压杆，强度按照偏心受压构件计算，端柱抗倾覆力矩由端柱、横梁自重及部分张拉力组成。

（2）夹具

夹具是预应力筋进行张拉和临时固定的工具，预应力筋夹具和连接器应具有可靠的锚固性能、足够的承载能力和良好的适用性，构造简单，施工方便，成本低。根据夹具的工作特点分为张拉夹具和锚固夹具。

1）夹具的要求

预应力夹具应当具有良好的自锚性能和松锚性能，应能多次重复使用。需敲击才能松开的夹具，必须保证其对预应力筋的锚固没有影响，且对操作人员的安全不造成危险。当夹具达到实际的极限拉力时，全部零件不应出现肉眼可见的裂缝和破坏。

夹具（包括锚具和连接器）进场时，除应按出厂合格证和质量证明书核查其锚固性能类别、型号、规格及数量外，还应按规定进行外观检查、硬度检验和静载锚固性能试验收。

2）锚固夹具

锚固夹具是将预应力筋临时固定在台座横梁上的工具。常用的锚固表具有：

① 钢质锥形锚具。GE钢质锥形锚具（又叫弗氏锚）可锚固标准强度为1 570 MPa的ϕ5 mm高强度钢丝束。配用YDC1000型穿心式千斤顶张拉、顶压锚固。

② 镦头夹具。镦头夹具适用于预应力钢丝固定端的锚固，是将钢丝端部冷镦或热镦形成镦粗头，通过承力板锚固，见图5-5。

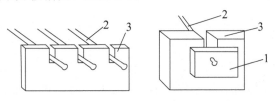

图 5-5 **镦头锚具**

1— 垫片；2— 镦头钢丝；3— 承力板

3）张拉夹具

对张拉夹具是将预应力筋与张拉机械连接起来进行预应力张拉的工具，常用的张拉夹具有月牙形夹具、压销式夹具（见图5-6、图5-7）、偏心式表具和楔形夹具。

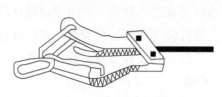

图 5-6　月牙形夹具图

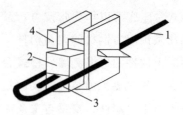

图 5-7　压销式夹具

1— 钢筋；2，3— 销片（2 为楔形）；4— 楔形压销

（3）张拉设备

张拉预应力筋的机械，要求工作可靠、操作简单，能以稳定的速率加荷。先张法施工中预应力筋可单根进行张拉或多根成组进行张拉。常用的张拉机械有：

1）手动卷筒式张拉机

其构造如图 5-8 所示。将手摇绞车装在小钢轨道上，钢丝绳卷在卷筒上，卷筒与齿轮联结，齿轮上方装有锥销及制动爪；钢丝绳另一端串联弹簧测力计和嵌式夹具。该设备的优点是设备简单，不需电力，缺点是效率低。可用于张拉要 3 ～ 4 mm 的钢丝。

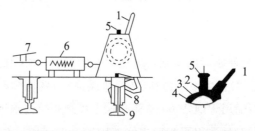

图 5-8　手动卷筒式张拉机工作示意图

1— 手柄；2— 制动爪；3— 方向齿轮；4— 卷筒；5— 锥销；6— 弹簧测力计；

7— 夹具；8— 夹轨器；9— 钢轨

2）电动卷筒式张拉机

它是把慢速电动卷扬机装在小车上制成（见图 5-9）。该设备的优点是：张拉行程大，张拉速度快。可张拉直径 3 ～ 5 mm 的钢丝。

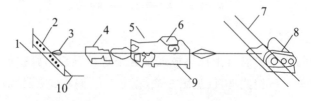

图 5-9　电动卷扬机张拉单根钢丝

1— 预应力钢丝；2— 梳筋板（承力角钢）；3— 圆锥齿板式夹具；4— 钢丝夹具；5— 限位螺丝；6— 行程开关；7— 钢轨；8— 卷扬机安装在小车上；9— 弹簧测力器；10— 外地坪

为了控制张拉力准确，张拉速度以 $1 \sim 2$ m/min 为宜。张拉机与弹簧测力计配合使用时，宜装行程开关进行控制，使达到规定的张拉力时能自动停车。

3）电动螺杆张拉机

电动螺杆张拉机既可以张拉预应力钢筋，也可以张拉预应力钢丝。它是由张拉螺杆、电动机、变速箱、测力装置、拉力架、承力架和张拉夹具等组成。最大张拉力为 $300 \sim 600$ kN，张拉行程为 800 mm。为了便于工作和转移，将其装置在带轮的小车上。电动螺杆张拉机见图 5-10。

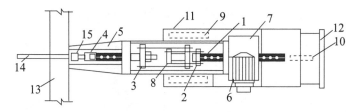

图 5-10　电动螺杆张拉机

1—螺杆；2，3—拉力架；4—张拉夹具；5—顶杆；6—电动机；7—齿轮减速器；8—测力计；

9，10—车轮；11—底盘；12—手把；13—横梁；14—钢筋；15—锚固夹具

电动螺杆张拉机的工作原理是：工作时顶杆支承到台座横梁上，用张拉夹具夹紧预应力筋，开动电动机使螺杆向右侧运动，对预应力筋进行张拉，达到控制应力要求时停车，并用预先套在预应力筋上的锚固夹具将预应力筋临时锚固在台座的横梁上。然后开倒车，使电动螺杆张拉机卸荷。电动螺杆张拉机运行稳定，螺杆有自锁能力，张拉速度快，行程大。

4）油压千斤顶

油压千斤顶可张拉单根预应力筋或多根成组预应力筋。多根成组张拉时，可采用四横梁装置进行，见图 5-11。

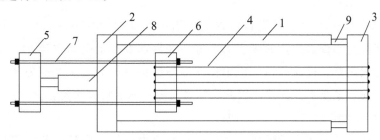

图 5-11　四横梁式油压千斤顶张拉装置

1—台座；2—前横梁；3—后横梁；4—预应力筋；5，6—拉力架横梁；

7—大螺丝杆；8—油压千斤顶；9—放张装置

四横梁式油压千斤顶张拉装置，用钢量较大，大螺丝杆加工困难，调整预应力筋的初应力费时间，油压千斤顶行程小，工效较低，但其一次张拉力大。

5.1.2 先张法施工工艺

先张法的施工工艺流程如图 5-12 所示。

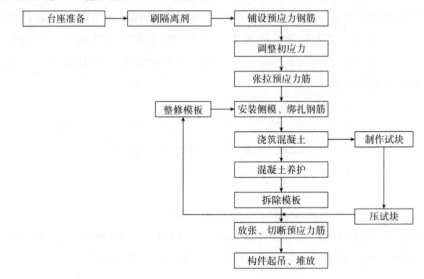

图 5-12　先张法施工工艺及流程图

（1）预应力筋的铺设

预应力筋应当提前下料，施工中应当采取措施防止预应力筋的锈蚀。预应力筋铺设前应当在台座上刷隔离剂，可以采用非油类模板隔离剂，应当注意隔离剂不要污染预应力筋，以免影响到预应力筋与混凝土的黏结。碳素钢丝表面光滑但强度较高，与混凝土的黏结力较差，因此应当提前采取措施对表面刻痕或者压波。预应力筋铺设时，钢筋之间的连接或钢筋与螺杆之间的连接可以采用连接器。

（2）预应力筋的张拉

预应力筋张拉所用的机具设备及仪表应当定期维护和校验，张拉设备应配套使用，以确定张拉力与仪表读数的固定关系式。在钢筋混凝土结构中建立预加应力的效果，并不是越大越好，过大的预加应力作用容易使预应力筋处于高应力状态，破坏前没有明显的征兆，这是不允许的，因此张拉之前应当确定张拉的控制应力。

1）张拉力的确定

预应力筋的张拉应按照设计规定的张拉控制应力进行，张拉一般操作过程为：调整预应力筋长度、初始张拉，正式张拉、持荷、锚固。

为了减少预应力筋的松弛、摩擦以及分批张拉导致的应力损失，施工中可以采用超张拉的方法，采用超张拉时，可比设计控制应力提高 5%，但是最大张拉控制应力不应当超过表 5-1 中的规定。

表 5-1　张拉控制应力限值

钢筋种类	张拉方法	
	先张法	后张法
消除应力钢丝	$0.75f_{ptk}$	$0.75f_{ptk}$
热处理钢筋	$0.70f_{ptk}$	$0.65f_{ptk}$

预应力筋张拉控制力，按照下面公式进行计算：

$$P = (1+m)\sigma_{con}A_p(\text{kN})$$

式中，m—— 超张拉百分率(%)；

　　　σ_{con}—— 张拉控制应力；

　　　A_p—— 预应力筋的截面积。

2）张拉程序

预应力筋的张拉程序可根据预应力筋的种类及设计及规范要求选用，一般可以按照表 5-2 所列程序选择。

表 5-2　先张法预应力筋张拉程序

预应力筋种类	张拉程序
钢筋	$0 \rightarrow$ 初应力 $\rightarrow 1.05\sigma_{con}$（持荷 2 min）$\rightarrow 0.9\sigma_{con} \rightarrow 6\sigma_{con}$（锚固）
钢丝、钢绞线	$0 \rightarrow$ 初应力 $\rightarrow 1.05\sigma_{con}$（持荷 2 min）$\rightarrow 0 \rightarrow \sigma_{con}$（锚固）
	对于夹片式等具有自锚性能的锚固： 普通松弛力筋　　　　$0 \rightarrow$ 初应力 $\rightarrow 1.03\sigma_{con}$（锚固） 低松弛力筋　　　　　$0 \rightarrow$ 初应力 $\rightarrow \sigma_{con}$（持荷 2 min 锚固）

注：表中 σ_{con} 为张拉时的控制应力值，包括预应力损失值。

在实际预应力张拉时，拉力是分级提高，一般先张拉到初应力，再提高到两倍初应力，然后按照规定的张拉程序进行。

在各种张拉程序中，超张拉 5% 并持荷 2 min，其目的是在高应力状态下加速预应力松弛早期发展，以减少应力松弛引起的预应力损失；超张拉 3% 是为了弥补应力松弛引起的损失，一次张拉到控制应力，比超张拉持荷再回到控制应力时应力松弛大 2% ～ 3%，因此，一次张拉到 $1.03\sigma_{con}$ 后锚固，同样可以达到减少松弛效果的。且这种张拉程序施工简便，一般应用较广。

3）预应力筋张拉控制

预应力筋张拉采用双控法，即以应力控制为主，同时采用延伸量进行校核。在张拉过程中严格按照张拉程序和张拉控制应力进行张拉，通过提前校核张拉设备时得到的张拉力和压力仪表读数之间的对应关系，在张拉过程中进行分级张拉时，按照对应的压力仪表的读数进行分级控制。

张拉之前，应当对预应力筋进行理论延伸量的计算，预应力筋的计算伸长值 ΔL 按下式计算：

$$\Delta L = F_p L / (A_p E_s)$$

式中，F_p——预应力筋的平均张拉力(kN)，直线筋取张拉端的拉力，两端张拉的曲线筋取张拉端的拉力与跨中扣除孔道摩阻损失后拉力的平均值；

L——预应力筋的长度(mm)；

A_p——预应力筋的截面面积(mm^2)；

E_s——预应力筋的弹性模量(kN/mm^2)。

预应力筋的张拉应当先建立初应力，初应力一般为张拉控制应力的 $10\% \sim 15\%$，将预应力筋拉直，以消除预应力筋弯曲和夹具不紧密等现象。预应力筋的实际延伸量，宜在拉伸到初应力时开始进行量测，计算从初应力到张拉控制应力的延伸量。并应加上初应力以下的推算长度，可以按图解法和计算法进行推算。

预应力筋初应力以下的推算伸长值 ΔL_2 可根据弹性范围内张拉力与伸长值成正比的关系，用计算法或图解法确定。

计算法是根据张拉时预应力筋应力与伸长值的关系来推算。如某预应力筋张拉应力从 $0.3\sigma_{con}$ 增加到 $0.4\sigma_{con}$ 钢筋伸长量 4 mm，若初应力确定为 $10\%\sigma_{con}$，则其 ΔL 为 4 mm。

图解法即建立直角坐标，伸长值为横坐标，张拉应力为纵坐标，将各级张拉力的实测伸长值标在图上，绘制张拉力与伸长值关系曲线 CAB，然后延长此线与横坐标交于 O_1 点，则 OO_1 段即为推算伸长值，如图 5-13 所示。

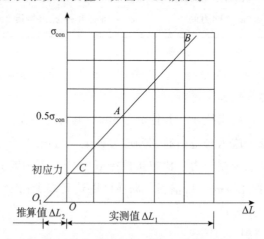

图 5-13 预应力筋实际伸长值图解法

预应力筋实际伸长值受许多因素影响，如钢材弹性模量变异、量测误差、千斤顶张拉力误差、孔道摩阻等，故规范允许有 $\pm 6\%$ 的误差，当实测延伸量跟理论延伸量偏差超过 $\pm 6\%$，应当停止张拉，分析原因。

当同时张拉多根预应力钢丝时，应预先调整初应力，使各根预应力筋应力均匀一致；张拉后应当抽查钢丝的应力值，其偏差不得大于设计规定预应力值的±5%。同时张拉的多根钢丝，断裂和滑脱的钢丝数量不得超过结构同一截面钢材总根数的5%，且严禁相邻的两根钢丝断裂或滑脱，构件在浇注混凝土前发生的断裂或滑脱的预应力筋必须予以更换。张拉完毕，预应力筋相对设计位置的偏差不得大于5 mm，也不得大于构件截面最短边长的4%。

张拉时，预应力筋的断丝数量不得超过表5-3的规定。

表5-3 先张法预应力筋断丝限制

类别	检查项目	控制数
钢丝、钢绞线	同一构件内断丝数不得超过钢丝总数的比例	1%
钢筋	断筋	不容许

（3）混凝土的浇筑及养护

预应力筋张拉完毕后即应浇筑混凝土。混凝土的浇筑应一次完成，不允许留设施工缝。

混凝土必须严格控制水灰比，减少水泥的用量，采用骨料要级配良好，以减少混凝土由于收缩和徐变而引起的预应力损失。预应力混凝土构件浇筑时必须振捣密实（特别是在构件的端部），以保证预应力筋和混凝土之间的黏结力。预应力混凝土构件混凝土的强度等级一般不低于C30；当采用碳素钢丝、钢绞线、热处理钢筋做预应力筋时，混凝土的强度等级不宜低于C40。

混凝土振捣尽量采用侧模振动器，当使用插入式振动器时，特别注意不要碰撞预应力钢筋，防止预应力筋滑移或断裂伤人。

构件应避开台面的温度缝，当不可能避开时，在温度缝上可先铺薄钢板或垫油毡，然后再灌混凝土。浇筑时，振捣器不应碰撞钢筋，混凝土达到一定强度前，不允许碰撞或踩动钢筋。

采用重叠法制作预应力混凝土构件时，其下层构件混凝土的强度需达到设计强度30%后，方可浇筑上层构件混凝土并应有隔离措施。

混凝土可采用自然养护或蒸汽养护。但应注意，在台座上用蒸汽养护时，温度升高后，预应力筋膨胀而台座的长度并无变化，因而引起预应力筋应力减小，这就是温差引起的预应力损失。为了减少这种温差应力损失，应保证混凝土在达到一定强度之前，温差不能太大（一般不超过20℃），故在台座上采用蒸汽养护时，其最高允许温度应根据设计要求的允许温差经计算确定。当混凝土达到一定强度（粗钢筋为7.5 mPa，钢丝、钢绞线为10 mPa）之后，再按一般构件的蒸汽养护规定进行，这种养护方法又称为二次升温养护法，但养护温度也不要超过60℃。在采用机组流水法用钢模制作、蒸汽养护时，由于钢模和预应力筋同样伸缩，所以不存在因温差而引起的预应力损失，可以采用一般加热养护制度。

（4）预应力筋的放张

预应力筋放张过程是预应力的传递过程，是先张法构件能否获得良好质量的一个重要生产过程。应根据放张要求，确定合理的放张顺序、放张方法及相应的技术措施。

1）放张要求

预应力在放张之前应先拆除模板；放张预应力筋时，混凝土强度必须符合设计要求，当设计无要求时，不得低于设计的混凝土强度标准值的 75%。对于重叠生产的构件，要求最上一层构件的混凝土强度不低于设计强度标准值的 75% 时方可进行预应力筋的放张。过早放张预应力筋会引起较大的预应力损失或产生预应力筋滑动。预应力混凝土构件在预应力筋放张前要对混凝土试块进行试压，以确定混凝土的实际强度。

2）放张顺序

预应力筋的放张顺序，应符合设计要求。当设计无专门要求时，应符合下列规定：

① 对承受轴心预压力的构件（如压杆、桩等），所有预应力筋应同时放张。

② 对承受偏心预压力的构件，应先同时放张预压力较小区域的预应力筋，再同时放张预压力较大区域的预应力筋。

③ 当不能按上述规定放张时，应分阶段、对称、相互交错地放张，以防止放张过程中构件发生翘曲、裂纹及预应力筋断裂等现象。

3）放张方法

对于预应力钢丝混凝土构件放张应缓慢进行，分两种情况放张：配筋不多的预应力钢丝放张采用剪切、割断和熔断的方法自中间向两侧逐根进行，以减少回弹量，利于脱模；配筋较多的预应力钢丝放张采用同时放张的方法，可采用楔块、沙箱或千斤顶等装置进行同时缓慢放张。对于长线台座上预应力筋的切断顺序，应由放张端逐次切向另一端。

① 楔块放张。楔块装置放置在台座与横梁之间，放张预应力筋时，旋转螺母使螺杆向上运动，带动楔块向上移动，钢块间距变小，横梁向台座方向移动，便可同时放松预应力筋（见图 5-14）。楔块放张，一般用于张拉力不大于 300 kN 的情况。

② 沙箱放张。沙箱装置放置在台座和横梁之间，它由钢制的套箱和活塞组成，内装干沙并选定适宜的级配。预应力筋张拉时，沙箱中的沙被压实，承受横梁的反力。预应力筋放张时，将出沙口打开，沙缓慢流出，从而使预应力筋缓慢地放张，沙箱放张应当注意放张速度均匀一致。采用沙箱放张，能控制放张速度，工作可靠、施工方便，可用于张拉力大于 1 000 kN 的情况。

③ 千斤顶放张。千斤顶也位于台座和横梁之间。张拉完预应力筋后，将千斤顶锁

定，防止回顶。放张时只需要千斤顶回油即可，这种方法易于操作、施工简便、适用范围广。

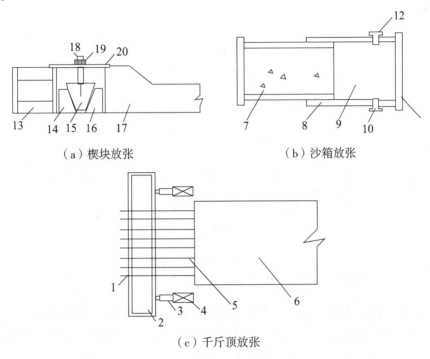

（a）楔块放张　　　　　　　　　　（b）沙箱放张

（c）千斤顶放张

图 5-14　预应力放张示意图

1— 夹具；2、13— 横梁；3— 千斤顶；4— 承力架；5— 钢丝；6— 构件；7— 活塞；8—套箱；9— 沙；10— 出沙口；11— 套箱底板；12— 进沙口；14、16— 固定钢楔块；15—滑动楔块；17— 台座；18— 螺杆；19— 螺母；20— 承力板

5.2 后张法施工

后张法施工是在浇筑混凝土构件时，在预应力筋位置处预留孔道，待混凝土达到一定强度（一般不低于设计强度标准值的 75%），将预应力筋穿入孔道中并进行张拉，然后用锚具将预应力筋锚固在构件上，最后进行孔道灌浆。预应力筋承受的张拉力通过锚具传递给混凝土构件，使混凝土产生预压应力。

图 5-15 为预应力混凝土构件后张法施工示意图。图 5-15（a）为制作混凝土构件并在预应力筋的设计位置上预留孔道，待混凝土达到规定的强度后，穿入预应力筋进行张拉。图 5-15（b）所示为预应力筋的张拉，用张拉机械直接在构件上进行张拉，混凝土同时完成弹性压缩。图 5-15（c）所示为预应力筋的锚固和孔道灌浆，预应力筋的张拉力通过构件两端的锚具，传递给混凝土构件，使其产生预压应力，最后进行孔道灌浆。

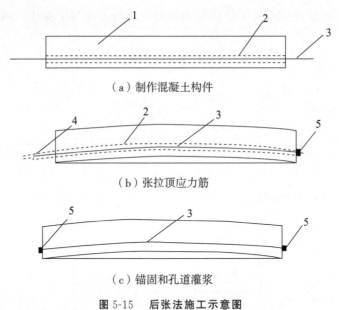

（a）制作混凝土构件

（b）张拉顶应力筋

（c）锚固和孔道灌浆

图 5-15　后张法施工示意图

1— 混凝土构件；2— 预留孔道；3— 预应力筋；4— 千斤顶；5— 锚具

后张法施工由于直接在混凝土构件上进行张拉，适用于现场大型预应力混凝土构件，特别是大跨度构件。后张法施工工序较多，工艺复杂，锚具作为预应力筋的组成部分，将永远留置在预应力混凝土构件上，不能重复使用。后张法施工常用的预应力筋有单根钢筋、钢筋束、钢绞线束等。

后张法的特点：

① 预应力筋在构件上张拉，张拉力可达几百吨，适用于大型预应力混凝土构件制作。

② 锚具为工作锚，永远固定在构件上，成为构件的一部分。

③ 预应力传递靠锚具。

5.2.1 张拉机具及设备

后张法使用的锚具根据其锚固原理和构造形式不同，分为夹片锚具、支承式锚具、锥塞式锚具和握裹式锚具 4 种体系，在张拉过程中根据锚具所在的位置又分为张拉端锚具和固定端锚具；预应力筋的种类有热处理钢筋束、消除应力钢筋束或钢绞线、钢丝束，因此按照锚固的预应力筋可分为单根粗钢筋锚具、钢丝锚具和钢筋束、钢绞线束锚具。

（1）锚具种类

② 夹片式锚具：TYM13(15) 系列(见图 5-16)。TYM13 锚具可锚固 ϕ12.7 mm 的钢绞线，TYM15 锚具可锚固 ϕ15.24 mm 的钢绞线，张拉端锚具具有良好的锚固性能和放张自锚性能。张拉一般采用 YDC 系列千斤顶。张拉端锚具由夹片、锚板、锚垫板以及螺旋筋四部分组成。夹片是锚固体系的关键零件，其形式为二片式，用优质合金钢制造。

图 5-16 M13 系列、M15 系列锚具(又称常规锚具)

② 支承式锚具：螺丝端杠锚具(见图 5-17)、镦头锚具(见图 5-18)、帮条锚具(见图 5-19)。

③ 锥塞式：钢质锥形锚具(见图 5-20)。

④ 握裹式(挤压锚具、压花锚具等)：锥形螺杆锚具(见图 5-21)、压花锚具(见图 5-22)、TYM 系列 P 型锚具(见图 5-23)。

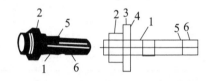

图 5-17 螺丝端杆锚具图

1—螺丝端杆锚具；2—螺母；3—垫板；4—排气槽；5—对焊接头；6—冷拉钢筋

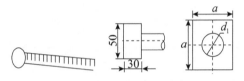

图 5-18 镦头锚具

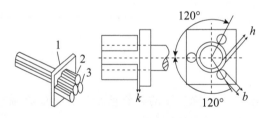

图 5-19 帮条锚具图

1—垫板；2—预应力筋；3—墩头

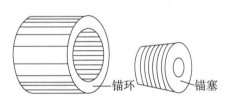

图 5-20 钢质锥形锚具

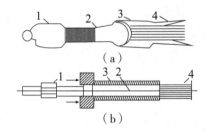

(a)

(b)

图 5-21 锥形螺杆锚具

1—螺帽；2—锥形螺杆；3—套筒；4—钢丝

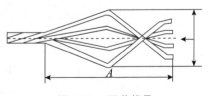

图 5-22 压花锚具

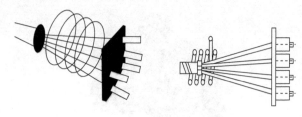

图 5-23　TYM15(13)P 型锚具

TYM15、TYM13 系列固定端 P 型锚具适用于构件端部设计应力大或端部空间受到限制的情况。它是用挤压机将挤压锚压结在钢绞线上的一种握裹式锚具。

工程设计单位应根据结构要求、产品技术性能和张拉施工方法，按表 5-4 选用锚具。

表 5-4　锚具选用

预应力筋品种	选用锚具形式		
	张拉端	固定端	
		安装在结构之外	安装在结构之内
钢绞线及钢绞线束	夹片锚具	夹片锚具	压花锚具
		挤压锚具	挤压锚具
高强钢丝束	夹片锚具	夹片锚具	挤压锚具、镦头锚具
		镦头锚具	
		挤压锚具	
精轧螺纹钢筋	螺母锚具		

（2）张拉设备

后张法的主要张拉设备有千斤顶和高压油泵。

1）拉杆式千斤顶

拉杆式千斤顶适用于张拉以螺丝端杆锚具为张拉锚具的粗钢筋，以锥形螺杆锚杆为张拉锚具的钢丝束和以 DM5A 型镦头锚具为张拉锚具的钢丝束。

拉杆式千斤顶的构造及工作过程见图 5-24。

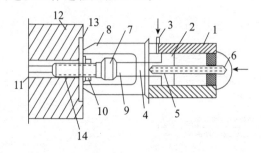

图 5-24　拉杆式千斤顶的构造及工作过程

1—主缸；2—主缸活塞；3—主缸油嘴；4—副缸；5—副缸活塞；6—副缸油嘴；7—连接器；8—顶杆；9—拉杆；10—螺母；11—预应力筋；12—混凝土构件；13—预埋钢板；14—螺丝端杆

拉杆式千斤顶张拉预应力筋时，首先使连接器与预应力筋的螺丝端杆相连接，顶杆支承在构件端部的预埋钢板上。高压油进入主缸时，则推动主缸活塞向左移动，并带动拉杆和连接器以及螺丝端杆同时向左移动，对预应力筋进行张拉。达到张拉力时，拧紧预应力筋的螺帽，将预应力筋锚固在构件的端部。高压油再进入副缸，推动副缸使主缸活塞和拉杆向右移动，使其恢复初始位置。此时主缸的高压油流回高压油泵中去，完成一次张拉过程。

拉杆式千斤顶构造简单，操作方便，应用范围较广。拉杆式千斤顶的张拉力有 400 kN、600 kN 和 800 kN 三级，张拉行程为 150 mm。

2）YC-60 型穿心式千斤顶

YC-60 型穿心式千斤顶适用于张拉各种形式的预应力筋，是目前我国预应力混凝土构件施工中应用最为广泛的张拉机械。YC-60 型穿心式千斤顶加装撑脚、张拉杆和连接器后，就可以张拉以螺丝端杆锚具为张拉锚具的单根粗钢筋，张拉以锥形螺杆锚具和 DM5A 型镦头锚具为张拉锚具的钢丝束。

YC-60 型穿心式千斤顶的构造及工作过程见图 5-25。

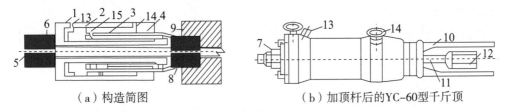

（a）构造简图　　　　　　　　（b）加顶杆后的YC-60型千斤顶

图 5-25　YC-60 型穿心式千斤顶的构造及工作示意图

1— 张拉油缸；2— 顶压油缸（即张拉活塞）；3— 顶压活塞；4— 弹簧；5— 预应力筋；6— 工具式锚具；
7— 螺帽；8— 工作锚具；9— 混凝土构件；10— 撑脚；11— 张拉杆；12— 连接器；13— 张拉缸油嘴；
14— 顶压缸油嘴；15— 油孔

YC-60 型穿心式千斤顶，沿千斤顶的轴线有一直通的穿心孔道，供穿过预应力筋之用。沿千斤顶的径向，有内外两层工作油缸，外层为张拉油缸，工作时张拉预应力筋，内层为顶压油缸，工作时进行锚具的顶压锚固。YC-60 型穿心式千斤顶既能张拉预应力筋，又能顶压锚具锚固预应力，故又称为穿心式双作用千斤顶。

YC-60 型穿心式千斤顶张拉力为 600 kN，张拉行程 150 mm。

3）锥锚式双作用千斤顶

锥锚式双作用千斤顶适用于张拉以 KT-Z 型锚具为张拉锚具的钢筋束和钢绞线束，张拉以钢质锥形锚具为张拉锚具的钢丝束。

锥锚式双作用千斤顶的构造和工作过程见图 5-26。

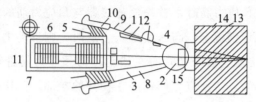

图 5-26 锥锚式双作用千斤顶的构造和工作过程

1— 预应力筋；2— 顶压头；3— 副缸；4— 副缸活塞；

5— 主缸；6— 主缸活塞；7— 主缸拉力弹簧；8— 副缸

拉力弹簧；9— 锥形卡环；10— 楔块；11— 主缸油嘴；

12— 副缸油嘴；13— 锚塞；14— 构件；15— 锚环

　　锥锚式双作用千斤顶的主缸及主缸活塞用于张拉预应力筋，主缸前端缸体上有卡环和销片，用以锚固预应力筋，主缸活塞为一中空筒状活塞，中空部分设有拉力弹簧。副缸和副缸活塞用于顶压锚塞，将预应力筋锚固在构件的端部，设有复位弹簧。

　　锥锚式双作用千斤顶的张拉工作过程：将预应力筋用楔块锚固在锥形卡环上，使高压油经主缸油嘴进入主缸，主缸带动锚固在锥形卡环上的预应力筋向左移动，进行预应力的张拉。

　　锥锚式双作用千斤顶的顶压工作过程：张拉工作完成后，关闭主缸的油嘴，开启副缸油嘴使高压油进入副缸，由于主缸仍保持着一定的油压，故副缸活塞和顶压头向右移动，顶压锚塞锚固预应力筋。

　　锥锚式双作用千斤顶的回程：预应力筋张拉锚固后，主、副缸回油，主缸通过本身拉力弹簧的回缩，副缸通过其本身压力弹簧的伸长，分别将主缸和副缸恢复到原来的初始位置。放松楔块即可拆移千斤顶。

　　锥锚式双作用千斤顶张拉力为 300 kN 和 600 kN，最大张拉力 850 kN，张拉行程 250 mm，顶压行程 60 mm。

5.2.2 预应力钢筋的材料类型、材料要求及制作要求

　　预应力筋的品种有光面圆钢丝、刻痕钢丝、冷拉高强钢丝、钢绞线、高强度精轧螺纹粗钢筋等。

　　高强平行钢丝的规格和力学性质。

　　符合国家标准《预应力混凝土用钢丝》(GB/T－5223－2002/XG2－2008)，《预应力混凝土用钢绞线》(GB/T－5224)，《预应力混凝土用螺纹钢筋》(GB/T－20065)。

5.2.3 后张法的施工工艺

后张法的施工工艺，见图 5-27。

（1）孔道留设

孔道留设是后张法预应力混凝土构件制作中的关键工序之一，也是施工过程检验验收的重要环节。预留孔道的尺寸与位置应正确，孔道应平顺；端部的预埋锚垫板应垂直于孔道中心线并用螺栓或钉子固定在模板上，以防止浇筑混凝土时发生走动；孔道的直径一般应比预应力筋的外径（包括钢筋对焊接头的外径或需穿入孔道的锚具外径）大 10～15 mm，以利于预应力筋穿入。孔道成型的质量以及选择的成孔形式对孔道摩阻损失的影响较大。凡需要起拱的构件，预留孔道宜随构件同时起拱。

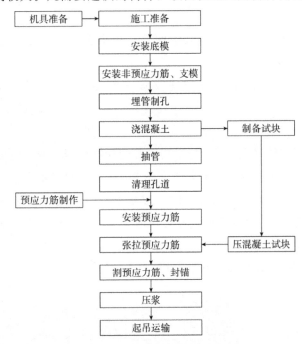

图 5-27 预应力后强法施工工艺

孔道留设的方法有钢管抽芯法、胶管抽芯法、橡胶抽拔棒法和预埋管法（主要采用波纹管）等。预应力的孔道形式一般有直线、曲线和折线三种。钢管抽芯法只用于直线孔道的成型，胶管抽芯法、橡胶抽拔棒法和预埋管法则可以适用于直线、曲线和折线的孔道。

1）钢管抽芯法

钢管抽芯法适用于留设直线孔道。钢管抽芯法是预先将钢管敷设在模板的孔道位置上，于混凝土初凝后，终凝前抽出钢管形成孔道。

选用的钢管要求平直、表面光滑，敷设位置要准确；钢管用钢筋井字架固定，间距不宜大于 1.0 m。每根钢管的长度一般不超过 15 m，以便于转动和抽管。钢管两端应各伸出构件外 0.5 m 左右；较长时构件可采用两根钢管，中间用套管连接。其连接方法见图 5-28。

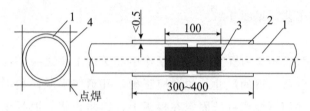

图 5-28　钢管连接方法

1— 钢管；2— 白铁皮套管；3— 硬木塞；4— 井字架

钢管抽芯法应当派人在混凝土浇筑过程及浇筑后每隔一定时间慢慢转动钢管，防止它与混凝土粘住。

留设预留孔道的同时，方便构件孔道灌浆，还要在设计规定位置留设灌浆孔和排气孔。

一般在构件两端和中间每隔 12 m 左右留设一个直径 20 mm 的灌浆孔，在构件两端各留一个排气孔。

2）胶管抽芯法

胶管抽芯法利用的胶管有 5～7 层的夹布胶管和钢丝网胶管，应将它预先敷设在模板中的孔道位置上，胶管直线段每间隔不大于 1.0 m，曲线段不大于 0.5 m 距离用钢筋井字架子固定。采用夹布胶管预留孔道时，混凝土浇筑前夹布胶管内充入压缩空气或压力水，工作压力为 500～800 kPa，使管径增大 3 mm 左右，待混凝土初凝后放出压缩空气或压力水，使管径缩小和混凝土脱离开，抽出夹布胶管。夹布胶管内充入压缩空气或压力水前，胶管两端应有密封装置（见图 5-29）。

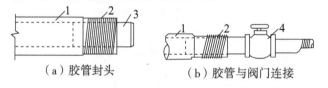

（a）胶管封头　　　　（b）胶管与阀门连接

图 5-29　胶管密封装置

1— 胶管；2— 铁丝密缠；3— 钢管堵头；4— 阀门

采用钢丝网胶管预留孔道时，预留孔道的方法和钢管相同。出于钢丝网胶管质地坚硬，并具有一定的弹性，抽管时在拉力作用下管径缩小和混凝土脱离开，即可将钢丝网胶管抽出。胶管抽芯法的灌浆孔和排气孔的留设方法同钢管抽芯法。

要用胶管抽芯法时为保证成孔质量，应当注意以下几个问题：

①胶管铺设后，应注意不要让钢筋等硬物刺穿胶管，胶管应当有良好的密封性，防止漏水、漏气。

②胶管抽芯法要预留孔道。混凝土浇筑后不需要旋转胶管，抽管时应先上后下，

先曲后直。

③ 掌握胶管抽出的时间，一般可参照气温和浇注后小时数的乘积达到 200℃ · h 左右。

3）橡胶抽拔棒法

橡胶抽拔棒为实心的橡胶棒，中间有一细孔，可以根据预留孔道的直径选择抽拔棒的尺寸。橡胶抽拔棒采用整根，一般不需要接长。铺设时橡胶棒刷隔离剂，按照设计的孔道位置铺设并按要求固定。当按要求浇注混凝土后，在一端用人工卷扬机拽拉橡胶棒，由于橡胶棒的延展性，当受拉力后直径略变细和混凝土脱离开，因此能够抽出来。

实心橡胶抽拔棒不需要接长，而且在施工中不需要转动，也不会被刺穿，但应当严格控制抽拔时间，在施工之前应当进行拉力试验，并且在使用一定时间后，考虑橡胶的老化，需要定期进行拉力试验，必须保证橡胶棒的抗拉强度大于抽出的拉力，并有一定的安全系数。

4）预埋金属波纹管法

预埋金属波纹管法就是把与孔道直径相同的金属管埋入混凝土构件中，波纹管是由薄钢带（厚 0.3 mm）经压波后卷成。它具有重量轻、刚度好、弯折方便、连接简单、摩阻系数小、不需要抽出、与混凝土黏结良好等优点，可作成各种形状的孔道，是现代后张预应力筋孔道成型用的理想材料。

波纹管外形按照每两个相邻的折叠咬口之间凸出部（波纹）的数量，分为单波纹和双波纹，见图 5-30。

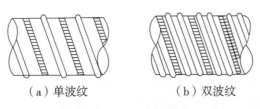

（a）单波纹　　　　　　　（b）双波纹

图 5-30　波纹管外形

波纹管内径为 40 ～ 100 mm，每 5 mm 递增。波纹管高度，单波为 2.5 mm，双波为 3.5 mm。波纹管长度，可根据运输要求或孔道长度进行卷制。波纹管用量大时，生产厂可带卷管机到现场生产，管长不限。

5）预埋塑料波纹管法

塑料波纹管用于后张预应力混凝土结构，作为预应力筋的成孔管道。它具有以下特点：

① 具有良好的耐腐蚀性，可提高预应力筋的防腐保护。

② 具有良好的物理性能，不导电，可防止杂散电流腐蚀，密封性能好，不生锈；在有荷载下，不渗透；强度高，刚度大，抗冲击性好，不怕踩压。

③ 减少张拉过程中预应力的摩擦损失。

(2) 千斤顶的标校

预应力筋张拉机具设备及仪表，在张拉之前必须进行标定，并定期维护和校验。张拉设备应配套标定，配套使用。张拉设备标定后应当在连续使用 200 次或 6 个月后再次校核。当在使用过程中出现反常现象时或在千斤顶检修后，应重新校核标定。

液压千斤顶张拉预应力筋时，预应力筋的张拉力 N 由压力表读数 P 反映，为准确地获得实际张拉力值，必须采用标定方法直接测定千斤顶的实际张拉力与压力表读数之间的关系，找出它们之间的线性方程，绘制出 N-P 关系曲线(见图 5-31)，供施工时使用。

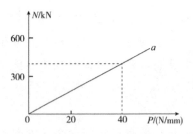

图 5-31 **千斤顶标定后** N-P **关系曲线**$(N = aP + b)$

(3) 钢绞线伸长量的计算

预应力钢绞线张拉时的控制应力，应以张拉时的实际伸长值与理论计算值进行校核。实际伸长值与理论伸长值相差须在 6% 以内，否则应暂停张拉，查明原因并采取措施加以调整后，再继续进行张拉。理论伸长值的计算及实际伸长值的量测方法如下。

钢绞线理论伸长计算公式为：

$$\Delta L = P_0 \times L / A_y \times E_g$$

式中，ΔL—— 预应力钢绞线理论伸长值(cm)；

L—— 从张拉端至计算截面孔道长度(cm)；

A_y—— 预应力钢绞线的截面面积(mm^2)；

E_g—— 预应力钢绞线的弹性模量(MPa)；

P_0—— 预应力钢绞线的平均张拉力(N)，按下式计算：

$$P_0 = P \times [1 - e - (kL + \mu\theta)] / (kL + \mu\theta)$$

式中，P—— 预应力钢绞线张拉端的张拉力(N)；

e——2.718 3；

k—— 孔道偏差系数；

μ—— 孔道摩擦系数；

θ—— 从张拉端至计算截面曲线孔道部分切线的夹角之和(rad)。

钢绞线实际伸长量计算公式为：

$$\Delta L_S = \Delta L_1 + \Delta L_2 - C$$

式中，ΔL_1——从初应力至最大张拉应力间的实测伸长值(cm)；

ΔL_S——初应力 σ_0 时的推算伸长值(cm)，按下式计算：

$$\Delta L_S = \sigma_0 \times L / E_g$$

C——混凝土构件在张拉过程中的弹性压缩值，一般可略而不计。

(4) 预应力筋的下料与制作

预应力筋的制作与钢筋的直径、钢材的品种、锚具的类型、张拉设备和张拉工艺有关。

1) 单根钢筋的下料制作

单根钢筋一般采用热处理钢筋，其制作一般包括配料、对焊、冷拉等工序，钢筋的下料长度应由计算确定，计算时应考虑锚具的特点，对焊接头的压缩量，钢筋的冷拉率和弹性回缩率，构件的长度等因素。

为了保证质量，钢筋冷拉宜采用控制应力法。在配料时，应根据钢筋的品种做冷拉率测定，尽量采用冷拉率相近的钢筋对焊在一起进行冷拉。

钢筋的下料长度计算应在钢筋对焊接长前进行。

单根预应力钢筋，张拉端采用螺丝端杆锚具，固定端可采用螺丝端杆锚具、帮条或镦头锚具。

① 预应力筋两端采用螺丝端杆锚具时，如图 5-32(a) 所示，预应力筋下料长度 L 按下式计算：

$$L = \frac{l - 2l_1 + 2l_2}{l + \delta - \delta_1} + nl_0$$

式中，l——构件孔道长度(mm)；

l_1——螺丝端杆长度，可取 320 mm；

l_2——螺丝端杆外露长度，可取 120～150 mm；

δ——钢筋的试验冷拉率；

δ_1——钢筋冷拉的弹性回缩率；

n——钢筋与钢筋、钢筋与螺丝端杆的对焊接头总数；

l_0——每个对焊接头的压缩量，一般取 1 倍钢筋直径。

② 预应力筋一端采用螺丝端杆锚具，另一端采用帮条锚具时，如图 5-32(b)(c) 所示，预应力筋下料长度 L 按下式计算：

$$L = \frac{l - l_1 + l_2 + l_3}{l + \delta - \delta_1} + nl_0$$

式中，l_3——帮条锚具长度，取 70～80 mm。

③ 预应力筋一端采用螺丝端杆锚具，另一端采用镦头锚具时，下料长度按下式计算：

$$L = \frac{l - l_1 + l_2 + l_4}{l + \delta - \delta_1} + nl_0$$

式中，l_4——镦头锚具长度，取为 2.25 倍钢筋直径加 15 mm（垫板厚度）。

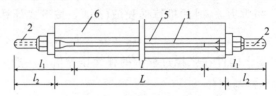

（a）预应力筋两端采用螺丝端杆锚具

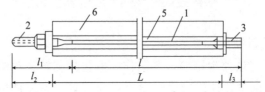

（b）预应力筋一端采用螺丝端杆锚具，另一端采用帮条锚具

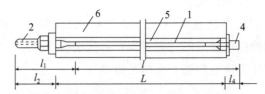

（c）预应力筋一端采用螺丝端杆锚具，另一端采用镦头锚具

图 5-32　预应力筋下料长度计算图示

1— 预应力筋；2— 螺丝端杆锚具；3— 帮条锚具；4— 镶
头锚具；5— 孔道；6— 混凝土构件

2）钢筋束（钢绞线束）的下料制作

钢筋束是由 ϕ10 mm 钢筋编束组成，而钢绞线束主要采用 ϕ12 mm 或 ϕ15 mm 的钢绞线编束组成。由于其强度高，柔性好，而且钢筋不需要接头等优点，近年来钢筋束和钢绞线束预应力筋的应用越来越广泛。

钢筋束所用钢筋一般是盘圆状供应，不需要对焊接长。钢筋束预应力筋的制作工艺一般是：开盘冷拉、下料和编束。钢筋及钢绞线下料切断时，宜采用切断机或砂轮锯切断。钢绞线切断前，在切口两侧 50 mm 处应用铅丝绑扎，以免钢绞线松散。

① 钢筋束或钢绞线束的下料长度计算。

钢筋束或钢绞线束的下料长度计算受张拉机械影响，同一根预应力筋采用不同的张拉机械，其下料长度不同。主要与构件的长度、所选择的锚具和张拉机械有关，见图 5-33。

当张拉机械为 YC-60 型千斤顶、锚具为 JM12 型、预应力筋两端同时张拉时，下料长度 L 由下式计算：

$$L = l - 2a$$

预应力筋一端张拉时，下料长度 L 由下式计算：

$$L = l - a - b$$

式中，l——构件的孔道长度；

　　　a——张拉端留量；

　　　b——固定端留量。

张拉端留量 a 和固定端留量 b 与锚具及张拉机械有关。

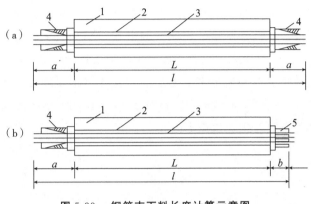

图 5-33　钢筋束下料长度计算示意图

1— 混凝土构件；2— 孔道；3— 钢筋束；4—JM12 型锚具；5—
镦头锚具

② 钢丝束的制作。

钢丝束的制作包括调直、下料、编束和安装锚具等工序。

采用镦头锚具时，钢丝的下料长度 L，按照预应力筋张拉后螺母位于锚杯中部进行计算（见图 5-34），即：

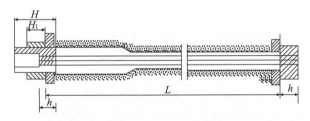

图 5-34　钢丝下料长度计算简图

$$L = l + 2h + 2\delta - K(H - H_1) - \Delta l - C$$

式中，l——孔道长度（mm），按实际丈量；

　　　h——锚杯底厚或锚板厚度（mm）；

　　　δ——钢丝镦头预留量，取 10 mm；

　　　K——系数，一端张拉时取 0.5，两端张拉时取 1.0；

　　　H——锚杯高度（mm）；

　　　H_1——螺母厚度（mm）；

　　　Δl——钢丝束张拉伸长值（mm）；

　　　C——张拉时构件混凝土弹性压缩值（mm）。

采用镦头锚具时，同束钢丝应等长下料，其相对误差应不大于$L/5\,000$，且不大于 5 mm。钢丝切断的端面应与母材垂直，以保证镦头质量。钢丝束镦头锚具的张拉端扩 孔长度一般为 500 m，以便钢丝穿入孔道后伸出固定端一定长度进行镦头。

（5）预应力筋的编束、预穿束

预应力钢丝束的编束是为了防止钢丝互相扭结，在张拉时，预应力筋可能出现未 达到控制力而断裂或者延伸量不足的问题。编束前对同一束钢丝直径要进行测量，直 径的相对误差不得超过 0.1 mm，以保证成束钢丝与锚具的可靠连接。编束工作在平整 的场地把钢丝理顺放平，然后在全长每隔 1 m 用铁线将钢丝编成帘子状。最后，每隔 1 m 放置一个直径与螺杆直径相一致的钢丝弹簧圈作为衬圈，将编好的钢丝帘绕衬圈形 成束，再用铁线绑扎牢固。钢丝编束见图 5-35。

图 5-35　钢丝编束示意图

1— 钢丝；2— 铁线；3— 衬圈

预应力筋的穿束可以采用单根穿入，也可以整体穿入，对钢绞线或钢丝采用整体 穿入时可按照图 5-36 所示，先在孔道内穿入单根钢绞线，将钢丝绳牵引进孔道，将整 束预应力筋装入钢帽并塞紧，通过卷扬机带动钢丝绳将整束预应力筋拖出预应力 孔道。

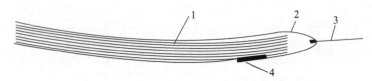

图 5-36　预应力筋穿束示意图

1— 预应力筋；2— 钢帽；3— 钢丝绳；4— 塞紧钢楔

（6）预应力筋的张拉

1）张拉控制应力

预应力筋的张拉控制力应当按照设计规范规定，预应力筋建立的预应力值不是越 大越好，过大的预应力值会使构件在使用过程中经常处于高应力状态，构件出现裂缝 的荷载接近破坏荷载，而且当控制应力过高，混凝土在预应力作用下的徐变也加大。 同时，施工中也应当采取措施尽量减少预应力的损失，当采用超张拉时，超张拉不要 超过 5%。任何情况下预应力张力不得超过表 5-5 所示数据。

表 5-5   预应力钢筋超张拉控制应力(σ_{con})

预应力钢材类别	先张法	后张法	备注
消除预应力钢丝、钢绞线	$0.75 f_{ptk}$	$0.75 f_{ptk}$	f_{ptk} 为钢筋的标准张度
热处理钢筋	$0.70 f_{ptk}$	$0.65 f_{ptk}$	

2）张拉程序

为了减少预应力筋的应力松弛损失，预应力筋的张拉程序可以选择以下两种：

$$0 \to 105\% \sigma_{con} \xrightarrow{\text{持荷 2 min}} \sigma_{con}$$

$$0 \to 103\% \sigma_{con}$$

实际预应力张拉过程是分级张拉的，为了进行实际延伸量的量测，通常需要先张拉到初应力，然后到两倍的初应力左右，再继续增大拉力到张拉控制力。

3）张拉顺序

预应力筋的张拉顺序应当按照设计规定进行，如果设计无规定，则应经过核算确定。预应力筋的张拉顺序，应使混凝土不产生过大偏心力、构件不扭转与侧弯、结构不变位，因此预应力筋应当对称张拉。图 5-37 所示为预应力混凝土屋架下弦杆与 T 梁的预应力筋张拉顺序。

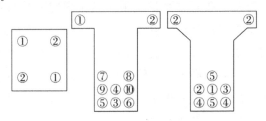

图 5-37   预应力筋的张拉顺序

① 对配有多根预应力筋的预应力混凝土构件，应分批、对称地进行张拉。分批张拉时，考虑到后批预应力筋张拉时对混凝土产生的弹性压缩，引起前批张拉的预应力筋应力值降低，可以采用对先批张拉筋进行补拉，或按下式计算后批张拉对先批筋应力损失影响值，在张拉先批预应力筋时加到控制应力中去的方法。当采用第二种方法时应当注意分批张拉影响值加到先批张拉应力中时，不应当超过预应力筋的最大张拉控制力，否则应当采取补拉的方法。

对前批张拉的预应力筋的张拉应力应增加：

$$\Delta \sigma = E_s \times (\sigma_{con} - \sigma_1) A_p / (E_c A_n)$$

式中，E_s—— 钢筋的弹性模量(kN/mm^2)；

σ_{con}—— 张拉控制应力；

σ_1—— 预应力筋第一批的应力损失值(kN/mm^2)；

A_p—— 后批张拉的预应力筋截面面积(mm^2)；

E_c—— 混凝土的弹性模量（kN/mm^2）；

A_n—— 混凝土构件的净截面面积（包括构造钢筋的折算面积）（mm^2）。

对称张拉是为了避免张拉时构件截面呈现过大的偏心受压状态。

② 对平卧叠浇的预应力混凝土构件，上层构件的重量产生的水平摩阻力，会阻止下层构件在预应力筋张拉时混凝土弹性压缩导致的自由变形，待上层构件起吊后，由于摩阻力影响消失会增加混凝土弹性压缩的变形，从而引起预应力损失。该损失值，随构件形式、隔离剂和张拉方式而不同，其变化差异较大。为便于施工，在工程实践中可采取逐层加大超张拉的办法来弥补该预应力损失，但是底层预应力混凝土构件的预应力筋的张拉力不得超过顶层的预应力筋的张拉力。

4）预应力筋张拉对混凝土施工的要求

预应力筋张拉时，构件的混凝土强度应符合设计要求；如设计无要求时，混凝土强度不应低于设计强度等级的75%。每一构件混凝土应当一次连续浇注完成。由于钢筋和预应力管道纵横交错，对于预制构件尽量采用底、侧模联合振捣工艺，采用插入式振捣器时应避开预应力孔道。混凝土应振捣密实，在预应力锚垫板下等部位钢筋分布较密，必须充分振捣并注意混凝土骨料粒径。

5）张拉端设置

预应力筋张拉分一端张拉和两端张拉。为了减少预应力筋与预留孔道摩擦引起的损失（见图 5-38），对于抽芯成形孔道：曲线形预应力筋和长度大于 24 m 的直线形预应力筋，应采取两端同时张拉曲方法；长度小于或等于 24 m 的直线形预应力筋，可一端张拉。对预埋波纹管孔道：曲线形预应力筋和长度大于 30 m 直线形预应力筋，宜采取两端同时张拉，为减少预应力损失，施工时宜采用先张拉一端锚固后，再在另一端补足张拉力后进行锚固，以免构件受力不均。

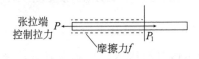

图 5-38 预应力筋应力传递示意图

6）预应力损失

预应力按照张拉控制应力进行张拉，张拉到锚固后的过程中，预应力筋的应力可能受多种因素影响而损失，为了尽量减小预应力筋的应力损失值，在实际中可以采取下面一些措施：

① 预应力直线钢筋由于锚具变形和钢筋内缩引起的预应力损失。

直线预应力钢筋当张拉到 σ_{con} 后进行锚固，由于锚具、垫板与构件之间的缝隙被挤紧，或由于钢筋和楔块在锚具内的滑移，使得被拉紧的钢筋松动回缩而引起预应力损失。

措施：认真操作，控制夹具和锚具变形值不大于允许的变形数值，对拼装构件注意接缝施工，提高质量。

② 预应力钢筋与孔道壁之间的摩擦引起的预应力损失。

后张法张拉直线预应力筋时，由于孔道不直、孔道尺寸偏差、孔壁粗糙、钢筋不直（如对焊接头偏心、弯折等）等原因，使钢筋在张拉时与孔壁接触而产生摩擦阻力，这种摩擦阻力距离预应力钢筋张拉端越远，影响越大。因而使构件每一截面上的实际预应力逐渐减小，这种应力差额称为因摩擦引起的预应力损失。

措施：正确掌握抽管时间，及时抽管及清孔，采用重复张拉的方法。

③ 混凝土加热养护时，受张拉的钢筋与承受拉力的设备之间温差引起的预应力损失。

先张法构件常采用蒸汽养护的办法加强混凝土的硬结，升温时，新浇的混凝土尚未硬结，钢筋受热自由膨胀，但两端的台座是固定不动的，张拉后的钢筋就松了。预应力钢筋产生应力损失。降温时，混凝土已硬结和钢筋结成一个整体。由于两者具有相同的温度膨胀系数，所以随温度降低而产生相同的收缩，所损失的预应力无法恢复。

措施：严格按照设计圈中规定升高温度，待混凝土达到规定强度后再加温养护。

④ 钢筋应力松弛引起的预应力损失。

钢筋在高应力作用下具有随时间而增长的塑性变形性质。一方面，当钢筋长度保持不变的条件下钢筋的应力会随时间的增长而逐渐降低，这种现象称为钢筋的应力松弛。另一方面，在钢筋应力保持不变的条件下，应变会随时间的增长而逐渐增大，这种现象称为钢筋的徐变。钢筋的松弛和徐变均将引起预应力钢筋中的应力损失，这种损失统称为钢筋应力松弛损失。

措施：张拉时进行适当的超张拉，超张拉值取$(103\% \sim 105\%)\sigma_{con}$，或重复张拉。

⑤ 混凝土收缩、徐变引起受拉区和受压区预应力钢筋的预应力损失。

混凝土在一般温度条件下，硬结时会发生体积收缩，而在预应力作用下，沿压力方向发生徐变。它们均使构件的长度缩短，预应力钢筋也随之内缩，造成预应力损失。收缩与徐变是两种性质完全不同的现象，但二者的影响因素、变化规律较为相似，故将这两项预应力损失合在一起考虑。

措施：适当选择混凝土集料，准确控制水灰比，混凝土振捣密实并加强养护，混凝土达到规定强度后张拉，张拉后锚固牢固。

⑥ 混凝土的弹性压缩引起的预应力损失。

混凝土的弹性压缩使钢筋产生相同的缩短，从而造成应力损失。

措施：一次张拉无须考虑，分批张拉时对第一批张拉钢筋可采取超张拉或重复张拉的方法。

上述的各项预应力损失，它们有的只发生在先张法构件中，有的只发生于后张法构件中，有的两种构件均有，而且是分批产生的。

（7）切割多余的预应力钢筋，封锚头

预应力张拉后应当尽快进行压浆，压浆之前应当将多余的预应力筋切割，使预应力筋漏出锚具不少于 3 cm，预应力筋切割宜采用砂轮切割机或气割割除，严禁采用电弧割除。预应力筋割除时应当采取措施边切割边降温，防止预应力筋在锚固点温度过高发生安全事故。

预应力筋切割后可以用水泥砂浆或细石混凝土封堵锚头，防止压浆时浆液溢出。封锚时为防止砂浆或细石混凝土失水开裂，应用塑料布等包裹兜住，待封锚混凝土达到一定强度后方可压浆。

（8）孔道压浆

预应力筋张拉完后应尽早进行孔道灌浆，以减少预应力损失。孔道压浆的目的是防止钢筋锈蚀，增加结构的整体性和耐久性，提高结构的抗裂性和承载力。

孔道灌浆前应检查灌浆孔和泌水孔，必须确保通畅。灌浆前孔道应用高压水冲过、湿润，并用高压风吹去积在低点的水，孔道应畅通、干净。灌浆应采用标号不低于 42.5 号的普通硅酸盐水泥所制作的水泥浆，水泥不得含有任何团块；孔隙大的孔道，也可采用水泥砂浆灌注。水泥浆及水泥砂浆强度，均不应低于 30 N/mm^2。灌浆的水灰比宜为 $0.4 \sim 0.45$，搅拌后 3 h 泌水率宜控制在 2%，最大不得超过 3%。水泥浆稠度宜控制在 $14 \sim 18 \text{ s}$ 之间。水泥浆自拌制至压入孔道的延续时间，视气温情况而定，一般在 $30 \sim 45 \text{ min}$ 范围内。

5.3 无黏结预应力施工工艺

无黏结预应力施工工艺

5.3.1 无黏结预应力筋的制作

5.3.2 无黏结预应力施工工艺

5.3.3 无黏结预应力主要特点

5.3.4 常见事故的处理

5.4 预应力施工质量检查与施工安全措施

预应力施工质量检查与施工安全措施

5.4.1 预应力施工主要质量项目和质量控制项目

5.4.2 预应力施工主要安全措施

课后习题

1. 什么是先张法？什么是后张法？两者之间有什么区别？

2. 预应力钢筋混凝土结构中，预应力是如何传递到混凝土中的？

3. 先张法施工的台座一般由哪几部分组成？如何进行台座的稳定性验算？

4. 先张法钢筋张拉与放张应该注意哪些问题？

5. 先张法施工如何确定张拉顺序和放张顺序？

6. 预应力钢筋、锚具、张拉设备应该如何配套使用？

7. 预应力施工在张拉之前的准备工作有哪些？

8. 后张法预应力钢筋束为什么需要进行编束？

9. 如何计算预应力筋的下料长度，在计算时应当考虑哪些因素？

10. 分批张拉重叠生产的预应力构件，其预应力损失是如何产生的？如何替补其预应力损失？

11. 预应力后张法要保证按照设计张拉力施工，施工过程中如何进行控制？

12. 后张法孔道留设有哪些方法？各适用于什么情况？孔道留设中应当注意哪些方面的问题？

13. 后张法预应力施工张拉顺序如何确定？

14. 预应力筋伸长值如何校核？

15. 预应力张拉施工，应当从哪些方面来做以尽量减少预应力损失？

16. 后张法预应力张拉完，为什么需要进行孔道压浆，如何灌浆，有何要求？

17. 在预应力施工过程中应当如何保障施工人员的安全？

18. 综合题。

(1) 某先张混凝土墩式台座如图5-43，已知张拉力为800 kN，台面宽为4 m，台面混凝土为C20，厚度为100 mm，试验算其稳定性。

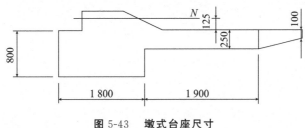

图 5-43 墩式台座尺寸

(2) 某后张法预应力构件 $L = 23\,950$ mm，采用单根粗钢筋为预应力筋，两端采用螺丝端杆锚具，螺丝端杆长度均为320 mm，锚具两端外露长度150 mm，实测该预应力钢筋的冷拉率为5%，冷拉弹性回缩率为0.55%，每个对焊接头下来压缩量为25 mm，预应力由三段钢筋对焊而成，试计算钢筋的下料长度。

（3）某后张法预应力钢筋混凝土梁，预应力为直线孔道，已知预应力锚面点之间长度为 26 m，采用 9 根钢绞线束并且两端张拉，已知预应力筋的弹性模量 E_g 为 2×10^5 mPa，单根钢绞线的面积为 140 mm²，预应力筋的张拉控制力为 175.7 t。分级张拉过程实测千斤顶的出顶长度见下表，试通过计算对预应力筋伸长量进行校核。

张拉级别	初应力 $10\%\sigma_{con}$	$20\%\sigma_{con}$	$100\%\sigma_{con}$
实测长度 /mm	23	41	180

第6章

建筑工业化施工

本 章 提 要

本章内容包括建筑工业化施工的概念、发展、特征、存在的问题及展望；建筑工业化施工中常用的索具设备类型及特点；工业化施工中构件的制作，运输及堆放等；重点介绍了工业化施工中的框架结构吊装施工，钢筋混凝土单层工业厂房的施工及多层及钢结构的施工。

【教学目标】

（1）知识目标

① 了解建筑工业化施工的发展、特点，掌握建筑工业化施工的概念；

② 熟悉建筑工业化施工中常用的索具设备及特点；

③ 掌握建筑工业化施工中的框架结构、钢筋混凝土单层工业厂房及多层及钢结构的施工工艺及方法；

④ 熟悉建筑工业化施工中的质量及安全规定。

（2）能力目标

① 能应用所学理论知识正确表达、描述和分析建筑工业化施工中的相关问题；

② 掌握土木工程专业知识，具有就土木工程复杂问题进行分析性研究的基础能力，在解决土木工程复杂工程问题时具有综合分析能力。

（3）素质目标

① 熟悉与土木工程相关的职业和行业的标准、政策和法律法规，能够对土木工程项目的设计、施工和运行的方案对社会、健康、安全、法律以及文化的影响做出评价；

② 理解在工程项目全过程中，土木工程师在公众健康、公共安全、社会和文化，以及法律等方面应承担的责任。

（4）情感价值提升

① 培养文明诚信、团结协作的职业素养；

② 培养严谨务实的工作作风。

【思维导图】

建筑工业化施工

- 任务 1 工业化施工概论
  - 知识 1 工业化施工 的发展
  - 知识 2 工业化建造方式
  - 知识 3 工业化施工的特征
  - 知识 4 工业化施工的意义
  - 知识 5 工业化施工存在的问题
  - 知识 6 工业化施工展望
- 任务 2 认识起重索具与设备
  - 知识 1 钢丝绳
  - 知识 2 绳夹
  - 知识 3 卡环
  - 知识 4 横吊梁
- 任务 3 装配式混凝土结构
  - 知识 1 预制构件的制作
  - 知识 2 预制构件吊装、运输与堆放
  - 知识 3 工业化现场施工
- 任务 4 单层工业厂房结构的安装
  - 知识 1 单层工业厂房结构安装的准备工作
  - 混凝土构件的吊装工艺
  - 知识 3 结构安装方案
- 任务 5 钢结构
  - 知识 1 钢结构构件制作
  - 知识 2 钢结构连接
  - 知识 3 钢结构安装
  - 知识 4 钢结构的涂装工程
  - 知识 5 钢结构工程质量保证措施与安全要求

6.1 工业化施工概论

工业化施工概论

6.1.1 工业化施工的发展

6.1.2 工业化建造方式

6.1.3 工业化施工的特征

6.1.4 工业化施工的意义

6.1.5 工业化施工存在的问题

6.1.6 工业化施工展望

6.2 认识起重索具与设备

工业建筑施工过程中，多为构件拼装，在构件安装过程中，常要使用一些吊装索具设备，如钢丝绳、绳夹、卡环、横吊梁等。

6.2.1 钢丝绳

（1）钢丝绳的构造和种类

钢丝绳是由高强度钢丝搓捻而成。结构吊装中常用的钢丝绳采用六股钢丝绳，即外侧六股钢丝，中间一股棉麻芯(储油)构成，如图6-1所示。每股由19根、37根、61根直径为 $0.4 \sim 3.0$ mm的高强度钢丝搓捻而成。通常表示方法：$6 \times 19 + 1$、$6 \times 37 + 1$、$6 \times 61 + 1$。

钢丝绳的种类比较多，按搓捻方向不同，可分为三类：顺绕钢丝绳，钢丝成股与股捻成绳的方向相同；交绕钢丝绳，钢丝成股和股捻成绳的方向相反；混绕钢丝绳，相邻层股的绕捻方向相反。这三类钢丝绳特点为：顺绕钢丝绳表面比较平滑，吊装时与轮槽的接触面较大，磨损较轻，但容易松散和产生扭结卷曲，吊装中午时容易打转，不宜吊装，一般用于缆风绳；交绕钢丝绳较硬，吊装时不易松散扭结，广泛用于起重吊装中；混绕同时具有前两种钢丝绳的优点。

图6-1 普通钢丝绳截面

（2）钢丝绳的容许拉力

$$[S] \leq \frac{P}{K} = \frac{R \cdot \alpha}{K}$$

式中，$[S]$ —— 钢丝绳容许拉力(N)；

　　　P —— 绳破断拉力；

　　　R —— 钢丝绳的钢丝破断拉力总和；

　　　α —— 受力不均匀系数($6 \times 19 + 1 - 0.8$，$6 \times 37 + 1 - 0.82$，$6 \times 61 + 1 - 0.8$)；

K——安全系数（缆风钢丝绳 $K=3.5$；机动起重钢丝绳 $K=5\sim6$；捆绑吊索 $K=8\sim10$）。

6.2.2 绳夹

（1）绳夹类型

绳夹是用来连接两根钢丝绳，或夹紧钢丝绳末端的一种索具。绳夹主要有骑马式、压板式（U 形），拳握式（L 形）三种类型，如图 6-2 所示。

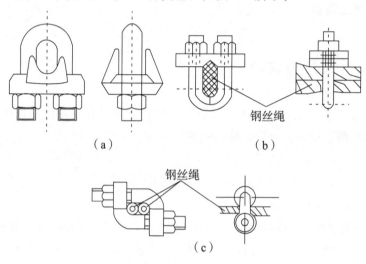

图 6-2　绳夹分类示意图

(a) 骑马式；(b) 压板式；(c) 拳握式

（2）绳夹构造要求

吊装作业时，一定直径的钢丝绳需与绳夹个数及间距相匹配，绳夹间距为 $6d$（d 为钢丝绳植筋），最后一个绳夹距离钢丝绳绳头（即活头）不小于 140 mm，绳夹个数如表6-1 所示。

表 6-1　绳夹数量与钢丝绳直径关系

钢丝绳直径 /mm	$\phi\leqslant19$	$19<\phi\leqslant32$	$32<\phi\leqslant38$	$38<\phi\leqslant44$
绳卡数量 / 个	3	4	5	6

使用时应注意以下几点：

① 绳夹的安放：使用绳夹时，每个钢丝绳夹都要拧紧，以压扁钢丝绳直径 1/3 左右为宜，并应将压板式绳夹部分卡在绳头（即活头）的一边，如图 6-3 所示。

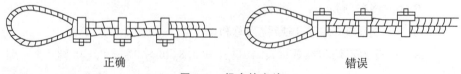

正确　　　　　　　　　　　　　　　　错误

图 6-3　绳夹的安放

② 用在重要场合时，为了方便检查，可在绳头的尾部加一保险绳卡，并放出一个"安全弯"，如图 6-4 所示。当接头的钢丝绳发生滑动时，"安全弯"被拉直，可及时采取措施，保证作业安全。

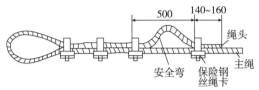

图 6-4　保险钢丝绳卡

6.2.3 卡环

卡环(见图 6-5)也称卸甲或卸扣，主要用于吊索与吊索或吊索与构件吊环之间的连接，由弯环和销子两部分组成。卡环按弯环形式分，有 D 形卡环和弓形卡环；按销子和弯环的连接形式分，有螺栓式卡环和活络卡环。螺栓式卡环的销子和弯钩采用螺纹连接；活络卡环的销子端头和弯环孔眼无螺纹，可直接抽出，销子断面有圆形和椭圆形两种。

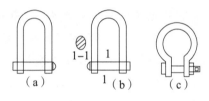

图 6-5　卡环

(a)螺栓式卡环(D形)；(b)椭圆销活络卡环(D形)；(c)弓形卡环

6.2.4 横吊梁

横吊梁又称为铁扁担，吊装长度较大的构件时，可以减少起吊高度以及吊索对构件的横向压力，满足吊索水平夹角的要求。根据现场需要，横吊梁种类多样，如图 6-6 所示。

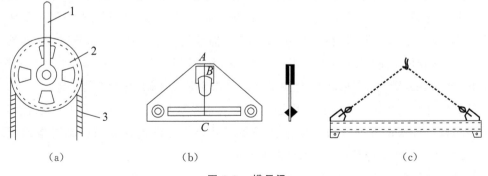

图 6-6　横吊梁

(a)滑轮横吊梁；(b)钢板横吊梁；(c)钢管横吊梁

6.3 装配式混凝土结构

6.3.1 预制构件的制作

装配式混凝土结构构件的制作，可以采用台座、钢平模、机组流水、传送带流水和成组立模等方法在工厂进行预制，大型构件可采用现场进行预制。制作预制构件的场地应平整、坚实，并应有排水措施。当采用台座生产预制构件时，台座表面应光滑平整，2 m 长度内表面平整度不应大于 2 mm，在气温变化较大的地区应设置伸缩缝。用于制作先张预应力构件的台座，端部应设置满足预应力筋张拉要求的可靠地锚措施。采用模具制作时，模具应具有足够的强度、刚度和整体稳定性，并应能满足预制构件预留孔、插筋、预埋吊件及其他预埋件的定位要求。模具设计时，应考虑预制构件质量要求、生产工艺、拆卸要求及周转次数等因素。对跨度较大的预制构件的模具应根据设计要求预设反拱。当采用平卧重叠法制作预制构件时，应在下层构件的混凝土强度 5.0 N/mm^2 后，再浇筑上层构件混凝土，并应采取措施保证上、下层构件有效隔离。

混凝土应采用机械振捣，可根据工艺要求选择插入式振捣棒、平板振动器、附着式振动器或振动台等方式。振捣混凝土不应影响模具的整体稳定性。

预制构件可根据需要选择自然养护、蒸汽养护、电加热养护。采用蒸汽养护时，应合理控制升温、降温速度和最高温度，构件表面宜保持 $90\% \sim 100\%$ 的相对湿度。

预制构件的饰面应符合设计要求。带饰面的预制构件宜采用反打成型法制作，也可采用后贴工艺法制作。带保温材料的预制构件宜采用水平浇筑方式成型。采用夹芯保温的预制构件，宜采用专用连接件连接内外两层混凝土，其数量和位置应符合设计要求。清水混凝土预制构件的制作应符合下列规定：预制构件的边角宜采用倒角或圆弧角；模具应满足构件精度要求，模具表面宜均匀涂刷脱模剂。底模和侧模的连接处宜可靠密封；应控制原材料质量和混凝土配合比，并应保证每班生产构件的养护温度均匀一致；构件表面应采取保护和防污染措施。对出现的质量缺陷应采用专用材料修补，修补后的混凝土外观质量应满足设计要求。带门窗、预埋管线预制构件的制作应符合下列规定：门窗、预埋管线应在浇筑混凝土前预先放置并固定，固定时应采取防止窗破坏及污染窗体表面的保护措施；当采用铝窗框时，应采取避免铝窗框与混凝土直接接触发生电化学腐蚀的措施；应采取措施控制温度或受力变形对门窗产生的不利影响。

预制构件与现浇结构的结合面应进行拉毛或凿毛处理，也可采用露骨料粗糙面。露骨料粗糙面可采用下列方法制作：在需要露骨料部位的模板表面涂刷适量的缓凝剂；在混凝土初凝或脱模后，采取措施冲洗掉未凝结的水泥砂浆。

构件尺寸的允许偏差，当设计无具体要求时应符合表 6-1 的规定。

表 6-2 预制构件尺寸允许偏差及检验方法

项目			允许偏差/mm	检验方法
长度	楼板、梁、柱、桁架	＜12 m	±5	尺量
		≥12 m 且＜18 m	±10	
		≥18 m	±20	
	墙板		±4	
宽度、高（厚）度	楼板、梁、柱、桁架		±5	尽量一端及中部，取其中偏差绝对值较大处
	墙板		±4	
表面平整度	楼板、梁、柱、墙板内表面		5	2 m 靠尺和塞尺量测
	墙板外表面		3	
侧向弯曲	楼板、梁、柱		$L/750 \leq 20$	拉线、直尺量测最大侧向弯曲处
	墙板、桁架		$L/1000 \leq 20$	
翘曲	楼板		$L/750$	调平尺在两端量测
	墙板		$L/1000$	
对角线	楼板		10	尺量两个对角线
	墙板		5	
预留洞	中心线位置		5	尺量
	孔尺寸		＋10	
预埋件	预埋板中心线位置		5	尺量
	预埋板与混凝土面平面高差		0，－5	
	预埋螺栓		2	
	预埋螺栓外露长度		±10，－5	
	预埋套筒、螺母中心线位置		2	
	预埋套筒，螺母与混凝土而平面高差		±5	
预留插筋	中心线位置		5	尺量
	外露长度		＋10，－5	
键槽	中心线位置		5	尺量
	长度、宽度		±5	
	深度		±10	

注：1. L 为构件长度，单位为 mm；

2. 检查中心线、螺栓和孔道位置偏差时，沿纵、横两个方向量测、并取其中偏差较大值。

6.3.2 预制构件吊装、运输与堆放

（1）预制构件吊装

预制构件的吊装，应根据预制构件形状、尺寸、重量和作业半径等要求选择吊具和起重设备，所采用的吊具和起重设备及施工操作应符合国家现行有关标准及产品应用技术手册的有关规定。在吊装作业过程中，应采取措施保证起重设备的主钩位置、吊具及构件重心在竖直方向上重合。吊索与构件水平夹角不宜小于 $60°$，不应小于 $45°$。吊运过程应平稳，不应有偏斜和大幅度摆动。吊装过程中，应设专人指挥，操作人员应位于安全可靠位置，不应有人员随预制构件一同起吊。

（2）预制构件运输

预制构件的运输线路应根据道路、桥梁的实际条件确定，如果是场内运输宜设置循环线路。运输车辆应满足构件尺寸和载重要求。装卸构件时应考虑车体平衡，避免造成车体倾覆。在运输过程中，应采取防止构件移动或倾倒的绑扎固定措施。运输细长构件时应根据需要设置水平支架。对构件边角部或链索接触处的混凝土，宜采用垫衬加以保护。

（3）预制构件堆放

预制构件堆放场地应平整、坚实，并应有良好的排水措施，堆放构件时，应在构件下方放置枕木垫块等，并应保证最下层构件垫实，预埋吊件宜向上，标识宜朝向堆垛间的通道。垫木或垫块在构件下的位置宜与脱模、吊装时的起吊位置一致。重叠堆放构件时，每层构件间的垫木或垫块应在同一垂直线上。堆垛层数应根据构件与垫木或垫块的承载能力及堆垛的稳定性确定，必要时应设置防止构件倾覆的支架。施工现场堆放的构件，宜按安装顺序分类堆放，堆垛宜布置在吊车工作范围内且不受其他工序施工作业影响的区域。对于预应力构件的堆放应考虑反拱的影响。

6.3.3 工业化现场施工

装配式混凝土结构形式多样，有装配式框架结构、装配式剪力墙结构、装配式单层厂房等。本节主要介绍多层装配式框架结构的施工。

多层装配式框架结构的施工特点是：高度大、跨度小、占地少、构件类型多、数量大、接头复杂、技术要求高等。

（1）起重机的选择

起重机的选择应根据建筑物的层数、总高度、平面形状、平面尺寸、构件的重量、结构形式及现场条件进行选择，一般多层房屋结构吊装常用的起重机械有：自行式起重机、塔式起重机等。

对于 3～4 层的框架结构，比较狭长，面积不是很大，场地允许的情况下，可采用自行式起重机进行吊装，小高层及高层装配式结构，由于高度比较大，可采用塔吊进

行吊装。因此，起重机械选择的原则是：满足构件的起重高度要求；满足最远最重构件的吊装要求。

（2）结构吊装方法

1）分件吊装法

分件吊装法按其流水方式不同，分为分层分段流水吊装法和分层大流水吊装法。

分层分段流水吊装是以一个楼层为一个施工层，每一个施工层分为若干个施工段，以便于组织构架吊装、校正、焊接、接头灌浆等采用流水施工。起重机在每一段内开行，一次吊装某种构件。

分层大流水吊装法是每个施工层不分段，按一个楼层组织各工序进行流水。

分件吊装法是装配式框架结构最常用的方法，其优点是：容易组织吊装、校正、焊接、灌浆等工序的流水施工；构件供应不紧张，现场布置简单；每次吊装同类型构件，不需经常更换索具，起重机效率高，各工序的操作比较方便和安全。

2）综合吊装法

综合吊装法是以一个柱网或若干个柱网为一施工段，起重机把一个施工段的构件吊装至房屋的全高，然后再转移到下个施工段继续吊装，直到各施工段全部吊装完毕。

采用综合吊装法进行吊装，更换索具频繁，效率低；现场构件供应紧张，布置复杂，施工管理复杂。因此，综合吊装法在工程中应用较少。

（3）构件的接头

在多层装配式结构中，构件接头的选型与施工质量直接影响整个结构的刚度和稳定性。一般多层框架结构中构件接头，主要是柱与柱的接头和柱与梁的接头。

1）柱与柱的接头

柱与柱的接头类型一般有榫卯接头（见图 6-7）和浆锚接头（见图 6-8）等。

柱与柱的接头采用榫卯方式连接时，其做法为在预制柱时，上下柱各伸出一定长度的钢筋（不小于 $25d$），为承受施工中的荷载，上柱底部带一个突出的榫头，柱安装时使钢筋对齐，用坡口焊进行焊接，然后高于柱混凝土设计强度 25% 的细石混凝土或微膨胀混凝土浇筑接头，等混凝土强度达到设计强度的 75% 时，再吊装上部构件。采用榫卯接头时，要注意焊接质量，焊接时还要避免产生过大的焊接应力而导致接头偏离或构件开裂；接头灌浆应饱满密实，避免由于收缩或下沉而使结构产生裂缝。

柱与柱的接头采用浆锚法进行连接时，其做法是在上柱底部伸出四根长度为 $300 \sim 700$ mm 的锚固钢筋；下柱顶部预留四个深度为 $350 \sim 750$ mm、孔径约为 $2.5d \sim 4d$（d 为锚固钢筋的直径）的浆锚孔。在插入上柱之前，应现将浆锚孔清理干净，并灌入高标号快速凝结砂浆；下柱顶面也应满铺厚约 10 mm 的砂浆，然后把上柱锚固筋插入孔内，使上、下柱连成整体。

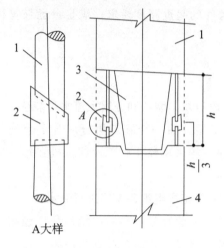

图 6-7 榫卯接头

1— 上柱(上柱钢筋)；2— 坡口焊；3— 榫头；4— 下柱

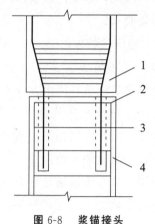

图 6-8 浆锚接头

1— 上柱；2— 锚固钢筋；3— 浆锚孔；4— 下柱

2）梁与柱的接头

梁与柱的接头关系到框架结构的强度和刚度。梁与柱的接头通常有柱上设置牛腿将梁上设置预埋件形成简支接头、暗牛腿接头、齿槽式梁柱接头和浇筑整体式梁柱接头。明牛腿式的铰接接头和浇筑整体式的刚接接头，构造简单，施工方便，应用较广。

6.4 单层工业厂房结构的安装

6.4.1 单层工业厂房结构安装的准备工作

施工准备工作是各个施工环节开工前很重要的一项工作，它是确保安装工作的质量及安全的重要组成部分。结构安装的准备准备工作的主要内容有：一是做好技术准备工作，如熟悉图纸、进行图纸会审、进行安全技术交底、编制吊装施工组织设计等；二是现场准备工作，如清理场地，铺设道路，检查构件、构件弹线和编号，准备机具等。

6.4.2 混凝土构件的吊装工艺

预制混凝土构件的吊装工艺一般为：绑扎 → 吊升 → 对位 → 临时固定 → 校正 → 最后固定。

（1）柱的吊装

1）绑扎

① 绑扎点数：一点绑扎，用于中小型柱(< 13 t)，绑扎点在牛腿根部(实心处，否则加方木垫平)；两点绑扎：用于重型柱或配筋少而细长柱(抗风柱)。

② 绑扎方法：斜吊绑扎法（见图 6-9），柱的抗弯强度足，不需翻身，起重高度小，起吊后对位困难；直吊绑扎法（见图 6-10），柱的抗弯强度不足，翻身后用铁扁担起吊，易对位，但吊索长，起重高度大。

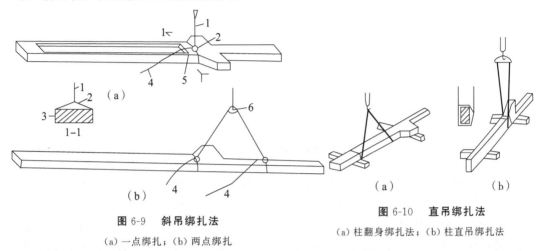

图 6-9 斜吊绑扎法

(a)一点绑扎；(b)两点绑扎

图 6-10 直吊绑扎法

(a)柱翻身绑扎法；(b)柱直吊绑扎法

1—吊索；2—活络卡环；3—柱子；4—白棕绳；5—铅丝；6—滑车

2) 吊升

单机吊装时，可采用以下方法。

① 旋转法（见图 6-11）：柱布置时，柱脚靠近基础，绑扎点、柱脚中心、杯口中心三点共弧，起吊时起重机边升钩边转臂，柱脚不动而立起，吊离地面后，转臂插入杯口。滑行法三点共弧，效率高，构件不振动，占用较大施工场地，常用于中小厂房的吊装。

② 滑行法（见图 6-12）：绑扎点靠近基础，绑扎点与杯口中心两点共弧，起吊时起重机只升钩不转臂，柱脚向前滑动而立起，转臂插入杯口。吊装时柱脚下设滚木，免柱受振动。滑行法主要用于柱重量大，柱长，起重机回转半径不足，场地紧，无法按旋转法排放的情况。滑行法二点共弧，布置灵活，构件受振动，可用于较狭窄施工场地。

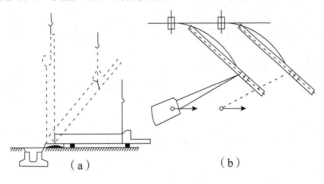

(a) (b)

图 6-11 单机吊装旋转法吊装

(a)旋转法起吊过程；(b)旋转法平面布置

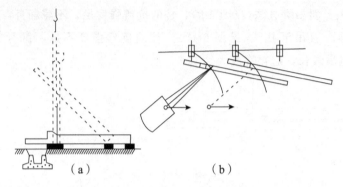

图 6-12　单机吊装滑行法吊装

(a) 滑行法起吊过程；(b) 滑行法平面布置

当柱比较重时，单台吊车起重量不满足要求时，可采用双机抬吊。双机抬吊同样可以采用滑行法(见图 6-13)与旋转法(见图 6-14)。双机抬吊滑行法：双机对立，同时起钩，柱直立脱离地面大于 0.3 m 后，插入杯口中，采用滑行法时，要防止柱产生振动。双机抬吊旋转法：双机先同时提升吊钩，柱子距地 m+0.3 米后，同时向杯口旋转，再落钩插入杯口。

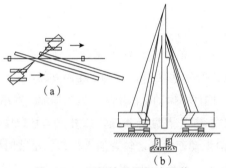

图 6-13　双机抬吊滑行法吊装

(a) 双机抬吊平面布置；(b) 双机抬吊起吊过程

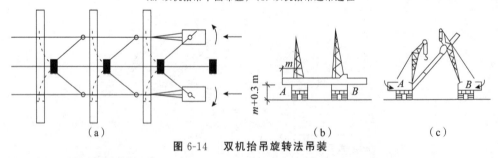

图 6-14　双机抬吊旋转法吊装

(a) 旋转法平面布置；(b) 旋转法双机同时起钩；(c) 旋转法双机同时旋转插入杯口

3) 柱子对位与临时固定

柱一般采用悬空对位，柱入杯口后，不立即降至杯底，离杯底约 50 mm，然后进行对位，如图 6-15 所示。对位方法将八个钢楔四边插入，一边放入两个，用撬棍撬动柱脚进行对线，反复检查中心线与柱的垂直度，确定没问题后，再用钢楔打紧进行临时固定，如细长柱，仅靠柱脚的楔块不能保证临时固定的稳定时，应设缆风绳进行临时固定，如图 6-16 所示。

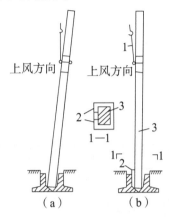

图 6-15 柱子对准

（a）斜吊法将柱插入杯口 （b）临时对位

1— 柱；2— 钢楔；3— 杯口基础；4— 石子

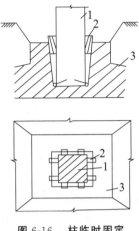

图 6-16 柱临时固定

1—吊索；2—钢楔；3—柱

4）校正

柱的校正是一件非常重要的工作，如果柱的吊装就位不准确，就会影响吊车梁、屋架等的安装，一般柱的校正内容有平面位置、标高、垂直度的校正。平面位置的校正在柱对位过程中进行，标高在杯口基础抄平过程中进行，垂直度在柱临时固定后，最后固定前进行。

垂直度检查可采用两台经纬仪进行，经纬仪分别在柱相邻垂直边进行观察，检查柱的中心线的垂直度；当没有经纬仪时，也可采用吊线锤的方式检查。垂直度偏差见表 6-3 所示。

表 6-3 装配式结构构件位置和尺寸允许偏差及检验方法

项目		允许偏差 /mm	检验方法
构件轴线位置	竖向构件(柱、墙板、桁架)	8	经纬仪及尺量
	水平构件(梁、楼板)	5	
标高	梁、柱、墙板、楼板底面或顶面	±5	水准仪或拉线、尺量
构件垂直度	柱、墙板安装后的高度 ≤6 m	5	经纬仪或吊线、尺量
	> 6 m	10	
构件倾斜度	梁、桁架	5	经纬仪或吊线、尺量

续表

项目			允许偏差 /mm	检验方法
相邻构件平整度	梁、楼板底面	外露	3	2 m 钢尺和塞尺量测
		不外露	5	
	柱、墙板	外露	5	
		不外露	8	
构件搁置长度	梁、板		±10	尺量
支座、支垫中心位置	板、梁、柱、墙板、桁架		10	尺量
墙板接缝宽度			±5	尺量

当垂直度偏差超过规范值时，则应该校正柱的垂直度。

校正柱垂直度的方法：当柱的重量较小，偏差不是很大的情况下，可以采用敲打柱脚铁楔块，柱脚绕柱底转动，以此来校正垂直度；当柱比较重，偏差较大时，可采用钢管校正器(见图 6-17)或丝杠千斤顶(见图 6-18)来进行校正。柱校正后，应将柱脚的楔块打紧，使其垂直度不再发生改变。在进行校正过程中，先校正偏差大的一面，再校正小的一面，反复校正，直到满足要求为止。

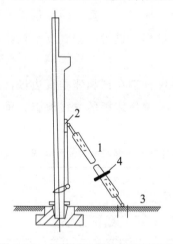

图 6-17　钢管矫正器校正柱垂直度

1— 钢管；2—摩擦板；3—底板；4—转动手柄

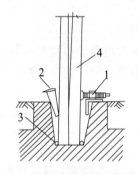

图 6-18　丝杠千斤顶校正柱垂直度

1— 丝杠千斤顶；2—楔块；3— 石子；4—柱

5) 最后固定

柱校正完毕后立即进行最后固定。最后固定在柱脚与杯口的空隙中浇灌比柱高一个等级的细石混凝土，一般分两次浇灌。第一次浇灌至楔块底部，等细石混凝土强度达到设计强度的 25 % 以后，拔出楔块，再细石混凝土浇满至杯口。

（2）吊车梁的吊装

在最后固定的第二次浇灌混凝土达到设计强度 75% 后，即可进行吊车梁的吊装，如图 6-19 所示。吊车梁的绑扎采用两点对称绑扎，水平起吊，两端设拉绳（溜绳）控制，吊至牛腿上方，缓慢降钩，使吊车梁对准牛腿上的安装线，然后将吊车梁放到牛腿上。吊车梁一般可不作临时固定，但梁高宽比大于 4 时，可采用铁丝与柱捆牢或采用点焊将吊车梁的预埋件与上柱预埋件进行焊接进行临时固定，如图 6-20 所示。安装吊车梁过程中应对吊车梁进行校正，校正内容包括平面位置、标高与垂直度，如图 6-21 所示。中小型吊车梁可以在屋盖安装完后校正，通常拉钢丝法校平面位置（见图 6-22），靠尺或铅锤检查垂直度，标高在进行杯口基础杯底抄平时，已对牛腿至柱脚的标高进行测量和调整，一般偏差不会太大，如果存在少量偏差，可在吊车梁上部抹一层砂浆进行调整。如果吊车梁较重，采用边吊装，边校正。吊车梁位置等的偏差应满足表 6-2 所示。

吊车梁校正后，立即按图纸进行采用电弧焊做最后固定，并在吊车梁与柱的空隙处浇筑细石混凝土。

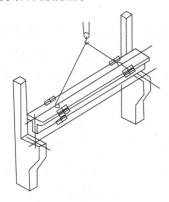

图 6-19 吊车梁的吊装

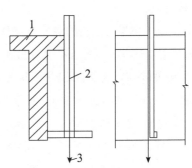

图 6-20 吊车梁的临时固定

1—吊车梁；2—靠尺；3—线锤

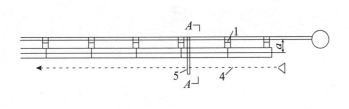

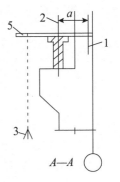

图 6-21 经纬仪校正吊车梁水平位置

1—校正基准线；2—吊车梁中线；3—经纬仪；4—经纬仪视线；5—木尺

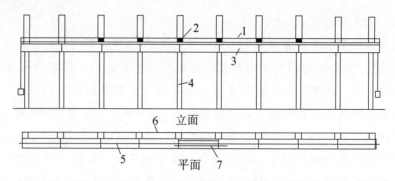

图 6-22　拉钢丝的方法校正吊车梁平面位置

1— 钢丝；2— 圆钢；3— 吊车梁；4— 柱；5— 吊车梁设计中线；6— 柱设计轴线；7— 偏离中心线的吊车梁

（3）屋架的吊装

工业厂房钢筋混凝土屋架一般在施工现场采用平卧叠制，叠制层数为 3～4 榀。屋架的吊装程序是：扶直就位 → 绑扎 → 吊升就位 → 临时固定 → 校正 → 最后固定。

1）扶直就位

钢筋混凝土屋架为细长的混凝土杆件组成，侧向刚度差，在吊装扶直的过程中容易是屋架的杆件发生破坏，因此在扶直及吊装过程中，应采取一定的措施对屋架进行加固。

在屋架吊装前，先将屋架进行扶直，然后吊到指定位置就位（见图 6-23）。屋架扶直的方法有正向扶直与反向扶直（见图 6-24）。

正向扶直：起重机在屋架下弦侧，将吊钩对准屋架上弦中心，收紧吊钩，略微升钩使屋架脱模。紧接着起重机升钩起臂，使屋架绕下弦缓缓旋转，使屋架直立。

反向扶直：起重机在屋架上弦侧，将吊钩对准屋架上弦中心，收紧吊钩，略微升钩使屋架脱模。紧接着起重机升钩降臂，使屋架绕下弦缓缓旋转，使屋架直立。

正向扶直与反向扶直的不同点是在扶直过程中，前者为升臂，后者为降臂，升臂比降臂容易操作安全，因此一般选择正向扶直。

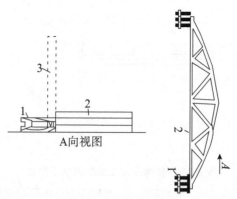

A向视图

图 6-23　屋架翻身图

1— 木垛；2— 叠制的屋架；3— 扶直后的屋架

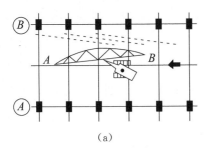 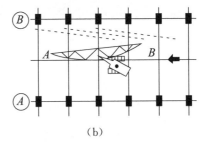

（a）　　　　　　　　　　　　　（b）

图 6-24　屋架扶直图

（a）正向扶直；（b）反向扶直

屋架扶直后立即就位。屋架就位因考虑屋架的安装顺序，便于安装等问题，一般靠柱边斜放或 4～5 榀为一组，平行柱边放置。就位方式有斜向就位（见图 6-25）与纵向就位（见图 6-26）。

① 斜向就位。

吊装屋架时，起重机沿跨中开行，然后以欲吊装的某轴线（例如 2 轴线）的屋架中心点为 M_2 点为圆心，以所选择吊装屋架的起重半径 R 为半径画弧交开行路线为 O_2 点，O_2 点即为停机点。

确定停机点后，再确定屋架的布置范围。屋架一般靠柱边就位，屋架离柱的间距不小于 200 mm，利用柱支撑屋架，这样可以得出屋架就位的外边线 $P\text{-}P$。起重机的回转中心距离尾部距离为 A，起重机回转时不能碰构件，因此屋架距离开行路线距离不小于 $A+0.5$ m，这样可定出午觉就位的内边线 $Q\text{-}Q$。

确定好屋架就位范围后，再来确定屋架的位置。先画出 $P\text{-}P$ 与 $Q\text{-}Q$ 之间的中线 $H\text{-}H$，以 O_2 点为圆心，起重半径 R 为半径画弧，交 $H\text{-}H$ 线于 G 点，以 G 点为圆心，半跨屋架长为半径画弧交 $P\text{-}P$ 为 E，交 $Q\text{-}Q$ 为 F，连接 $E\text{-}F$ 即为屋架就位位置。其他屋架就位位置，以此屋位置画平行线，端点间距为 6 m，但 1 轴位置安装了抗风柱，需后退至 2 轴屋架就位位置附近。

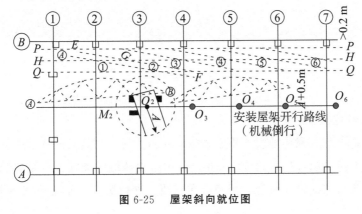

图 6-25　屋架斜向就位图

② 纵向就位（见图 6-26）。

屋架纵向就位，一般以 4～5 榀为一组，靠柱侧平行于柱纵轴线纵向成组放置。屋架与屋架之间、屋架与柱之间的净距不小于 200 mm，之间采用支撑撑牢，每组屋架之间间距不小于 3 m。在吊装绑扎屋架时，应避免与已吊装的屋架发生碰幢，所以，屋架就位堆放时，每组屋架的就位中心线，一般放在该组屋架导数第二榀轴线之后 2 m 的位置。

屋架纵向就位堆放屋架，在部分屋架吊装过程中，起重机要负重行驶一段距离，所以吊装费时，而且要求道路平坦。

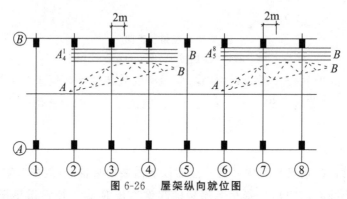

图 6-26　屋架纵向就位图

2）屋架的绑扎

屋架绑扎点应选在屋架上弦节点并高于屋架重心位置，左右对称，使屋架起吊后保持水平，不晃动，不侧翻。在屋架两侧设置溜绳，以控制屋架在吊装过程中的转动与安放至柱顶位置的调整。绑扎时，吊索与水平线的夹角应为 45°～60° 之间，当夹角小于 45° 时，可采用横吊梁使之满足要求。

屋架的绑扎根据屋架跨度不同，可采用两点绑扎与四点绑扎，两点绑扎用于跨度小于 18 m 的屋架，跨度 18～30 m 的屋架采用 4 点绑扎，超过 30 m 的屋架采用横吊梁，以减小起吊高度，如图 6-27 所示。

图 6-27　屋架的绑扎

（a）两点绑扎；（b）四点绑扎；（c）加横吊梁的四点绑扎

3）吊升、对位与临时固定

屋架吊升是将屋架调离地面不小于 300 mm 的位置，再旋转至安装位置的下方，然后起钩，将屋架提升超过柱顶约 300 mm，利用屋架两端的溜绳，将屋架调整至柱顶，使屋架的中心线与柱的轴线重合，缓慢放在柱顶上进行对位，如图 6-28 所示。

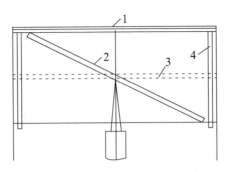

图 6-28 升钩与旋转就位示意图

1— 已吊好的屋架；2— 正吊装的屋架；3— 正吊装屋架的安装位置；4— 吊车梁

屋架对位后立即进行临时固定，第一榀屋架的临时固定必须牢固，第二榀屋架的临时固定是以第一榀屋架作为支撑。第一榀屋架的固定方法是在屋架两端采用四根缆风绳，从两侧将屋架进行固定，也可将屋架与抗风柱连接作为临时固定。第二榀屋架是采用工具式支撑撑在第一榀屋架上进行临时固定。后续各榀屋架均用工具式支撑与前榀屋架连接临时固定。当屋架校正后，进行最后固定，并安装好屋面板，工具式支撑可拆除。

4）校正、最后固定

屋架的校正包括平面位置与垂直度两个方面。采用经纬仪进行检查，在屋架上弦中心线上找三个点，一般选择屋架两端及屋架中心点，再用卡尺从这三个点量出一定距离(可取 500 ～ 600 mm)，在标尺上做出标记。然后距离屋架中心线处同样距离(500 ～ 600 mm)处架设经纬仪，观测这三点的标记是否在同一个垂直平面上，如有偏差，采用工具式支撑进行调整。调整之后，立即进行最后固定，最后固定采用电弧焊进行固定，先焊接屋架两端成对角的两侧，再焊接另外两边。如图 6-29 和 6-30 所示。

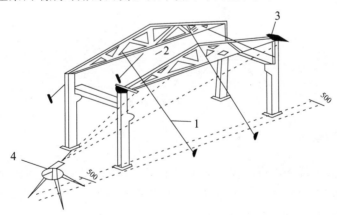

图 6-29 屋架的临时固定与校正

1— 缆风绳；2— 工具式支撑；3— 卡尺；4— 经纬仪

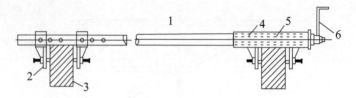

图 6-30　工具式支撑

1— 钢管 2— 撑脚；3— 屋架上弦；4— 螺母；5— 螺杆；6— 摇把

（4）屋面板及天窗架的吊装

天窗架可在地面上与屋架组装后一起进行吊装，这样可以减少高空作业，但对起重机的起重高度、起重量要求较高。天窗架也可独立进行吊装，采用此种方法进行吊装时，应在天窗架两侧的屋面板吊装后进行，其吊装方式与屋架相同。

屋面板的安装应自两边檐口对称向屋脊，避免屋架承受半跨荷载。屋面板在预制时，在屋面板四角埋设吊环，吊装时用带钩吊索勾住屋面板吊环（见图 6-31），使其四根吊索受力均匀，屋面板保持水平。吊装时，可一机多吊。屋面板吊装就位后，应立即进行电弧焊接固定，一般情况下每块屋面板至少焊接 3 个点（见图 6-32）。

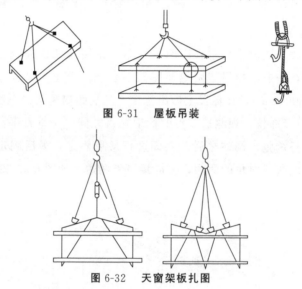

图 6-31　屋板吊装

图 6-32　天窗架板扎图

6.4.3 结构安装方案

单层工业厂房的特点是跨度大，平面尺寸大，柱距也比较大，构件种类少，设备基础多。根据不同单层厂房的特点，厂房结构吊装方案有两种，分件吊装法与综合吊装法。

（1）分件吊装法（见图 6-33）

起重机每开行一次，仅吊装一种或两种构件。通常分三次开行吊装完成全部构件。

第一次开行吊装完全部柱；

第二次开行吊装全部梁系，如地梁、吊车梁、连梁等；

第三次开行吊装屋盖系统，如屋架、支撑、天窗架、屋面板等。

分件吊装的特点：由于每次吊装一种或两种构件，因此吊装过程中不常换索具，能够发挥起重的效率高；一次吊装一种构件，便于构件的校正及最后固定，构件供应不紧张；但工期长，不能为后续工序提供工作面。

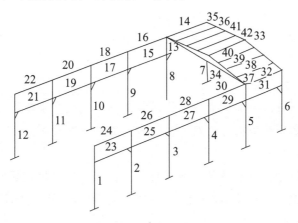

图 6-33　分件吊装法

（2）综合吊装法（又称节间安装法）（见图 6-34）

起重机在厂房内一次开行，分节间吊装完所有类型构件。在先吊装 4～6 根柱子，校正加固后，随即吊装梁系、屋架、屋面系杆及屋面板等构件，等吊装完一个节间所有构件后，再进入下一个节间进行吊装。综合吊装法的特点：与分件吊装法相反，开行路线短，停机点少，可为后续工序提供工作面。但是综合吊装法要同时吊装各种类型的构件，不能充分发挥起重机的性能；索具更换频繁，影响生产率；构件供应紧张，平面布置比较复杂，构件校正要配合构件吊装工作进行，校正比较困难；现场交叉作业多，给现场施工组织带来困难，因此种方法比较少用。只有在必须采用综合吊装法时，或采用桅杆式起重机时，才采用综合吊装法。

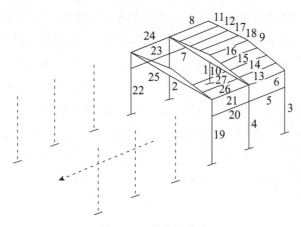

图 6-34　综合吊装法

（3）起重机开行路线

起重机的开行路线与停机点的位置、起重机性能、构件尺寸、构件重量、构件平面布置、构件供应方式、吊装方法等因素有关。

当吊装屋架、屋面板等屋面构件时，起重机一般沿跨中开行；当吊装柱子时，一般视柱的尺寸、柱的重量及起重机的性能，可沿厂房跨中开行或沿厂房跨边开行，在跨边开行时，根据构件布置及施工现场的实际情况，跨边包括在跨内或跨外开行；梁系一般可选择跨边开行。

（4）构件现场平面布置

单层工业厂房构件的平面布置是结构吊装工程中一项非常重要的工作。如构件布置合理，可以减小起重机负重行驶及二次搬运；如构件布置不合理，给后续构件安装带来非常大的困难。

在单层工业厂房中，柱、屋架重量或尺寸较大，一般采用现场预制；梁系、屋面板、天窗架重量较轻，尺寸较小，一般采用工厂进行预制，运至工地后再进行吊装。

1）柱的布置

柱的布置方式与场地大小及吊装方法有关。布置方式有两种：斜向布置及纵向布置。

① 斜向布置（见图 6-35、6-36）。

柱采用旋转法起吊，可按三点共弧的作图方法确定柱斜向布置的位置，其作图的步骤如下：

第一步：确定起重机开行路线到柱基中心线的距离 a。a 的取值为 $R_{min} < a \leqslant R$，a 取值最大不得超过 R，a 值也不能过小，过小起重机靠近基坑，可能产生失稳，也可能在转动过程中碰幢构件等。

第二步：确定停机点的位置。以柱基中心为圆心，以起重半径 R 为半径画弧，交开行路线为 O，O 点即为停机点的位置，标定停机点 O 与轴线位置为 l。其他柱的起吊的停机点，以刚才停机点为基础，在开行路线上平移，平移距离为柱距。

第三步：确定地面柱的预制位置。以 O 点为圆心，以起重半径 R 为半径画弧，如以旋转法起吊，起吊点、柱脚中心及杯口中心三点应在所画弧线上，先确定好柱脚中心 K（柱脚中心靠近杯口），距离轴线为 B 和 A，再根据柱脚中心距离起吊中心距离确定起吊中心 S，连接 K-S，以 K-S 线画出柱的位置；以滑行法起吊，起吊点和杯口中心两点在所画弧线上，起吊中心在杯口附近，先确定起吊中心 S，柱脚根据现场情况可以倾斜任意方向，然后画出柱的位置。其他柱的布置，以刚才所布置的柱中心线为基础，画平行线，柱两端点的间距为柱距。

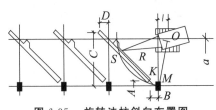
图 6-35 旋转法柱斜向布置图

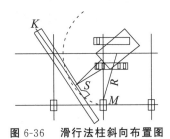
图 6-36 滑行法柱斜向布置图

② 纵向布置(见图 6-37、6-38)。

当场地不够时，柱可采用纵向布置。柱纵向布置时，一采用滑行法进行吊装，柱可采用两层叠制，也可采用单层制作。同样先确定开行路线，确定方法同斜向布置，停机点 O 的位置在两柱柱距的中间，然后以 O 点为圆心，以起重半径 R 为半径画弧，确定起吊中心在所画弧线上，以此为基础，平行于柱纵轴线画出柱的位置。

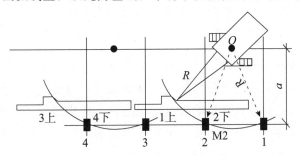
图 6-37 柱两层叠放纵向布置图

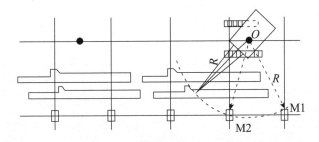
图 6-38 柱单层放制作向布置图

2) 屋架布置

为节省场地，屋架一般采取在跨内 3～4 榀平卧叠制。屋架的布置方式有三种：斜向布置，正反斜向布置，正方纵向布置(见图 6-39)。

在实际现场布置过程中，优先选用斜向布置，斜向布置便于吊装就位。在场地受到限制时，才采用后面两种。

屋架为预应力混凝土屋架时，考虑屋架预应力穿预应力钢筋操作场地，屋架端部应留出 $[(1/2)l+3]$m 操作场地。每垛屋架之间应留 1 m 的间距，方便屋架支模及浇筑混凝土。

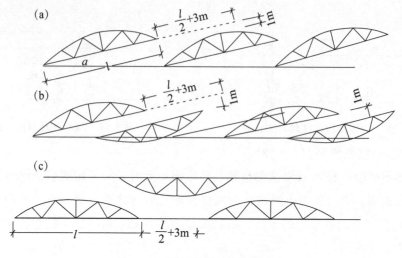

图 6-39　屋架预制时的布置方式

（a）斜向布置；（b）正反斜向布置；（c）正反纵向布置

3）吊车梁、连系梁及屋面板、天窗架、支撑屋面板布置

单层厂房除柱与屋架采用现场预制外，其他构件一般采用工厂预制，运至现场进行堆放。吊车梁、连系梁运至现场堆放在柱列附近，跨内或跨外布置即可。屋面板的位置，可布置在跨内也可布置在跨外，主要是根据起重机吊装屋面板时所需起重半径及起重高度确定，如图 6-40 所示。屋面板在跨内布置时，大约退后 3～4 个节间开始布置，采用跨外布置时，应向后退 1～2 个节间开始布置。

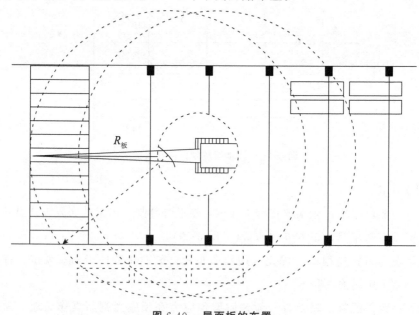

图 6-40　屋面板的布置

6.5 钢结构

钢结构工程是用钢板、型钢等经过焊接、铆接和螺栓连接等方式组装而成的结构。建筑钢结构可用于工业厂房、高层建筑、桥梁、大跨度结构等。与其他结构比较，钢结构具有重量轻、强度高、塑性和韧性好、匀质和同性性好、工厂工业化制造和现场机械化程度高、现场安装制作作业量小等特点，因此钢结构施工周期短和精度高，在建筑、桥梁等土木工程中被广泛采用。

6.5.1 钢结构构件制作

设计院提供的设计图是不能直接用来加工制作钢结构构件，而是要考虑加工工艺，如公差、加工余量、焊接控制等因素后，在原设计图的基础上绘制加工制作图。加工制作图是最后沟通设计人员及施工人员的意图，是实际尺寸、划线、剪切、坡口加工、打孔、弯制、拼装、焊接、涂装、产品检查、堆放、发送等各项作业的指示书。工厂通过加工制作图进行生产钢结构构件，制作工艺过程包括：放样、号料、切割下料、模具压制和制孔、边缘加工、矫正、弯曲成型和拆边、构件表面处理与防腐涂装等。

（1）放样

放样就是按照钢结构加工制作图要求的形状和尺寸，按照 1∶1 的比例把构件的实形画在样台或平板上等制成样板、样杆的过程。样板、样杆是钢结构构件下料、制作、装配等的依据。放样是钢结构制作工艺中的第一道工序，其工作的准确与否将直接影响到整个产品的质量，因此要确保放样的准确性。

样板一般用 0.5 ~ 0.75 mm 的铁皮或塑料板制作，样杆一般用铁皮或扁铁制作，当长度较短时可用木尺杆。样板一般分为四种类型：号孔样板、卡型样板、成型样板及号料样板。号孔样板专用于号孔，是构件开孔的依据；卡型样板分为内卡型样板与外卡型样板两种，是用于煨曲或检查构件形状的样板；成型样板用于煨曲或检查曲面平面形状的样板；号料样板是供号料或号孔的样板。

放样的步骤：

① 仔细阅读图纸，工厂出具加工制作图后，提交给设计单位进行审核。

② 准备好放样的工具如钢尺、石笔、划针、圆规等及做样板和样杆的材料。

③ 以 1∶1 的比例在样板台上弹出大样。一般先应弹出基准线，然后以基准线为基础弹出边线、其他线或点，并标注尺寸。当大样尺寸过大时，可分段弹出，尺寸画法尽量避免偏差的积累。一个完成的大样图还应标注工号、图号、零件号、数量及加工边、坡口部位、弯折线和弯折方向、孔径和滚圆半径等。

④ 放样结束，应对照图纸进行自查，最后应根据样板编号编写构件号料明细表。

放样时，铣、刨的工件要所有加工边均考虑加工余量，焊接厚莗要按工艺要求放出焊接收缩量。

（2）号料

号料（也称画线）就是根据样板在钢材上画出构件的实样，并打上各种加工记号，为钢材的切割下料制作做准备。号料的一般工作内容包括：检查核对材料；在材料上划出切割、铣、刨、弯曲、钻孔等加工位置，打冲孔，标注出零件的编号。

为了合理使用和节约原材料，必须最大限度地提高原材料的利用率。常用以下几种号料方法：

① 集中号料法：把同厚度的钢板零件和相同规格型钢零件，集中在一起进行号料。

② 套料法：精心安排板料零件的形状位置，把同厚度的各种不同形状的零件，组合在同一材料上，进行"套料"。

③ 统计计算法：在线形材料（型钢）下料时将所有同规格零件归纳在一起，按零件的长度，先长后短的顺序排列，根据最长零件号料算出余料的长度，排上次长的零件，直至整根料被充分利用为止。

④ 余料统一号料法：在号料后剩下的余料上进行较小零件的号料。

在号料过程中，应随时在样板、样杆上记录下已号料的数量。号料完毕，则应在样板、样杆上注明记下实际数量。

（3）切割下料

切割的目的就是将放样和号料的零件形状从原材料上进行下料分离。常用的切割方法有机械剪切、气割和等离子切割三种方法。

① 气割法：是利用氧气与可燃气体混合产生的预热火焰加热金属表面达到燃烧温度并使金属发生剧烈的氧化，放出大量的热促使下层金属也自行燃烧，通过高压氧气射流，将氧化物吹除而引起一条狭小而整齐的割缝。随着割缝的移动，使切割过程连续切割出所需的形状。气割前，应将钢材切割区域表面的铁锈、污物等清除干净，气割后，应清除熔渣和飞溅物。

② 机械切割法：可利用上、下两剪刀的相对运动来切断钢材，或利用锯片的切削运动把钢材分离，或利用锯片与工件间的摩擦发热使金属熔化而被切断。常用的切割机械有剪板机、联合冲剪机、弓锯床、砂轮切割机等。

③ 等离子切割法：是利用高温高速的等离子焰流将切口处金属及其氧化物熔化并吹掉来完成切割，所以能切割任何金属，特别是熔点较高的不锈钢及有色金属铝、铜等。

（4）边缘加工

在钢结构构件的加工过程中，经过剪切或气割等加工过的钢板边缘，其内部结构容易产生硬化或变形，而且构件边缘的毛刺容易造成应力集中。为保证构件外形、板材之间焊接连接质量，以及钢结构良好的受力性等，需要对构件的边缘进行加工。其方法有铲边、刨边、铣边、碳弧气刨、气割和坡口机加工等。

（5）弯曲成型

在钢结构构件的制作过程中，弯制成型的加工方法主要有卷板（滚圆）、弯曲、折边和模具压制等。弯制成型的工序有热加工或冷加工两种。

把钢材加热到一定温度后进行加工的方法称为热加工。加热方法可利用乙炔加热和放在炉内加热。采用乙炔加热面积小，方法简单，可用于局部加工；采用炉内加热，面积大，可用于整体加工。

钢材常温下加工制作称为冷加工。冷加工利用机械设备和专用工具进行，但注意不宜在低温下进行加工，避免材料产生裂纹和断裂。

1）卷板（滚圆）

滚圆是在外力的作用下，使钢板的外层纤维伸长，内层纤维缩短而产生弯曲变形（中性层纤维不变）。当圆筒半径较大时，可在常温状态下卷圆，如半径较小和钢板较厚时，应将钢板加热后卷圆。在常温状态下进行滚圆钢板的方法有机械滚圆、胎模压制和手工制作三种加工方法。

2）弯曲（煨弯）

弯曲的加工方法分为压弯、滚弯和拉弯等几种。

压弯是用压力机压弯钢板，此种方法适用于一般直角弯曲、双直角弯曲，以及其他适宜弯曲的构件。

滚弯是用滚圆机滚弯钢板，此种方法适用于滚制圆筒形构件及其他弧形构件。

拉弯是用转臂拉弯机和转盘拉弯机拉弯钢板，它主要用于将长条板材拉制成不同曲率的弧形构件。

弯曲按加热程度分为冷弯和热弯。冷弯是在常温下进行弯制加工，此法适用于一般薄板、型钢等的加工；热弯是将钢材加热至 $950 \sim 1100℃$，在模具上进行弯制加工，它适用于厚板及较复杂形状、型钢等的加工。

3）折边

在钢结构制造中，将构件的边缘压弯成一定角度或形状的操作称为折边。折边广泛用于薄板构件，它有很小的弯曲半径。薄板经折边后可以大大提高结构的强度和刚度。

（6）制孔

在钢结构制孔中包括铆钉孔、普通螺栓连接孔、高强度螺栓孔、地脚螺栓孔等。制孔方法通常有钻孔和冲孔。

1）钻孔

钻孔是钢结构制造中普遍采用的方法，能用于钢板、型钢的制孔加工。钻孔的加工方法分为划线钻孔、钻模钻孔和数控钻孔。

2）冲孔

冲孔是在冲孔机（冲床）上进行，适用于圆孔或非圆孔。

（7）矫正

由于材料加工后内部残余应力或存放、运输、吊运不当等原因，会引起钢结构材料或构件的变形。为了保证钢结构的制作及安装质量，必须对不符合技术标准的材料、构件进行矫正。

矫正可采用火焰矫正、机械矫正、手工矫正等。

① 火焰矫正：是利用火焰对钢材进行局部加热而完成的。

② 机械矫正：在专用矫正机上进行。它的优点是作用力大、劳动强度小、效率高。钢材的机械矫正有拉伸机矫正、压力机矫正、多辊矫正机矫正。

③ 手工矫正：是采用锤击或小型工具进行矫正的方法，其操作简单灵活，但矫正力较小仅适用于矫正尺寸较小的钢材，有时在缺乏或不便使用矫正设备时也采用。

（8）组装

组装是把制备完成的半成品和零件按图纸规定的运输单元，装配成构件或部件，然后将其连接的过程。钢结构构件组装的方法分为地样法、仿形复制装配、胎模装配法以及立装、卧装。

地样法是按1：1的比例在装配平台上放出构件的实样，然后根据部件在实样上的位置，分别组装起来形成构件；仿形复制装配法是先用地样法组装成单片的结构，然后点焊牢固，将其翻身，作为复制胎膜，在其上面装配另一单面结构，往返两次组装形成构件；胎膜装配法是将构件的零件用胎膜定位在其装配位置上的组装方法；立装是根据构件的特点及其零件的稳定位置，选择自上而下或自下而上的装配；卧装是将构件放置卧的位置进行装配。

地样法适用于桁架等小批量结构的组装；仿形复制装配法适用于对称结构的装配；胎模装配法适用于制造构件批量大、精度高的构件；立装法适用于放置平稳、高度不大的结构构件；卧装适用于断面不大，但长度较大的细长的构件。

6.5.2 钢结构连接

钢结构构件一般由工程制作加工完成后运输至现场再进行连接安装，钢结构的连接通常有焊接、螺栓连接和铆钉连接。

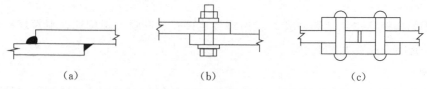

（a）　　　　　　　　（b）　　　　　　　　（c）

图 6-41　钢结构连接

（a）焊接连接；（b）螺栓连接；（c）铆钉连接

（1）焊接连接

金属的焊接方法的主要种类为熔焊、压焊和钎焊。目前，建筑钢结构焊接都采用熔焊。熔焊是以高温集中热源加热待连接金属，使之局部熔化，冷却后形成牢固连接的一种焊接方法。按加热能源的不同，熔焊可以分为电弧焊、电渣焊、气焊、等离子焊、电子束焊、激光焊等。一般在建筑工程钢结构施工中，主要采用电弧焊。电弧焊可分为熔化电极与不熔化电极电弧焊、气体保护与自保护电弧焊、栓焊；以焊接过程的自动进行程度不同还可分为手工焊和半自动、自动焊。在电弧焊中，以手工电弧焊、自动和半自动埋弧焊、二氧化碳气体保护焊在建筑钢结构工程中应用最为广泛。另外，在某些特殊应用场合，则必须使用电渣焊和栓焊。

1）手工电弧焊

① 焊接原理（见图6-42）。在涂有药皮的金属电极与焊件之间施加一定电压时，由于电极的强烈放电而使气体电离产生焊接电弧。电弧高温足以使焊条和工件局部熔化，形成气体、熔渣和熔池，气体和熔渣对熔池起保护作用，同时，熔渣在与熔池金属起冶金反应后凝固成为焊渣，熔池凝固后成为焊缝，固态焊渣则覆盖于焊缝金属表面。

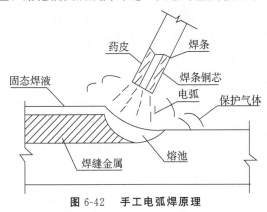

图 6-42 手工电弧焊原理

② 焊接设备。按电源类型的不同，手工电弧焊的焊接设备可分为交流电弧焊机、直流电弧焊机及交直流两用电弧焊机。

③ 适用范围。手工电弧焊是一种适应性很强的焊接方法。它在钢结构中使用十分广泛，一般可在室内、室外及高空中平、横、立、仰的位置进行施焊。

2）埋弧焊

① 焊接原理（见图6-43）。埋弧焊与手工电弧焊一样。都是利用电弧热作为熔化金属的热源，但与手工电弧焊不同的是焊丝外表没有药皮。熔渣是由覆盖在焊接坡口区的焊剂形成的。当焊丝与母材之间施加电压并互相接触引燃电弧后，电弧热将焊丝端部及电弧区周围的焊剂及母材熔化，形成金属熔滴、熔池及熔渣。金属熔池受到浮于表面的熔渣和焊剂蒸汽的保护而不与空气接触，避免氮、氢、氯有害气体的侵入。随着焊丝向焊接坡口前方移动，熔池冷却凝固后形成焊缝。熔渣冷却后成渣壳。与手工电弧焊一样，熔渣与熔化金属发生冶金反应，从而影响并改善焊缝的化学成分和力学性能。

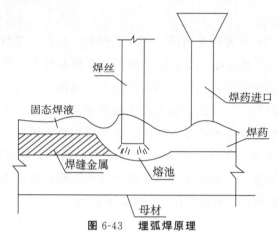

图 6-43　埋弧焊原理

② 焊接设备。埋弧焊设备可分为半自动埋弧焊和自动埋弧焊两种。自动埋弧焊机按特定用途可分为角焊机和对、角焊通用焊机；按使用功能可分为单丝或多丝；按机头行走方式可分为独立小车式、门架式或悬臂式。

③ 适用范围。埋弧焊由于其突出的优点。已成为大型构件制作中应用最广的高效焊接方法，且特别适用于梁柱板等的大批量拼装、制作焊缝。不过，由于其焊接设备及条件的限制，埋弧焊一般用于钢结构加工制作厂中。

3）二氧化碳气体保护焊

① 焊接原理。二氧化碳气体保护焊是用喷枪喷出二氧化碳气体作为电弧焊的保护介质，使熔化金属与空气隔绝，以保持焊接过程的稳定。由于焊接时没有焊剂产生的熔渣，故便于观察焊缝的成型过程、但操作时需在室内避风处，在工地则需打设防风棚。

② 焊接设备。二氧化碳气体保护焊设备由焊接电源、送丝机两大部分和气瓶、流量计、预热器、焊枪及电缆等附件组成。

③ 适用范围。二氧化碳气体保护焊主要用于焊接低碳钢及低合金钢等黑色金属，还可用于耐磨零件的堆焊、铸钢件的焊补以及电铆焊等方面。

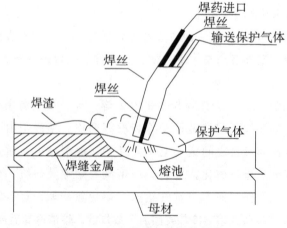

图 6-44　二氧化碳气体保护焊原理

（4）电渣焊和栓钉焊

电渣焊是利用电流通过熔渣所产生的电阻热作为热源，将填充金属和母材熔化，凝固后形成金属原子间牢固连接。它是一种用于立焊位置的焊接方法。电渣焊一般可分为熔嘴电渣焊、非熔嘴电渣焊、丝极电渣焊和板极电渣焊。建筑钢结构中较多采用管状熔嘴和非熔嘴电渣焊，是箱形梁、柱隔板与腹板全焊透连接的必要手段。

栓钉焊是在栓钉与母材之间通以电流，局部加热熔化栓钉端头和局部母材、并同时施加压力挤出液态金属，使栓钉整个截面与母材形成牢固结合的焊接方法。栓钉焊一般可分为电弧栓钉焊和储能栓钉焊。目前，栓钉焊主要用于栓钉与钢构件的连接。

（2）螺栓连接

在钢结构采用螺栓连接的螺栓分为普通螺栓和高强度螺栓两种。采用普通螺栓或高强度螺栓而不施加紧固力，该连接即为普通螺栓连接；采用高强度螺栓并对其施加紧固力，该连接为高强螺栓连接。

1）普通螺栓连接

① 普通螺栓的规格种类。普通螺栓按照形式可分为六角头螺栓、双头螺栓、沉头螺栓等；按制作精度可分为 A、B、C 级个等级，A 级螺栓通称精制螺栓，B 级螺栓为半精制螺栓，C 级为粗制螺栓。A、B 级适用于拆装结构或连接部位需传递较大剪力的重要结构的安装中钢结构用连接螺栓。在钢结构连接中，除特殊注明外，一般即为普通粗制 C 级螺栓。

② 普通螺栓施工要求。普通螺栓可采用普通扳手紧固，螺栓紧固的程度应能使被连接件接触面、螺栓头和螺母与构件表面紧密贴合。普通螺栓紧固应从中间开始，对称向两边进行，大型接头宜采用复拧。在钢结构中，普通螺栓作为永久性连接螺栓时，应符合下列要求：

a. 对一般的螺栓连接。螺栓头和螺母下面应放置平垫圈，以增大承压面积。

b. 螺栓头下面放置的垫圈一般不应多于 2 个，螺母头下的垫圈一般不应多于 1 个。

c. 对于设计有要求防松动的螺栓、锚固螺栓应采用有防松装置的螺母或弹簧垫圈或用人工方法采取防松措施。

d. 对于承受动荷载或重要部位的螺栓连接。应按设计要求放置弹簧垫圈，弹簧垫圈必须设置在螺母一侧。

e. 对于工字钢、槽钢类型钢应尽量使用斜垫圈，使螺母和螺栓头部的支承面垂直于螺杆。

f. 螺栓紧固外露丝扣应不少于 2 扣。紧固质量检验可采用锤敲或力矩扳手检验，要求螺栓不颤动和偏移。

2）高强度螺栓连接

① 高强度螺栓的种类。高强度螺栓连接按其受力状况，主要有摩擦型连接，承压

型连接两种类型，其中摩擦型连接是目前广泛采用的基本连接形式；高强度螺栓从外形上可分为大六角头和扭剪型两种；按性能等级可分为 8.8 级、10.9 级、12.9 级等，目前我国使用的大六角头高强度螺栓有 8.8 级和 10.9 级两种，扭剪型高强度螺栓只有 10.9 级一种。性能等级为 10.9 级的高强螺栓的含义是：10.9 前面的 10 表示螺栓材质公称抗拉强度为 $10 \times 100 = 1000$ MPa，后面的 0.9 表示螺栓材质的屈强比值为 0.9，螺栓材质的公称屈服强度为 $1000 \times 0.9 = 900$ MPa。

② 高强度螺栓摩擦面处理。高强度螺栓连接处的摩擦面可根据设计抗滑移系数的要求选用喷砂（丸）、喷砂后生赤锈、喷砂后涂无机富锌漆、手工打磨等处理方法：

a. 采用喷砂（丸）法时，一般要求砂（丸）粒径为 $1.2 \sim 1.4$ mm，喷射时间为 $1 \sim 2$ min，喷射风压为 0.5 MPa，表面呈银灰色，表面粗糙度达到 $45 \sim 50$ μm。

b. 采用喷砂后生赤锈法时，应将硼砂处理后的表面放置露天自然生锈，理想生锈时间为 $60 \sim 90$ d。

c. 采用喷砂后涂无机富锌漆时，涂层厚度一般可取为 $0.6 \sim 0.8$ μm。

d. 采用手工砂轮打磨时，打磨方向应与受力方向垂直，且打磨范围不小于螺栓孔径的 4 倍。

③ 高强度螺栓连接摩擦面应符合以下规定：

a. 连接处钢板表面应平整、无焊接飞溅、无毛刺和飞边、无油污等。

b. 经处理后的摩擦面应按《钢结构工程施工质量验收规范》（GB 50205）的规定进行抗滑移系数试验，试验结果满足设计文件的要求。

c. 经处理后的摩擦面应采取保护措施，不得在摩擦面上作标记。

d. 若摩擦面采用生锈处理方法时，安装前应以细钢丝刷垂直于构件受力方向刷除摩擦面上的浮锈。

3）高强度螺栓连接施工

① 一般规定：

a. 对于制作厂已处理好的钢构件摩擦面，安装前应按《钢结构工程施工质量验收规范》（GB 50205）的规定进行高强度螺栓连接摩擦面的抗滑移系数复验，现场处理的钢构件摩擦面应单独进行摩擦面抗滑移系数试验。其结果应符合相关设计文件要求。

b. 高强度螺栓施工前宜按《钢结构工程施工质量验收规范》（GB 50205）的相关规定检查螺栓孔的精度、孔壁表面粗糙度、孔径及孔距的允许偏差等。孔距超出允许偏差时，应采用与母材相匹配的焊条补焊后重新制孔，每组孔中经补焊重新钻孔的数量不得超过该组螺栓数量的 20%。

c. 高强度螺栓连接的板叠接触面应平整。对因板厚公差、制造偏差或安装偏差等产生的接触面间隙，应按表 6-4 规定进行处理。

表 6-4 接触面间隙处理

项目	示意图	处理方法
1		$\Delta < 1.0$ mm 时不予处理
2	磨斜面	$\Delta = (1.0 \sim 3.0)$ mm 时将厚板一侧磨成 1∶10 缓坡，使间隙小于 1.0 mm
3		$\Delta > 3.0$ mm 时加垫板，垫板厚度不小于 3 mm，最多不超过 3 层，垫板材质和摩擦面处理方法应与构件相同

d. 对每一个连接接头，应先用临时螺栓或冲钉定位，为防止损伤螺纹引起扭矩系数的变化，严禁把高强度螺栓作为临时螺栓使用。对一个接头来说，临时螺栓和冲钉的数量原则上应根据该接头可能承担的荷载计算确定，并应符合下列规定：不得少于安装螺栓总数的 1/3；不得少于两个临时螺栓；冲钉穿入数不宜多于临时螺栓的 30%。

e. 高强度螺栓的穿入，应在结构中心位置调整后进行，其穿入方向应以施工方便为准，力求一致。安装时要注意垫圈的正反面，即螺母带圆台面的一侧应朝向垫圈有倒角的一侧；对于大六角头高强度螺栓连接副靠近螺头一侧的垫圈，其有倒角的一侧朝向螺栓头。

f. 高强度螺栓的安装应能自由穿入孔，严禁强行穿入，如不能自由穿入时，该孔应用铰刀进行修整，修整后孔的最大直径应小于 1.2 倍螺栓直径。修孔时，为了防止铁屑落入板叠缝中，铰孔前应将四周螺栓全部拧紧，使板叠密贴后再进行。严禁气割扩孔。

g. 高强度螺栓安装应采用合理顺序施拧。

h. 高强度螺栓连接副的初拧、复拧、终拧宜在 1 d 内完成。

i. 当高强度螺栓连接副保管时间超过 6 个月后使用时，必须按《钢结构工程施工质量验收规范》(GB 50205) 的要求重新进行扭矩系数或紧固轴力试验，检验合格后，方可使用。

② 大六角头高强度螺栓连接施工。高强度大六角头螺栓连接副，施拧可采用扭矩法或转角法：

扭矩法施工，根据扭矩系数 k、螺栓预拉力 P（一般考虑施工过程中预拉力损失 10%，即螺栓施工预拉力 P 按 1.1 倍的设计预拉力取值）计算确定施工扭矩值，使用扭矩扳手（手动、电动、风动）按施工扭矩值进行终拧；

施拧应分为初拧和终拧，大型节点应在初拧和终拧之间增加复拧。初拧扭矩可取施工终拧扭矩的 50% 左右，复拧扭矩应等于初拧扭矩。终拧扭矩可按下式计算确定：

$$T_c = kPd$$

式中，T_c— 施工终拧扭矩(N·m)；

d— 高强度螺栓公称直径(mm);

k— 高强度螺栓连接副的扭矩系数平均值,该值由试验测得,一般可按表6-5 选取;

P— 高强度螺栓施工预拉力(kN),按表6-6 取值。

表 6-5　高强度大六角头螺栓连接副扭矩系数平均值及标准偏差值

连接副表面状态	扭矩系数平均值	扭矩系数标准偏差
符合现行国家标准《钢结构用高强度大六角头螺栓、大六角螺母、垫圈技术条件》(GB/T 1231)的要求	0.110 ～ 0.150	≤ 0.0100

注:每套连接副只做一次试验,不得重复使用。试验时,垫圈发生转动,试验无效。

表 6-6　高强度大六角头螺栓施工预拉力 /kN

螺栓性能等级	螺栓公称直径						
	M12	M16	M20	M22	M24	M27	M30
8.8s	50	90	140	165	195	255	310
10.9s	60	110	170	210	250	320	390

转角法施工(见图6-45)次序:初拧 → 初拧检查 → 画线 → 终拧 → 终拧检查 → 作标记。

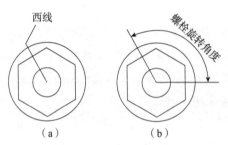

图 6-45　转角法施工方法

先按转角法进行初拧、复拧,初拧(复拧)后在螺母上画线做出标记,然后再将连接副转动一个角度进行终拧,终拧角度应按表6-7 规定执行。

表 6-7　初拧(复拧)后大六角头高强度螺栓连接副的终拧转角

螺栓长度 L 范围	螺母转角	连接状态
$L \leqslant 4d$	1/3 圈(120°)	
$4d < L \leqslant 8d$ 或 200 mm 及以下	1/2 圈(180°)	连接形式为一层芯板加两层盖板
$8d < L \leqslant 12d$ 或 200 mm 以上	2/3 圈(240°)	

注:1. 螺母的转角为螺母与螺栓杆之间的相对转角;

2. 当螺栓长度 L 超过螺栓公称直径 d 的12倍时,螺母的终拧角度应由试验确定。

③ 扭剪型高强螺栓连接施工。扭剪型高强度螺栓连接副的拧紧应分为初拧、终拧。对于大型节点应分为初拧、复拧、终拧。初拧扭矩和复拧扭矩值为 $0.065 \times P_c \times d$，或按表选用。初拧或复拧后的高强度螺栓应用颜色在螺母上标记，用专用扳手进行终拧，直至拧掉螺栓尾部梅花头。对于个别不能用专用扳手进行终拧的扭剪型高强度螺栓，应按大六角头高强螺栓的施工方法进行终拧(扭矩系数可取 0.13)。扭剪型高强度螺栓连接副的初拧、复拧、终拧宜在一天内完成。扭剪型高强度螺栓初拧扭矩值如表 6-8 所示。

表 6-8 扭剪型高强度螺栓初拧扭矩值 /N·m

螺栓公称直径	M16	M20	M22	M24	M27	M30
初拧扭矩	115	220	300	390	560	760

④ 紧固件的质量检查。大六角头高强度螺栓连接施工紧固质量检查应符合下列规定。

扭矩法施工的检查方法应符合下列规定:

a. 用小锤(约 0.3 kg)敲击螺母对高强度螺栓进行普查，不得漏拧。

b. 终拧扭矩应按节点数抽查 10%，且不应少于 10 个节点;对每个被抽查节点应按螺栓数抽查 10%，且不应少于 2 个螺栓。

c. 检查时先在螺杆端面和螺母上画一直线，然后将螺母拧松约 60°;再用扭矩扳手重新拧紧，使两线重合，测得此时的扭矩应在 $0.9 T_{ch} \sim 1.1 T_{ch}$ 范围内。T_{ch} 应按下式计算:

$$T_{ch} = kPd$$

式中，T_{ch} — 检查扭矩(N·m)

P — 高强度螺栓预拉力设计值(kN)，按表 6-9 取用。

表 6-9 一个高强度螺栓的预拉力 P/kN

螺栓性能等级	螺栓规格						
	M12	M16	M20	M22	M24	M27	M30
8.8 s	45	80	125	150	175	230	280
10.9 s	55	100	155	190	225	290	355

d. 如发现有不符合规定的，应再扩大 1 倍检查，如仍有不合格者，则整个节点的高强度螺栓应重新施拧。

e. 扭矩检查宜在螺栓终拧 1 h 以后、24 h 之前完成;检查用的扭矩扳手，其相对误差应为 ±3%。

转角法施工的检查方法应符合下列规定:

a. 普查初拧后在螺母与相对位置所画的终拧起始线和终止线所夹的角度应达到规

定值。

b. 终拧转角应按节点数抽查 10%，且不应少于 10 个节点；对每个被抽查节点按螺栓数抽查 10%，且不应少于 2 个螺栓。

c. 在螺杆端面和螺母相对位置画线，然后全部卸松螺母，再按规定的初拧扭矩和终拧角度重新拧紧螺栓，测量终止线与原终止线画线间的角度，应符合本规程表 6.4.16 要求，误差在士 30° 者为合格。

d. 如发现有不符合规定的，应再扩大 1 倍检查，如仍有不合格者，则整个节点的高强度螺栓应重新施拧。

e. 转角检查宜在螺栓终拧 1 h 以后、24 h 之前完成。

扭剪型高强度螺栓终拧检查，以目测尾部梅花头拧断为合格。对于不能用专用扳手拧紧的扭剪型高强度螺栓，按大六角头高强度螺栓的规定进行终拧紧固质量进行检查。

（3）铆钉连接

1）铆钉的种类

铆接可分为强固铆接、密固铆接和紧固铆接三种：

① 强固铆接。该类铆接可承受足够的压力和剪力，但对铆接处的密封性要求差；

② 密固铆接。该类铆接可承受足够的压力和剪力，且对铆接处的密封性要求高；

③ 紧固铆接。该类铆接承受压力和剪力的性能差，但对铆接处有高度的密封性要求。

2）铆钉常用技术标准（见表 6-10）

表 6-10　铆钉常用的技术标准

序号	标准号	标准名称
1	GB 863.1	《半圆头铆钉（粗制）》
2	GB/T 863.2	《小半圆头铆钉（粗制）》
3	GB 865	《沉头铆钉（粗制）》
4	GB/T 866	《半沉头铆钉（粗制）》
5	GB/T 116	《铆钉技术条件》

6.5.3 钢结构安装

钢结构主要用于单层工业厂房、多层及高层、大跨度结构及桥梁工程等，不同的建筑其安装施工组织及现场的安装工艺有所不同，本节主要介绍钢结构（多）高层建筑安装施工。

钢结构高层建筑体系有框架体系、框架剪力墙体系、框筒体系等多种，应用较多为前面两种，多层一般为框架体系，它主要由框架柱、梁、次梁及剪力墙板等组成。

（1）钢结构吊装前的准备工作

① 根据构件质量和单层的构件数量，裁剪出不同长度、不同规格的钢丝绳作为吊装绳和缆风绳。

② 根据钢柱的长度和截面尺寸，按规定制作出不同规格的足够数量的爬梯。

③ 根据钢柱、钢梁的型号及构件的种类准备不同规格的卡环。

④ 根据堆场的大小及构件类型准备合格的枕木若干。

⑤ 另外还要准备好吊装用夹具、校正钢柱用的垫块、缆风绳、千斤顶等施工必备工具。

（2）吊装方案

根据现场情况，多层与高层钢结构工程结构特点、平面布置及钢结构质量等，钢构件吊装一般选择采用塔式起重机。在地下部分如果钢构件较重的，也可选择采用汽车式起重机或履带式起重机完成。

塔式起重机的选择应注意以下内容：

① 起重机性能：塔式起重机根据吊装范围的最重构件、位置及高度，选择相应塔式起重机最大起重力矩（或双机起重力矩的80%）所具有的起重量、回转半径、起重高度。除此之外，还应考虑塔式起重机高空使用的抗风性能，起重卷扬机滚筒对钢丝绳的容绳量，吊钩的升降速度。

② 起重机数量：根据建筑物平面、施工现场条件、施工进度、起重机性能等，布置1台、2台或多台。在满足起重性能要求的情况下，尽量做到就地取材。

③ 起重机类型选择：在多层与高层钢结构施工中，主要吊装机械一般都选用自升式塔式起重机，包括内爬式和附着式两种。

高层钢结构安装需按照建筑物平面形式、结构形式、安装机械数和位置、工期及现场施工条件等划分流水段和考虑吊装方案。根据流水段的情况，常用的吊装方案为综合吊装法，其吊装程序是：

① 平面从中间或某一对称节间开始，以一个节间的柱网为一个吊装单元，按钢柱 → 钢梁 → 支撑顺序吊装，并向四周扩展，以减少焊接误差。

② 垂直方向由下至上组成稳定结构后，分层安装次要结构，一节间一节间钢构件、一层楼一层楼安装完，采取对称安装，对称固定的工艺，有利于消除安装误差积累和节点焊接变形，使误差降低到最小限度。

钢结构安装的垂直方向施工流程主要是要注意进行钢结构施工的楼层不能与土建施工的楼层相差太大，一般相差5或6层为宜。上面两层进行钢结构安装，中部两层进行压型钢板的铺设，最下面两层绑扎钢筋，浇筑混凝土。

（3）地脚螺栓的预埋、钢柱及钢梁的安装工艺

1）地脚螺栓的预埋（见图6-46）

地脚螺栓安装精度直接关系到整个钢结构安装的精度、是钢结构安装工程的第一步。为保证地脚螺栓埋设精度，可将每一根柱下的所有螺杆用角钢或钢模板连系制作为一个整体框架，在基础底板钢筋绑扎完、基础梁钢筋绑扎前将整个框架进行整体就

位并临时定位，然后绑扎基础梁的钢筋。待基础梁钢筋绑扎完后对预埋螺栓进行第二次校正定位，交付验收。合格后浇筑混凝土。

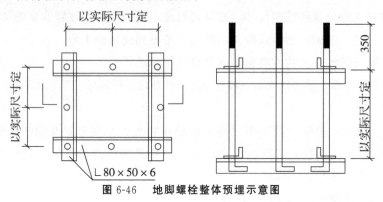

图 6-46　地脚螺栓整体预埋示意图

2）钢柱的安装

钢柱安装顺序：先中部后四周，先下后上的安装顺序进行安装。钢柱吊点设置在钢柱的顶部，直接用临时连接板（连接板至少 4 块）。

① 第一段钢柱的吊装（见图 6-47）。

安装前要对预埋件进行复测，并在基础上进行放线。根据钢柱的柱底标高调整好螺杆上的螺母，然后钢柱直接安装就位。当由于螺杆长度影响，螺母无法调整时，可以在基础上设置垫板进行垫平，就是在钢柱四角设置垫板，并由测量人员跟踪抄平，使钢柱直接安装就位即可。每组垫板不宜多于 4 块。垫板与基础面和柱底面的接触应平整、紧密。此方法适用于混凝土标高大于设计标高的部分。

钢柱用塔式起重机吊升到位后。首先将钢柱底板穿入地脚螺栓，放置在调节好的螺母上，并将柱的四面中心线与基础放线中心线对齐吻合，四面兼顾，中心线对准或已使偏差控制在规范许可的范围以内时，穿上压板，将螺栓拧紧，即为完成钢柱的就位工作，如图 6-48 所示。

当钢柱与相应的钢梁吊装完成并校正完毕后、及时通知土建单位对地脚进行二次灌浆，对钢柱进一步稳固。钢柱内需浇筑混凝土时，土建单位应及时插入。

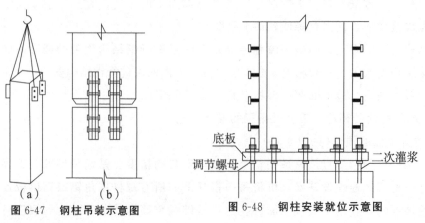

（a）　　　（b）

图 6-47　钢柱吊装示意图

图 6-48　钢柱安装就位示意图

② 上部钢柱的吊装。

上部钢柱的安装与首段钢柱的安装不同点在于柱脚的连接固定方式。钢柱吊点设置在钢柱的上部,利用四个临时连接耳板作为吊点。吊装前,下节钢柱顶面和本节钢柱底面的渣土和浮锈要清除干净,保证上下节钢柱对接面接触顶紧。

下节钢柱的顶面标高和轴线偏差、钢柱扭曲值一定要控制在规范的要求以内,在上节钢柱吊装时要考虑进行反向偏移回归原位的处理,逐节进行纠偏,避免造成累积误差过大。

钢柱吊装到位后,钢柱的中心线应与下面一段钢柱的中心线吻合,并四面兼顾,活动双夹板平稳插入下节柱对应的安装耳板上,穿好连接螺栓,连接好临时连接夹板,并及时拉设缆风绳对钢柱进一步进行稳固。钢柱完成后,即可进行初校,以便钢柱及斜撑的安装。

3) 钢梁的安装

钢梁的数量一般是钢柱的几倍、起重吊钩每次上下的时间随着建筑物的升高越来越长所以选择安全快速的绑扎、提升、卸钩的方法直接影响吊装效率。钢梁吊装就位时必须用普通螺栓进行临时连接,并在塔式起重机的起重性能内对钢梁进行串吊。钢梁的连接形式有栓接和栓焊连接。钢梁安装时可先将腹板的连接板用临时螺栓进行临时固定,待调校完毕后,更换为高强度螺栓并按设计和规范要求进行高强度螺栓的初拧及终拧以及钢梁焊接。

① 钢梁安装顺序。

总体随钢柱的安装顺序进行,相邻钢柱安装完毕后,及时连接之间的钢梁使安装的构件及时形成稳定的框架,并且每天安装完的钢柱必须用钢梁连接起来,不能及时连接的应拉设缆风绳进行临时稳固。按先主梁后次梁、先下层后上层的安装顺序进行安装。

② 钢梁吊点的设置。

钢梁吊装时为保证吊装安全及提高吊装速度,根据以往超高层钢结构工程的施工经验,建议由制作厂制作钢梁时预留吊装孔,作为吊点。

钢梁若没有预留吊装孔,可以使用钢丝绳直接绑扎在钢梁上。吊索角度不得小于45°。为确保安全,防止钢梁锐边割断钢丝绳,要对钢丝绳在翼板的绑扎处进行防护。

③ 钢梁吊装方法。

为了加快施工进度,提高工效,对于质量较轻的钢梁可采用一机多吊(串吊)的方法,如图 6-49 所示。

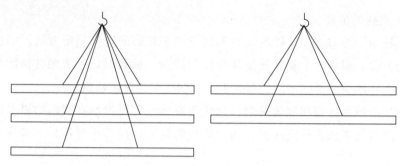

图 6-49　钢梁串吊示意图

④ 钢梁的就位与临时固定。

钢梁吊装前，应清理钢梁表面污物；对产生浮锈的连接板和摩擦面在吊装前进行除锈。

待吊装的钢梁应装配好附带的连接板，并用工具包装好螺栓。

钢梁吊装就位时要注意钢梁的上下方向以及水平方向，确保安装正确。

钢梁安装就位时，及时夹好连接板，对孔洞有偏差的接头应用冲钉配合调整跨间距然后再用普通螺栓临时连接。普通安装螺栓数量按规范要求不得少于该节点螺栓总数的 30%，且不得少于 2 个。

为了保证结构稳定、便于校正和精确安装，对于多楼层的结构层，应首先固定顶层梁，再固定下层梁，最后固定中间梁。当一个框架内的钢柱钢梁安装完毕后，及时对此进行测量校正。

⑤ 斜撑安装。

斜撑的安装为嵌入式安装。即在两侧相连接的钢柱、钢梁安装完成后，再安装斜撑。为了确保斜撑的准确就位，斜撑吊装时应使用倒链进行配合，将斜撑调节至就位角度，确保快速就位连接，如图 6-50 所示。

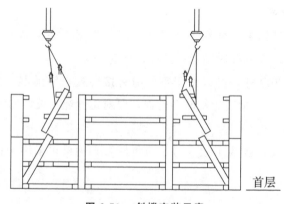

图 6-50　斜撑安装示意

（4）钢结构构件的校正

钢构件安装完成并形成稳定框架后，应及时进行校正，钢构件校正应先进行局部构件校正，再进行整体校正。主要使用倒链、楔铁、千斤顶进行调整，采用全站仪、经纬仪、水准仪进行数据观测。同时标高控制常采用相对标高进行控制，控制相对高度。

钢柱吊装就位后，应先调整钢柱柱顶标高，再调整钢柱轴线位移，最后调整钢柱垂直度；钢梁吊装前应检查校正柱牛腿处标高和柱间距离，吊装过程中监测钢柱垂直度变化情况，并及时校正。

1) 钢柱的校正

钢柱主要是对柱顶标高、轴线位置及垂直度进行检查校正，钢柱轴线位置及垂直度检查可参考单层厂房柱校正方法。

① 钢柱顶标高检查及误差调整。

每节钢柱的长度制造允许误差 Δh 和接头焊缝的收缩值 $\Delta \omega$，通过柱顶标高测量，可在上一节钢柱吊装的接头间隙中及时调整。但对于每节柱子长度受荷载后的压缩值 Δz，由于荷载的不断增加，下部已安装的各节柱的压缩值也不断增加，难以通过制作长度的预先加长来精确控制压缩值。因此，要根据设计提供每层钢柱在主体结构吊装封顶时的荷载压缩值，在吊装时，每节钢柱的柱顶标高控制都从 +1.00 cm 的标高基准线引测，使每次吊装的柱顶标高达到设计标高，利用接头间隙及时调整 $\Delta h + \Delta \omega + \Delta z$ 的综合误差。

具体方法：首先在柱顶架设水准仪，测量各柱顶标高。根据标高偏差进行调整。可切割上节柱的衬垫板(3 mm 内)或加高垫板(5 mm 内)，进行上节柱的标高偏差调整。若标高误差太大，超过了可调节的范围，则将误差分解至后几节柱中调节。

② 钢柱轴线调整。

上下柱连接保证柱中心线重合。如有偏差，采用反向纠偏回归原位的处理方法，在柱与柱的连接耳板的不同侧面加入垫板(垫板厚度为 0.5～1.0 mm)，拧紧螺栓。另一个方向的轴线偏差通过旋转、微移钢柱，同时进行调整。钢柱中心线偏差调整每次在 3 mm 以内，如偏差过大则分 2～3 次调整。上节钢柱的定位轴线不允许使用下一节钢柱的定位轴线，应从控制网轴线引至高空，保证每节钢柱的安装标准，避免过大的累积误差。

③ 钢柱垂直度调整。

在钢柱偏斜方向的一侧顶升千斤顶。在保证单节柱垂直度不超过规范要求的前提下，将柱顶偏移控制到零。最后拧紧临时连接耳板的高强度螺栓。临时连接板的螺栓孔可在吊装前进行预处理，比螺栓直径扩大约 4 mm。

2) 钢梁的校正

当一节钢框架吊装完毕，即需对已吊装的柱、梁进行误差检查和校正。钢梁的校正方法同单层厂房梁的校正方法。梁在校正前，先用普通螺栓临时固定，梁校正完毕，用高强螺栓进行最后固定。

6.5.4 钢结构涂装工程

钢结构在安装、使用过程中容易收到大气中的水分、氧和其他有害物质的作用而被锈蚀。钢结构的不断锈蚀，会影响钢结构的承载能力与耐久性，因而造成安全事故及经济损失。此外，钢结构由于导热快、比热小，极不耐火，虽然钢材不能燃烧，但燃烧温度达到 600 ℃时，钢结构的强度几乎为零，钢构件扭曲变形，导致整个结构垮塌。因此，根据钢结构所处的环境及工作性能采取相应的防腐与防火措施，目前国内外主要采用涂料涂装的方法进行钢结构的防腐与防火。

（1）钢结构防腐涂装工程

1）钢材表面除锈等级与除锈方法

钢结构构件制作完成后，质量验收合格后进行防腐涂装。涂装前钢材表面除锈等级应满足设计要求并符合国家现行标准的规定。处理后的钢材表面不应有焊渣、焊疤、灰尘、油污、水和毛刺等。根据《涂覆涂料前钢材表面处理　表面清洁度的目视评定第1部分：未涂覆过的钢材表面和全面清除原有涂层后的钢材表面的锈蚀等级和处理等级》（GB/T 8923.1）规定对表面进行处理，主要有喷射清理、手工和动力工具清理及火焰清理3种除锈处理方法。目前国内大中型钢结构加工企业一般喷、抛射除锈方法，手工和电动工具除锈作为喷射除锈的补充。

在《钢结构工程施工质量验收规范》（GB 50205—2020）中规定，钢结构表面除锈，当设计无要求时，钢材表面除锈等级应符合表 6-11 规定。

表 6-11　各种底漆或防锈漆要求最低的除锈等级

涂料品种	除锈等级
油性酚醛、醇酸等底漆或防锈漆	St3
高氯化聚乙烯，氯化橡胶、氯磺化聚乙烯，环氧树脂、聚氨酯等底漆或防锈漆	Sa2 $\frac{1}{2}$
无机富锌、有机硅、过氯乙烯等底漆	Sa2 $\frac{1}{2}$

2）钢结构防腐涂料

防腐涂料一般由不挥发组分和挥发组分（稀释剂）两部分组成。涂刷在物件表面后，挥发组分逐渐挥发逸出，留下不挥发组分干结成膜，所以不挥发组分的成膜物质叫作涂料的固体组分。成膜物质又分为主要、次要和辅助成膜物质三种。主要成膜物质可以单独成膜，也可以黏结颜料等物质共同成膜，它是涂科的基础，也常称基料、添料或漆基。

在钢结构防腐涂料施涂过程中，一般可分为底层涂料（底漆）和面层涂料（面漆）。

底层涂料含粉料多，基料少，成膜粗糙，主要起到与钢材表面黏结作用，同时还要与面层涂料有好的结合性；面层涂料在底层涂料上，含粉料少，基料多，成膜后有光泽，它的功能有保护底层涂料作用，同时也起到装饰作用，因此面层涂料对大气和湿气有不渗透性，并能抵抗有腐蚀的介质、阳光紫外线所引起的风化分解。

钢结构的防腐涂层，可以由几层成活，涂料的层数与厚度，主要根据使用环境等条件来进行确定，如设计没有要求，一般可按《钢结构工程施工质量验收规范》(GB 50205—2020)中规定，涂层干漆膜总厚度：室外不应小于 150 μm，室内不应小于 125 μm。

3）防腐涂料施工工艺

钢结构防腐涂料施涂的方法有刷涂法、手工滚涂法、浸涂法、空气喷涂法及无空气喷涂法。

刷涂法采用各种毛刷直接将涂料涂刷在钢结构构件上，可用于一般构件及建筑物、各种设备和管道等，适合刷油性漆、酚醛漆及醇酸漆等。优点是刷涂法投资少，施工方法简单，适于各种形状及大小面的涂装。缺点是装饰性较差，施工效率低。

手工滚涂法采用专用滚子将涂料滚涂在钢结构构件上，可用于一般大型平面的构件和管道等，适合刷油性漆、酚醛漆及醇酸柒等。优点是手工滚涂法投资少、施工方法简单，适用大面积的徐装。缺点同刷涂法。

浸涂法将钢结构构件全部浸没在盛有涂料的槽中，经过很短的时间，再从槽中取出，并将多余的涂液重新流回槽内，可用于小型零件、设备和机械部件，适合各种合成树脂涂料。优点是浸涂法设备投资较少，施工方法简单，涂科损失少，适用于构造复杂构件。缺点是流平性不太好，有流挂现象，溶剂易挥发。

空气喷涂法是以压缩空气将涂料雾化进行喷涂，可用于各种大型构件及设备和管道，适合于各种硝基漆、橡胶漆、聚氨酯漆等。优点是空气喷涂法设备投资较小，施工方法较复杂，施工效率较刷涂法高。缺点是消耗溶剂最大，污染现场，易引起火灾。

无空气喷涂法利用高压将涂料喷出，涂料在喷嘴出口处被强制雾化，喷到被涂物表面形成漆膜，可用于各种大型钢结构、桥梁、管道、车辆和船舶等，适合于各种厚浆型涂料和高不挥发型涂料。优点是无空气喷涂法设备投资较多，施工方法较复杂、效率比空气喷涂法高，能获得厚涂层。缺点是要损失部分涂料，装饰性较差。

钢结构构件加工厂一般采用浸涂法、空气喷涂法及无空气喷涂法，在施工现场可采用刷涂法及手工滚涂法比较方便。

（2）钢结构防火涂装工程

钢结构防火涂料是施涂于建筑物或构筑物的钢结构表面，能形成耐火隔热保护层以提高钢结构耐火极限的涂料。防火涂料的分类方法很多，但应用最为广泛的是按厚度分类及按应用场合分类这两种方法。

1) 防火涂料施工工艺

钢结构在喷涂前，应做好下面几项工作：首先钢结构表面应除锈，并根据使用要求确定防锈处理。除锈和防火处理应符合《钢结构工程施工质量验收规范》（GB 50205）中有关规定。对大多数钢结构而言，需要涂防锈底漆。防锈底漆与防火涂料不应发生化学反应。有的防火涂料具有一定的防锈作用，如试验证明可以不涂防锈漆时，也可不作防锈处理；其次钢结构表面的尘土、油污、杂物等应清理干净。钢构件连接处4～12 mm宽的缝隙应采用防火涂料或其他防火材料，如硅酸铝纤维棉、防火堵料等填补堵平。当构件表面已涂防锈面漆。涂层硬而发光。会明显影响防火涂料黏结力时，应采用砂纸适当打磨再喷。

施工钢结构防火涂料应在室内装饰之前和不被后期工程所损坏的条件下进行。施工时，对不需作防火保护的墙面、门窗、机器设备和其他构件应采用塑料布遮挡保护。刚施工的涂层、应防止雨淋、脏液污染和机械撞击。在钢结构防火涂料施工过程中和涂层干燥固化前，环境温度宜保持在5～38 ℃，相对湿度不宜大于90%，空气应流动。当风速大于5 m/s、雨后或构件表面结晶时，不宜作业。化学固化干燥的涂料，施工温度、湿度范围可放宽。

2) 超薄型防火涂料施工工艺

① 施工方法与机具：

a. 喷涂底层（包括主涂层，以下相同）涂料，宜采用重力（或喷斗）式喷枪，采用能够自动调压（0.6～0.9 m³/min）的空压机，喷嘴直径为4～6 mm，空气压力为0.4～0.6 MPa。

b. 面层装饰涂料，可以刷涂、喷涂或滚涂，一般采用喷涂施工。喷底层涂料的喷枪，将喷嘴直径换为1～2 mm，空气压力调为0.4 MPa左右，即可用于喷面层装饰涂料。

c. 局部修补或小面积施工，或者机器设备已安装好的厂房，不具备喷涂条件时，可用抹灰刀等工具进行手工抹涂。

② 涂料的搅拌与调配：

a. 运送到施工现场的钢结构防火涂料，应采用便携式电动搅拌器予以适当搅拌，使其均匀一致，方可用于喷涂。

b. 双组分包装的涂料，应按说明书规定的配合比进行现场调配，边配边用。

c. 搅拌和调配好的涂料，应稠度适宜，喷涂后不发生流淌和下坠现象。

③ 底层施工操作与质量：

a. 底涂层一般应喷2～3遍，每遍间隔4～24 h，待前遍基本干燥后再喷后一遍。头遍喷涂以盖住基底面70%即可，二、三遍喷涂以每遍厚度不超过2.5 mm为宜。每喷1 mm厚的涂层，约耗湿涂料1.2～1.5 kg/m²。

b. 喷涂时手握喷枪要稳，喷嘴与钢基材面垂直或成70°角，喷嘴到喷面距离为40～60 mm。要求回旋转喷涂，注意搭接处颜色一致，厚薄均匀，要防止漏喷、流淌。确保涂层完全闭合，轮廓清晰。

c. 喷涂过程中，操作人员要携带测厚计随时检测涂层厚度，确保各部位涂层达到设计规定的厚度要求。

d. 喷涂形成的涂层是粒状表面，当设计要求涂层表面要平整光滑时，待喷完最后一遍应采用抹灰刀或其他适用的工具作抹平处理，使外表面均匀平整。

④ 面层施工操作与质量：

a. 当底层厚度符合设计规定，并基本干燥后，方可进行面层喷涂料施工。

b. 面层喷涂料一般涂饰 1～2 遍。如头遍是从左至右喷，第二遍则应从右至左喷以确保全部覆盖住底涂层。面涂用料为 0.5～1.0 kg/m²。

c. 对于露天钢结构的防火保护，喷好防火的底涂层后，也可选用适合建筑外墙用的面层涂料作为防水装饰层，用量为 1.0 kg/m² 即可。

d. 面层施工应确保各部分颜色均匀一致，接槎平整。

3）厚型防火涂料施工工艺

① 施工方法与机具：

厚型防火涂料一般采用喷涂施工，机具可为压送式喷涂机或挤压泵，配能自动调的（0.6～0.9 m³/min）空压机，喷枪口径为 6～12 mm，空气压力为 0.4～0.6 MPa。局部修补可采用抹灰刀等工具手工抹涂。

② 涂料的搅拌与配置：

a. 由工厂制造好的单组分湿涂料，现场应采用便携式搅拌器搅拌均匀。

b. 由工厂提供的干粉料，现场加水或其他稀释剂调配，应按涂料说明书规定配合比混合搅拌，边配边用。

c. 由工厂提供的双组分涂料，按配制涂料说明书规定的配合比混合搅拌，边配边用，特别是化学固化干燥的涂料，配制的涂料必须在规定的时间内用完。

d. 搅拌和调配涂料，使稠度适宜，即能在输送管道中畅通流动，喷涂后不会流淌和下坠。

③ 施工操作：

a. 喷涂应分若干次完成，第一次喷涂以基本盖住钢基材面即可，以后每次喷涂厚度为 5～10 mm，一般以 7 mm 左右为宜。必须在前一次涂层基本干燥或固化后再接着喷，通常情况下，每天喷一遍即可。

b. 喷涂保护方式，喷涂次数与涂层厚度应根据防火设计要求确定。耐火极限 1～3 h，涂层厚度 10～40 mm，一般需喷 2～5 次。

c. 喷涂时，持枪者应紧握喷枪，注意移动速度，不能在同一位置久留，造成涂料堆积流淌；输送涂料的管道长而笨重，应配一助手帮助移动和托起管道；配料及往挤压泵加料均要连续进行，不得停顿。

d. 施工过程中，操作者应采用测厚针检测涂层厚度，直到符合设计规定的厚度，方可停止喷涂。

e. 喷涂后的涂层要适当维修，对明显的突起，应采用抹灰刀等工具剔除，以确保涂层表面均匀。

6.5.5 钢结构工程质量保证措施与安全要求

6.5.5.1 钢结构工程质量保证措施

6.5.5.2 钢结构工程安全要求

钢结构工程
质量保证措
施与安全要求

课后习题

1. 什么是建筑工业化施工？建筑工业化施工的特征是什么？

2. 建筑工业化施工中常用的索具设备有哪些？常用的钢丝绳有哪几种规格，如何计算其允许拉力？

3. 装配式混凝土结构构件的制作方法有哪些？构件制作完成后，运输堆放应注意什么？

4. 多层装配式框架结构吊装方案有哪几种？

5. 试述多层装配式框架柱的吊装、校正和接头方法。

6. 单层工业厂房吊装中，试述柱的吊升工艺及方法，吊点选择应考虑什么原则？

7. 试比较旋转法和滑行法的优缺点及适用范围，对柱的布置各有何要求？

8. 试述柱按三点共弧（或两点共弧）进行斜向布置的方法。

9. 当柱采用双机抬吊时，应注意什么问题？试述双机抬吊的方法。

10. 如何对柱进行临时固定、最后固定和校正？

11. 对屋架预制布置有何要求，其布置方式有哪几种？试比较其优缺点。

12. 屋架正向扶直和反向扶直有何区别？

13. 屋架就位方法有几种？斜向就位的位置如何确定？对成组就位有何要求？

14. 屋架的吊点如何选择？对屋架绑扎有何要求？在哪种情况下应采用横吊梁？

15. 试述屋架吊升、校正和固定方法？

16. 对屋面板就位、吊装顺序和固定有何要求？

17. 试比较分件吊装和综合吊装的优缺点。

18. 起重机开行路线与构件预制平面布置和就位平面布置有何关系？

19. 钢构件工厂制作的流程如何？放样和号料有何要求？

20. 钢构件钢板间的焊接接头形式有哪几种？常用的焊接方法有哪些？对焊缝应如何进行焊接质量检查？

21. 端部高强螺栓连接摩擦面如何处理？怎样保证有足够的摩擦系数？

22. 钢结构表面除锈方法有哪些？涂装高性能涂料时应采用何种方法除锈？

23. 钢框架的吊装方法有哪几种？钢柱脚的支承面如何处理？

24. 钢构件如何安装校正？如何进行连接和固定？

25. 综合题

（1）已知某车间跨度为 21 m，柱距 6 m，吊柱时起重机分别沿两纵轴线的跨内和跨外一侧开行。当起重半径为 7 m，开行路线距柱纵轴线为 5.5 m 时，试对柱作"三点共弧"的布置，并绘出停机点的位置。

（2）某单层工业厂房跨度为 18 m，柱距 6 m，吊装屋架时起重半径为 9 m，起重机尾部的回转半径 $A=3.3$ m，试绘出屋架斜向就位图，并列出作图步骤。

第7章
道路与桥梁工程

本章提要

本章内容包括路堤填筑、路堑开挖和路基压实的施工方法；路面基层的施工。水泥混凝土路面的施工方法、质量控制与检查验收。沥青路面的施工方法、质量控制和检查验收。桥梁墩台施工中主要介绍了墩台模板、石砌墩台、混凝土墩台和装配式墩台施工工艺及施工要点。桥梁施工中主要介绍了桥梁施工方法和桥面系及附属工程施工要点。

【教学目标】

（1）知识目标

① 掌握路堤填筑、路堑开挖和路基压实的施工方法；

② 掌握路面基层的施工和质量控制、检查验收标准；

③ 掌握水泥混凝土路面和沥青路面的施工方法、质量控制与检查验收；

④ 了解混凝土墩台的主要施工过程，了解墩台模板的类型，掌握混凝土浇筑的要点；

⑤ 了解桥梁工程常见施工方法，了解桥面系及附属工程施工要点。

（2）能力目标

① 能应用所学理论知识正确表达、描述和分析道路与桥梁工程相关问题；

② 掌握土木工程专业知识，具有就土木工程复杂问题进行分析性研究的基础能力，在解决土木工程复杂工程问题时具有综合分析能力。

（3）素质目标

① 熟悉与土木工程相关的职业和行业的标准、政策和法律法规，能够对土木工程项目的设计、施工和运行的方案对社会、健康、安全、法律以及文化的影响做出评价。

② 理解在工程项目全过程中，土木工程师在公众健康、公共安全、社会和文化，以及法律等方面应承担的责任。

（4）情感价值提升

① 培养文明诚信、团结协作的职业素养；

② 培养严谨务实的工作作风。

【思维导图】

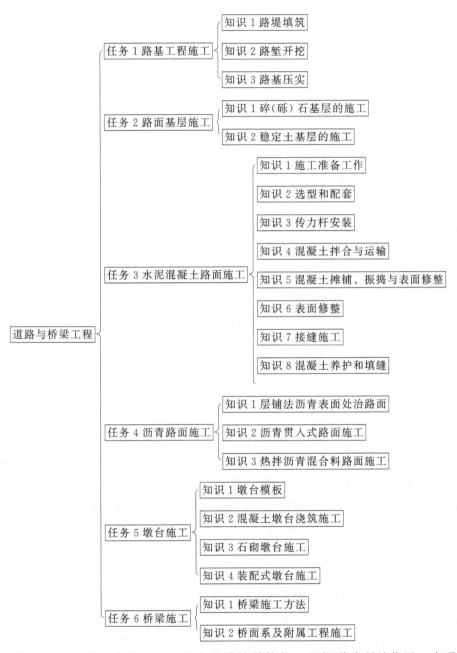

道路主要是为各种车辆和行人服务的线性结构物。根据道路所处位置、交通性质和使用特点，将道路分为公路、城市道路、厂矿道路和林业道路等。

桥梁，一般指架设在江河湖海上，使车辆行人等能顺利通行的构筑物。为适应现代高速发展的交通行业，桥梁亦引申为跨越山涧、不良地质或满足其他交通需要而架设的使通行更加便捷的建筑物。桥梁一般由上部构造、下部结构、支座和附属构造物组成，上部结构又称桥跨结构，是跨越障碍的主要结构；下部结构包括桥台、桥墩和基础；支座为桥跨结构与桥墩或桥台的支承处所设置的传力装置；附属构造物则指桥头搭板、锥形护坡、护岸、导流工程等。

7.1 路基工程施工

路基是按照路线位置和一定技术要求修筑的带状构造物，是路面的基础，承受由路面传来的行车荷载。路基的几何尺寸是由宽度、高度和边坡坡度组成，根据路基设计标高和原地貌的关系，路基可分为路堤、路堑和填挖结合路基。填方路基称为路堤；低于原地面的挖方路基称为路堑。

路基施工是以设计文件和施工规范为依据，以工程质量为中心，有组织有计划地将设计图纸转化为工程实体的建筑活动。路基施工的基本方法按技术特点大致分为人工及简单机械化施工、综合机械化施工、爆破施工等。

7.1.1 路堤填筑

路堤填筑的主要工序包括填料选择、基底处理、填筑方案选择、填料碾压等。

（1）填料选择

路基作为承重结构，要满足一定的强度和变形能力，路基填料应尽量选择强度高及稳定性好的土、石作为填筑材料。

① 一般来说，石块、碎石土、卵石土、砂石土强度都较高，稳定性强，透水性也较好，是良好的路基填料。砂土无塑性、透水性强，毛细水上升高度很小，内摩擦系数较大，强度和稳定性较好；但其黏性小，易松散，压实困难，作为路基填料时可加入一些黏性较大的土，改善砂土路基的质量。

② 砂性土既具有少量的粗颗粒，使路基具有足够的强度和水稳性，又含有一定数量的细粒土，使其具有一定的黏聚力，不致过分松散，一般遇水干得快，不膨胀，干时有足够的黏结性，扬尘少，容易被压实而形成平整密实的路基，是良好的路基填料。

③ 黏性土细颗粒比重大，透水性很差，黏聚力大，具有较大的可塑性、黏结性和膨胀性，毛细现象很显著。干燥时较坚硬，不易被水浸润，湿时难以晾晒，且强度很低。季节性冰冻地区，易产生冻胀和翻浆。这类土要作为路基填料，必须经过改良，或充分压实并采取很好的排水措施。

④ 粉性土含有较多粉土颗粒，干时稍有黏性，但易被压碎，扬尘大；浸水时，很快被湿透成稀泥。毛细作用强烈，季节性冰冻地区，易引起冻胀翻浆，是最差的路基

填料。

⑤ 泥炭、淤泥、冻土、强膨胀土、有机质土及易溶盐含量超过允许的土等，不得直接用于路基填筑。

填料一般应就近选择，以节约运费，并尽量采用附近路堑和附属工程弃方作为填料。对于一些工业废渣，如碱渣、钢渣、粉煤灰等，也应尽量采用。

（2）基底处理

路基基底是路基与原地面的接触部分。为了防止填筑的路基沿接触面滑动，填筑路基前，须对基底面进行清理。

① 对于密实稳定的土质地基，当地面横坡缓于 1：5 时，在清除地表草皮、腐殖土后，可直接在天然地面上填筑路堤。当横坡为 1：5 ～ 1：2.5 时，清理原地面后，还应沿等高线方向挖成台阶以防止路堤沿原地面滑动，当地面横坡陡于 1：2.5 时需进行特殊设计处理。

② 当地下水影响路堤稳定时，应采取拦截引排地下水或在路堤底部填筑渗水性好的材料等措施。

③ 应将地基表层碾压密实。在一般土质地段，高速公路、一级公路和二级公路基底的压实度（重型）不应小于 90％；三、四级公路不应小于 85％。当路基填土高度小于路面和路床总厚度时，应将地基表层土进行超挖并分层回填压实，其处理深度不应小于重型汽车荷载作用的工作区深度。

④ 路堤基底为耕地或松土时，应先清除有机土、种植土，平整后按规定要求压实。在深耕地段，必要时，应将松土翻挖，土块打碎，然后回填、整平、压实。

⑤ 当路线经过水田、洼地、池塘时，根据实际情况采取排水疏干、清除淤泥、打砂桩、抛填片石或砂砾石等措施后，方能进行填筑。

（3）填筑方法

路堤的填筑方法主要有分层填筑法、竖向填筑法、混合填筑法。

1）分层填筑法

填筑路堤时，一般采用水平分层填筑法施工，即按照设计的路堤横断面，将填料沿水平方向自下而上逐层填筑压实。该方法易于使土体达到规定的压实度，形成必需的强度和稳定性，施工时应注意以下几点：

① 不同性质的土应分别填筑，不得混填。每种填料层累计总厚度不宜小于 0.5 m。

② 为便于路堤内水分的蒸发和排除，路堤不宜被透水性差的土层封闭。

③ 以透水性较小的土填筑于路堤下层时，应做成 4％ 的双向横坡，以利于排水；如用于填筑上层，除干旱地区外，不应覆盖在由透水性较好的土所填筑的路堤边坡上。

④ 不同性质的土宜间隔填筑，这样可使压实后土体的平均强度提高，整体更趋均匀、密实。

⑤ 不同填料分段填筑时，相邻两段的接头应处理成斜面或筑成台阶（见图 7-1）。此时宜将透水性差的土填在透水性好的土下面，以利于不同土质的压实和紧密衔接；而对于一般填土与水硬性填料的接头，应将水硬性填料填在一般土的下面，以防其硬化后形成的半刚性板因土质的变形引起接头的脱空和开裂。

2）竖向填筑法

当路线跨越深谷、陡坡地形时，由于地面高差大，作业面小，难以采用水平分层填筑法，多采用竖向填筑法。竖向填筑法一般从路堤的一侧，在一个高度上将集料倒至路堤基底，并逐渐沿纵横向向前填筑，如图 7-2 所示。

3）混合填筑法

混合填筑法是在路堤下部采用竖向填筑，而上部采用水平分层填筑的方法，如图 7-3 所示。在不利地形条件下采用这种方法填筑路堤，可保证路堤上部的填土质量。

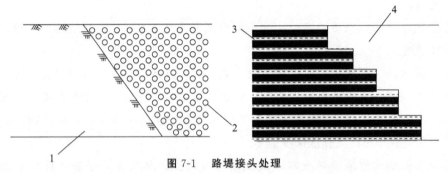

图 7-1　路堤接头处理

1— 弱透水性土（细颗粒土）；2— 透水性土（粗颗粒土）；3— 半刚性土；4— 一般填土

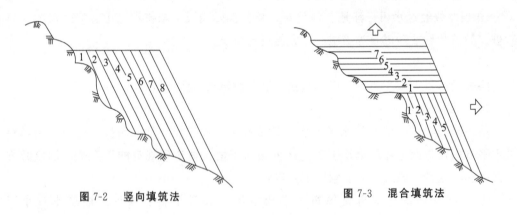

图 7-2　竖向填筑法　　　　　图 7-3　混合填筑法

7.1.2 路堑开挖

（1）土质路堑开挖

1）横向挖掘法。

横向挖掘法是从路堑的端部按设计横断面进行全断面挖掘推进的施工方法。当路堑较深时，为了增加工作面和保证施工安全，可以将路堑分级开挖，错台推进，如图

7-4 所示。每级台阶的深度视施工安全与方便而定，机械挖土时为 3 ～ 4 m。每个台阶作业面上可纵向拉开，有独立的运土通道和排水设施，以免相互干扰。

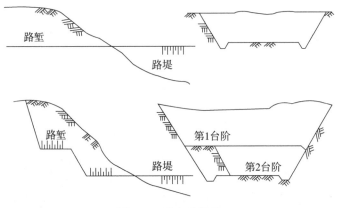

图 7-4　横向挖掘法

2）纵向挖掘法

纵向挖掘法是沿路线走向，以深度不大的纵向开挖，逐次向前推进的施工方法。纵向挖掘法包括分层纵挖法、通道纵挖法和分段纵挖法。

分层纵挖法是按路堑全宽，沿路堑纵向分层挖掘，以形成路堑，如图 7-5(a) 所示。通道纵挖法是先沿路堑纵向开挖出一条有一定宽度和深度的通道，即面向通道两侧拓宽，直至开挖到路堑边坡后再挖下层通道，如图 7-5(b) 所示。这种方法适用于较长、较深且两端地面纵坡较小的路堑。分段纵挖法是沿路堑纵向选择一个或几个工作面，从较薄一侧开始向路堑横向开挖，使路堑分成两段或数段，再分别由各段沿路堑纵向分头开挖的方法，如图 7-5(c) 所示。它适用于较长路堑的开挖，可缩短弃土运距，而且由于多个工作面同时施工，还可缩短工期。

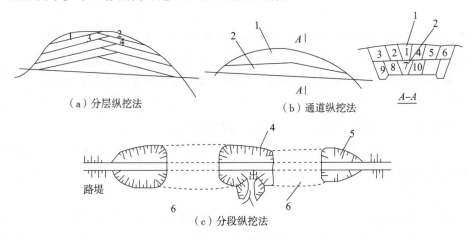

图 7-5　纵向挖掘法

1— 第一层通道；2— 第二层通道；3— 第一段；4— 第二段；5— 第三段；6— 未挖部分

3）混合挖掘法

当路线纵向长度和挖深都很大时，宜采用混合挖掘法，即将横挖法与通道纵挖法联合使用，如图7-6所示。为了扩大工作面，先沿路堑纵向开挖出通道，然后开挖出若干横向通道，再沿通道纵横向同时掘进。先开挖的纵向通道即作为运输及机械流水的作业通道。各个施工面可以相互独立，也可以联合流水施工。

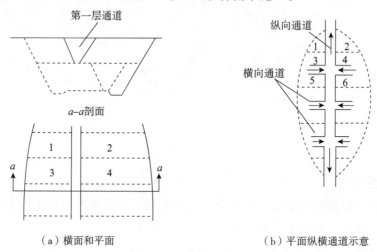

（a）横面和平面　　　　　　　（b）平面纵横通道示意

图 7-6　混合挖掘法

注：图中箭头表示运土与排水方向，数字表示工作面号数。

（2）石质路堑开挖

石质路堑是通过山区和丘陵地区的一种常见的路基形式。山区和丘陵地区路基石方工程量大，而且集中。爆破是石方路基施工最有效的方法。

开挖岩石路基所采用的爆破方法，应根据石方的集中程度、地形、地质条件及路线横断面形状等具体情况而定。常用的爆破方法有裸露爆破法、浅孔爆破法、药壶炮爆破法、微差爆破、光面爆破和预裂爆破等。爆破法开挖时，应注意如下问题：

①须用爆破法开挖的地段，须查明空中缆线及地下管线具体位置以确保安全。

②进行爆破作业时必须由经过专业培训并取得爆破证书的专业人员施爆。

③开挖边坡外有必须保证安全的重要建筑物，即使采用减弱松动爆破也无法保证建筑物安全时，可采用人工开凿、化学爆破或控制爆破。

④排水。要注意开挖区的施工排水，在纵向和横向应形成坡面开挖面，以确保爆破出的石料不受积水浸泡。

⑤边坡清刷。

a．石质挖方边坡应顺直、圆滑、大面平整。边坡上不得有松石、危石。

b．挖方边坡应从开挖面往下分级清刷。对于软质岩石边坡可用人工或机械清刷，对于坚石和次坚石，可使用炮眼法、裸露药包法爆破清刷边坡，同时清除危石、松石。清刷后的石质路堑边坡不应陡于设计规定。

c. 石质路堑边坡如因过量超挖而影响上部边坡岩体稳定，应用浆砌片石补砌超挖的坑槽。

d. 路床整修。石质路堑路床底高程应符合设计要求，开挖后的路床基岩标高与设计标高之差应符合规范要求。过高，应凿平；过低，应用开挖的石屑或灰土碎石填平并碾压密实。

7.1.3 路基压实

路基压实是保证路基质量的关键工序，有效的压实填土可将土颗粒之间的大部分空气、水分排出，使土体颗粒重新组合，形成密实结构，从而提高土体的强度和稳定性，有效降低土的渗透性。除采用透水性良好的砂石材料外，其他填料均需控制其含水量在最佳含水量的±2%内，方可进行压实。

路基要求的压实度应根据填挖类型和公路等级及路堤填筑高度按规范而定（见表7-1）。通常，根据规范的规定，用标准击实试验得出最大干密度和相应最佳含水量。压实度的计算为：

$$K = \frac{\rho_d}{\rho_0} \times 100\%$$

式中，K——压实度（%）；

ρ_d——现场压实土体的干密度（g/cm³）；

ρ_0——室内标准击实试验获得的最大干密度（g/cm³）。

表 7-1 路基压实度标准

填挖类型		路面底面以下深度 /m	压实度 /%		
			高速公路、一级公路	二级公路	三、四级公路
路堤	上路床	0~0.3	≥96	≥95	≥94
	下路床	0.3~0.5	≥96	≥95	≥94
	上路堤	0.8~1.5	≥94	≥94	≥93
	下路堤	>1.5	≥93	≥92	≥90
零填及路堑		0~0.3	≥96	≥95	≥94
		0.3~0.8	≥96	≥95	—

注：1. 表列压实度按《公路土工试验规程》(JTG E40—2007)中重型击实试验法求得的最大干密度的压实度取值。

2. 当三、四级公路铺筑沥青混凝土和水泥混凝土路面时，应采用二级公路的规定值。

3. 路堤采用特殊填料或处于特殊气候区时，压实度可根据试验路的状况在保证路基强度要求的前提下适当降低。

对于各种压实机具碾压不同土类的适宜厚度，所需压实遍数及填土的最优含水量等，均应根据要求的压实度，通过试验加以确定。高等级公路路基填土压实宜采用振动压路机或 35～50 t 轮胎压路机进行。采用振动压路机碾压时，第一遍静压，第二遍开始用振动压路机压实。

压实过程中应严格控制填土的含水量。含水量过大时，应将土翻晒至要求的含水量再碾压；含水量过小时，需均匀洒水后再进行碾压。如天然土的含水量接近最佳含水量，填土后应及时压实。

填石路堤在压实前，应先用大型推土机推铺并结合人工整平。填石路堤所要求的密实度、所需的碾压遍数（或夯压遍数）应经试验确定。

土石混填路堤的压实要根据混合料中巨粒土含量的多少来确定。当巨粒土含量较少时，应按填土路堤的压实方法进行压实；当巨粒土含量较大时，应按填石路堤的压实方法进行压实。不论何种路堤，碾压都必须确保均匀密实。

7.2 路面基层(底基层) 施工

路面基层是指直接位于路面面层下用高质量材料铺筑的主要承重层，基层可以是一层或两层，一种或两种材料。底基层是在路面基层下，可以是一层或两层以上：一种或两种材料。路面基层（底基层）可分为无机结合料稳定类和粒料类。无机结合料（水泥、石灰）稳定类基层（底基层），在前期具有柔性路面的力学特性，当环境适宜时，其强度和刚度会随着时间的推移而不断增大，但其最终抗弯拉强度和弹性模量，还是较刚性基层低得多，因此把这类基层称为半刚性基层。

7.2.1 碎(砾) 石基层的施工

(1) 级配碎(砾) 石基层施工

级配碎(砾) 石基层是将粒径不同的石料和砂(或石屑)组成良好级配的混合料，经碾压形成密实的基层结构。

用于二级和二级以上公路基层和底基层的级配碎石应用预先分成的几组不同粒径碎石和 4.75 mm 以下的石屑组配而成。其他等级公路，可用未筛分的碎石和石屑组配而成。缺乏石屑时，可添加细砂砾或粗砂。级配碎石可用于各级公路的基层和底基层。级配砾石可适用于轻交通的二级和二级以下公路的基层以及各级公路的底基层。

级配碎(砾) 石基层施工方法有路拌法和厂拌法两种。

1) 路拌法

级配碎(砾) 石基层路拌法施工的工艺流程(见图 7-7) 为：准备下承层、施工放样、运输和摊铺主要集料、洒水湿润、运输和摊铺石屑、拌和并补充洒水、整形、碾压。其施工要点如下：

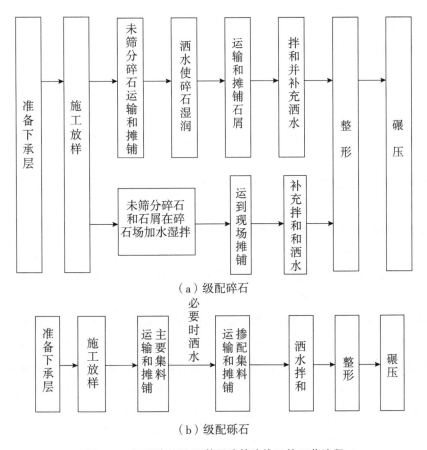

图 7-7　级配碎(砾)石基层路拌法施工的工艺流程

① 准备下承层。在底基层摊铺前，应采用压路机对下承层进行碾压检验。发现软卧层应及时换填；对表面松散的部分，应针对现场情况采用洒水翻拌或换填的方式来处理。保证下承层有足够的密实度及强度，否则会因下承层强度不足，使底基层极易产生裂缝，影响面层使用寿命。

② 施工放样。在下承层上恢复中线，直线段每 15～20 m 设一桩，曲线段每 10～15 m 设一桩。在两侧路肩边缘外 0.3～0.5 m 设指示桩，进行水平测量，并在指示桩上用明显标记标出基层和底基的设计高程。

③ 备料。确定未筛分碎石和石屑的掺配比例或不同粒径碎石和石屑的掺配比例，并根据各路段基层的宽度、厚度和规定的压实干密度，计算各段所需要的未筛分碎石和石屑的数量或不同粒径碎石和石屑的数量，同时计算出每车料的堆放距离。

料场中未筛分碎石的含水量应较最佳含水量大 1％ 左右。当未筛分碎石和石屑在料场按设计比例混合时，也应使混合料的含水量比最佳含水量大 1％ 左右，以减少集料在运输过程中的离析现象。

④ 运输和摊铺集料。集料装车时，应使每车料的数量基本相等。在同一供料路段

内，宜由远到近卸置集料。卸料距离应严格掌握，避免料不够或过多。未筛分碎石和石屑分别运送时，先送碎石。

摊铺前应事先通过试验确定集料的松铺系数。人工摊铺混合料时，松铺系数为1.40～1.50；平地机摊铺混合料时，松铺系数为1.23～1.35。

⑤拌和及整形。二级及二级以上公路，应采用稳定土拌和机来拌和级配碎石。二级以下公路，在无此种拌和机的情况下，可采用平地机或多铧犁与缺口圆盘耙相配合进行拌和。

用稳定土拌和机拌和时，应拌和两遍以上。拌和深度应直到级配碎石层底。进行最后一遍拌和之前，必要时先用多铧犁紧贴底面翻拌一遍。

采用平地机拌和时，一般需拌和5～6遍，使石屑均匀分布于碎石料中。作业长度每段宜为300～500 m。

采用多铧犁与缺口圆盘耙相配合进行拌和时，用多铧犁在前面翻拌，圆盘耙紧跟在后面拌和，采用边翻边耙的方法，共翻拌4～6遍。

⑥碾压。整形后，当混合料的含水量等于或略大于最佳含水量时，立即用12 t以上的三轮压路机、振动压路机或轮胎压路机进行碾压。直线和不设超高的平曲线段，由两侧路肩开始向路中心碾压；设超高的平曲线段，由内侧路肩向外侧路肩进行碾压。碾压时，后轮应重叠1/2轮宽；后轮必须超过两段的接缝处。后轮压完路面全宽时，为一遍。碾压一直进行到要求的密实度为止，一般需碾压6～8遍，应使表面无明显轮迹。路面的两侧应多压2～3遍。严禁压路机在已完成的或正在碾压的路段上调头或急刹车。

⑦横缝的处理。两作业段的衔接处，应搭接拌和。第一段拌和后，留5～8 m不进行碾压，第二段施工时，前段留下未压部分与第二段一起拌和整平后进行碾压。

⑧纵缝的处理。应避免纵向接缝，在必须分两幅铺筑时，纵缝应搭接拌和。前一幅全宽碾压密实，在后一幅拌和时，应将相邻的前幅边部约30 cm搭接拌和，整平后一起碾压密实。

2）厂拌法

级配碎石混合料可以在中心站采用多种机械进行集中拌和，如强制式拌和机、卧式双转轴浆叶式拌和机、普通水泥混凝土拌和机等，然后运输至现场进行摊铺、整形和碾压。

集中厂拌法施工时应注意，混合料的掺配比例一定要正确。在正式拌制级配碎石混合料前，必须先调试所需的厂拌设备。混合料的颗粒组成和含水量都应达到规定的要求。在采用未筛分碎石和石屑时，如未筛分碎石和石屑的颗粒组成发生明显变化，应重新调整掺配比例。

将级配碎石用于高速公路和一级公路时，应用沥青混凝土摊铺机或其他碎石摊铺机摊铺碎石混合料。用于二级和二级以下公路时，如没有摊铺机，也可用自动平地机

（或摊铺箱）摊铺。

（2）填隙碎石基层施工

用单一粒径的粗碎石作集料，形成嵌锁结构，用石屑填满碎石间的孔隙，以增加密实度和稳定性，这种结构称为填隙碎石。填隙碎石基层可用干法施工，也可用湿法施工。干法施工的填隙碎石特别适宜于干旱缺水地区。

填隙碎石基层施工的工艺流程（见图7-8）为：准备下承层、施工放样、运输和摊铺粗碎石、初压、撒布填隙料、振动压实、第二次撒布填隙料、振动压实、局部撒布填隙料及扫匀、振动压实填满孔隙，干法施工时洒水、终压，湿法时洒水饱和、碾压滚浆、干燥。

其施工要点如下所述。

1）备料

根据各路段基层或底基层的宽度、厚度及松铺系数（1.20～1.30），计算所需粗碎石的数量；根据运料车辆的车厢体积，计算每车料的堆放距离。填隙料的用量约为粗碎石质量的30%～40%。

填隙碎石一层的压实厚度通常为碎石最大粒径的1.5～2.0倍，碎石最大粒径与压实厚度比值较小（约0.5）时，松铺系数取1.3，比值较大时，松铺系数接近1.2。

2）撒布填隙料和碾压

① 干法施工。

粗碎石层松铺至规定厚度后，用8 t两轮压路机初压3～4遍，使粗碎石稳定就位。然后用石屑撒布机或类似的设备将干填隙料均匀撒铺在已压稳的粗碎石层上，松铺2.5～3.0 cm。必要时，用人工或机械扫匀。

用振动压路机慢速碾压，将全部填隙料振入粗碎石的孔隙中。再次撒布填隙料，松铺2.0～2.5 cm厚，用人工或机械扫匀，再次振动碾压。

粗碎石表面的孔隙全部填满后，用12～15 t三轮压路机最后再碾压1～2遍。碾压前，表面洒少量的水，洒水量宜为3 kg/m² 以上。

干法施工中仅少量洒水甚至不洒水，它依靠压实粗碎石间的嵌锁形成结构强度。这种方法比较适合于干旱缺水地区的施工。

② 湿法施工。

湿法施工时的初压、撒布填隙料、碾压、再次撒布填隙料、再次碾压施工过程与干法相同（见图7-8）。

在粗碎石表面的孔隙全部填满后，立即用洒水车洒水，直至饱和，应注意避免多余的水浸泡下承层。用12～15 t三轮压路机跟在洒水车的后面进行碾压。碾压过程中，将湿填隙料继续扫入所出现的孔隙中。需要时，再添加新的填隙料。洒水和碾压应一直进行到填隙料和水形成粉砂浆为止。碾压完成后的路段让水分蒸发一段时间。结构层变干后，应将表面多余的细料，以及细料覆盖层扫除干净。

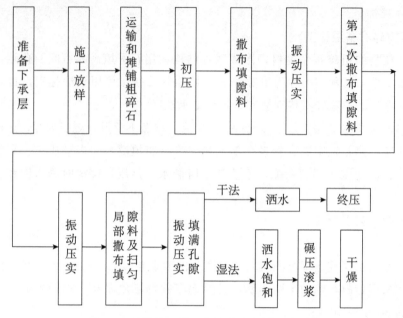

图 7-8 填隙碎石基层路拌法施工的工艺流程

7.2.2 稳定土基层的施工

（1）水泥稳定土基层施工

水泥稳定土是用水泥做结合料所得混合料的一个广义的名称，既包括用水泥稳定各种细粒土，也包括用水泥稳定各种中粒土和粗粒土。

在经过粉碎的或原来松散的土中，掺入足量的水泥和水，经拌和得到的混合料在压实和养生后，当其抗压强度符合规定的要求时，称为水泥稳定土。

水泥稳定土基层施工方法有路拌法和厂拌法两种。

1）路拌法

对于二级或二级以下的一般公路，水泥土可采用路拌法施工。其施工工艺流程如图 7-9 所示。其施工要点如下：

① 准备下承层。水泥稳定土的下承层表面应平整、坚实，具有规定的路拱、没有任何松散的材料和软弱地点。

② 施工放样。在底基层、老路面或土基上恢复中线，直线段每 15～20 m 设一桩，平曲线段每 10～15 m 设一桩，并在两侧路肩边缘外设指示桩。在两侧指示桩上用明显标记标出水泥稳定土层边缘的设计标高。

③ 备料。根据各路段水泥稳定土层的宽度、厚度及预定的干密度，计算各路段需要的干燥土的数量。根据料场土的含水量和所用运料车辆的吨位，计算每车料的堆放距离。根据稳定土基层的宽度、厚度、预定的干密度和混合料的配合比，根据水泥稳定土层的厚度和预定的干密度及水泥剂量，计算每一平方米水泥稳定土需要的水泥用

量，并确定水泥摆放的纵横间距。

④ 摊铺土。应事先通过试验确定土的松铺系数。稳定砂砾一般取 1.3 ～ 1.35，稳定细粒土取 1.53 ～ 1.58。

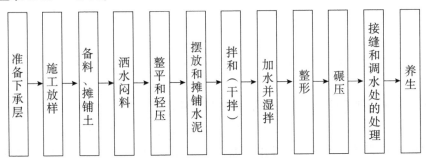

图 7-9 路拌法施工水泥稳定土的工艺流程

摊铺土应在摊铺水泥的前一天进行。摊铺长度按日进度的需要量控制，满足次日完成掺加水泥、拌和、碾压成型即可。雨季施工，如第二天有雨，不宜提前摊铺土，应根据松铺系数检验松铺厚度，其厚度应符合预计的要求。

⑤ 拌和。二级及二级以上公路，应采用专用稳定土拌和机进行拌和并设专人跟随拌和机，随时检查拌和深度并配合拌和机操作员调整拌和深度。拌和深度应达稳定层底并宜侵入下承层 5 ～ 10 mm，以利于上下层黏结。严禁在拌和层底部留有素土夹层。

对于三、四级公路，在没有专用拌和机械的情况下，可用农用旋转耕作机与多铧犁或平地机相配合进行拌和，但应注意拌和效果，拌和时间不能过长。

⑥ 整形。混合料拌和均匀后，应立即用平地机整平，并整出路拱。在直线段，平地机由两侧向路中心进行刮平；在曲线段，平地机应由内侧向外侧进行刮平，必要时，再返回刮平一次。

⑦ 碾压。整形后，当混合料的含水量为最佳含水量（＋1％ ～＋2％）时，应立即用轻型压路机并配合 12 t 以上压路机在结构层全宽内进行碾压。直线和不设超高的平曲线段，由两侧路肩向路中心碾压时，应重叠 1/2 轮宽，后轮必须超过两段的接缝处，后轮压完路面全宽时，即为一遍。一般需碾压 6 ～ 8 遍。压路机的碾压速度，头两遍以采用 1.5 ～ 1.7 km/h 为宜，以后宜采用 2.0 ～ 2.5 km/h。采用人工摊铺和整形的稳定土层，宜先用拖拉机或 6 ～ 8 t 两轮压路机或轮胎压路机碾压 1 ～ 2 遍，然后用重型压路机碾压。

⑧ 接缝的处理。水泥稳定土基层的接缝按施工时间的不同，有两种处理方式。

同日施工的两工作段的衔接处，应采用搭接。前一段拌和整形后，留 5 ～ 8 m 不进行碾压，后一段施工时，前段留下未压部分，应再加部分水泥重新拌和，并与后一段一起碾压。

在已碾压完成的水泥稳定土层末端，沿稳定土挖一条横贯铺筑层全宽的宽约 30 cm

的槽，直挖到下承层顶面。此槽应与路的中心线垂直，靠稳定土的一面应切成垂直面，并放两根与压实厚度等厚、长为压实全宽一半的方木紧贴其垂直面，再用原挖出的素土回填槽内其余部分。第二天，邻接作业段施工摊铺水泥及湿拌后，除去方木，用混合料回填。靠近方木未能拌和的一小段，应用人工补充拌和，整平压实，并刮平接缝处。

⑨养生。在每一施工段碾压完成并经压实检查合格后，应立即进行养生。对于高速公路和一级公路，基层的养生期不宜少于7 d。对于二级和二级以下的公路，如养生期少于7 d即铺筑沥青面层，则应限制重型车辆通行。

养生宜采用湿砂进行，砂层厚宜为7～10 cm。砂铺匀后，应立即洒水，并在整个养生期间保持砂的潮湿状态。不得用湿黏性土覆盖。养生结束后，必须将覆盖物清除干净。对于基层，也可采用沥青乳液进行养生。用沥青乳液养生时，沥青乳液的用量按$0.8～1.0$ k/m^2（指沥青用量）选用，宜分两次喷洒。第一次喷洒沥青含量约35％的慢裂沥青乳液，使其能稍透入基层表层。第二次喷洒浓度较大的沥青乳液。如不能避免施工车辆在养生层上通行，应在乳液分裂后撒布3～8 mm的小碎（砾）石，做成下封层。

2）厂拌法

水泥稳定土可以在中心站用厂拌设备进行集中拌和，对于高速公路和一级公路，应采用专用稳定土集中厂拌机械拌制混合料。当采用连接式的稳定土厂拌设备拌和时，应保证集料的最大粒径和级配符合要求。在正式拌制混合料之前，必须先调试所用的设备，使混合料的颗粒组成和含水量都达到规定的要求。原集料的颗粒组成发生变化时，应重新调试设备。

厂拌法施工的工艺流程为准备下承层、施工放样、拌和与运输、摊铺、整形、碾压、接缝处理、养生。其施工要求同路拌法。

（2）石灰稳定土基层施工

石灰稳定土适用于各级公路的底基层，以及二级和二级以下公路的基层，但石灰土不得用做二级公路的基层和二级以下公路高级路面的基层。石灰稳定土路拌法施工的工艺流程与水泥稳定土的施工基本相同（见图7-10）。

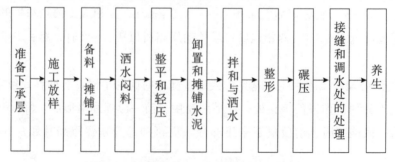

图7-10　路拌法施工石灰稳定土的工艺流程

石灰稳定土基层施工中的主要质量问题是缩裂，包括干缩和温缩。土的塑性指数愈大或石灰含量愈高，则出现的裂缝愈多愈宽。当其上铺筑的沥青面层较薄时，易形成反射裂缝，严重影响路面的使用性能。为了提高石灰土基层的抗裂性能，应从材料的配合比设计和施工两方面采取措施。这些措施归纳起来有以下几点：

① 因石灰土含水量过多而产生的干缩裂缝最为显著，因而压实时的含水量一定不能大于最佳含水量，通常以小于最佳含水量 1% ～ 2% 为好。

② 严格控制压实标准，压实度较小时产生的干缩裂缝要比压实度较大时严重。

③ 干缩的最不利情况是在石灰土成型初期，因此要重视初期养生，保证石灰土表面处于潮湿状态。

④ 石灰土施工结束后应及早铺筑面层，使石灰土基层含水量不发生大的变化，以减轻干缩裂缝。

⑤ 温缩的最不利情况是气温在 0 ～ 10℃ 时，因此施工应在当地气温进入 0℃ 之前一个月结束，以防不利季节产生严重温缩。

⑥ 在石灰土中掺加集料(如砂砾、碎石等)，且集料含量应使混合料满足最佳组成要求，一般为 70% 左右。这不但可提高基层的强度和稳定性，而且使基层的抗裂性有较大提高。

⑦ 在石灰土基层上铺筑厚度大于 15 cm 的碎石过渡层或设置沥青碎石连接层，可减轻或防止反射裂缝的出现。

(3) 石灰工业废渣稳定土基层施工

目前，已广泛采用石灰稳定工业废渣混合料来代替常用的路面基层。可利用的工业废渣包括粉煤灰、煤渣、高炉矿渣、钢渣(已崩解稳定)及其他冶金矿渣、煤矸石等。

石灰工业废渣稳定土可分为两大类：一类是石灰与粉煤灰类，另一类是石灰与其他废渣类，包括煤渣、高炉矿渣、钢渣(已崩解稳定)、其他冶金矿渣、煤矸石等。石灰工业废渣基层施工方法也可分为路拌法和厂拌法两种，其施工工艺与石灰稳定土基层的施工工艺基本相同。

7.3 水泥混凝土路面施工

水泥混凝土路面具有强度高、刚度大、稳定性好、耐久性好、抗滑性能好、日常养护费用少等优点。水泥混凝土路面包括素混凝土、钢筋混凝土、连续配筋混凝土、预应力混凝土、装配式混凝土、钢纤维混凝土和混凝土小块铺砌等面层板和基层所组成的路面，目前采用最广泛的是普通混凝土(亦称素混凝土)路面。这是一种除了在接缝处和局部范围均不配置钢筋的混凝土路面。其施工工艺过程一般为：施工准备工作，机械选型和配套，传力杆安装，混凝土拌和与运输，混凝土摊铺、振捣与表面修整，表面修整、接缝施工，混凝土养护和填缝。

7.3.1 施工准备工作

准备工作包括：选择拌和场地、材料准备及质量检验、混合料配合比检验与调整、基层的检验与整修等工作。

材料准备和质量检验依进度计划，在施工前分别备好工程所需的水泥、砂、石料、外加剂和钢筋等材料并做好以上材料的质量检验。

基层检验与整修包括基层质量检验和测量放样。基层质量检验：基层强度、压实度、平整度、宽度、纵向高程和横向坡度。测量放样：根据设计图纸放出路的中心线、路边线、伸缩缝等处、曲线起讫点和纵坡转折点等中心桩。

7.3.2 机械选型和配套

主导机械是担负主要施工任务的机械。由于决定水泥混凝土路面质量和使用性能的施工工序是混凝土的拌和和摊铺成型，因此，通常把混凝土摊铺成型机械作为第一主导机械，而把混凝土拌和机械作为第二主导机械，在选择机械时，应首先选定主导机械，然后根据主导机械的技术性能和生产率来选择配套机械。配套机械是指运输混凝土的车辆，选择的主要依据是混凝土的运量和运输距离，一般选择中、小型自卸汽车和混凝土搅拌运输车。

机械合理配套是指拌和机与摊铺机、运输车辆之间的配套情况。当摊铺机选定后，可根据机械的有关参数和施工中的具体情况计算出摊铺机的生产率。拌合机械与之配套是在保证摊铺机生产率充分发挥的前提下，使拌和机械的生产率得到正常发挥，并在施工过程中保持均衡、协调一致。

7.3.3 传力杆安装

当两侧模板安装好后，应在需要设置传力杆的胀缝或者缩缝位置上设置传力杆。设置传力杆的目的是保证混凝土路面板之间能有效地传递荷载，防止形成错台。

混凝土板连续浇筑时设置胀缝传力杆的做法一般是：在嵌缝板上预留圆孔以便使传力杆穿过；嵌缝板上面设置木制或铁制压缝板条，其旁再安放一块胀缝模板；按传力杆的位置和间距，在胀缝模板下部挖成倒 U 形槽，使传力杆由此通过；传力杆的两端固定在钢筋支架上，支架脚插入基层内(见图 7-11)。

对于混凝土板不连续浇筑，浇筑结束时设置的胀缝，宜采用顶头木模固定法安装传力杆，即在端模板外侧增设一块定位模板。板上同样按照传力杆间距及杆径钻成孔眼，将传力杆穿过端模板孔眼并直至外侧定位模板孔眼。两模板之间可用按传力杆一半长度的横木固定(见图 7-12)。继续浇筑邻板混凝土时，拆除端模板、横木及定位模板，设置胀缝板、压缝板条和传力杆套管。

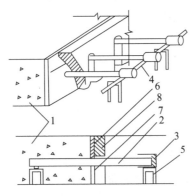

图 7-11 胀缝传力杆的架设

1— 先浇筑的混凝土；2— 传力杆；3— 金属套筒；4— 钢筋；5— 支架；6— 压缝板条；7— 嵌缝板；8— 胀缝模板

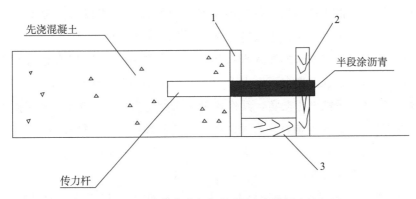

图 7-12 胀缝传力杆架设(顶头木模固定法)

1— 端模板；2— 外侧定位模板；3— 固定横木

7.3.4 混凝土拌和与运输

混凝土的拌和可采用两种方式：一种是在工地采用拌和机拌制；另一种是在中心工厂集中拌制，而后运送至摊铺现场。为了按规定的配合比拌制混凝土，必须对各组成材料进行准确的计量。拌和过程中，不得使用沥水、夹冰雪、表面沾染尘土和局部暴晒过热的砂石料。混凝土在运输过程中要防止污染和离析，应根据施工进度、运量、运距及路况，选配车型和车辆总数，总运力应比总拌和能力略有富余，以确保新拌混凝土在规定时间内运到摊铺现场。混凝土运输的最长时间应以初凝时间和留有足够的摊铺操作时间为限，若不能满足此要求，应使用缓凝剂。

7.3.5 混凝土摊铺、振捣与表面修整

混凝土摊铺前，应先检查基层的标高和压实度是否符合要求，并检查模板的位置和高度。摊铺时应考虑混凝土振捣后的沉降量，摊铺高度可高出设计厚度约10%，使

振实后的面层标高与设计标高相符。

（1）小型机具施工法

小型机具性能稳定可靠，操作简易，维修方便，机具配套应与工程规模、施工进度相适应。

混凝土拌和物摊铺前，应对模板的位置和支撑稳固情况，以及传力杆、拉杆的安设等进行全面检查，修复破损基层，并洒水润湿。施工时，混凝土拌和料由运输车辆直接卸在基层上，并用人工摊铺均匀。摊铺好的混凝土应迅速进行振捣。振捣时应先用插入式振捣器在模板边缘和角隅处全部顺序插振一次，然后用平板振捣器全面振捣。混凝土全面振捣后，再用振动梁往返拖拉 2～3 遍，进一步振实并初步整平。最后用平直的滚杠再滚揉表面，使混凝土表面进一步提浆并调匀。

（2）三辊轴机组摊铺施工法

三辊轴机组由三辊轴整平机、排式振捣机和拉杆插入机组成。三辊轴机组摊铺施工法和小型机具施工法的差异在于振捣、整平和安置纵向拉杆。

在摊铺混凝土后，先用密排插入振捣棒进行插入振捣，每次移动距离不超过振捣棒有效作用半径的 1.5 倍，最大不得大于 60 cm，振捣时间宜为 15～30 s。

然后用三辊轴整平机滚压振实，其作业单元长度宜为 20～30 m，与振捣工序的时间间隔不超过 10 min。三辊轴整平机滚压振实的料位高度为高出模板顶面 5～20 mm，过高应铲除，不足应补料。振动轴应采用前进振动、后退静滚的方式作业，来回 2～3 遍；随后用整平轴静滚整平，直至平整度符合要求。

当单车道摊铺和在双车道的外侧时，使用拉杆插入机在侧模留孔处插入拉杆钢筋。对于一次摊铺双车道路面的中间纵缝部位，则在三辊轴整平机作业前插入拉杆钢筋。

（3）轨道式摊铺机施工法

在轨道式摊铺机施工法中，混凝土的摊铺、振捣和表面整修由成套的专用机械完成。轨道式摊铺机的混凝土摊铺方式有刮板式、螺旋式和箱式三种。

混凝土的振捣密实，可采用振捣机或内部振动式振捣机进行。振捣机的一般构造如图 7-13 所示。在振捣梁前方有一道与铺筑宽度同宽的复平刮梁，它可使松铺的混凝土在全宽度范围内达到要求的高度；其次是用一道全宽的振捣梁拖振。在靠近模板处，需用插入式振捣器补充振捣。内部振动式振捣机主要是用并排安装的振捣棒插入混凝土中，在内部进行振捣密实，振捣棒有斜插入式和垂直插入式两种。

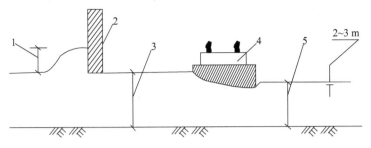

图 7-13 振捣机构造

1— 堆壅高度(＜15 cm)；2— 复平刮梁；3— 松铺厚度；

4— 振捣梁；5— 面层厚度

振实后的混凝土须用表面修整机进一步整平、抹光，以获得平整的表面。表面修整机有斜向移动修整和纵向移动修整两种。斜向表面修整机是通过一对与机械行走轴线成 10°～13° 的整平梁做相对运动来完成的，如图 7-14 所示，其中一根整平梁为振动整平梁。纵向表面修整机整平梁在混凝土表面沿纵向滑动的同时，还进行横向往返移动，随机体前进将混凝土表面整平，如图 7-15 所示。

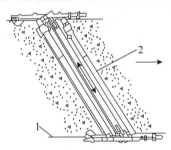

图 7-14 斜向表面修整机

1— 模板内侧；2— 整平梁

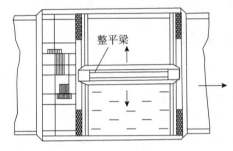

图 7-15 纵向表面修整机

（4）滑模式摊铺机施工法

滑模式摊铺机施工与轨道式摊铺机施工不同的是，它不需要人工安置模板，滑模式摊铺机的两侧设置有随机移动的滑动模板。在机械行进中，将摊铺路面的各道工序一次完成。

滑模式摊铺机的摊铺过程如图 7-16 所示。首先由螺旋摊铺器把堆积在基层上的水泥混凝土向左右横向摊开，刮平器进行初步刮平，然后由振捣器进行捣实，刮平板进行振捣后整平，形成密实而平整的表面，再利用搓动式振捣板对混凝土层进行振实和整平，最后用光面带进行光面。

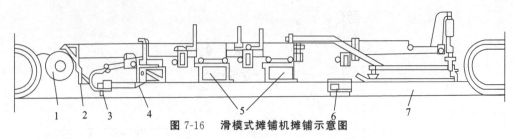

图 7-16   滑模式摊铺机摊铺示意图

1—螺旋摊推器；2—刮平器；3—振捣器；4—刮平板；5—搓动式振捣板；6—光面带；7—混凝土面层

7.3.6 表面修整

振实后的混凝土要进行平整、精光、纹理制作等工序，以便获得平整、粗糙的表面。

精光工序是对混凝土表面进行最后的精细修整，使混凝土表面更加致密、平整、美观，这是保证混凝土路面外观质量的关键工序。纹理制作是提高高等级公路水泥混凝土路面行车安全的抗滑措施之一。其方法有两种，一种是在混凝土处于塑性状态或强度很低时，用棕刷或纹理制作机进行拉毛或压纹；另一种是在混凝土完全硬化后，用切槽机切出深 5 ～ 6 mm、宽 2 ～ 3 mm、间距为 20 mm 的横向防滑槽。

7.3.7 接缝施工

接缝处是混凝土路面的薄弱环节，接缝施工质量不高，会引起路面板的各种损坏，并影响行车的舒适性。

（1）纵缝

纵缝是指平行于行车方向的接缝。纵缝一般按照路宽 3 ～ 4.5 m 设置，当双车道路面按全幅宽度施工时，可采用假缝加拉杆形式；按一个车道施工时，可做成平头缝、企口缝，有时在平头缝、企口缝中设置拉杆。其构造见图 7-17。

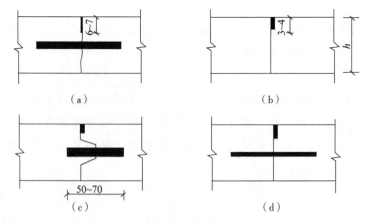

图 7-17   纵缝的构造形式（单位：cm）

浇筑混凝土前应预先将拉杆固定在模板或基层上，或用拉杆插入机在施工时置入。顶面的缝槽均用锯槽机锯成，假缝深为6～7 cm，平头、企口缝深3～4 cm，用填缝料填满。

（2）横缝

横缝是垂直于行车方向的接缝，共有三种，即缩缝、胀缝和施工缝，其构造形式见图7-18和图7-19。

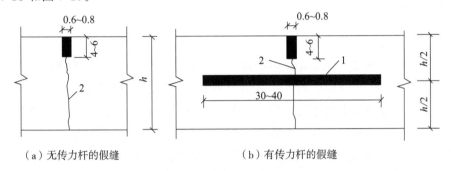

（a）无传力杆的假缝　　　　　　　　　　　（b）有传力杆的假缝

图7-18　缩缝的构造形式（单位：cm）

1—传力杆；2—自行断裂缝

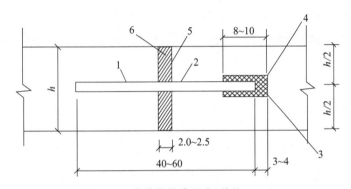

图7-19　胀缝的构造形式（单位：cm）

1—传力杆固定端；2—传力杆活动端；3—金属套筒；4—弹性材料；5—嵌缝板；6—沥青填缝料

缩缝可保证混凝土路面板因温度和湿度的降低收缩时沿该薄弱断面缩裂，避免产生不规则裂缝。由于缩缝只在上部4～6 cm范围内有缝，又称假缝。施工方法有压缝法与切缝法两种。切缝法是在硬化后的混凝土中用锯缝机锯割出要求深度的槽口，其质量较好，应尽量采用，但应掌握好切缝的时间。为了防止在切缝前混凝土出现早期裂缝，可每隔3～4条切缝做一条压缝。压缝法是在混凝土捣实整平后，利用振捣梁将振动压缝刀在缩缝位置振出一条槽，随后将铁制嵌缝板放入，并用原浆修平槽边。当混凝土收浆抹面后，再轻轻取出嵌缝板，修抹缝槽边缘。

胀缝可保证混凝土板体在温度升高时能部分伸张，避免面板在夏天温度高时产生拱胀和折断破坏，同时胀缝也能起到缩缝的作用。其做法是：先浇筑胀缝一侧混凝土，取出胀缝位置模板后，再浇筑另一侧混凝土，钢筋支架浇筑混凝土内不取出。在混凝土振捣后，先抽动一下压缝板条，而后最迟在终凝前将其抽出。缝隙下部的嵌缝板是用沥青浸制的软木板或油毛毡等材料制成的，缝隙上部浇灌填缝料。

施工缝是由于混凝土不能连续浇筑时设置的横向接缝。施工缝应尽量设在胀缝处，如果不可能，也应设在缩缝处，多车道的施工缝应避免设在同一横断面上。

7.3.8 混凝土养护和填缝

混凝土路面铺筑完成或制作抗滑构造完毕后应立即开始养护。可用保湿膜、土工布、湿草袋或麻袋等进行湿养并及时洒水，保持混凝土表面始终处于潮湿状态；也可以在混凝土表面均匀喷洒养生剂，使之形成不透水的薄膜黏附于表面，阻止混凝土中水分的蒸发，保证混凝土的水化作用。机械摊铺的各种混凝土路面宜采用喷洒养生剂同时保湿覆盖的方式进行。养生天数宜为 14～21 d，高温天不宜少于 14 d，低温天不宜少于 21 d。掺粉煤灰的混凝土路面，最短养生时间不宜少于 28 d，低温天应适当延长。

混凝土面板养护期满后应及时填灌接缝处。填缝前必须将缝内清扫干净，并保持干燥，然后浇灌填缝料。填缝料应与混凝土缝壁黏附紧密，不渗水。其灌注深度以 3～4 cm 为宜，下部可填入多孔柔性材料。填缝料的灌注高度，夏天应与板面齐平，冬天稍低于板面。

7.4 沥青路面施工

沥青路面是用沥青材料作结合料黏结矿料修筑面层与各类基层和垫层所组成的路面结构。与水泥混凝土路面相比，沥青路面具有表面平整、无接缝、行车舒适、耐磨、振动小、噪声低、施工期短、养护维修简便、适宜于分期修建等优点。

沥青面层施工前应对基层进行检查，基层质量不符合要求不得铺筑沥青面层。沥青路面的基层按结构组合设计要求，选用沥青稳定碎石、沥青贯入式、级配碎石、级配砂砾等柔性基层；水泥稳定土或粒料、石灰与粉煤灰稳定土或粒料的半刚性基层；碾压式水泥混凝土、贫混凝土等刚性基层；以及上部使用柔性基层，下部使用半刚性基层的混合式基层。半刚性基层沥青路面的基层与沥青面层宜在同一年内施工，以减少路面开裂。

7.4.1 层铺法沥青表面处治路面

沥青表面处治路面是用沥青和细集料铺筑而成的厚度不大于 3 cm 的薄层路面面层，适用于三级及三级以下公路的沥青面层，通常采用层铺法施工，其工艺及要求如下：

①清扫基层。表面处治施工之前，应将基层清扫干净，使基层的集料大部分外露

并保持干燥。对有坑槽、不平整的路段应先修补和整平；若基层整体强度不足，则应先进行补强。

② 喷洒透层油。在级配碎(砾)石基层和水泥、石灰、粉煤灰等稳定土基层上必须喷洒透层油，以使沥青面层与非沥青材料基层结合良好，并透入基层表面。透层油宜采用慢裂的洒布型乳化沥青，也可用中、慢凝液体石油沥青或煤沥青。

③ 洒布沥青。在透层沥青充分渗透后，或在已做好透层(或封层)并开放交通的基层清扫后，即可洒布第一层沥青。沥青的洒布要均匀，不应有空白或积聚现象，以免日后产生松散或拥包、推挤等缺陷。

④ 铺撒集料。洒布沥青后应趁热迅速铺撒集料，并按规定用量一次撒足，撒布集料后应及时扫匀，达到全面覆盖、厚度一致、集料不重叠、也不露出沥青的要求。

⑤ 碾压。撒布主集料后，不必等全段撒布完，立即用 6～8 t 钢筒双轮压路机从路边向路中心碾压 3～4 遍，每次轮迹重叠约 30 cm。碾压速度开始不宜超过 2 km/h，以后可适当增加。

双层式和三层式沥青表面处治的第二、三层施工即重复以上第 ③④⑤ 道工序。但第二层和第三层可采用 8 t 以上的压路机作业。

⑥ 通车与初期养护。除乳化沥青表面处治应待破乳、水分蒸发并基本成型后方可通车外，沥青表面处治在碾压结束后即可开放交通，并通过开放交通补充压实，成型稳定。但在初期应设专人指挥交通，控制车速不超过 20 km/h，并控制车辆行驶的路线，使路面全幅宽度均匀压实。沥青表面处治应注意初期养护。当发现有泛油时，应在泛油处补撒与最后一层石料规格相同的嵌缝料并扫匀，过多的浮料应扫出路外。

7.4.2 沥青贯入式路面施工

沥青贯入式路面是在初步压实的碎石(或破碎砾石)上，分层浇洒沥青、铺撒嵌缝料，经压实而成的路面结构，其厚度通常为 4～8 cm。根据沥青材料贯入深度的不同，贯入式路面可分为深贯入式(6～8 cm)和浅贯入式(4～5 cm)两种。沥青贯入式路面适用于三级及三级以下公路，也可作为沥青路面的联结层或基层。

沥青贯入式路面施工工艺及要求如下：

① 基层准备。清扫基层，然后浇洒透层或黏层沥青。

② 摊铺主层石料。采用碎石摊铺机、平地机或人工摊铺主层集料，应避免颗粒大小不均，铺筑后严禁车辆通行。

③ 碾压主层集料。主层集料撒布后，应采用 6～8 t 的轻型钢筒式压路机自路两侧向路中心碾压，碾压速度宜为 2 km/h，每次轮迹重叠约 30 cm，碾压一遍后检验路拱和纵向坡度，当不符合要求时，应调整找平后再压。然后用重型钢轮压路机碾压，每次轮迹重叠 1/2 左右，宜碾压 4～6 遍，直至主层集料嵌挤稳定，无显著轮迹为止。

④ 浇洒第一层沥青。浇洒方法和沥青表面处治类似。采用乳化沥青贯入时，为防

止乳液下漏过多，可在主层集料碾压稳定后，先撒布一部分上一层嵌缝料，再浇洒主层沥青。

⑤ 采用集料撒布机或人工撒布第一层嵌缝料。撒布后尽量扫匀，不足处应找补。当使用乳化沥青时，石料撒布必须在乳液破乳前完成。

⑥ 立即用 8～12 t 钢筒式压路机碾压嵌缝料，轮迹重叠轮宽的 1/2 左右，宜碾压 4～6 遍，直至稳定。碾压时随压随扫，使嵌缝料均匀嵌入。当气温较高使碾压过程发生较大推移现象时，应立即停止碾压，待气温稍低时再继续碾压。

⑦ 按上述方法浇洒第二层沥青、撒布第二层嵌缝料，然后碾压，再浇洒第三层沥青。

⑧ 按撒布嵌缝料方法撒布封层料。采用 6～8 t 压路机作最后碾压，宜碾压 2～4 遍，然后开放交通。

⑨ 铺筑上拌下贯式路面时，贯入层不撒布封层料，拌和层应紧跟贯入层施工，使上下成为一整体。贯入部分采用乳化沥青时应待其破乳、水分蒸发且成型稳定后方可铺筑拌和层。

7.4.3 热拌沥青混合料路面施工

热拌沥青混合料适用于各种等级公路的沥青路面，其施工过程包括四个方面：沥青混合料的拌制、运输、摊铺和压实成型。

（1）沥青混合料拌制

沥青混合料必须在沥青拌和厂内采用专用的拌和机械拌制，且拌和需在一定温度下进行。这样，才能保证沥青达到要求的流动性，良好地裹覆集料颗粒。

（2）沥青混合料运输

热拌沥青混合料宜采用较大吨位的运料车运输。运料车的运力应稍有富余，施工过程中摊铺机前方应有运料车等候。对高速公路、一级公路，宜待等候的运料车多于 5 辆后开始摊铺。

运料车每次使用前后必须清扫干净，在车厢板上涂一薄层防止沥青黏结的隔离剂或防黏剂，但不得有余液积聚在车厢底部。从拌和机向运料车上装料时，应多次挪动汽车位置，平衡装料，以减少混合料离析。运输混合料宜用苫布覆盖保温、防雨、防污染。

运料车进入摊铺现场时，轮胎上不得沾有泥土等可能污染路面的脏物，否则宜设水池洗净轮胎后进入工程现场。沥青混合料在摊铺地点凭运料单接收，若混合料不符合施工温度要求，或已经结成团块、已遭雨淋，不得铺筑。

（3）沥青混合料的摊铺

摊铺沥青面层的基层必须平整、坚实、洁净、干燥，标高和横坡符合要求。路面原有的坑槽应用沥青碎石材料填补，泥沙、尘土应扫除干净。

混合料应采用沥青摊铺机摊铺。施工时应保证混合料摊铺的温度符合规范要求，摊铺厚度应为设计厚度乘以松铺系数。摊铺机必须缓慢、均匀、连续不间断地摊铺，不得随意变换速度或中途停顿，以提高平整度，减少混合料的离析。摊铺速度宜控制在 2～6 m/min 的范围内。对改性沥青混合料及 SMA 混合料宜放慢至 1～3 m/min。当发现混合料出现明显的离析、波浪、裂缝、拖痕时，应分析原因，予以消除。

(4) 沥青混合料碾压

沥青混合料的碾压是保证路面结构质量的重要环节，也是沥青路面施工的最后一道重要工序。通过压实，集料颗粒间相互挤密并被沥青黏结在一起，使结构层达到设计的密实度、强度和水稳定性要求。碾压过程分为初压、复压和终压三个工序。

初压的目的是整平和稳定混合料，同时为复压创造条件。初压应紧跟摊铺机后碾压，并保持较短的初压区长度，以尽快使表面压实，减少热量散失。摊铺后初始压实度较大，经实践证明采用振动压路机或轮胎压路机直接碾压无严重推移而有良好效果时，可免去初压直接进入复压工序。

复压应紧跟在初压后开始，且不得随意停顿。压路机碾压段的总长度应尽量缩短，通常不超过 60～80 m。采用不同型号的压路机组合碾压时宜安排每一台压路机做全幅碾压，防止不同部位的压实度不均匀。

终压应紧接在复压后进行，经复压后已无明显轮迹时可免去终压。终压可选用双轮钢筒式压路机或关闭振动的振动压路机碾压不少于 2 遍，至无明显轮迹为止。

(5) 接缝处理

路面接缝包括横向接缝和纵向接缝两种。沥青路面的施工必须接缝紧密、连接平顺，不得产生明显的接缝离析。上下层的纵缝应错开 150 mm(热接缝)或 300～400 mm(冷接缝)以上。相邻两幅及上下层的横向接缝均应错位 1 m 以上。

横向接缝(工作缝)可采用平接缝和斜接缝两种方式。为使接缝位置得当，应在已铺层顶面沿路面中心线方向 2～3 个位置先后放一把 3 m 长的直尺，并找出表面纵坡或已铺层厚度开始发生变化的断面，然后用切缝机沿此断面切割成垂直面。继续摊铺混合料前，在切割断面上涂刷薄层沥青，以增加新旧路面间的黏结，采用热拌沥青混合料将接缝处加热，再铺筑新接的路面层。

纵向接缝有热接缝和冷接缝两种方式。热接缝是由两台以上摊铺机在全断面以梯队方式作业时采用。先行摊铺的热混合料留下 10～20 cm 宽度暂时不压，作为后续部分的基准面，然后作跨缝碾压以消除缝迹。冷接缝是半幅施工或因特殊原因而产生纵向冷接缝时，宜加设挡板或加设切刀切齐，也可在混合料尚未完全冷却前用镐刨除边缘留下毛茬的方式，但不宜在冷却后采用切割机作纵向切缝。加铺另半幅前应涂洒少量沥青，重叠在已铺层上 50～100 mm，碾压时由边向中间碾压留下 100～150 mm，再跨缝挤紧压实。或者先在已压实路面上行走碾压新铺层 150 mm 左右，然后压实新铺部分。

7.5 墩台施工

桥梁墩台施工是桥梁工程施工中的一个重要部分。其施工质量的优劣，不仅关系到桥梁上部结构的制作与安装质量，而且也影响到桥梁的使用功能。在施工过程中，应准确地测定墩台位置，正确地进行模板制作与安装，同时采用经过检验合格的建筑材料，严格执行施工规范，确保施工质量。

桥梁墩台施工方法通常分为两大类：一类是现场就地浇筑；另一类是拼装预制的混凝土砌块、钢筋混凝土或预应力混凝土构件等。多数工程采用的是前者，优点是工序简单，使用机具较少，技术操作难度较小；缺点是施工期限较长，需耗费较多的人力与物力。近年来，交通建设迅速发展，施工机械也有了很大进步，采用预制装配构件建造桥梁墩台的施工方法有了新的进展，其特点是既可确保施工质量、减轻工人劳动强度，又可加快施工进度、提高工程效益。对施工场地狭窄，尤其对缺少砂石地区或干旱缺水地区等建造墩台更有着重要的意义。

7.5.1 墩台模板

（1）模板设计原则

模板宜优先使用胶合板和钢模板；在计算荷载作用下，对模板结构按受力程序分别验算其强度、刚度及稳定性。模板面板之间应平整，接缝严密，不漏浆，保证结构物外露面美观，线条流畅；模板结构简单，制作、拆装方便。

（2）常见模板类型

1）拼装式模板

拼装式模板是用各种尺寸的标准模板，利用销钉连接，并与拉杆、加劲构件等组成墩台所需形状的模板。如图 7-20 所示，将墩台表面划分为若干小块，尽量使每部分板扇尺寸相同，以便于周转使用。板扇高度通常与墩台分节灌注高度相同，一般为 3 ~ 6 m，宽度可为 1 ~ 2 m，具体视墩台尺寸和起吊条件而定。

2）整体吊装模板

整体吊装模板是将墩台模板水平分成若干段，每段模板组成一个整体，在地面拼装后吊装就位（见图 7-21）。分段高度可视起吊能力而定，一般为 2 ~ 4 m。

整体吊装模板的优点是：

① 安装时间短，不需要设施工缝，加快施工进度，提高施工质量。

② 将拼装模板的高空作业改为平地操作，有利于安全施工。

③ 整体吊装模板本身刚性较强，可不设或少设拉筋，节约钢材。

④ 模外框架可作简易脚手架，不需要另搭施工脚手架。

⑤ 结构简单，装拆方便。

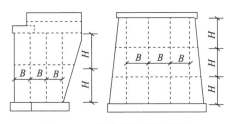

图7-20 墩台模板划分示意

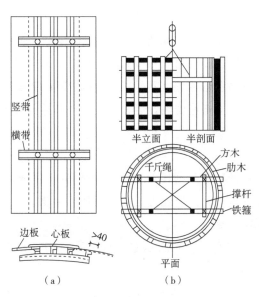

图7-21 圆弧桥墩整体模板(单位：cm)

3）组合型模板

组合型模板是以各种长度、宽度及转角标准件，用定型的连接件将钢模板拼成结构用模板，具有体积小、质量轻、运输方便、装拆简单、接缝紧密等优点。它适用于在地面拼装，整体吊装的结构上。

组合构件可分为平面、阳角、阴角、拼角及柔性模板等几种。组合模板精度较高，组拼时要求预拼场地平整。在使用、搬运时必须轻拿轻放，不得抛掷。使用完毕后，要及时清理整修，涂油防锈。

4）滑动钢模板

滑动钢模板适用于各种类型的桥墩。滑动模板的构造，由于桥墩类型、提升工具的不同，模板构造也稍有不同，但其主要部件与作用大致相同，一般可分为顶架、辐射梁、内外圈、内外支架、模板、平台及吊栏等。各种模板在工程上的应用，应根据墩台高度、墩台形式、机具设备、施工期限等条件，因地制宜，合理选用。

模板安装前应对模板尺寸进行检查；安装时要坚实牢固，以免振捣混凝土时引起跑模漏浆；安装位置要符合结构设计要求。

滑动模板提升设备主要由提升千斤顶、液压控制装置及支撑顶杆几部分组成。

7.5.2 混凝土墩台浇筑施工

混凝土施工前，应将基础顶面冲洗干净，凿除表面浮浆，整修连接钢筋。灌注混凝土时，应经常检查模板、钢筋及预埋件的位置和保护层的尺寸，以确保位置正确，不发生变形。混凝土施工中，应切实保证混凝土的配合比、水灰比和坍落度等技术指标满足要求。

桥梁墩台混凝土的施工，要合理安排自拌和站至墩台的水平运输和从墩台地面到墩台顶面的垂直运输。结合工地施工条件、墩台结构形式，选用各种运输机具。尽量减少混凝土在运输过程中的倒装次数，减少离析、漏浆，保证入模混凝土的质量。

墩台混凝土的水平与垂直运输相互配合方式与适用条件可参照运输方式等因素选用。如混凝土数量大，浇筑振捣速度快，可采用混凝土皮带运输机或混凝土输送泵。

7.5.3 石砌墩台施工

石砌墩台具有就地取材和经久耐用等优点，在石料丰富地区建造墩台时，在施工期限许可的条件下，为节约水泥，应优先考虑石砌墩台方案。

（1）石料、砂浆与脚手架

石砌墩台是用片石、块石、粗料石以水泥砂浆砌筑的，石料与砂浆的规格要符合有关规定。

将石料运到墩台上，然后分运到安砌地点。用于砌石的脚手架应环绕墩台搭设，用以堆放材料，并支持施工人员砌筑镶面定位行列及勾缝。脚手架一般常用固定式轻型脚手架、简单活动脚手架以及悬吊式脚手架。

（2）墩台砌筑施工要点

① 在砌筑前应按设计图纸放出实样。

② 天然地基上的基础砌体施工前，基底已验收完毕。

③ 砌筑基础的第一层砌块时，如基底为土质，只在已砌石块的侧面上铺上砂浆即可，不需坐浆；如基底为石质，应将表面清洗、湿润后，先坐浆再砌石。

④ 砌筑斜面墩台时，斜面应逐层放坡，以保证规定的坡度。砌块间用砂浆黏结并保持一定的厚度，所有砌缝要求砂浆饱满。形状比较复杂的工程，应先作出配料设计图，注明块石尺寸；形状比较简单的，也要根据砌体高度、尺寸、错缝等，先行放样配好料石再砌。

（3）墩台砌筑施工方法

同一层石料及水平灰缝的厚度要均匀一致，丁顺相间。砌石灰缝互相垂直，灰缝宽度和错缝满足规定。

砌石顺序为先角石，再镶面，后填腹。圆端、尖端及转角形砌体的砌石顺序，应自顶点开始，按丁顺排列接砌镶面石。砌筑图如图 7-22 所示，圆端形桥墩的圆端顶点不得有垂直灰缝，见图 7-22(a)，砌石应从顶端开始先砌，然后应丁顺相间排列，安砌四周镶面石；尖端桥墩的尖端及转角处不得有垂直灰缝，砌石应从两端开始，见图 7-22(b)，先砌石块 ①，再砌侧面转角 ②，然后丁顺相间排列，安砌四周的镶面石。

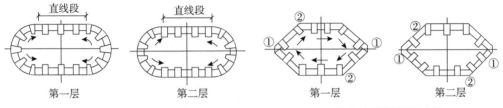

第一层   第二层   第一层   第二层

（a）圆端形桥墩的砌筑   （b）尖端形桥墩的砌筑

图 7-22 桥墩的砌筑

7.5.4 装配式墩台施工

（1）砌块式墩台施工

砌块式墩台的施工大体上与石砌墩台相同，只是预制砌块的形式因墩台形式不同有很多变化。

（2）柱式墩施工

装配式柱式墩系将桥墩分解成若干轻型部件，在工厂或工地集中预制，再运送到现场装配桥梁。施工顺序为预制构件、安装连接与混凝土养护等。其中拼装接头是关键工序，既要牢固、安全，又要结构简单便于施工。常用的拼装接头有以下几种形式。

① 承插式接头：将预制构件插入相应的预留孔内，插入长度一般为 1.2～1.5 倍的构件宽度，底部铺设 2 cm 砂浆，四周以半干硬性混凝土填充。承插式接头施工简便，一般立柱与基础多采用这种接头连接。砌筑形式有双柱式、刚架式、排架式和板凳式等。图 7-23 ～ 图 7-25 为各种柱式墩构造。

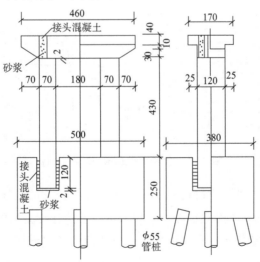

图 7-23 双柱式装配墩(单位：cm)

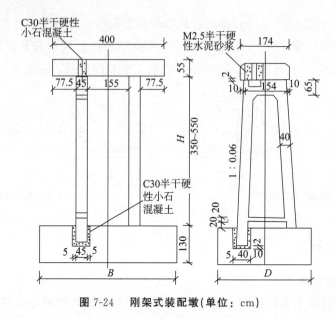

图 7-24　刚架式装配墩(单位：cm)

　　② 钢筋锚固接头：构件上预留钢筋或型钢，插入另一构件的预留槽内，或将钢筋相互焊接，再灌注半干硬性混凝土，钢筋锚固接头多用于立柱与顶帽处的连接。

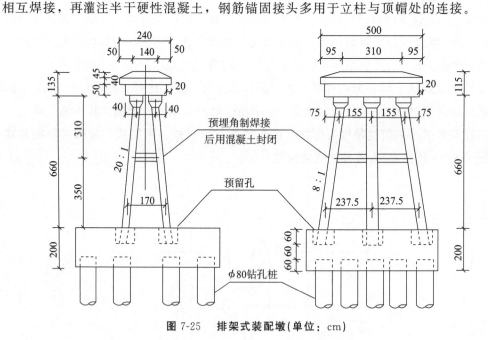

图 7-25　排架式装配墩(单位：cm)

　　③ 焊接接头连接：将预埋在构件中的铁件与另一构件的预埋铁件焊接，外部再用混凝土封闭。这种接头易于调整误差，多用于水平连接杆与立柱的连接。

　　④ 环扣式接头：相互连接的构件按预定位置预埋环式钢筋，安装时柱脚先坐落在承台的柱心上，上下环式钢筋互相错接，扣环间插入 U 形短钢筋焊接，四周再绑扎钢筋一圈，立模浇筑外围接头混凝土。要求上下环扣预埋位置正确，施工较为复杂。

⑤ 法兰盘接头：在相互连接的构件两端安装法兰盘，连接时用法兰盘连接，要求法兰盘预埋位置必须与构件垂直。接头处可不用混凝土封闭。

（3）后张法预应力混凝土装配墩施工

预应力钢筋混凝土装配墩分为基础、实体墩身和装配墩身三大部分。装配墩身由基本构件、隔板、顶板及顶帽四种不同形状的构件组成，用高强钢丝穿入预留的上下贯通的孔道内，张拉锚固而成（见图7-26）。实体墩身是装配墩身与基础的连接段，其作用是锚固预应力钢筋，调节装配墩身高度及抵御洪水时漂流物的冲击等。

施工工艺流程分为施工准备、构件预制及墩身装配三方面。实体墩身灌注时要按装配构件孔道的相对位置，预留张拉孔道及工作孔（见图7-27）。号长拉顺序如图7-28所示。张拉位置可以在顶帽上张拉，亦可在实体墩下张拉，一般多在顶帽上张拉。孔道压浆前先用高压水冲洗。采用纯水泥浆，为了减少水泥浆的收缩及泌水性能，可掺用为水泥质量（0.8～1.0）/10 000的铝粉。压浆最好由下而上压注。压浆分初压与复压。初压后，约停1 h，待砂浆初凝即进行复压。实体墩身的封锚采用与墩身间强度等级相同的混凝土，同时要采取防水措施。顶帽上的封锚采用钢筋网焊在垫板上，单个或多个连在一起，然后用混凝土封锚。

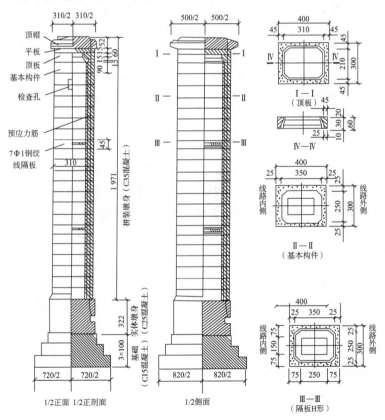

图7-26　装配式预应力混凝土墩构造（单位：cm）

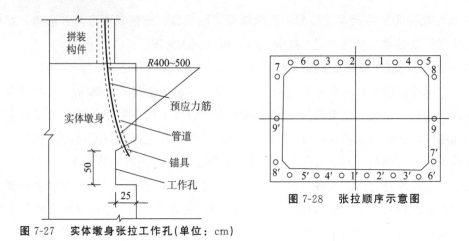

图 7-27　实体墩身张拉工作孔(单位：cm)　　　　图 7-28　张拉顺序示意图

7.6 桥梁施工

桥梁施工总体上分为现场浇筑法和预制装配式两类。

（1）现场浇筑施工

现场浇筑法不需要预制场地，不需要大型起吊、运输设备，梁体的主筋可不中断，桥梁整体性好。但由于施工需要大量的模板，以前仅在小跨径桥或交通不便的地区采用。随着桥跨结构形式的发展，出现了一些较宽的异形桥、弯桥等复杂的混凝土结构，加之近年来临时钢结构和万能杆件系统的大量应用，在其他施工方法都比较困难时，或经过比较，施工方便、费用较低时，也常在中、大跨径桥梁中采用现场浇筑的施工方法。

（2）预制装配式施工

预制装配式施工是用预制安装的方法进行施工。梁在预制工厂或桥址附近进行预制，然后采用一定的架设方法进行安装。装配式梁桥的造价较现场浇筑式梁桥是高还是低，要根据具体情况来具体分析。当桥址地形条件难以设立支架，而施工队伍有足够的吊装设备，桥梁的工程数量又相当大时，采用装配式施工将是经济合理的。

7.6.1 桥梁施工方法

（1）固定支架就地浇筑法

固定支架就地浇筑法是在桥址处搭设支架，在支架上浇筑桥体混凝土，达到强度后拆除模板、支架。固定支架就地浇筑法施工不需要预制场地，而且不需要大型起吊、运输设备，梁体的主筋可不中断，桥梁的整体性好。它的缺点主要是工期长、施工质量不容易控制；对预应力混凝土梁由于混凝土的收缩、徐变引起的应力损失比较大；施工中的支架模板耗用量大，施工费用高；搭设支架影响排洪、通航，施工期间可能受到洪水和漂流物的威胁。

（2）悬臂施工法

悬臂施工法是从桥墩开始，两侧对称进行现浇梁段或将预制节段对称进行拼装。前者称悬臂浇筑施工，后者称悬臂拼装施工，有时也将两种方法结合使用。

悬臂施工的主要特点是：

① 桥梁在施工过程中产生负弯矩，桥墩也要求承受由施工产生的弯矩，因此悬臂施工宜在营运状态时的结构受力与施工状态时的受力状态比较接近的桥梁中选用，如预应力混凝土 T 型刚构桥、变截面连续梁桥和斜拉桥等。

② 非墩梁固接的预应力混凝土梁桥，采用悬臂施工时应采取措施，使墩、梁临时固结，因而在施工过程中有结构体系的转换存在。

③ 采用悬臂施工的机具设备种类很多，就挂篮而言，有桁架式、斜拉式等多种类型，可根据实际情况选用。

④ 悬臂施工法可不用或少用支架，施工不影响通航或桥下交通。

（3）拱桥

1）拱桥的有支架施工

① 拱架。

拱架的种类很多，按使用材料可分为木拱架、钢拱架、扣件式钢管拱架、斜拉式贝雷平梁拱架、竹拱架、竹木混合拱架、钢木组合拱架以及土牛拱架等多种形式；按结构形式可分为排架式、撑架式、扇形式、桁架式、组合式、叠桁式、斜拉式等。

制作安装时，拱架尺寸和形状要符合设计要求，立柱位置准确且保证直立，各杆件连接接头要紧密，支架基础要牢固，高拱架应特别注意横向稳定性。拱架全部安装完毕后，应检查确保结构牢固可靠。

钢拱架与钢木组合拱架方式一般有工字梁钢拱架、钢桁架拱架等类型。

② 施工程序。

a. 现浇混凝土拱桥。现浇混凝土拱桥施工程序一般分三阶段进行。第一阶段，浇筑拱圈（或拱肋）及反拱上立柱的底座；第二阶段，浇筑拱上立柱、联结系及横梁等；第三阶段，浇筑桥面系。

拱圈或拱肋的浇筑流程：对于满堂式拱架浇筑流程为支架设计、基础处理、拼设支架、安装模板、安装钢筋、浇筑混凝土、养护、拆模、拆除支架。拱架宜采用钢管脚手架、万能杆件拼设，模板可以采用组合钢模、木模等。

拱圈的浇筑可采取连续浇筑和分段浇筑的方式进行。

b. 石（混凝土砌块）拱桥拱圈砌筑。砌筑材料可采用符合设计要求的粗料石、块石、片石、黏土砖或混凝土预制砌块等。可选择较规则和平整的同类石料作为镶面。

砌筑拱圈的基本方法：粗料石拱圈应按编号顺序取用石料；砌筑时砌缝砂浆应铺填饱满；应先坐浆再放块石砌筑；侧面可用插刀捣实砌缝。块石拱圈应分排砌筑，每排中拱石内口宽度应尽量一致；竖缝应呈辐射状，相邻两排间砌缝应互相错开；石块应平砌，每层石料高度应大致相等。

2）拱圈的悬臂浇筑施工

① 塔架、斜拉索及挂篮浇筑拱圈。要点是：在拱脚墩、台处安装临时的钢塔架或钢筋混凝土塔架，用斜拉索将拱圈用挂篮浇筑一段系吊一段。从拱脚开始，逐段向拱顶浇筑，直至拱顶合龙，如图 7-29 所示。

② 斜吊式悬臂浇筑拱圈。借助于专用挂篮，结合使用斜吊钢筋将拱圈、拱上立柱和预应力混凝土桥面板等齐头并进、边浇筑边构成桁架的悬臂浇筑方法。施工时，用预应力钢筋临时作为桁架的斜吊杆和桥面板的临时拉杆，将桁架锚固在桥台（或桥墩）上。过程中作用于斜吊杆的力是通过布置在桥面板上的临时拉杆传至岸边的地锚上。其施工程序如图 7-30 所示。

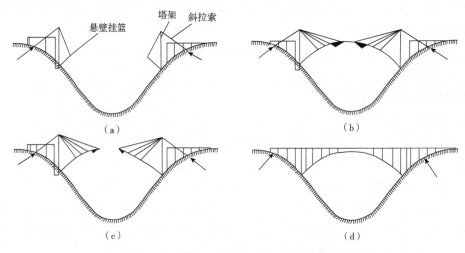

图 7-29　塔架、斜拉索及挂篮浇筑示意

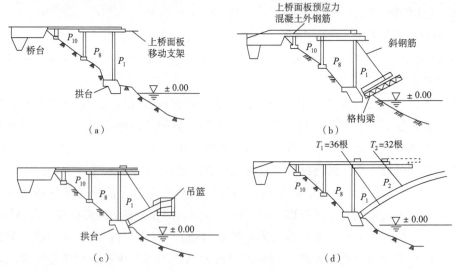

图 7-30　斜吊式现浇施工示意

（4）转体施工法

转体施工法是将桥梁构件先在桥位处的岸边（或路边及适当位置）进行预制，待混凝土达到设计强度后旋转构件就位的施工方法。转体施工其静力组合不变，它的支座位置就是施工时的旋转支承和旋转轴。转体施工可分为平转、竖转和平竖结合的转体施工。

转体施工的主要特点是：

① 可以利用地形，方便预制构件。

② 施工期间不断航，不影响桥下交通。

③ 施工设备少，装置简单，容易制作并便于掌握。

④ 节省木材，节省施工用料。

⑤ 减少高空作业，施工工序简单，施工迅速；主要构件先期合龙后，给以后施工带来方便。

⑥ 转体施工适合于单跨和三跨桥梁，可在深水、峡谷中采用，同时也适用于平原地区及城市跨线桥。

⑦ 大跨径桥梁采用转体施工将会取得较好的技术经济效益。转体重量轻型化、多种工艺综合利用，是大跨径及特大跨径桥梁施工有力的竞争方案。

（5）顶推施工法

顶推施工法是在沿桥纵轴方向的台后设置预制场地，分节段预制，并用纵向预应力筋将预制节段与施工完成的梁体连成整体，然后通过水平千斤顶施力，将梁体向前顶推出预制场地。之后继续在预制场地进行下一节段梁的预制，循环操作直至施工完成。如图 7-31 所示为顶推法施工概貌及辅助设施。

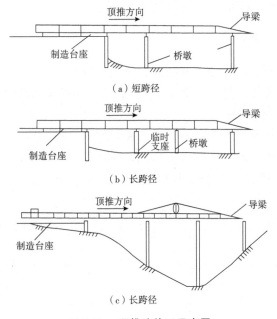

（a）短跨径

（b）长跨径

（c）长跨径

图 7-31 顶推法施工示意图

顶推施工法的特点：

① 顶推法可以使用简单的设备建造长、大桥梁，施工费用低。施工平稳无噪声，可在河流、山谷和高桥墩上采用，也可在曲率相同的弯桥和坡桥上采用。

② 主梁分段预制，连续作业，结构整体性好，不需要大型起重设备。

③ 桥梁节段固定在一个场地预制，便于施工管理，避免高空作业。同时，模板、设备可多次周转使用。

④ 顶推施工时，梁的受力状态变化很大。施工阶段梁的受力状态与运营时期的受力状态差别较大，在梁截面设计时要同时满足施工与运营要求，造成用钢量较高。

⑤ 顶推法宜在等截面梁上使用。当桥梁跨径较大时，选用等截面梁会造成材料用量的不经济，也增加施工难度。

除上述施工方法外，比较常用的还有逐孔施工法、横移施工法、提升与浮运施工法等。

逐孔施工法是中等跨径预应力混凝土连续梁的一种施工方法。它使用一套设备从桥梁的一端逐孔施工，直到对岸。有用临时支承组拼预制节段的逐孔施工法、移动支架逐孔现浇施工法以及整孔吊装或分节段施工法等。

横移施工法是在拟待安置结构的位置旁预制该结构，并横向移运该结构物，将它安置在规定的位置上。横移施工法的主要特点是在整个操作期间与该结构有关的支座位置保持不变，即没有改变梁的结构体系。横向移动期间，临时支座需要支承该结构的施工重量。

提升法施工是在将要安置结构物下的地面上预制该结构并把它提升就位。

浮运施工法是将桥梁在岸上预制，通过船只浮运至桥位，利用船的提升设备安装就位的方法。采用浮运施工法要有一系列的大型浮运设备。

7.6.2 桥面系及附属工程施工

桥面系包括桥面铺装层、伸缩缝装置、桥面连续、泄水管、支座、桥面防水、桥面防护设施、桥头搭板等，是桥梁服务车辆、行人，实现其功能的最直接部分。

（1）伸缩缝装置及其安装

桥面可以使用的伸缩缝种类很多，按其传力方式及构造特点可以分为对接式、钢质支承式、橡胶组合剪切式、模数支承式、无缝式等。前四类的组成部分可简化为如图 7-32 所示的形式，第五类的组成可简化为如图 7-33 所示的形式。

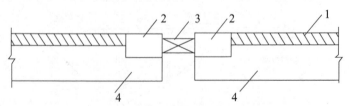

图 7-32　第一至第四类伸缩缝结构示意

1— 桥面铺装；2— 伸缩装置锚固；3— 伸缩装置的伸缩体；4— 梁体

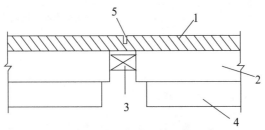

图 7-33　**第五类伸缩缝结构示意**

1—桥面铺装；2—桥面整体化混凝土；3—伸缩体；4—梁体；5—锯缝

1）伸缩缝装置的施工顺序。

桥梁的伸缩缝装置是影响桥面平整度的重要因素之一。如果施工质量不合理或施工不慎，在 3 m 长度范围内，其高程与桥面铺装的高程有正负误差，将造成行车的不舒适，严重的则会造成跳车。在车辆跳跃的反复冲击下，将很快导致桥梁伸缩装置的破坏。

图 7-32 和图 7-33 两种形式的伸缩装置施工程序是不同的，可分别用图 7-34 和图 7-35 表示。

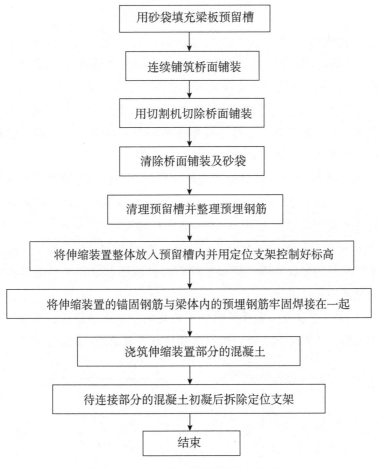

图 7-34　**第一至第四类伸缩缝施工顺序**

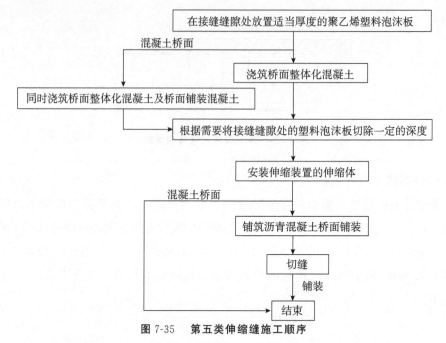

图 7-35　第五类伸缩缝施工顺序

2）伸缩装置的锚固

① 无缝式（暗缝式）伸缩装置。其特点是桥面铺装为整体型，适用于伸缩量小于 5 mm 的桥梁，只能用于桥面是沥青混凝土的情况，构造如图 7-36 所示。

施工要求：防水接缝材料应具有较好的抗老化性能，能与壁面强力黏结，适应伸缩变形，恢复性能好，并具有一定强度以抵抗砂石材料的刺破力；塞入物用于防止未固化的接缝材料往下流动，需要有足够的可压缩性能。

② 填塞对接型伸缩装置。该类伸缩缝的伸缩体所用材料主要有矩形橡胶条、组合式橡胶条、管形橡胶条、M 形橡胶条，也有采用泡沫塑料板或合成树脂材料等。填塞对接型伸缩装置适用于伸缩量为 10～20 mm 的桥梁结构。

③ 嵌固对接型伸缩装置。此类形式，如 RG 型、FV 型、SW 型、GQF-C 型等，它的特点是将不同形状的橡胶条用不同形状的钢构件嵌固起来，然后通过锚固系统将它们与接缝处的梁体锚固成整体。

④ 钢质支承式伸缩装置。钢质桥梁伸缩装置的构造由梳型板、连接件及锚固系统组成，有的钢梳齿型桥梁伸缩装置在梳齿之间塞有合成橡胶，起防水作用。

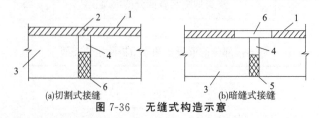

图 7-36　无缝式构造示意

1—沥青混凝土桥面铺装；2—锯缝；3—桥面板；4—防水接缝材料；5—塞入物；6—沥青混合料

（2）梁间铰接缝施工

1）简支板桥铰接缝施工

简支板桥纵向铰接缝如图 7-37 所示，企口铰接形状由空心板预制时形成，相邻两块板底部紧密接触，形成铰缝混凝土底模，铰缝钢筋 N10 和 N11 在梁板预制时紧贴着模板向上竖起，浇筑混凝土前将其扳平，焊接或绑扎牢固。用水将缝内冲洗干净并使其充分湿润。拌制混凝土时应严格控制集料粒径和拌和物的和易性，浇筑中用人工插捣器捣实。此项混凝土施工一般与桥面混凝土铺装层同时施工。

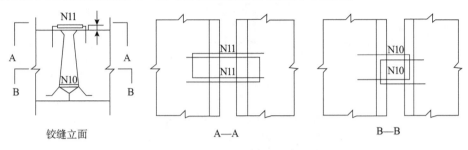

铰缝立面　　　　　A—A　　　　　B—B

图 7-37　简支板桥纵向铰接缝构造图

2）简支梁桥梁间接缝施工

常见简支梁桥有 T 形梁和箱形梁，T 形梁的梁间接缝按梁体设计不同有干接缝和湿接缝两种，箱型梁梁间接缝通常采用混凝土现浇湿接缝。

① 干接缝。干接缝是用钢板或螺栓将相邻两片梁翼板和横隔板焊接起来形成横向联系的方法。该方法的优点是施工快、连接速度快、焊接后能立即承受荷载。T 形梁的连接构造如图 7-38 所示。

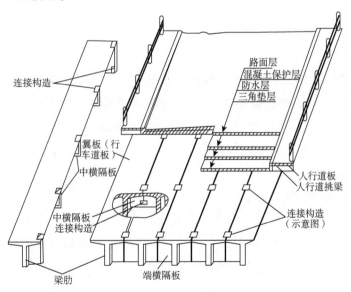

图 7-38　T 形梁的连接构造示意

② 湿接缝。湿接缝是主梁预制时,将翼板端部留出一部分钢筋外伸。梁架设到位后,将相邻两翼板的钢筋焊接连接,然后支模板现浇接缝混凝土,使各片梁横向连接形成整体。接缝构造如图 7-39 所示。翼板接缝混凝土的施工方法为分段吊装模板法,如图 7-40 所示。

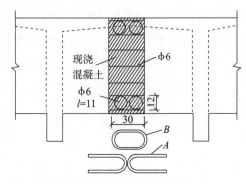

图 7-39 湿接缝构造(单位:cm)

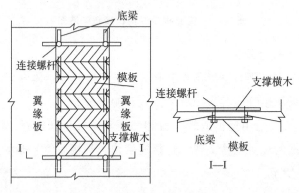

图 7-40 湿接缝施工示意

(3)桥面铺装层施工

桥面铺装层的作用是实现桥梁的整体化,使各片主梁共同受力,同时为行车提供平整舒适的道面。高等级公路及二、三级公路的桥面铺装层为两层。下层为 80 ~ 100 mm 的钢筋混凝土,上层为 40 ~ 80 mm 的沥青混凝土。四级公路或个别三级公路为减少工程造价,直接采用水泥混凝土桥面,也有三级公路在水泥混凝土桥面上铺设一层沥青碎石表层。

1)钢筋混凝土桥面铺装层施工

① 梁顶高程的测定和调整。预应力混凝土空心板或梁在预制后存梁期间由于预应力的作用,往往会产生反拱,如果反拱过大就会影响到桥面铺装层的施工,因此设计中对存梁时间、存梁方法都做了一定要求。如果架梁时已发现反拱过大,则应采取降低墩顶高程、减少垫石厚度等方法,保证铺装层厚度。

② 梁顶处理。为了使现浇混凝土铺装层与梁、板结合成整体,预制梁、板时对其

顶面进行拉毛处理。现浇前要用清水冲洗梁顶，清洁并湿润梁顶。

③ 绑扎布设桥面钢筋网。按设计文件要求，下料制作钢筋网，用混凝土垫块将钢筋网垫起，满足钢筋设计位置及混凝土净保护层的要求。

④ 混凝土浇筑。若设计为防水混凝土，其配合比及施工工艺应满足规范要求。浇筑时由一端向另一端推进，连续施工，防止产生施工缝，用平板式振捣器振捣。施工结束后注意养护，高温季节应采用草帘覆盖，并定时洒水养护。

2）沥青混凝土面层施工

桥面沥青混凝土与同等级公路沥青混凝土路面的材料、工艺、施工方法相同，一般与路面同时施工。采用拌和厂集中拌和，现场机械摊铺。沥青材料及混合料的各项指标应符合设计和施工规范要求。注意铺装后桥面泄水孔的进水口应略低于桥面面层，以保证排水通畅。

课后习题

1. 简述路堤填筑的主要工序及方法。
2. 影响路基压实的因素有哪些？如何进行控制？
3. 稳定土基层包括哪几种？简要叙述水泥稳定土基层路拌法施工工艺。
4. 热拌沥青混合料路面施工时，在运输、摊铺和碾压过程中各应注意哪些问题？
5. 柱式墩施工常用的拼装接头有哪几种？
6. 桥梁固定支架就地浇筑施工法的特点是什么？
7. 桥梁的具体施工方法有哪几种？
7. 简述常用拱架结构类型。
9. 简述伸缩缝的种类及施工顺序。
10. 桥面铺装层施工包含哪些内容？

第8章

防水工程

本 章 提 要

本章主要内容有建筑防水基本概念、屋面防水工程、地下防水工程、室内防水施工及外墙防水及抗渗漏施工。掌握卷材防水屋面的构造及各层作用；掌握卷材防水屋面、涂膜防水屋面和刚性防水屋面的施工工艺、要点及质量要求；了解地下工程防水原则；掌握常用地下防水方案；地下防水混凝土、卷材防水层的施工工艺、要点及质量要求；了解室内防水施工基本规定，卫生间的防水施工及防水施工注意事项，室内防水质量检查与验收；了解外墙防水及抗渗漏基本规定、一般规定，掌握外墙防水施工及质量检查与验收。

【教学目标】

（1）知识目标

①了解防水工程的有关基本知识；

②掌握屋面防水工程卷材防水、涂膜防水屋面和刚性防水施工方法和主要的技术措施，地下防水混凝土、卷材防水层的施工工艺、要点及质量要求；

③了解室内防水施工基本规定，卫生间的防水施工及防水施工注意事项，室内防水质量检查与验收；

④了解外墙防水及抗渗漏基本规定、一般规定，掌握外墙防水施工及质量检查与验收；

⑤熟悉现行国家有关防水工程的规范以及防水工程质量验收与安全要求。

（2）能力目标

①能解释各种防水工程的防水原理；

②能应用所学知识，根据施工图纸和施工现场条件，选择和编制一般建筑物防水工程的合理施工方案及施工技术交底；

③具有组织屋面和地下防水工程验收的能力。

（3）素质目标

①培养理论结合实践的应用能力；

②提升相应的专业技术及工程项目管理能力；

③提高学生表达沟通能力；

④培养学生团队协作精神和卓越工匠精神；

⑤树立学生的职业观和道德观。

（4）情感价值提升

①培养文明诚信、团结协作的职业素养；

②培养严谨务实的工作作风。

【思维导图】

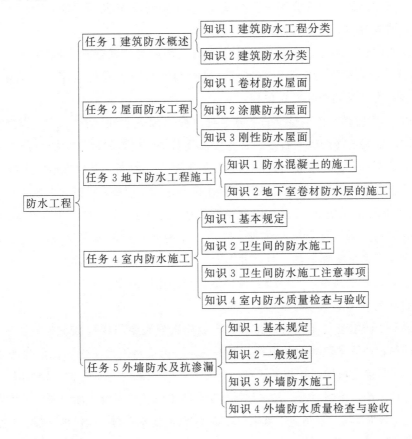

8.1 建筑防水概述

建筑工程防水是建筑产品的一项重要内容，其质量的好坏直接影响到建筑物和构筑物的使用寿命，影响到人们的安居乐业，影响到生产能否正常进行。

8.1.1 建筑防水工程的分类

①按部位不同可分为：屋面防水、地下防水、厨卫间的楼地面防水、外墙防水等。

②按材料不同可分为：柔性防水（各类卷材、涂膜防水）和刚性防水（砂浆、细石混凝土防水）。

③按构造做法不同可分为：结构构件自身防水和采用不同材料的防水层防水。

8.1.2 建筑防水材料

中国新型防水材料行业走过了 20 余年的发展历程，各种新型建筑防水材料蓬勃兴起，已占据主导地位，传统的叠层油毡屋面使用急剧下降，彻底改变了叠层油毡屋面独霸天下的落后局面，下面介绍一些有发展前途的防水材料及其发展趋势。

（1）高聚物改性沥青防水卷材

在建筑防水材料的主流产品中，防水卷材应用广泛，其数量占我国整个防水材料的 90%。其中，高聚物改性沥青防水卷材被列为新型防水卷材应用技术的重要项目，目前已形成一大类系列产品，它包括：

① SBS 热塑性弹性体改性沥青防水卷材（简称 SBS 改性沥青）。它是以聚酯纤维无纺布为胎体，以 SBS 橡胶改性石油沥青为浸渍涂盖层，以塑料薄膜为防粘隔离层，经多道工艺加工而成的一种防水卷材。它具有良好的弹性，耐高、低温性能好，既可冷粘贴施工，又可热熔铺设施工，特别适用于寒冷地区和结构变形频繁的建筑防水工程。

② 无规聚丙烯（APP）。它是以玻璃纤维毡、聚酯毡为胎体，以 APP 改性石油沥青为浸渍涂盖层，采用片岩彩色沙或金属箔等作为面层防粘隔离材料，底面复合塑料薄膜，经多道工艺加工而成的一种防水卷材。它抗拉强度高，延伸率大，耐热性良好，抗老化性能好，施工简单，无污染，特别适合炎热地区使用。

（2）合成高分子防水卷材

合成高分子防水卷材是用合成橡胶、合成树脂或塑料与橡胶共混材料为主要原料，掺入适量的稳定剂等化学助剂及填料，经混炼、压延或挤出等工序加工而成的可卷曲片状防水材料。目前应巩固使用聚氯乙烯（PVC）和三元乙丙防水卷材（EPDM），提倡一次成型聚乙烯丙纶（聚酯丙纶）防水卷材与聚合物水泥黏结系统，加快研究发展湿铺法自粘合成高分子防水卷材，限制使用氯化聚乙烯（CPE）防水卷材，淘汰再生胶防水卷材。

（3）涂膜防水材料

它是一种在常温下呈黏稠状液体的高分子合成材料。涂膜防水层完整、无接缝、自重轻、施工简单方便、易于修补、使用寿命长。

应巩固应用聚氨酯防水涂料、聚合物水泥防水涂料、水泥基防水涂料，提倡水泥基渗透结晶型防水材料和有机硅防水涂料，开发应用喷涂聚脲聚氨酯防水涂料，禁止使用有污染的煤焦油类防水涂料。

（4）密封防水材料

目前应巩固使用丙烯酸酯密封材料（中档），大力提倡应用聚硫。硅酮、聚氨酯等高档密封材料，积极研究应用密封材料的专用底涂料，以提高密封材料的黏合力和耐水、耐久性。禁止使用塑料油膏、聚氯乙烯胶泥等密封材料。

（5）防水剂

应巩固应用通用型防水剂，提倡 M150 水性渗透防水剂和永凝液（DPS），推广应用有机硅防水剂和脂肪酸防水剂。限制使用氯离子含量高的防水剂，禁止使用碱骨料含量超标的粉状防水剂。

（6）防水砂浆

应积极应用聚合物水泥防水砂浆，提倡聚丙烯纤维（PP）和尼龙纤维及木纤维抗裂防水砂浆，研究应用沸石类硅质密实防水剂，大力推广应用商品砂浆（防水，保温、防腐、黏结、填缝自流平灌等专用砂浆）。

8.2 屋面防水工程

根据建筑物的性能、重要程度、使用功能及防水层合理使用年限等要求，国家标准《屋面工程质量验收规范》（GB 50207—2002）规定将屋面防水划分为 4 个等级，并规定了不同等级的设防要求及防水层厚度，见表 8-1。

表 8-1　屋面防水等级和设防要求

项目	屋面防水等级			
	I	II	III	IV
建筑物类别	特别重要或对防水有特殊要求的建筑	重要的建筑和高层建筑	一般的建筑	非永久性的建筑
防水层合理使用年限	25 年	15 年	10 年	5 年
防水层选用材料	宜选用合成高分子防水卷材、高聚物改性沥青防水卷材、金属板材、合成高分子防水涂料、细石混凝土等材料	宜选用高聚物改性沥青防水卷材、合成高分子防水卷材、金属板材、合成高分子防水涂料、高聚物改性沥青防水涂料、细石混凝土、平瓦、油毡瓦等材料	宜选用三毡四油沥青防水卷材、高聚物改性沥青防水卷材、合成高分子防水卷材、金属板材、高聚物改性沥青防水涂料、合成高分子防水涂料、细石混凝土、平瓦、油毡瓦等材料	可选用二毡三油沥青防水卷材、高聚物改性沥青防水涂料等材料
设防要求	三道或三道以上防水设防	二道防水设防	一道防水设防	一道防水设防

8.2.1 卷材防水屋面

卷材防水屋面是指采用黏结胶粘贴卷材或采用带底面黏结胶的卷材进行热熔或冷粘贴于屋面基层进行防水的屋面。它自重轻，防水性能好，能适应结构一定程度的振动和胀缩变形。但也存在造价高、易老化、起鼓、施工顺序多、操作条件差，出现渗漏时修补较困难等缺点。

（1）SBS 热塑性弹性体改性沥青防水卷材

施工可采用热熔法或冷粘法，也可大面积用冷粘法，搭接缝部位用热熔法。

热熔法：用专用的热熔机具烘烤卷材的底面与基层，使卷材表面的沥青熔化，边烘烤边向前滚铺卷材，随后用压辊滚压，使其与基层或卷材黏结牢固。热熔法还可分为全熔及点熔。

冷粘法：以专用黏结剂均匀涂刷于基层及卷材上，然后压辊滚压即可。此法主要用于单层防水构造及叠层防水构造的下层。

下面以热熔满贴法为例来介绍其施工工艺流程：

清理基层→涂刷基层处理剂→附加层卷材铺贴→弹基准线→卷材铺贴→搭接部位粘贴和封边→端头和收头部位密封处理→蓄水试验→保护层施工。

具体的施工步骤及操作要点为：

1）基层处理

① 施工前要认真清扫基层余渣、尘土及杂物，同时，基层要求洁净、平整，干燥（以基层表面泛白为准）。测定方法是将 $1\ m^2$ 卷材平摊干铺在基层表面止，静置 $3\sim4\ h$ 后揭开检查，基层覆盖部位与卷材上不见水印即符合要求。

② 阴阳角处理：基层阴阳角处应做成 $R=5\ cm$ 的倒角，且整齐平顺。

2）涂刷基层处理剂

在干燥的基层上涂刷同材性底胶剂（冷底子油），要求均匀一致，一次涂好，单层用量 $0.5\sim0.7\ kg/m^2$，干燥 $6\ h$（根据气温，以不粘脚为好）。

3）附加层卷材铺贴

对女儿墙、管根、烟筒、排气孔及落水同、伸缩缝等拐角部位均应做附加层，一般宽为 $30\ cm$，搭接为 $6\sim8\ cm$。

4）卷材铺贴

将器材置于起始位置，对好长短方搭接缝，滚展卷材 $1\ 000\ mm$ 左右，掀开已展开的部分，开启喷枪点火，喷枪头与卷材保持 $0.3\sim0.5\ m$ 距离，与基层呈 $30°\sim45°$角，将火焰对准卷材与基层交接处，同时加热卷材底面热熔胶面和基层，至热熔胶层出现黑色光泽，发亮至稍有微泡出现时，慢慢放下卷材平铺基层，随后用压辊滚压，使卷材与基层或与卷材粘贴牢固，滚压时不要卷入空气和异物，要求压实压平，不得有空鼓、皱褶。

5) 热溶封边

热熔卷材表面一般有一层防粘隔离纸，因此在热熔黏结接缝之前，应先将下层卷材表面的隔离纸烧掉，以利搭接牢固严密。

操作时，由持枪人手持烫板（隔火板）柄，将烫板沿搭接缝线后退，喷枪火焰随烫板移动，喷枪应离开卷材 0.3～0.5 m，贴靠烫板。移动速度要控制合适，以刚好熔去隔离纸为宜。烫板和喷枪要密切配合，以免烧损卷材。排气和辊压方法与前述相同。

当整个防水层熔贴完毕后，所有搭接缝均应用密封材料涂封严密。

6) 端头和收头密封

可用密封膏或橡胶沥青胶粘剂与填料现场配置，嵌填后抹平，必须保证嵌填密实、连续、饱满、粘贴牢固，无气泡、开裂、脱落，缝边应顺直，表面应平滑，无凹凸不平的现象。

7) 保护层施工

卷材铺设完毕，经检查合格后，应立即进行保护层的施工，及时保护防水层免受损伤。水泥砂浆保护层与防水层之间也应设置隔离层，隔离层可采用石灰水等薄质低黏结力涂料。保护层用的水泥砂浆配合比一般为水泥：砂＝1：（2.5～3）（体积比）。

保护层施工前，应根据结构情况每隔 4～6 m 用木板条或泡沫条设置纵横分格缝。铺设水泥砂浆时，应随铺随拍实，并用刮尺找平，随即用直径为 8～10 mm 的钢筋或麻绳压出表面分格缝，间距不大于 1 m。终凝前用铁抹子压光保护层。为了保证立面水泥砂浆保护层黏结牢固，在立面防水层施工时，预先在防水层表面粘上沙粒或小豆石。防水层养护完毕后，即可进行立面保护层的施工。

注意事项：

①雨、雪、雾天、大风天气及基层潮湿的情况下不能施工。施工时，要先对特殊部位进行处理。

②要求所选用的基层处理剂、密封材料等配套材料，均应与 SBS 改性沥青防水卷材的材性相同。

③卷材防水层的铺贴一般应由层面最低高程处向高高程处平行施工，使卷材按流水方向搭接，屋面坡度＜3％时平行于屋脊方向铺贴，坡度 3％～15％时平行或垂直于屋脊方向铺贴，坡度＞15％或受震动时垂直于屋脊方向铺贴。当大面积铺贴时，要根据火焰温度掌握烘烤距离，一般以 0.3～0.5 m 为宜。

④铺贴方法：剥开卷材脊面的隔离纸，将卷材粘贴于基层表面。卷材长边和短边搭接宽度均应保持 100 mm，上下层及相邻两幅卷材铺贴的搭接缝应错开，卷材要求保持自然状态，不要拉得过紧。卷材铺贴后，立即用压辊全面压实，垂直部位用橡胶榔头敲实。

⑤屋面防水层施工时，必须要注意节点、附加层、屋面排水比较集中的部位（屋面与落水口连接处、檐沟、天沟、泛水、屋面转角处、极端缝等）及立面卷材收头的

端部的密封处理，不得出现翘边等现象。同时，应在平面与立面的交接处做附加层，附加层一般为 500 mm。图 8-1～8-12 为一些节点构造的具体做法。表 8-2 为找平层缺陷对防水层的影响及其修补方法。

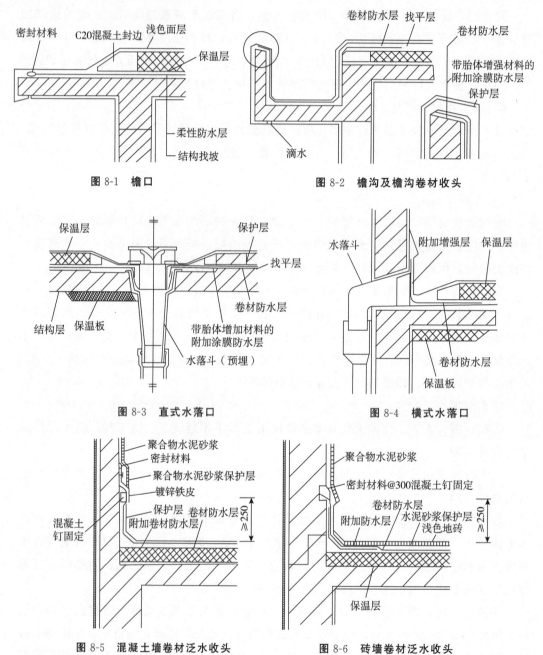

图 8-1　檐口

图 8-2　檐沟及檐沟卷材收头

图 8-3　直式水落口

图 8-4　横式水落口

图 8-5　混凝土墙卷材泛水收头

图 8-6　砖墙卷材泛水收头

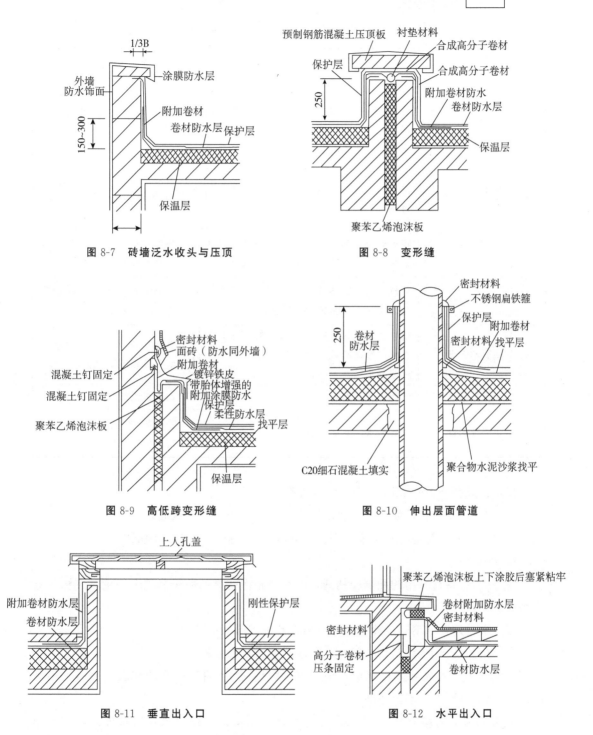

图 8-7 砖墙泛水收头与压顶

图 8-8 变形缝

图 8-9 高低跨变形缝

图 8-10 伸出层面管道

图 8-11 垂直出入口

图 8-12 水平出入口

⑥在热熔施工中要加强汽油的保管和喷灯的管理及养护。加强安全防护，预防火灾和工伤事故的发生。

表 8-2 找平层缺陷对防水层影响及修补方法

序号	找平层缺陷	对防水层影响	修补方法
1	坡度小、不平整、积水	使卷材、涂料、密封材料长期受水浸泡降低性能，在太阳和高温下水分蒸发使防水层处于高热、高湿环境，并经常处于干湿交替环境，加速老化	采用聚合物水泥砂浆修补抹平
2	表面起沙、起皮、麻面	使卷材、涂料不能黏结，造成空鼓，使密封材料黏结不牢，立即造成渗漏	清除起皮、起沙、浮灰，用聚合物水泥浆涂刷、养护
3	转角圆弧不合格	转角处应力集中，常常会开裂，弧度不合适。会使卷材或涂膜脱层、开裂	用聚合物水泥砂装修补或放置聚苯乙烯泡沫条
4	找平层裂纹	易拉裂卷材或会增加防水层拉应力；在高应力状况下，卷材、涂膜会加速老化	涂刷一层压密胶，或用聚合物水泥浆涂刮修补
5	潮湿不干燥	使卷材、涂料、密封材料黏结不牢，并使卷材、涂料起鼓破坏，密封材料脱落，造成渗漏水	自然风干，刮一道"水不漏"等表面涂刮剂
6	来设分格缝	使找平层开裂	切割机锯缝
7	预埋件不稳	刺破防水层造成渗漏	凿开预埋件周边。用聚合物水泥砂浆补好

（2）合成高分子防水卷材（PVC 聚氯乙烯）

结合 PVC 卷材特性使用，一般采用冷粘法、空铺法、机械固定法并有时配套独特的热风焊接工艺。复杂的防水施工部位，要以专用的配套 PVC 特制配件组合施工。

1）冷粘法

使用 PVC 卷材专用的配套胶粘剂，以冷作业将卷材粘贴于基层上的施工方法，称冷粘法。

按防水设计要求不同，冷粘法可分为满粘法或局部粘贴法。

①满粘法是将 PVC 卷材全部黏结在基层上的施工方法。

a. 施工时，首先要进行预铺，把 PVC 卷材自然平铺于放线的基层表面（先不黏结），要求平整顺直，不得扭曲。

b. 卷材纵向搭接宽度 50 mm。并进行适当的剪裁。横向采用对接处理，其上用 200～250 mm 宽的无复合层（N 类）PVC 卷材覆盖搭接施焊。

c. 将一幅或多幅卷材的长边折叠一半（约 10 m），从折叠处分别在基层和卷材表面涂刷专用胶粘剂，待胶干燥至不粘手时，将预铺卷材面进行合拢粘贴用压辊压实。然后再把另外没有折叠的折叠起来，继续从折叠处如前所述操作，依次类推粘贴牢固压实，最后进行对接缝焊接施工。

②局部粘贴卷材。对 PVC 卷材铺贴时，卷材与基层用点粘或条粘法粘贴于基层上。

a. 点粘：卷材与基层点状黏结。每平方米黏结不少于 5 个点，每点面积为 100 mm×100 mm。

b. 条粘：卷材与基层作条状黏结。每幅卷材与基层黏结面不少于两条，每条宽度不小于 150 mm。

2）空铺法

即铺贴 PVC 防水卷材时，卷材与基层仅在防水层的整体四周一定宽度内黏结，而其余部分不黏结的施工方法。空铺法的施工工艺流程为：

基层找平清理→弹线→卷材预铺设→卷材接缝搭接焊→特殊部位处理→固定、压边→密封材料封边→验收。

首先，卷材预铺设参照满粘法，纵向搭接宽度为 50 mm。其次，仅将整体防水工程的四周部位卷材进行满粘，并焊接搭接缝。横向采用对接处理，其上用 200～250 mm 宽的无复合层（N 类）PVC 卷材覆盖搭接、施焊。

3）机械固定法

即采用机械紧固定件使卷材与基层连接的施工方法。

①施工时，首先进行预铺，可参照满粘法作业。纵向搭接宽度为 100 mm，其中 50 mm 做固定件用，固定件需穿过保温层固定覆于结构层上。

②按设计和计算的固定间距，用冲击钻先打孔，孔径略小于固定螺钉外径尺寸。将固定件就位后用电动螺丝刀加固拧紧，以后依次循环操作即可。对每一个搭接进行焊接，横向采用对接处理，上用 200～250 mm 宽无复合层（N 类）卷材覆盖搭接施焊。

4）PVC 卷材的焊接工艺

PVC 卷材之间的纵向搭接宽度为 50 mm，横向宽度为 100 mm。采用焊接工艺时，焊嘴与焊接方向成 45°角，压辊与焊嘴平行并保持约 5 mm 左右距离，滚压不宜过快。

使用焊嘴宽 20 mm 的小焊嘴施焊，一般为两道，焊接温度控制在第 6 挡，每道焊接有效宽度为 15～20 mm。

使用焊嘴宽 40 mm 的大焊嘴施焊宜为一道，焊接温度控制在第 7 挡，焊接有效宽度为 25 mm。

焊接要求为：应在焊前预焊一道。宽度不宜过宽，使施焊时热风不至于溢出而影响施焊质量。焊接边缘应有熔浆溢出，但不得出现烧焦现象。

有效焊接宽度，指卷材剥离处到熔浆边缘的距离。保证有效焊接宽度是检验焊接质量的主要指标之一。

8.2.2 涂膜防水屋面

涂膜防水屋面是在屋面基层上涂刷防水涂料，经固化后形成一层有一定厚度和弹性的整体涂膜，从而达到防水目的的一种防水屋面形式。这种屋面具有施工操作简便、无污染、冷操作、无接缝、能适应复杂基层、防水性能好，温度适应性强、容易修补等特点。适用于防水等级为Ⅲ级、Ⅳ级的屋面防水，也可作为Ⅰ级、Ⅱ级屋面多道防水设防的一道防水层。

其构造见图 8-13。

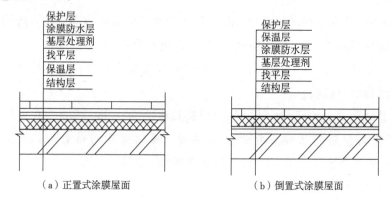

（a）正置式涂膜屋面　　　　　　　　（b）倒置式涂膜屋面

图 8-13　涂膜防水屋面构造

（1）分类

依据防水涂料成膜物质的主要成分，涂料可分为 3 类：沥青基防水涂料、高聚物改性沥青防水涂料和合成高分子防水涂料。依据防水涂料形成液态的方式，可分为溶剂型、反应型和水乳型 3 类。

施工时有加胎体增强材料和不加胎体增强材料的区分。

涂膜防水屋面的胎体增强材料（可以增强涂膜防水层的抗拉强度，增加涂膜的厚度，提高防水层的耐穿刺性和总体强度，其作用类似于沥青油毡防水卷材中的胎体，所以叫作胎体增强材料）常用聚酯无纺布、化纤无纺布和玻璃纤维布等。

（2）涂膜防水屋面施工

施工工艺为：基层处理→涂刷底层涂料→涂刷第 1 道涂膜防水层→涂刷第 2 道涂膜防水层→涂刷第 3 道涂膜防水层→防水保护层→闭水试验。

施工顺序：采取"先高后低、先远后近、先立面后平面"的顺序，同一屋面上先涂布排水比较集中的水落口、天沟、檐口等节点部位，再进行大面积的涂布。

施工要点为：

①基层（找平层）处理：找平层的强度、刚度、平整度、表面完善程度，以及基层含水率等应符合有关规定。基层与凸出屋面结构连接处及基层转角处应做成圆弧或钝角，按设计要求做好排水坡度，不得有积水现象。施工前应将分格缝清理干净，不

得有异物和浮灰。

②涂刷底层涂料：涂刷时应用刷子用力薄涂，使涂料尽量刷进基层表面的毛细孔中，并将基层可能留下来的少量灰尘等无机杂质，像填充料一样混入基层处理剂中，使之与基层牢固结合。特别在较为干燥的屋面上进行溶剂型防水涂料施工时，使用基层处理剂打底后再进行防水涂料涂刷，效果相当明显。

③涂刷涂膜防水层。

a. 涂刷涂膜防水层时，涂刷的顺序应先垂直面，后水平面；先阴阳角，细部后大面，而且每一道涂膜防水的涂刷顺序都应相互垂直。

b. 天沟、檐沟、檐口、泛水等部位，均应加铺有胎体增强材料的附加层。水落口周围与屋面交接处，应做密封处理，并加铺两层有胎体增强材料的附加层，涂膜伸入水落口的深度不得小于 50 mm。找平层分格缝处应增设胎体增强材料的空铺附加层，其宽度以 200～300 mm 为宜。如阴阳角处要做尺寸为 500 mm 的聚合物水泥砂浆圆弧，再做附加防水层，宽度为 300 mm。泛水构造见图 8-14，檐沟构造见图 8-15。

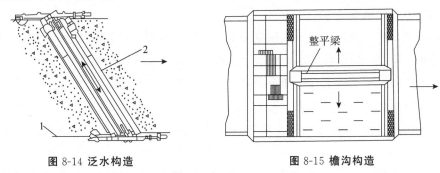

图 8-14 泛水构造　　　　　　　图 8-15 檐沟构造

c. 涂刷涂膜防水层时要待前一层涂膜固化干燥后进行，并应先检查其上有无残留的气孔或气泡。

d. 在底胶干燥固化后，用塑料或橡皮刮板均匀涂刷一层厚约为 0.6 mm 的涂料，涂刮时用力要均匀一致。平面或坡面施工后在防水层未固化前不应踩踏，涂抹过程中要留出施工退路，或采用分区、分片后退法施工。

e. 第 2 遍涂膜的施工：在第 1 遍涂膜固化 24 h 后，对所涂膜的空鼓、气孔、沙、卷进涂料的灰尘、涂层伤痕和固化不良等进行修补后刮第 2 遍涂料，涂刮方向与第 1 遍涂刮方向垂直，厚度控制在 0.7 mm 左右，涂膜顺序为先立面后平面。

f. 在第 2 层涂膜固化 24 h 后，第 3 遍涂膜，厚度应控制在 0.7 mm 左右，涂膜总厚度按照设计要求控制在 2 mm 左右。

g. 在最后一道涂膜防水层固化前，要先在其表面稀撒粒径细小的石碴，再在外墙和底板上分别做保护层，以增强涂膜与其保护层的黏结能力。

（3）施工注意事项

①找平层：平面图中画出分仓缝的位置。水泥砂浆（宜掺 10％的 U 形膨胀剂）或

细石混凝土找平层分仓缝的间距不得大于 6m，且应设置在易开裂处（如板端）。分仓缝应预留，不得后割，缝宽宜为 20~30 mm，选择中档以上密封材料嵌缝。施工时应注意找平层的找平压光，加强养护，嵌缝密封材料应挤压密实。

②涂膜防水层：高聚物改性沥青防水涂膜的厚度不得小于 3 mm，合成高分子防水涂膜的厚度不得小于 2 mm。

8.2.3 刚性防水屋面

刚性防水屋面是指利用刚性防水材料做防水层的屋面。与卷材及涂膜防水屋面相比，刚性防水屋面所用材料易得，价格便宜，耐久性好，维修方便，但刚性防水层材料的表观密度大，抗拉强度低，易受混凝土或砂浆的干湿变形、温度变形和结构变形而产生裂缝。主要适用于防水等级为Ⅲ级的屋面防水，也可用作Ⅰ、Ⅱ级屋面多道防水设防中的一道防水层，不适用于设有松散材料保温层的屋面以及受较大震动或冲击和坡度大于 15% 的建筑屋面。

（1）按防水材料分类

主要有细石混凝土防水屋面、预应力混凝土防水屋面、补偿收缩混凝土防水屋面、块体刚性防水屋面、粉末状憎水材料防水屋面和水泥砂浆防水屋面等。

（2）刚性防水屋面施工（以细石混凝土防水屋面为例）

由细石混凝土或掺入减水剂、防水剂等非膨胀性外加剂的细石混凝土浇筑成的防水混凝土，统称为普通细石混凝土防水层，用于屋面时，称为普通细石混凝土防水屋面。

常用的防水剂主要有三氯化铁、三乙醇胺、有机硅等。其抗渗原理是防水剂加入混凝土中后，即形成不溶性胶体化合物或配位化合物，用来堵塞毛细孔隙和减少毛细管通路，增加混凝土的密实性，从而提高其抗渗性。

1）施工工艺流程

基层处理→立分格条→扎钢筋（按分格缝位置剪断并制弯钩）→铺下层混凝土→提钢筋网→铺上层混凝土→平仓→振捣→滚压→光面→二次压光→三次压光→起分格缝条→嵌修缝格→养护→分格缝嵌胶泥或油膏→贴盖缝材料。

2）操作要点

①细石混凝土防水层厚度不小于 40 mm，并应配置双向钢筋网片（钢筋直径、间距应满足设计要求，如设计无明确要求时，可采用 $\phi4\sim6@100\sim200$）。钢筋在分格缝处应断开，钢筋网片应放置在混凝土的中上部，其保护层厚度不小于 10 mm。

②混凝土拌和应严格计量，控制坍落度，当沙石料含水率变化时应及时调整用水量，坍落度测定每台班不小于 2 次。

③混凝土应采用机械搅拌。如用手推车运输，应先搭设跑道；在一个分格内，可先松铺 25 mm，再将扎好的钢筋网提升到上面，然后再铺上层混凝土，拉刮平整；虚

铺厚度控制在 1.2 倍压实厚度，先用平板振动器振捣，然后用滚筒十字交叉来回滚压直至表面平整、密实、泛出水泥浆，后由专人抹光，抹压时不得在表面洒水、加水泥浆或撒干水泥。

④ 在混凝土初凝时进行第 2 次压光，剔除露出的活动石子，使表面砂浆基本成型，在终凝前再次压光，然后起出分格缝木条，并用 1:2 水泥砂浆修补好缝口。

⑤ 终凝后应随时进行养护，养护方法可采用覆盖草包浇水，塑料薄膜密封遮盖，刷混凝土养护液等；养护时间不应少于 14 d。

⑥ 施工时的气温宜在 5～35 ℃，以保证防水层的施工质量。

8.3 地下防水工程施工

随着高层建筑、大型公共建筑的增多，以及向地下要空间的要求，地下室和地下工程越来越多，地下防水工程越来越引起人们的重视，而地下防水成功，不仅是建筑物（或构筑物）使用功能的基本要求，而且在一定程度加强建筑物的结构安全和使用寿命，同时还可以节约投资，降低工程成本，减少维修。

纵览国内外地下建筑防水的多年实践，除围护结构已普遍采用掺外加剂的防水混凝土外，防水等级为Ⅰ、Ⅱ级的围护结构主体迎水面还应选用 1 种或 2 种防水材料做防水层，如：高聚物改性沥青防水卷材、防水涂料、弹性体接缝与密封材料（金属、橡胶类止水带、密封膏）等。地下工程防水等级及其标准和适用范围见表 8-3。

表 8-3　地下工程防水等级及其标准和适用范围

防水等级	标　准	适用范围
一级	不允许渗水，结构表面无湿渍	人员长期停留的场所，因有少量湿渍会使物品变质、失效的储物场所及严重影响设备正常运转和危及工程安全运营的部位，极重要的战备工程
二级	不允许漏水，结构表面可有少量湿渍。工业与民用建筑：总湿渍面积不应大于总防水面积（包括顶极、墙面、地面）的 1/1000；任意 100 m² 防水面积上的湿渍不超过 1 处，单个湿渍的最大面积不大于 0.1 m²。其他地下工程：总湿渍面积不应大于总防水面积的 6/1000；任意 100 m² 防水面积上的湿渍不超过 4 处，单个湿渍的最大面积不大于 0.2 m²	人员经常活动的场所。在有少量湿渍的情况下不会使物品变质、失效的储物场所及基本不影响设备正常运转和工程安全运营的部位，重要的战备工程

续表

防水等级	标　准	适用范围
三级	有少量漏水点，不得有线流和漏泥沙。 任意 $100 m^2$ 防水面积上的漏水点数不超过7处，单个漏水点的最大漏水量不大于 2.5 L/d，单个湿渍的最大面积不大于 $0.3 m^3$	人员临时活动的场所，一般战备工程
四级	有漏水点，不得有线流和漏泥沙。 整个工程平均漏水量不大于 2 L/ (m^2·d)； 任意 $100 m^2$ 防水面积的平均漏水量不大于 4 L/ (m^2·d)	对渗漏水无严格要求的工程

9.3.1 防水混凝土的施工

（1）模板安装

防水混凝土所有模板，除满足一般要求外，还应特别注意，模板拼缝严密不露装，构造应牢固稳定，固定模板的螺栓（或铁丝）不宜穿过防水混凝土结构。当固定模板用的螺栓必须穿过混凝土结构时，可采用工具式螺栓，螺栓加堵头、螺栓上加焊方形止水环等做法。止水环尺寸及环数应符合设计规定。如设计无规定，则止水环应为 10 cm×10 cm 的方形止水环，且至少有一环。

①螺栓加堵头的做法。在结构两边螺栓周围做凹槽，拆模后将螺栓沿平凹底割去，再用膨胀水泥砂浆将凹槽封堵，见图 8-16。

②螺栓加焊止水环的做法。在对拉螺栓中部加焊止水环，止水环与螺栓必须满焊严密。拆模后应沿混凝土结构边缘将螺栓割断。此法将消耗所用螺栓，见图 8-17。

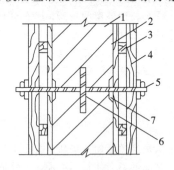

图 8-16　螺栓加堵头

1—围护结构；2—模板；3—小龙骨；4—大龙骨；5—螺栓；
6—止水环；7—堵头（折模后将螺栓沿平凹底割去，再用膨胀水泥砂浆封堵）

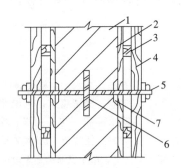

图 8-17　螺栓加焊止水环

1—围护结构；2—模板；3—小龙骨；4—大龙骨；5—螺栓；6—止水环

③预埋套管加焊止水环的做法。套管采用钢管，其长度等于墙厚（或其长度加上两端垫木的厚度之和等于墙厚），兼具撑头作用，以保持模板之间的设计尺寸。止水环

在套管上满焊严密。支模时在预埋套管中穿入对拉螺栓拉紧固定模板。拆模后将螺栓抽出，套管内以膨胀水泥砂浆封堵密实。套管两端有垫木的，拆模时连同垫木一并拆除，除密实封堵套管外，还应将两端垫木留下的凹坑用同样方法封实。此法可用于抗渗要求一般的结构（见图8-18）。

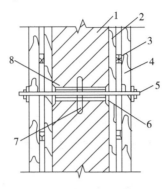

图8-18 预埋套管支撑示意
1—防水结构；2—模板；3—小龙骨；4—打龙骨；5—螺栓；6—垫木；
7—止水环；8—预埋套管

（2）钢筋绑扎

①做好钢筋绑扎前的除污、除锈工作。

②绑扎钢筋时，应按设计规定留足保护层，且迎水面钢筋保护层厚度不应小于50 mm。应以相同配合比的细石混凝土或水泥砂浆制成垫块，将钢筋垫起，以保证保护层厚度。严禁以垫铁或钢筋头垫钢筋，或将钢筋用铁钉及钢丝直接固定在模板上。

③钢筋应绑扎牢固，避免因碰撞、振动使绑扣松散、钢筋移位，造成露筋。

④钢筋及绑扎钢丝均不得接触模板。采用铁马凳架设钢筋时，在不便取掉铁马凳的情况下，应在铁马凳上加焊止水环。

⑤在钢筋密集的情况下，更应注意绑扎或焊接质量。并用自密实高性能混凝土浇筑。

（3）混凝土的搅拌和运输

严格按照经试配选定的施工配合比计算原材料用量，防水混凝土必须采用机械搅拌。搅拌时间不应小于120 s。掺外加剂时，应根据外加剂的技术要求确定搅拌时间。

运输过程中应采取措施防止混凝土拌合物产生离析，以及坍落度和含气量的损失，同时要防止漏浆。

（4）混凝土的浇筑

防水混凝土应连续浇筑，宜不留或少留施工缝。顶板、底板不宜留施工缝，顶板、拱不宜留纵向施工缝。墙体水平施工缝不宜留在剪力和弯矩最大处或底板与侧墙的交接处，应留在底板表面以上不小于200 mm的墙体上，墙体有预留孔洞时，施工缝距孔洞边缘不应小于300 mm；如必须留设垂直施工缝时，应避开地下水和裂隙水较多的地段，并易与变形缝相结合。施工缝接缝形式见图8-19。

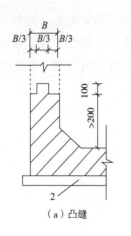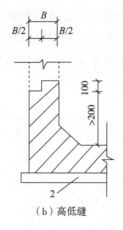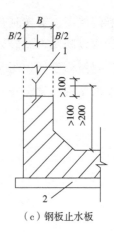

（a）凸缝　　　　　　　（b）高低缝　　　　　　　（c）钢板止水板

图 8-19　施工缝接缝形式

1—钢板止水板；2—底板

混凝土浇筑应分层，每层厚度不宜超过 30～40 cm，相邻两层浇筑时间间隔不应超过 2 h，夏季可适当缩短。

（5）混凝土的养护

防水混凝土终凝后（一般浇后 4～6 h），即应开始覆盖浇水养护，养护时间应在 14 d 以上。冬季施工混凝土入模温度不应低于 5 ℃，宜采用综合蓄热法、蓄热法、暖棚法等养护方法，并应保持混凝土表面湿润，防止混凝土早期脱水。如采用掺化学外加剂方法施工时，能降低水溶液的冰点，使混凝土在低温下硬化，但要适当延长混凝土搅拌时间，振捣要密实，还要采取保温保湿措施。不宜采用蒸汽养护和电热养护。地下构筑物应及时回填分层夯实，以避免由于干缩和温差产生裂缝。防水混凝土结构须在混凝土强度达到设计强度 40% 以上时方可在其上面继续施工，达到设计强度 70% 以上时方可拆模。拆模时，混凝土表面温度与环境温度之差，不得超过 15 ℃，以防混凝土表面出现裂缝。

（6）细部构造防水

细部构造主要包括施工缝、变形缝，后浇带、预埋螺栓、预埋铁件、穿墙套管等。这些部位处理不好而导致的渗透现象最为普遍，工程界有所谓"十缝九漏"之说，我们必须认真对待。

①变形缝两侧应平整、清洁、无渗水，并涂刷与嵌缝材料相容的基层处理剂，嵌缝应先设置与嵌缝材料隔离的背衬材料，并嵌填密实，与两侧黏结牢固，在缝上粘贴卷材或涂刷涂料前，应在缝上设置隔离层后才能进行施工。

目前常用的是采用止水带的做法，钢板止水带和 BW 橡胶止水带效果较好，操作也比较简单，但埋设部位必须符合设计要求。BW 橡胶止水条，材料为 200 mm× 30 mm 的长条柔软固体，浸入水中，膨胀率为 100%～500%，施工方便。将混凝土表面清洗干净，撕掉 BW 止水条隔离纸，利用材料本身的黏性，粘在混凝土表面，冬天粘贴力较低或用于垂直缝上时，可隔 1 m 钉一个钢钉，加以固定，然后即可浇灌混凝土。BW 止水条的应用简化了施工缝的施工工艺，防水性能可靠。止水带形式见图 8-20，埋置止水带的形式见图 8-21。

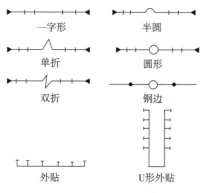

图 8-20　止水带

②使用防水螺栓。为了解决墙体穿墙螺栓遗留的渗水隐患，地下室外墙模板宜用一次性的防水螺栓。止水环采用 4 mm 厚的钢板，直径 8 mm，要求与栓满焊牢固。外墙螺栓在拆除模板后，在外螺栓的根部剔凿 40 mm 深的缺口，用气焊烧断螺栓，用防水砂浆将缺口堵抹压实。

③穿墙管道的防水处理。在管道穿过防水结构处，要预埋套管，在套管上加焊止水环，要满焊严密。止水环数量按设计规定。安装穿管时，先将管道穿过预埋管件，并将位置找准，做临时固定，然后一端用封口钢板将套管焊牢，再将另一端套管和穿管之间的缝隙用防水密封材料嵌填密实，并将封口钢板封堵严密。

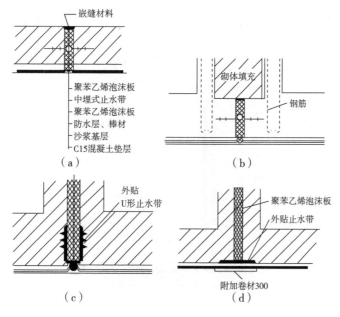

图 8-21　埋置止水带的形式

8.3.2 地下室卷材防水层的施工

其施工方法有两种：

①外防外贴法，即待结构边墙（钢筋混凝土结构外墙）施工完成后，直接把卷材防水层贴在边墙上（即地下结构墙迎水面），最后做卷材防水层的保护层（其施工要点参见后面的工程实例）。

施工程序：浇筑垫层→砌永久性保护墙→砌 300 mm 高临时保护墙→墙上粉刷水泥砂浆找平层→转角处铺贴附加防水层→铺贴底板防水层→浇筑底板和墙体砼→防水结构外墙水泥砂浆找平层→立面防水层施工→验收、保护层施工。外防外贴法防水构造见图 8-22。

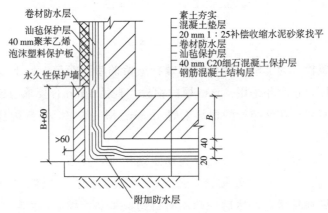

图 8-22 外防外贴法防水构造

②外防内贴法，即结构边墙（钢筋混凝土结构外墙）施工前先砌永久保护墙，然后将卷材防水层贴在永久保护墙上，最后浇注边墙混凝土的方法。在施工条件受到限制、外防外贴法施工难以实施时，才采用外防内贴防水施工法。

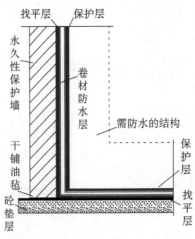

图 8-23 外防内贴法防水构造

8.4 室内防水施工

厕浴间、厨房等室内的楼地面应优先选用涂料或刚性防水材料在迎水面做防水处理，也可选用柔性较好且易于与基层粘贴牢固的防水卷材。墙面防水层宜选用刚性防水材料或经表面处理后与粉刷层有较好结合性的其他防水材料。水池中使用的防水材料应具有良好的耐水性、耐腐性、耐久性和耐菌性；高温池防水，宜选用刚性防水材料。选用柔性防水层时，材料应具有良好的耐热性、热老化性能稳定性、热处理尺寸稳定性；在饮用水水池和游泳池中使用的防水材料及配套材料，必须符合现行国家标准《生活饮用水输配水设备及防护材料的安全性评价标准》（GB/T 17219）等现行有关标准的规定。

8.4.1 基本规定

（1）设计基本规定

1）设计选材

室内防水工程做法和材料选用，根据不同部位和使用功能，可按表8-4 、表8-5的要求设计。

表 8-4 室内防水做法选材（楼地面、顶面）

序号	部位	保护层、饰面层	楼地面（池底）	顶面
1	厕浴间、厨房间	防水层面直接贴瓷砖或抹灰	各种防水涂料、刚性防水材料、聚乙烯丙纶卷材	聚合物水泥防水砂浆、刚性无机防水材料
		混凝土保护层	刚性防水材料、合成高分子涂料、改性沥青涂料、渗透结晶防水涂料、自粘卷材、弹（塑）性体改性沥青卷材、合成高分子卷材	
2	蒸汽浴室、高温水池	防水层面直接贴瓷砖或抹灰	刚性防水材料	
		混凝土保护层	刚性防水材料、合成高分子涂料、聚合物水泥砂浆、渗透结晶防水涂料、自粘橡胶沥青卷材、弹（塑）性体改性沥青卷材、合成高分子卷材	
3	游泳池、水池	无饰面层	刚性防水材料	
		防水层面直接贴瓷砖或抹灰	刚性防水材料、聚乙烯丙纶卷材	
		混凝土保护层	刚性防水材料、合成高分子涂料、改性沥青涂料、渗透结晶防水涂料、自粘橡胶沥青卷材、弹（塑）性体改性沥青卷材、合成高分子卷材	

表 8-5　室内防水做法选材（立面）

序号	部位	保护层、饰面层	立面（池壁）
1	厕浴间、厨房间	防水层面直接贴瓷砖或抹灰	刚性防水材料、聚乙烯丙纶卷材
		防水层面经处理或钢丝网抹灰	刚性防水材料、合成高分子防水涂料、合成高分子卷材
2	蒸汽、浴室	防水层面直接贴瓷砖或抹灰	刚性防水材料
		防水层面经处理或钢丝网抹灰、脱离式饰面层	刚性防水材料、合成高分子防水涂料、合成高分子卷材
3	游泳池、水池（高温）	无保护层和饰面层	刚性防水材料
		防水层面直接贴瓷砖或抹灰	刚性防水材料、聚乙烯丙纶卷材
		混凝土保护层	刚性防水材料、合成高分子涂料、改性沥青防水涂料、渗透结晶防水涂料、自粘橡胶沥青卷材、弹（塑）性体改性沥青卷材、合成高分子卷材
4	高温水池	防水层面直接贴瓷砖或抹灰	刚性防水材料
		混凝土保护层	刚性防水材料、合成高分子防水涂料、合成高分子卷材

2）室内工程防水层最小厚度要求

室内工程防水层最小厚度要求，见表 8-6。

表 8-6　室内工程防水层最小厚度/mm

序号	防水层材料类型		厕所、卫生间、厨房	浴室、游泳池、水池	两道设防或复合防水
1	聚合物水泥、合成高分子涂料		1.2	1.5	1.0
2	改性沥青涂料		2.0	——	1.2
3	合成高分子卷材		1.0	1.2	1.0
4	弹（塑）性体改性沥青卷材		3.0	3.0	2.0
5	自粘橡胶沥青防水卷材		1.2	1.5	1.2
6	自粘聚酯胎改性沥青防水卷材		2.0	3.0	2.0
7	刚性防水材料	掺外加剂、掺合料防水砂浆	20	25	20
		聚合物水泥防水砂浆Ⅰ类	10	20	10
		聚合物水泥防水砂浆Ⅱ类、刚性无机防水材料	3.0	5.0	3.0
		水泥渗透结晶型防水涂料	0.8	1.0	0.6

3）排水坡度

地面向地漏处排水坡度应不小于1%；从地漏边缘向外50 mm内的排水坡度为5%；大面积公共厕浴间地面应分区，每一个分区设一个地漏。区域内排水坡度应不小于1%，坡度直线长度不大于3 m。

（2）施工基本规定

①二次埋置的套管，其周围混凝土强度等级应比原混凝土提高一级，并应掺膨胀剂；二次浇筑的混凝土结合面应清理干净后进行界面处理，混凝土应浇捣密实；加强防水层应覆盖施工缝，并超出边缘不小于150 mm。防水卷材与基层应采用满粘法铺贴；卷材接缝必须粘贴严密。以水泥基胶结料作搭接缝胶粘剂的卷材，用于水池防水时，单层卷材搭接缝和双层迎水面卷材搭接缝，应进行密封处理。

②施工管理：自然光线较差的室内防水施工应配备足够的照明灯具。通风较差时，应准备通风设备；施工现场应配备防火器材，注意防火、防毒。

8.4.2 卫生间的防水施工

（1）施工前的准备工作

①卫生间防水分项工程施工前应由施工单位编写《卫生间防水施工方案》，由监理单位及建设单位审批通过后方可施工。

②防水材料要有正规的出厂合格证及性能检验报告，进场后必须进行复检，合格后方可使用。

③结构施工时卫生间穿模板管道预留洞的位置要准确，管道安装前要用线坠吊线检查，确保管道周围缝隙不小于30 mm。个别位置不准确的孔洞用水钻开孔，严禁随意剔凿。

④热水及暖气管道穿模板要使用套管，套管顶部应高出装饰地面50 mm，下部应与模板底面相平，安装前应准确计算其长度。穿过模板的套管与管道之间缝隙应用阻燃密实材料和防水油膏填实，端面要光滑。

⑤居室地面施工时在卫生间门口处预留出300 mm宽用以防水，待卫生间防水层施工完毕后和防水保护层一起施工，见图8-24。

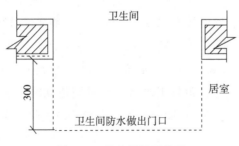

图8-24 卫生间门口处理

（2）施工工艺流程

基层处理→找平层施工→防水层施工→防水层的验收（闭水试验）→保护层施工。

①基层处理：将基层的浮灰、油污等处理干净，不允许有凹凸不平、松动和起沙掉灰等缺陷存在。

所有管件、卫生设备、地漏或排水口等必须安装牢固，接缝严密，收头圆滑，不得有任何松动现象。

②找平层施工：推荐使用 1∶2.5 防水水泥砂浆，卫生间周围墙角处抹成 $R=30$ mm 的圆弧，管道周围留凹槽内嵌油膏。分两次抹压，最后压光压平。找平层要及时养护，以防找平层开裂、空鼓或起沙。

③防水层施工（以聚氨酯防水涂料为例）。

a. 待找平层完全干透后，将找平层彻底清扫干净。应先在管根、地漏，四周墙根周围涂刷一道涂膜附加层，内加玻璃丝布，管道周围直径为 300 mm，墙角处沿墙高和模板水平方向各 150 mm。待干到不粘手时，开始整体涂刷防水涂膜。

b. 整体涂刷要分层进行，每层涂膜厚度要均匀，涂刷方向要一致，不得漏涂。先涂刷立面后涂刷平面，相邻两层涂膜涂刷方向应相互垂直，时间间隔根据环境温度和涂膜固化程度控制。各整体防水层在墙根处应向上卷起至少 200 mm（见图 8-25），门口铺出 300 mm 宽。有淋浴的卫生间墙面防水层应高出地面 1800 mm，或建议满墙面做防水处理。防水层厚度要符合设计要求，最后一遍涂膜半固化时，抛掷粗沙粒，便于日后与水泥砂浆结合。

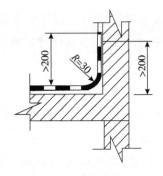

图 8-25　墙根部处理

c. 聚氨酯防水涂膜总厚度要求 1.5 mm 以止，不能靠遍数决定。

④防水层的验收（闭水试验）：防水层施工完毕后，必须进行闭水试验，将卫生间的所有下水堵住，并在门口砌一道 25 cm 高的"坎"，然后在卫生间中灌入 20 cm 高的水，试验时间为 24 h 以上。自顶板下方观测管道周边和其他墙边角处等部位无渗水、湿润现象。经监理单位、建设单位验收合格后办理隐蔽验收记录。

⑤保护层施工：防水层上的保护层要一次成活。施工时要做好成品保护，防止破坏防水层。保护层向地漏找坡，坡度不小于 3%。

8.4.3 卫生间防水施工注意事项

8.4.4 室内防水质量检查与验收

8.5 外墙防水及抗渗漏

墙体是建筑物的重要组成部分。墙体的渗漏现象，在各类建筑体系中都不同程度地出现。外墙渗漏不仅影响建筑的使用寿命和结构安全，而且还直接影响使用功能。随着墙体多种新型材料的开发与应用，导致外墙面的渗漏率有逐年增加的趋势，给人们的生活和工作带来极大的不便，特别是多雨地区高层建筑外墙渗漏更为严重，危害更大。为了克服外墙渗漏问题应采取有针对性的技术措施。

8.5.1 基本规定

（1）建筑外墙防水防护应满足的基本功能要求

应具有防止雨雪水侵入墙体的作用，保证火灾情况下的安全性，可承受风荷载的作用及可抵御冻融和夏季高温破坏的作用。

（2）防水设防要求

①符合下列情况之一的外墙，应采用墙面整体防水设防：

a. 年降水量≥800 mm 地区的外墙。

b. 年降水量≥600 mm 且基本风压≥0.5 kN/m² 地区的外墙。

c. 年降水量≥400 mm 且基本风压≥0.4 kN/m²，或年降水量≥500 mm 且基本风压≥0.35 kN/m²，或年降水量≥600 mm 且基本风压≥0.3 kN/m² 的地区有外保温的外墙。

②以上条件之外，年降水量≥400 mm 地区的外墙，应采用节点构造防水措施。

8.5.2 一般规定

（1）设计一般规定

①建筑外墙的防水防护层应设置在迎水面。

②不同结构材料的交接面应采用宽度不小于 300 mm 的耐碱玻璃纤维网格布或经防腐处理的金属网片做抗裂增强处理。

③外墙各构造层次之间应黏结牢固，并宜进行界面处理。界面处理材料的种类和做法，应根据构造层次材料确定。

（2）施工一般规定

外墙门窗框及伸出外墙的管道、设备或预埋件应在防水防护施工前安装完毕，并验收合格。其他规定同防水工程相关内容。

（3）材料一般规定

应符合国家现行有关标准的要求，防水材料的性能指标应满足建筑外墙防水设计的要求，防水材料可使用普通防水砂浆、聚合物水泥防水砂浆、聚合物水泥防水涂料、聚合物乳液防水涂料、聚氨酯防水涂料、防水透气膜，密封材料可使用硅酮密封胶、聚氨酯密封胶、聚硫密封胶、丙烯酸酯密封胶。饰面材料兼做防水层时，应满足防水功能及耐老化性能要求。

8.5.3 外墙防水施工

（1）无保温外墙防水防护施工

①外墙结构表面的油污、浮浆应清除，孔洞、缝隙应堵塞抹平，不同结构材料交接处的增强处理材料应固定牢固。

②外墙结构表面清理干净，做界面处理，涂层应均匀，不露底，待表面收水后，进行找平层施工。找平层砂浆强度和厚度应符合设计要求。厚度在 10 mm 以上时，应分层压实、抹平。

③防水砂浆施工：

a. 基层表面应为平整的毛面，光滑表面做界面处理，并充分湿润。

b. 防水砂浆按规定比例搅拌均匀，配制好的防水砂浆在 1 h 内用完，施工中不得任意加水。

c. 界面处理材料涂刷厚度应均匀、覆盖完全，收水后应及时进行防水砂浆的施工。

d. 防水砂浆涂抹施工厚度大于 10 mm 时应分层施工，第二层应待前一层指触不粘时进行，各层黏结牢固。

每层连续施工，当需要留槎时，应采用阶梯坡形槎，接槎部位离阴阳角不小于 200 mm；上、下层接槎应错开 300 mm 以上。接槎应依层次顺序操作、层层搭接紧密。涂抹时应压实、抹平，并在初凝前完成。遇气泡时应挑破，保证铺抹密实。

e. 窗台、窗楣和凸出墙面的腰线等部位上表面的流水坡应找坡准确，外口下沿的滴水线应连续、顺直。

f. 砂浆防水层分格缝的留设位置和尺寸应符合设计要求。分格缝的密封处理应在防水砂浆达到设计强度的 80% 后进行，密封前将分格缝清理干净，密封材料应嵌填密实。

g. 砂浆防水层转角抹成圆弧形，圆弧半径应大于等于 5 mm，转角抹压应顺直。

h. 门框、窗框、管道、预埋件等与防水层相接处留 8～10 mm 宽的凹槽，做密封处理。

i. 砂浆防水层未达到硬化状态时，不得浇水养护或直接受雨水冲刷。聚合物水泥防水砂浆硬化后，应采用干湿交替的养护方法；普通防水砂浆防水层应在终凝后进行保湿养护。养护时间不少于 14 d，养护期间不得受冻。

④防水涂膜施工：

a. 涂料施工前应先对细部构造进行密封或增强处理。

b. 涂料的配制和搅拌：双组分涂料配制前，将液体组分搅拌均匀。配料应按规定要求进行，采用机械搅拌。配制好的涂料应色泽均匀，无粉团、沉淀。

c. 涂料涂布前，应先涂刷基层处理剂。

d. 涂膜分多遍完成，后遍涂布应在前遍涂层干燥成膜后进行。每遍涂布应交替改变涂层的涂布方向，同一涂层涂布时，先后接槎宽度为 30～50 mm。甩槎应避免污损，接涂前应将甩槎表面清理干净，接槎宽度不小于 100 mm。

e. 胎体增强材料应铺贴平整、排除气泡，不得有褶皱和胎体外露，胎体层充分浸透防水涂料；胎体的搭接宽度不小于 50 mm，底层和面层涂膜厚度不小于 0.5 mm。

（2）外保温外墙防水防护施工

①保温层应固定牢固，表面平整、干净。

②外墙保温层的抗裂砂浆层施工

a. 抗裂砂浆施工前应先涂刮界面处理材料，然后分层抹压抗裂砂浆。

b. 抗裂砂浆层的中间设置耐碱玻纤网格布或金属网片。金属网片与墙体结构固定牢固。

c. 玻纤网格布铺贴应平整、无皱折，两幅间的搭接宽度不小于 50 mm。

d. 抗裂砂浆应抹平压实，表面无接槎印痕，网格布或金属网片不得外露。防水层为防水砂浆时，抗裂砂浆表面应搓毛。

e. 抗裂砂浆终凝后，及时洒水养护，时间不得少于 14 d。

③防水层施工同无外保温外墙防水施工。

④防水透气膜施工：

a. 基层表面应平整、干净、干燥、牢固，无尖锐凸起物。

b. 铺设从外墙底部一侧开始，将防水透气膜沿外墙横向展开，铺于基面上。沿建筑立面自下而上横向铺设，按顺水方向上下搭接。当无法满足自下而上铺设顺序时，应确保沿顺水方向上下搭接。

c. 防水透气膜横向搭接宽度不小于 100 mm，纵向搭接宽度不小于 150 mm。搭接缝采用配套胶粘带黏结。相邻两幅膜的纵向搭接缝相互错开，间距不小于 500 mm。

d. 防水透气膜随铺随固定，固定部位预先粘贴小块丁基胶带，用带塑料垫片的塑料锚栓将透气膜固定在基层墙体上，固定点每平方米不少于 3 处。

e. 铺设在窗洞或其他洞口处的防水透气膜，以 I 形裁开，用配套胶粘带固定在洞口内侧。与门、窗框连接处应使用配套胶粘带满粘密封，四角用密封材料封严。

f. 幕墙体系中穿透防水透气膜的连接件周围用配套胶粘带封严。

（3）整体浇筑混凝土外墙防水施工

墙顶一次浇筑在支设外墙板外侧模板时，在其顶端加设楔形衬模，见图 8-26（a）；墙顶分开浇筑时，墙板混凝土应高出板底 20～30 mm，待顶板模板支设后将浮浆剔除，使墙体上口高出板底 10 mm，形成企口缝，以达到止水效果，见图 8-26（b）。

（4）外墙砌体防水施工

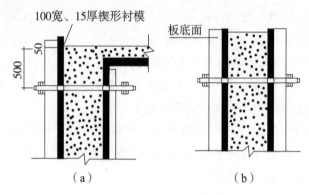

100宽、15厚楔形衬模

板底面

（a） （b）

图 8-26　剪力墙与顶板交界处

①砌块墙构造柱与框架梁的节点做成柔性节点，使其既能抵抗地震时的水平推力，又能消除柱两侧墙体压应力集中导致的剪切变形开裂。

②悬臂梁上的墙体，在 L 形和 T 形交接处均设置构造柱，与悬臂梁节点柔性连接。每 2 皮砌块高度设 2Φ6 通长拉结筋，与构造柱可靠连接，墙顶与悬臂梁之间用 20 mm 厚聚苯板填实。内外装饰时留出 10 mm 宽缝，用耐候硅酮胶嵌成防水柔性缝，以消除悬臂梁下挠而导致的墙体开裂。

③砌筑过程中，砌体与框架柱、剪力墙的节点缝逐皮填实砂浆后，再每侧划入 30 mm 深；每砌完 5 皮砌块，用嵌缝抹子将内外灰缝原浆压实，以封闭毛细孔。

④在墙体预埋电气配管，可待砌体砂浆达到设计强度后用无齿锯切槽，使槽深大于配管直径 10 mm，将配管在槽内固定牢固。用喷雾器吹洗湿润管槽后，再用 1∶2 石膏砂浆抹平、压实并凿毛。对穿越墙体的通风空调管道，在砌筑时准确预留孔洞，严禁遗漏；对消防、给水系统穿越墙体的管道，用成孔机在墙体上打孔，并埋设钢套管。

8.5.4 外墙防水质量检查与验收

外墙防水
质量检查
与验收

课后习题

1. 目前有发展前途的防水材料有哪些？

2. 按采用的防水材料划分，屋面防水可分为几类？

3. 试述 SBS 热塑性弹性体改性沥青防水卷材的施工工艺和操作要点。

4. 试述涂膜防水的施工工艺和施工顺序。

5. 地下室卷材防水层的施工方法有几种？什么是"外防外贴法"？

6. 试述细石混凝土防水屋面的施工要点。

7. 试述卫生间涂膜防水的施工要点。

第9章
建筑装饰装修工程

本 章 提 要

本章内容包括建筑装饰装修工程的一般要点和现行主流装饰装修工艺及要求。前者主要讲述建筑装饰装修的作用，装饰装修工程特点与分类、基本规定和质量验收注意事项。后者重点介绍抹灰工程、饰面板（砖）工程、涂饰工程和幕墙工程四个子分部工程中的部分分项工程现行主流施工工艺及相关要求。学习及应用本章内容需要特别注意的是，为了使装饰装修工程达到规定的质量要求，在具体施工时，对建筑无论如何装饰装修，均应重视基层的处理。

【教学目标】

（1）知识目标

①了解装饰装修的作用；

②了解装饰装修工程的特点、分类、基本规定；

③熟悉装饰装修工程质量验收注意事项；

④掌握现行主流装饰装修工艺及相关要求。

（2）能力目标

①能根据所学理论知识为具体工程及工程不同部位选定合适的装饰装修（内容及工艺）；

②通过学习，能对实际工程中出现的各类装饰装修工程质量问题进行分析，并提出解决办法。

（3）素质目标

熟悉与装饰装修工程相关的职业或行业的标准规范。

（4）情感价值提升

①培养不懈追求极致美学的精神；

②培养严谨务实的工作作风。

【思维导图】

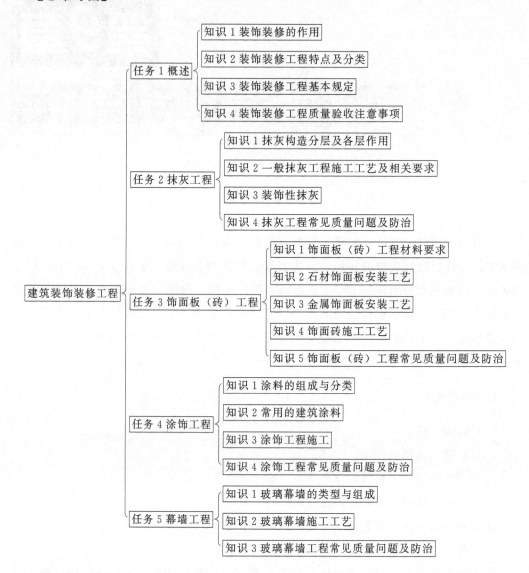

建筑装饰装修工程

任务1 概述
- 知识1 装饰装修的作用
- 知识2 装饰装修工程特点及分类
- 知识3 装饰装修工程基本规定
- 知识4 装饰装修工程质量验收注意事项

任务2 抹灰工程
- 知识1 抹灰构造分层及各层作用
- 知识2 一般抹灰工程施工工艺及相关要求
- 知识3 装饰性抹灰
- 知识4 抹灰工程常见质量问题及防治

任务3 饰面板（砖）工程
- 知识1 饰面板（砖）工程材料要求
- 知识2 石材饰面板安装工艺
- 知识3 金属饰面板安装工艺
- 知识4 饰面砖施工工艺
- 知识5 饰面板（砖）工程常见质量问题及防治

任务4 涂饰工程
- 知识1 涂料的组成与分类
- 知识2 常用的建筑涂料
- 知识3 涂饰工程施工
- 知识4 涂饰工程常见质量问题及防治

任务5 幕墙工程
- 知识1 玻璃幕墙的类型与组成
- 知识2 玻璃幕墙施工工艺
- 知识3 玻璃幕墙工程常见质量问题及防治

9.1 概述

依据形式美客观规律，针对不同装饰装修材料采用相适应的施工工艺，对建筑外表面、内表面及内部空间环境进行设计、加工，这种行为或者过程即是建筑装饰装修。

9.1.1 装饰装修的作用

对建筑物各部位进行装饰装修，虽然使用的材料、工艺方式千差万别，但主要作用均可归纳为如下三点：

①提高建筑物的耐久性。通过表面覆盖有效防止服役环境中的各侵蚀源、污染源直接接触建筑主体结构，从而使建筑物的预期寿命得到保证甚至延长。

②满足建筑物的使用要求。装饰装修层能降低维护构件散热速度，提高其保温隔热效果，同时，部分装饰装修材料具备防潮防水性能，更好地满足了建筑物的适用性。此外，还能增加室内采光亮度，一定程度上保证内外整洁。

③提高建筑艺术效果。通过对装饰装修层的色彩、质感、线条及纹理的不同处理能弥补建筑设计上的某些不足，使建筑的艺术形象得到彰显。

9.1.2 装饰装修工程特点及分类

（1）装饰装修工程特点

装饰装修是极具复杂性的对建筑进行再创作的一项艺术过程，其风格各异，材料种类繁多，再加上建筑空间的限制、施工过程中各工序的纵横交错，给施工带来诸多不便，需要工程人员在实践中不断总结经验，掌握施工特点，提高施工效率。目前，建筑装饰装修工程在施工过程中体现的特点主要包括：

①工程量大。工程总量大，涉及面广，子项目多。

②施工工期长。一般占总工期的 30％～40％，高级装饰则占比更大，达 50％及以上。

③机械化程度低。手工作业量大，施工效率低。

④占建筑总造价的比例较高。一般占总造价的 30％以上，高档装饰则超过 50％。

⑤材料、工艺更新速度快。

此外，装饰装修工程质量对建筑物使用功能和整体建筑效果影响大，施工管理复杂。

（2）装饰装修工程分类

①按装饰装修部位及施工工艺不同可分为：室内装饰装修和室外装饰装修（或墙面装饰装修、楼地面装饰装修）；抹灰工程、涂饰工程、饰面板（砖）工程、幕墙工程等。

②按所用材料不同可分为：灰浆类、卷材类、涂料类、板（砖）材类等。

9.1.3 装饰装修工程基本规定

（1）一般规定

1）设计方面

①建筑装饰装修工程应进行设计，并出具完整的设计施工图。

②承担建筑装饰装修工程的单位应具备相应的资质（含设计、施工等资质）。

③建筑装饰装修设计应符合城市规划、消防、环保、节能减排等有关规定。

④装饰装修设计不得改动主体受力关系，否则需经原结构设计单位同意。

⑤装饰装修防火、抗震、防雷设计应符合现行国家标准的规定。

⑥当建筑墙体或吊顶内的管线可能产生冰冻或结露时，应进行防冻或防结露设计。

2）材料方面

①建筑装饰装修材料选用应符合国家标准（品种、规格、质量，包括阻燃、有害物质含量限量等），禁用国家明令淘汰的材料。

②应对材料品种、规格、外观、尺寸分进场批次进行验收，包装应完好且有合格证、检测报告、进口材料有商品检验报告，需复检的材料要有质检部门检验报告。

③材料施工前及施工中均要按照材料说明操作（防火防腐、流体材料配制等）。

3）施工方面

①施工单位在施工前应编制施工组织设计或施工方案并经过审查批准。

②对施工人员应进行上岗前培训。

③照图施工，未经设计确认或有关部门批准，不得擅自拆改主体、水、暖、电、燃气、通信等配套设施。

④建立有关施工安全、劳动保护、防火防毒的管理制度和措施，配备必要的设备和标识。

⑤装饰前，应对主体进行验收，或已有建筑对基底处理达到规范要求。

⑥装修前应有主要材料的样板或做样板间，并应经有关各方确认。

⑦隐蔽工程验收应有记录，记录应包含隐蔽工程部位照片。

⑧施工过程中应注意保护成品、半成品，装修施工结束后应将现场清理干净，等待验收。

（2）室内环境污染控制

建筑装饰装修工程全过程中均应严格把控由于施工及施工用材料造成的空气污染、光污染、噪声污染、水污染等各个方面的污染程度，对室内环境有要求的建筑，交付使用前可委托质检部门进行相关检测。

9.1.4 装饰装修工程质量验收注意事项

（1）国家行业标准

验收项目及合格标准严格按照现行国家规范《建筑工程施工质量验收统一标准》（GB 50300—2013）和《建筑装饰装修工程质量验收规范》（GB 50210—2018）实施。

（2）验收的有关规定

①分项工程验收由监理、施工单位共同验收。

②总分部工程应由总监、施工单位进行验收。

③单位工程（当建筑工程只有装饰装修分部工程时，该工程作为单位工程验收）完工后，施工单位自评并向甲方提交工程验收报告。

④甲方组织含分包单位在内的各参与施工单位、设计单位、监理单位及质监部门进行工程验收。

⑤验收合格后，应有一套完整的竣工资料备案在建设行政主管部门。

9.2 抹灰工程

抹灰工程是指采用各种灰浆类材料涂抹在建筑物表面上的一种装饰工程，俗称"粉饰"或"粉刷"。工程用灰浆类材料包括石灰砂浆、石膏砂浆、水泥砂浆等各种砂浆和装饰性水泥石子浆。

按使用要求和装饰效果不同，抹灰工程分为一般抹灰和装饰性抹灰。根据质量要求和主要工序不同，一般抹灰又分为普通抹灰和高级抹灰，具体见表9-1。一般抹灰常指采用水泥砂浆、水泥混合砂浆、聚合物砂浆、粉刷石膏等材料进行的抹灰；装饰性抹灰包括水刷石、斩假石、干黏石和假面砖等抹灰类型。

表 9-1　抹灰

类型	做法	主要工序	质量要求
普通抹灰	底层、面层各一道	分层赶平、修整、表面压光	表面光洁、接槎平整，分格缝清晰
高级抹灰	底层、面层各一道，中间层数道	阴阳角找方，设置标筋，其余同普通抹灰	颜色均匀、无抹纹，阴阳角及灰线平直方正、清晰美观，其余同普通抹灰

9.2.1 抹灰构造分层及各层作用

抹灰层一般分为底层、中层及面层。底层兼具初步找平、与基层黏结作用；中层的作用是进一步找平，减少龟裂，它是保证质量的关键层；面层则是起艺术装饰作用。

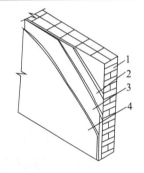

图 9-1　抹灰层示意图
1—基体；2—底层；3—中层；4—面层

抹灰层必须分层，见图9-1，主要有以下两方面原因：一，抹灰层具有一定厚度，一次抹成不但操作困难，不易压实，当抹灰层过厚时，自重超过其与基层的黏结力，灰浆易下坠脱离基体导致出现空鼓，甚至掉落；二，砂浆内外干燥速度相差过大，表面易于产生收缩裂缝，另外若所用灰浆类材料掺有石灰膏等气硬性胶凝材料，由于石灰膏在硬化时需要吸收空气中的二氧化碳，而二氧化碳在空气中含量又少，故硬化缓慢，尤其是抹灰层深处，长时间不能硬结。因此，为确保施工质量，抹灰工程分厚度适宜的若干层进行，且各层之间留有一定施工间歇时间，为各层充分硬化创造条件。

各层的作用不同，所用材料及其配合比存在差别，涂抹厚度也不完全相同。再者，基体材料及涂抹位置不同，抹灰层总厚度也应不同。具体情况见表9-2、9-3。

①底层：所用材料随基层不同而异，砖墙面常用石灰砂浆、混合砂浆、水泥砂浆；

对混凝土基层宜先刷素水泥浆一道，再采用混合砂浆或水泥砂浆打底，更易于黏结牢固；木板条、钢丝网基层等，用混合砂浆、麻刀灰和纸筋灰并将灰浆挤入基层缝隙内，以加强黏结。通常情况下，水泥砂浆配合比宜取 1∶2.5～3，混合砂浆宜取 1∶1∶6，其余类型砂浆可参照执行，施工稠度取 90～110 mm 较好。

②中层：基层材料不同，宜采用不同材料及配比，其做法基本上与底层相同。按照施工质量要求可一次抹成，也可分遍进行。施工稠度宜为 70～90 mm。

③面层：施工稠度宜为 70～80 mm，所用材料根据设计要求的装饰效果而定。室内墙面及顶棚抹灰，常用麻刀灰或纸筋灰；室外抹灰常用水泥砂浆或做成干黏石等饰面层。

表 9-2　每层厚度

层次	每层厚度
底层	5～9 mm
中层	7～9 mm
面层	2～5mm

表 9-3　抹灰层平均总厚度

部位	抹灰层平均总厚度	备注
外墙	墙面不宜大于 20 mm，勒脚及突出墙面部分不宜大于 35 mm	当抹灰厚度大于等于 35 mm 时，需要采取加强措施
内墙	普通抹灰不宜大于 20 mm，高级抹灰不宜大于 25 mm	
顶棚	板条、预制混凝土板不宜大于 10 mm，现浇混凝土板不宜大于 5 mm	

9.2.2 施工准备

施工前准备工作以备好满足数量和质量要求的各抹灰材料为主：

①按照经验或设计要求配制一定配合比的各种砂浆，砂浆应用机械均匀搅拌、随用随拌，禁止一次搅拌过多。

②水泥必须有出厂性能检测报告和合格证，不能使用过期水泥，不同标号、不同种类的水泥不得混合使用，且应对水泥的凝结时间和安定性进行复验。

③石灰必须熟化成石灰膏，不得含有生颗粒。常温熟化时间应不少于 15 天，用于罩面时应不少于 30 天；若为磨细生石灰粉熟化时间宜大于等于 7 天，不应少于 3 天。

④砂子分粗、中、细三级，使用前过筛，以河砂为主，砂要坚硬、含泥等杂质数量少。底层与中层抹灰多用中砂，面层多用细砂。

⑤麻刀保持柔韧干燥，不含杂质，长度 10-30 mm 为宜，使用前 4-5 天敲打松散，用石灰膏调好。

⑥纸筋在使用前三周用水浸泡、捣碎。不含杂质，纤维长度不得超过 30 mm。

⑦膨胀珍珠岩粉的密度应为40-300 kg/m³。

⑧其他各种附加剂按需适量添加。

此外施工前还必须完成的准备工作有：屋面防水或上层楼面面层已完工，不得渗漏；主体工程已通过质量验收；门窗框已安装就位，各种管道安装完毕；工作环境不低于5℃；各种机具已备齐。

9.2.3 一般抹灰工程施工工艺及相关要求

一般抹灰工程包括室内抹灰和室外抹灰，前者又分为顶棚抹灰、内墙抹灰和地面抹灰。抹灰部位不同，施工步骤略有增减，但主要流程及质量要求无异，如下：

基底处理：不同材质基底处理方式不同，但总体要求都一致，即基层表面的灰尘、污垢等应清除干净，并修复存在的缺陷，达到《建筑装饰装修工程质量验收规范》（GB 50210—2018）的要求。常见的几种不同材质墙体，在抹灰前可参照下列做法对基底进行处理：

①砖墙：先清理墙面上的浮灰、砂浆，再浇水湿润墙面；或刮聚合物胶浆处理基层。

②普通混凝土墙：将混凝土墙面先凿毛后用水湿润，再刷一道聚合物水泥浆；也可采用1：1水泥细砂浆（内掺适量胶合剂）喷或甩到混凝土墙面上形成毛化层；还可采用界面处理剂处理混凝土表面。

③加气砼砌块墙：由于该基底具有密度小、空隙大，吸水性极强的特点，常用聚合物水泥浆进行基底封闭，或在加气砼砌块表面满钉镀锌钢丝网并绷紧后再抹灰。

④纸面石膏板及其他轻质隔墙：先嵌缝，用工程纱布粘覆缝隙，形成整体墙面，再做基底抹灰。

做灰饼、冲筋：设置标筋时，先用托线板检查墙面的平整度和垂直度，并据此确定抹灰厚度，再在墙两边按抹灰厚度用砂浆做一个边长约为50 mm的四方形标准块，即"灰饼"，待灰饼稍干后在上下灰饼之间用砂浆抹上一条宽100 mm左右的垂直灰埂，即"冲筋"，又称"标筋"，作为抹底层灰及中层灰的厚度控制和赶平的标准，如图9-2所示。

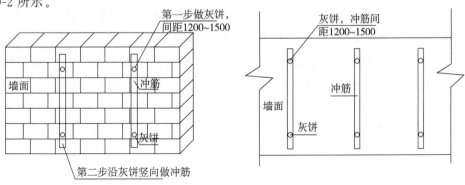

图9-2　灰饼、冲筋示意图

抹底层、中层灰：当标筋稍干后，即可按要求分层涂抹。

罩面：面层亦称罩面，室内常用的面层材料有麻刀石灰、纸筋石灰、石膏灰等。面层应分纵横两遍涂抹，每遍厚度为 1～2 mm，最后用钢抹子赶平压实，不留抹纹，面层总厚度对于麻刀石灰不得大于 3 mm；对于纸筋石灰、石膏灰不得大于 2 mm。罩面时，底子灰不宜过湿也不宜过干，若过干应先浇水湿润。室外抹灰常用水泥砂浆罩面，若抹灰面积较大，为了不显接槎，防止抹灰层收缩开裂，一般应设分格缝，留槎位置应设在分格缝处。另外为防止面层色泽不匀，应用同一品种与规格的原材料，由专人配料，采用统一的配合比，底层或中层浇水要匀，干燥程度要基本保持一致。

9.2.4 装饰性抹灰

装饰性抹灰与一般抹灰的区别在于两者具有不同的装饰面层，其底层和中层的做法基本相同。按装饰面层的不同，装饰抹灰的种类有水刷石、水磨石、斩假石、干黏石、拉毛灰、洒毛灰、拉条灰、假面砖、喷砂、喷涂、滚涂、弹涂等。最常见的装饰性抹灰做法如下。

（1）水刷石

如图 9-3 所示，常用于外墙饰面。先将已硬化的 1：3 水泥砂浆中层表面浇水湿润，再薄刮一层水灰比为 0.37～0.40 的素水泥浆，厚约 1 mm，以利于面层与中层结合牢固。随即抹水泥石子浆，其水泥用量不宜过多，稠度常介于 50～70 mm，水泥石子浆的配合比视石子粒径大小而定，基本上是以使水泥浆正好能填满石子之间的空隙，且便于抹压密实为准则。当采用大八厘石子（粒径为 8 mm）时，

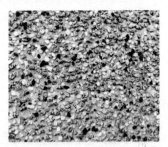

图 9-3　水刷石

宜取水泥与石子的体积比为 1：1；若采用中八厘石子（粒径为 6 mm）宜取体积比为 1：1.25；若采用小八厘石子（粒径为 4 mm）则宜取体积比为 1：1.5。水刷石面层厚度常为石子粒径的 2.5 倍，即，用大八厘石子时厚度约为 20 mm，中八厘石子时约为 15 mm，小八厘石子时约为 10 mm。抹水泥石子浆时，应随抹随用铁抹子用力压实压平，当水泥石子浆开始凝固时（大致是以手指按上去无指痕，用刷子刷石子，石子不掉下为准），便可进行刷洗，用刷子从上而下蘸水刷掉石子间表层水泥浆，使石子露出灰浆面 1～2 mm 为适度。刷洗时间及力道要严格掌握，刷洗过早或过度，石子颗粒容易脱落；刷洗过晚或过轻，则灰浆洗不净，石子不显露，饰面浑浊不清晰，影响美观。最后检查水刷石的外观质量，满足石粒清晰、分布均匀、紧密平整、色泽一致、无掉粒和接槎痕迹等要求，方为合格。

（2）水磨石

由于其耐磨耐脏的特点，常用于楼地层饰面，按施工方法分有预制和现浇两种，如图 9-4 所示，现以现浇为例简述做法。现浇水磨石施工时，先在 1：3 水泥砂浆底层

上洒水湿润，再刮厚约 1～1.5 mm 的水泥浆一层作为黏结层，找平后按设计要求布置并固定分格嵌条（铜条、铝条、玻璃条或橡胶条），随后将不同色彩的水泥石子浆［水泥：石子＝1：（1～1.25）］填入分格中，厚约 8 mm（比嵌条高出 1～2 mm），并抹平压实。待罩面灰有一定强度（一般是施工完 1～2 天）后，用磨石机浇水开磨至光滑发亮为止。每次磨光后，用同色水泥浆填补砂眼，视环境温度不同每隔一定时间再磨第二遍、第三遍，要求磨光遍数不少于 3 遍，补浆 2 次，即所谓"二浆三磨"法。最后，部分工程还要求对表面进行草酸擦洗和打蜡。

（a）预制式　　　　　　　（b）现浇式

图 9-4　水磨石

（3）斩假石

斩假石又称剁斧石，如图 9-5 所示，是仿制天然石料的一种饰面，用不同的骨料或掺入不同的颜料，可以仿制成仿花岗石、玄武石、青条石等。施工时先用 1：（2～2.5）的水泥砂浆打底，待 24 小时后浇水养护，硬化后在表面洒水湿润，刮素水泥浆一道，随即用 1：1.25 水泥石子浆（内掺 30％石屑）罩面，厚约 10 mm；抹完后要注意防止日晒或冰冻，并养护 2～3 天（强度达 60％～70％）即可试剁，如石子颗粒不发生脱落便可正式斩假加工；加工时用剁斧将面层斩毛，剁的方向要一致，剁纹深浅要均匀，一般两遍成活，分格缝周边、墙角、柱子的棱角周边留 15～20 mm 不剁，即可做出似用石料砌成的装饰面。

图 9-5　斩假石（剁斧石）

（4）干黏石

先在已经硬化的厚约 12 mm 的 1：3 水泥砂浆底层上浇水湿润，再抹上一层厚约

6 mm 的 1：（2～2.5）的水泥砂浆中层，随即抹厚约 2 mm 的 1：0.5 水泥石灰膏浆黏结层，同时将配有不同颜色的（或同色的）小八厘石碴略掺石屑后甩粘、拍平压实在黏结层上。拍子压实石子时，不得把灰浆拍出，以免影响美观，待有一定强度后洒水养护。饰面效果与水刷石相似，但因干黏石表面石子的黏结强度不如水刷石，故房屋底层外墙不宜用干黏石饰面。

9.2.5 抹灰工程常见质量问题及防治

抹灰工程仍以手工操作为主，出现各种质量问题在所难免，常见质量问题主要有：空鼓、开裂；爆灰；出现抹纹、气泡、不平。施工过程中的主要防治措施如下：

①抹灰前必须认真做好基层处理，这是确保抹灰质量的关键。包括基层表面残渣污垢的清除、凹凸明显部位的补平、浇水湿润，其中浇水湿润的程度与基层材料、施工季节、气候及室内操作环境有关，应根据实际情况酌情考虑，以能有效防止基层过度吸收抹灰浆体中的水分为宜。

②严格控制抹灰层的总厚度及分层厚度、各层抹灰的间隔时间。受所处环境、温度、朝向、湿度及各灰浆材料性质差异大等因素的影响，很难确切统一控制每遍抹灰的时间间隔，因此，施工时无确定的时间标准供参照执行。实际工程中一般可以这样把握，在前一遍抹灰层略干至六、七成（用大拇指用力压挤，无指肚坑但有指纹）后，再涂抹后一遍，此时底灰不太干也不太湿。

③在不同材料之间增设加强网，加强网与各基体的搭接宽度不小于 100 mm。

④不同层次的抹灰应针对性地选择合适的材料、配合比及施工性能。

⑤抹灰前可拉水平和垂直通线，有效控制平整度误差。

9.3 饰面板（砖）工程

饰面板（砖）工程是指把饰面板或饰面砖材料安装或镶贴到基体表面上以形成装饰层的施工过程。饰面砖常用的有瓷砖、外墙面砖等，饰面板常用的有石材板和金属板等。就施工工艺而言，前者以采用直接粘贴的镶贴工艺为主，后者以采用构造联结方式的安装工艺为主。

9.3.1 饰面板（砖）工程材料要求

①饰面板（砖）及配套附件的品种，规格应符合设计要求，其质量应符合国家标准或行业标准要求。

②饰面板（砖）应表面平整、边缘整齐，并具有产品合格证。

③安装饰面板（砖）用的铁制锚固件、连接件应镀锌或经防锈处理，镜面和光面的大理石、花岗石饰面，应用铜或不锈钢连接件。

④寒冷地区的外墙采用陶瓷面砖，除需对其吸水率进行复验（以确定合理的浸水时长，国家标准要求面砖吸水率不大于8%）外，还需对其抗冻性进行复验。当采用无釉面砖，表面应光洁、质地坚硬、尺寸色泽一致，不得有暗痕或裂纹。

⑤常用的天然石饰面板有大理石和花岗石饰面板。要求棱角方正、表面平整、石质细密、光泽度好（一般大理石板应不低于75光泽单位，花岗石板应不低于80光泽单位），不得有裂纹、色斑、风化等隐伤。具有放射性危害且用于室内的石材板，如花岗岩，应对其放射性能指标进行复验（应符合现行国家标准《民用建筑工程室内环境污染控制规范》GB 50325—2020的规定）。人造石饰面板主要是预制水磨石、人造大理石饰面板，要求几何尺寸准确，表面平整光滑，石粒均匀，色彩协调，无气孔、裂纹、刻痕和露筋等现象。

⑥龙骨及饰面板的燃烧性能、耐火等级应符合设计要求。

⑦金属饰面板有铝合金板、镀塑板、镀锌板、彩色压型钢板和不锈钢等多种。金属饰面板表面应平整、光滑、无裂缝和皱褶，颜色一致、边角整齐，涂层厚度均匀，无污染、伤痕。

⑧施工所用胶结材料的品种、质量及掺入量应符合设计要求，如配制前不能确定时，还应进行配制试验，并做相容性试验。

9.3.2 石材饰面板安装工艺

石材饰面板主要包括大理石板、花岗石板和青石板，根据规格大小的不同，石材饰面板的安装主要有粘贴法、干挂法、挂贴法和G.P.C工艺法四种，其中粘贴法适用于板材面积小于400 mm×400 mm、厚度常小于10 mm的薄型小规格饰面板安装。粘贴法利用胶粘剂将饰面板直接粘贴于基层上，该方法具有工艺简单、操作方便、黏结力强、耐久性好、施工速度快等优点，缺点是施工成本较高，对石材和主体表面平整度要求较高，且要求限定在一定高度范围内使用，目前国内很少采用这种施工方法。挂贴法是在竖向基体上预挂钢筋网，将板材绑扎其上并灌浆粘牢，这种方法的优点是施工简便、牢固可靠，但灌注砂浆容易污染板面，特别是在日后的使用过程中容易出现水斑不干、白华泛碱等多种石材病症，目前高档次的装修基本上已不采用这种施工方法，而代之以干挂法。本节内容重点介绍干挂法和G.P.C工艺法。

（1）干挂法

干挂法的基本原理是板材通过金属挂件及基体固定件与基体相连，使板材在建筑物结构体外形成一层外壳。外墙材料不同，连接件、固定件也不完全相同，实际工程中常用的主要有两种，一种是"直接法"，采用膨胀螺栓、金属挂件连接，适用于混凝土基体饰面；另一种是"钢架法"，采用钢架、金属挂件连接，适用于砖墙、空心砖墙等（结构稳定性及刚度不足以承受板材传递过来的外应力）基体饰面，也可用于高差大、跨度大的空间。下面以"直接法"为例阐述干挂法施工基本工艺流程：

①基层处理。对安装石材的结构表面进行清理，剔除突出基体表面影响扣件安装的部分。

②弹线。根据设计图样和实际需要弹出安装饰面板的位置线和分块线。

③板材打孔。根据设计尺寸和图样要求，将板材用专用模具固定在台钻上进行打孔（或剔槽），板材上下两边各形成两个孔洞（或沟槽），一般孔深 22～23 mm，孔径 7～8 mm，槽宽 5～8 mm，槽深 25～35 mm。

④固定连接件。连接件一般是由不锈钢板或角钢等金属构件组成，如图 9-6 所示。连接件的安装位置应根据设计要求和板材钻孔的位置确定，连接件可通过膨胀螺栓等方法与墙、柱基体连接。

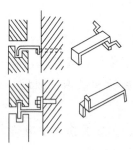

图 9-6 连接件示意图

⑤安装饰面板。安装时从底层开始，干挂板材时应保证板材的水平度及垂直度满足有关规定，水平方向的相邻板材之间用直径 5 mm 的不锈钢销钉销牢，经找平吊直后，将板固定在上下连接件上并用环氧树脂胶密封。

⑥嵌缝。每一施工段安装完毕经检查无误后，方可清扫拼接缝，填入橡胶条（或素水泥浆）。然后用打胶机进行硅胶涂封，清理表面杂物。

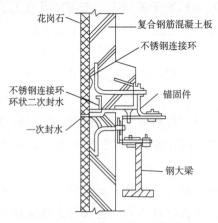

图 9-7 复合墙板干挂法构造示意

（2）G. P. C 工艺法

G. P. C 工艺法是国外的工艺名称，实际是干挂法施工工艺的发展，也称复合墙板干挂法。常采用该安装工艺把磨光花岗石复合板（由花岗石薄板与钢筋细石混凝土作加强衬板制成）作为吊挂件，如图 9-7 所示。通过连接器具将其吊挂到结构的钢骨架上，在复合板与结构之间形成一个空腔。其主要优点是节点柔性，利于抗震，且石板材的重量比普通干挂施工工艺所用的石板材的重量轻，总的安装费用也比普通干挂施工工艺的费用略低一些，主要适用于 30 m 以上的高层和超高层建筑墙面石板材的安装。其基本工艺流程如下：

①清理、放线。安装前必须先将预埋件清洗干净并做防锈处理，然后在墙上根据 GPC 板安装设计要求定出标高线，并在梁、柱边定出 GPC 板缝控制线。

②焊接连接件。连接件预先做防锈防腐处理，按 GPC 板分块线将连接件与结构预埋件焊牢，对焊点再作一次防锈处理。

③吊装与临时固定。利用 GPC 板预制的嵌入式吊环穿入钢丝绳、吊钩，钢丝绳外要包上水泥袋或麻布袋，以防损伤石材。当吊至安装部位附近时，由人工将 GPC 板底部先就位至连接件固定孔，微拧下部连接螺丝，再将上部连接件就位，微拧上部连接螺丝后可摘下吊钩及钢丝绳。

④校正、焊牢。上下部连接螺栓都可调整上下高度及前后位置，其原理同干挂法，钢挂件上都有可调节的椭圆形长孔，调整、校正标高及水平、垂直度后，再将连接件与 GPC 板对应件焊牢。

⑤防锈、嵌缝。焊牢后的连接件焊点均要进行防锈处理，金属与混凝土交接面可抹上 JGN 强力黏剂。GPC 板安装后，要进行内外两度硅胶嵌缝，方法同干挂法，最后自上而下清理表面。

9.3.3 金属饰面板安装工艺

金属装饰板按材料可分为单一材料板和复合材料板两类。单一材料板为用一种质地的材料制成，如钢板、铝板、铜板、不锈钢板等。复合材料板是由两种或两种以上质地的材料组成，如铝合金板、烤漆板、镀锌板、金属夹心板、塑料膜板等。金属装饰板按板面形状可分为光面平板、纹面平板、波纹板、压型板、立体盒板等。

无论是哪种金属饰面板，其安装工艺流程基本相同，均可参照图 9-8 实施，主要如下：

①放线。根据设计图和建筑物轴线、水平标高控制线吊直、套方、找规矩，弹垂直线、水平线、标高控制线、饰面板安装位置线。放线前先要检查结构的质量，如果结构垂直度与平整度误差较大，势必影响骨架的垂直与平整。放线最好一次放完，如有差错，可随时进行调整，确保骨架施工的准确性。

②固定骨架的连接件。骨架的横竖杆件通过连接件与结构固定，而连接件与结构之间可以与结构的预埋件焊牢，也可以在墙上打膨胀螺栓。因后一种方法较灵活，尺寸误差小，容易保证位置的准确性，故而较多采用。连接件施工，主要是保证牢固。如焊缝的长度、高度、膨胀螺栓的埋入深度等方面，都应严格把关，对于关键部位，

如大门入口的上部膨胀螺栓，最好做拉拔试验，看其是否符合设计要求。型钢一类的连接件，其表面应镀锌，焊缝处应刷防锈漆。

③固定骨架。骨架应预先进行防腐处理。安装骨架位置要准确，结合要牢固。安装后，检查中心线、表面标高等。对多层或高层建筑外墙，为了保证板的安装精度，宜用经纬仪对横竖杆件进行贯通检查。变形缝、变截面等处应妥善处理，使之满足使用要求。

④安装金属饰面板。金属饰面板的安装、固定既要保证牢靠，同时也要简便易行。先将插挂件固定在骨架上，安装时应自一端向另一端逐块进行，板、块缝之间塞填同等厚度的铝垫片，并应采取边安装边调整垂直度、水平度、接缝宽度和邻板高低差，保证整体施工质量。对于小面积的金属饰面板也可采用胶粘法施工，此时，骨架采用木骨架，先在木骨架上固定一层细木工板，然后用建筑胶直接将金属饰面板粘贴在细木工板上。

⑤收口构造处理。虽然金属饰面板在加工时，已考虑了防水性能，但若遇到材料弯曲，接缝处高低不平，其防水功能可能失去作用，在边角部位这种情况尤为明显，诸如水平部位的压顶，端部的收口，伸缩缝、沉降缝的处理，两种不同材料的交接处理等。这些部位往往是饰面施工的重点，因为它不仅关系到美观问题，同时对功能影响较大。因此，一般用特制的金属成型板进行妥善处理。

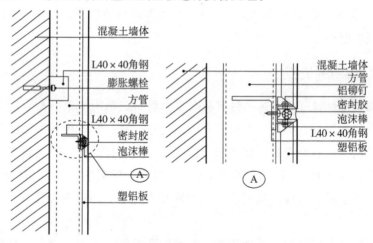

图 9-8　塑铝板饰面构造示意

9.3.4 饰面砖施工工艺

饰面砖一般包括彩面砖（瓷砖）、外墙面砖等。饰面砖的施工工艺流程及要点如下：

（1）基层处理

基体表面残留的砂浆、灰尘及油渍等，应用钢丝刷洗干净，基体表面凹凸明显的部分，应事先剔平或用 1：3 水泥砂浆补平。门窗口与墙交接处应用水泥砂浆嵌填密实。另外针对不同材质基层，可参照抹灰工程所述进行处理。

（2）抹底灰

常用 1：3 的水泥砂浆对基体表面分两遍进行抹灰，总厚度控制在 15 mm 左右，抹灰时，要注意找好檐口、腰线、窗台、雨篷等饰面的流水坡度和滴水线（槽）。底灰抹好后，要根据气温情况及时进行浇水养护。

（3）弹线

在饰面砖粘贴前，应根据图纸要求和砖的规格分别弹出每层的水平线和垂直线，如采用离缝镶贴，要使离缝分格均匀，同时要保证窗口、墙角的阳角使用整块砖。

（4）浸砖

饰面砖在粘贴前应在清水中充分浸泡，以保证粘贴后不致因吸走灰浆中水分而粘贴不牢，浸泡时间一般 3～5 小时，取出时使饰面砖表面有潮湿感但手按无水迹即可。

（5）粘贴

1）内墙面粘贴

内墙面粘贴一般用 1：2 或 1：3 的水泥砂浆做结合层，粘贴的顺序是：由下往上，由左往右，逐层进行粘贴。粘贴前，应依照室内标准水平线，设置支撑饰面砖的地面木托板，如图 9-9 所示。加木托板的目的是防止贴饰面砖时在水泥浆未硬化前砖体下坠。

木托板　粘贴层　找平层

图 9-9　木托板示意图

内墙饰面砖排列方法主要有"直缝"和"错缝"两种，如图 9-10 所示。贴到最上一行时，要求上口成一直线。为满足饰面砖平整度的要求，粘贴时应先贴若干块废砖作为标准厚度块，在横向方向，每隔 1.5 m 左右做一个。粘贴完一行饰面砖后，用长靠尺横向校正一次。

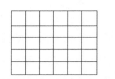

图 9-10　内墙饰面砖排列示意图

2）外墙面粘贴

外墙面粘贴一般采用 1：2 或 1：3 的水泥砂浆做结合层。粘贴顺序、粘贴的要求等和内墙面基本相同。

外墙面砖粘贴排列方式较多，常用的有密缝粘贴和离缝粘贴两种，这两种方式还可分为齐缝排列粘贴和错缝排列粘贴两种形式，如图 9-11 所示。但由于外墙面砖粘贴时要求凡阳角部位都应定整砖，且阳角处正立面整砖应盖住侧立面整砖，对大面积墙面砖的粘贴除不规则部分外，其他都不裁砖，而通过砖缝宽度（不小于 5 mm）来调整排列尺寸，所以外墙面贴砖一般不采用密缝粘贴。

对突出墙面的窗台、腰线等部位，粘贴时要做出一定的排水坡度，一般取 $i=3\%$。

（6）勾缝

在完成一个层段的墙并检查合格后，即可进行勾缝，勾缝用 1：1 水泥砂浆或专用勾缝剂，先勾水平缝再勾竖缝，宜做成凹缝，深度 3 mm 左右，若为密缝粘贴时，则在密缝处用专用勾缝剂或白水泥配颜料（使最终勾缝材料的颜色与面砖一致）擦缝，勾缝硬化后将面砖表面清洗干净，如有污染，可用浓度为 10% 的盐酸刷洗再用水冲净。

9.3.5 饰面板（砖）工程常见质量问题及防治

饰面板（砖）工程常见的质量问题主要有：接缝不平、表面纹理不顺、色泽不匀；饰面板（砖）开裂、空鼓；挂网锈蚀；墙面碰损、污染。

主要防治措施如下：

①严格选材，按设计做好预拼，必要时可给板（砖）编号。

②仔细检查板（砖）质量，以防有色纹、暗缝、隐伤等缺陷，避免在加工过程中引起开裂。

③确保板（砖）材安装或粘贴严密，灌浆密实饱满，防止气体、湿空气侵入板缝和板（砖）空鼓。

④粘贴用浆体（砂浆或胶）的配合比、施工性能应合理确定，施工时严格按照工艺要求操作，粘贴用浆体未终凝前不得碰撞面板（砖），及时清理板（砖）表面污物，注意成品保护。

9.4 涂饰工程

涂饰工程是指将涂料施涂于基层表面上以形成装饰保护层的一种饰面工程。涂料，旧称油漆，泛指油类和漆类，是指涂敷于物体表面并能与表面基体材料很好黏结形成完整而坚韧保护膜的材料，所形成的这层保护膜，又称涂层。

9.4.1 涂料的组成与分类

（1）涂料的组成

涂料主要由三部分组成，各组成部分作用均不同。

①主要成膜物质。主要成膜物质是决定涂料性质的最主要成分，包括树脂和油料，它的作用是将其他组分黏结成一整体，并附着在被涂基层的表层，形成坚韧的保护膜。它具有单独成膜的能力，也可以黏结其他组分共同成膜。

②次要成膜物质。它自身没有成膜的能力，要依靠主要成膜物质的黏结才可成为涂膜的一个组成部分。颜料就是次要成膜物质，它对涂膜的性能及颜色有重要作用。

③辅助成膜物质。辅助成膜物质不能构成涂膜或不是构成涂膜的主体，但对涂料的成膜过程有很大影响，或对涂膜的性能起一定辅助作用，它主要包括溶剂和助剂两大类。

（2）涂料分类

建筑涂料的产品种类繁多，主要按下列几种方法进行分类。

①按使用的部位可分为外墙涂料、内墙涂料、顶棚涂料、地面涂料、门窗涂料、屋面涂料等。

②按涂料成膜物质的组成不同可分为：油性涂料，系指传统的以干性油为基础的涂料，即以前所称的油漆；有机高分子涂料，包括聚醋酸乙烯系、丙烯酸树脂系、环氧系、聚氨酯系、过氯乙烯系等，其中以丙烯酸树脂系建筑涂料性能优越；无机高分子涂料，包括有硅溶胶类、硅酸盐类等；有机无机复合涂料，包括聚乙烯醇水玻璃涂料、聚合物改性水泥涂料等。

③按涂料分散介质（稀释剂）的不同可分为：溶剂型涂料；水性涂料（包括乳液型涂料和水溶型涂料，该类涂料施工时要求环境温度为5～35 ℃）。

9.4.2 常用的建筑涂料

①清油。清油又称鱼油、熟油。多用于稀释厚漆和红丹防锈漆、或作打底涂料、配腻子，也可单独涂刷基层表面，但漆膜柔韧，易发黏。

②厚漆。厚漆又称铅油。漆膜柔软，黏结性好，但光亮度、坚硬性较差。广泛用作各种面漆前的涂层打底；或单独用作要求不高的木质、金属表面涂覆。使用时需加适量清油、溶剂稀释。

③调和漆。调和漆质地均匀，稀稠适度，漆膜耐蚀、耐晒、经久不裂，遮盖力强，耐久性较好，施工方便。适用于室内外钢铁、木材等材料表面。常用的有油性调和漆和磁性调和漆等品种。

④清漆。分油质清漆和挥发性清漆两类。油质清漆俗称凡立水，如脂胶清漆、酚醛清漆等，漆膜干燥快，光泽好，用于物件表面罩光。挥发性清漆如虫胶清漆（俗称泡立水），是将漆片（虫胶片）溶于酒精（纯度95％以上）内制得。使用方便，干燥快，漆膜坚硬光亮，但耐水、耐热、耐候性差，易失光。多用于室内木材面层打底和罩面。

⑤防锈漆。有油性防锈漆和树脂防锈漆两类。常用油性防锈漆有红丹油性防锈漆和铁红油性防锈漆。树脂防锈漆有红丹酚醛防锈漆、锌黄醇酸防锈漆等。两类防锈漆均有良好的防锈性能，主要用于涂刷钢铁结构表面防锈打底。

⑥乳胶漆。常用的有聚醋酸乙烯乳胶漆。漆膜坚硬、平整、表面无光，色彩明快柔和，附着力强，干燥快（约2 h），耐大气污染、耐暴晒、耐水浇，涂刷方便，新墙面稍经（三天以上）干燥即可涂刷。适用于高级建筑室内抹灰面、木材的面层涂刷，也可用于室外抹灰面。是一种性能良好的新型水性涂料和优良墙漆。

⑦JH80-1无机建筑涂料。是以金属硅酸钾为主要成膜物质，加入适量固化剂、填料及分散剂搅拌而成的水性无机硅酸盐高分子无机涂料。有各种颜色，具有良好的遮

盖力，耐水、耐酸、碱、耐污染、耐热、耐低温、耐擦洗，色泽明亮，可用于各种基层外墙的建筑饰面。施工方法以喷涂效果最佳，也可刷涂和滚涂。这种涂料所含水分已在生产时按比例调好，使用时不能任意加水稀释，只需充分搅拌使之均匀，即可直接使用。

⑧JH80-2无机建筑涂料。是以胶态二氧化硅为主要成膜物质的单相组分水溶性高分子无机涂料。有各种颜色，涂膜耐酸、耐碱、耐沸水、耐冻融、耐污染，刷涂性好。主要用于外墙饰面，也可用于要求耐擦洗的内墙。

⑨乙丙乳液涂料。系以乙丙乳液（聚酸乙烯—丙烯酸酯共聚乳液）、颜料及其他助剂组成，以水为溶剂。有各种颜色、施工方便、耐老化、耐污染、遮盖力、质感均优于乳胶漆，可刷、喷、滚涂。适用于外墙饰面涂刷，代替水刷石、干黏石工艺。

⑩环氧树脂地坪漆。分成溶剂型和无溶剂型两种，前者属于薄涂型，成本低；后者属于自流平型，装饰效果更好，但成本也更高。

9.4.3 涂饰工程施工

（1）木材（金属）表面涂饰施工

就涂饰施工使用材料及工艺流程而言，金属与木材无异。现以木材表面涂饰混色油漆为例具体介绍施工流程及质量要求。

①基层处理。木材表面必须要起掉钉子、去除油污、刮落灰土、最后用砂纸打磨并清扫干净，以利于基层与涂饰材料的黏结。

②刷清油一道。清油用汽油、光油配制，可略加一些红土子（避免漏刷不好区分），刷清油的目的，一是保证木材含水率的稳定性；二是增加面层与基层的附着力。涂刷清油时应注意保护周围构件、物品及五金件的清洁。

③抹腻子、磨砂纸。常取腻子质量配合比为石膏粉：熟桐油：水＝20：7：50。待清油干透后，将钉孔、裂缝、节疤以及边棱残缺处，用石膏油腻子刮抹平整，腻子要横抹竖起，将腻子刮入钉孔或裂纹内。遇较宽接缝、裂纹或较大孔洞时，可用刮刀将腻子挤入缝隙、孔洞内，使腻子嵌满后刮平、收净。腻子表面要刮光，无腻子残渣。腻子干透后，用100号木砂纸打磨，注意不要磨穿油膜，并保护好棱角，不留野腻子痕迹，磨完后应打扫干净，并用湿布将磨下粉末擦净。

④刷第一遍油漆。油漆一般采用刷涂（常用排笔棕刷等工具）的方式施工，在门芯板或大面积木料上刷油漆时，可采用先"开油"（即沿长向每隔50～60 mm刷一长条）、再"横油"与"斜油"（即交替沿横向和斜向来回刷开）、最后"理油"（即沿长向轻轻理顺）的顺序实施。刷涂时应顺着木纹刷涂，线角处不宜刷得过厚。内外分色的分界线应刷的齐直，狭长的小面积可用油刷侧面上油，刷后再用大面理顺。油刷蘸油漆时应少蘸勤蘸，油刷浸入油漆内不宜超过刷毛长的2/3，蘸好后将油刷两面各在油漆桶边轻拍一下，使多余的涂料回桶，以免滴落玷污其他物面，并可防止在立面上涂

刷时流坠。刷涂时，油刷应拿稳，条路应准确，操作应轻便灵活，不显刷痕，以确保涂层均匀平滑、色泽一致、无漏刷之处。

⑤抹腻子、磨砂纸。等一遍油漆干透后，对底腻子收缩或残缺处，用稍硬较细的加色腻子嵌补平整，再等腻子干透后，用旧砂纸将所有施涂部位的表面磨平、磨光，以加强下一遍施涂的附着力，并用砂纸磨好后用湿布擦净粉尘，待干。

⑥刷第二遍油漆。刷第二遍油漆的方法和要求与第一遍油漆相同。

⑦磨砂纸。磨砂纸的要求与前面方法相同，注意不要把底层油磨穿，要保护好棱角，用湿布擦净磨下的粉末。

⑧刷最后一遍油漆。刷油方法同前，刷涂时，要多刷多理，要注意刷油饱满，刷油动作要敏捷，不流不坠，光亮均匀，色泽一致。刷完油漆后，要立即仔细检查一遍，如发现有毛病，应及时修整。

（2）墙面涂饰施工

墙面涂饰施工常用的方式有刷涂、滚涂和喷涂三种，不同的施工方式将产生不一样的涂饰效果，但总体上施工流程及质量要求与木材表面涂饰施工无异。

①刷涂：即用刷子将涂料直接涂刷在墙面上，为使漆面光滑，涂刷工具宜用羊毛刷。应涂刷2～3遍，相邻两遍涂饰施工应留合理间歇，通常间隔2～4小时即可确保前一遍漆膜干透。涂刷时每一遍刷子的走向应一致，或上下或左右。

②滚涂：一般可三遍成活，即先用滚筒（直径常为40～50 mm，长180～240 mm）蘸上少量涂料后在被滚墙面上按倒"W"方式，将涂料大致涂在基层上，然后用不蘸涂料的滚筒紧贴基层上下、左右来回滚动，使涂料均匀展开。最后用蘸涂料的滚筒按一定方向满滚一遍，以确保涂层厚度、色泽、质感一致。边角滚涂不到位的部位，再用刷子补刷。滚筒毛长毛短、或质地花纹不同，漆面效果也不同，如羊绒（短毛）滚筒滚漆面较平滑，接近喷涂效果。

③喷涂：即用喷雾器或空压喷浆机将涂料以雾状喷出，喷涂在墙面上。喷枪压力宜控制在0.4～0.8 MPa范围内，喷涂时，喷枪与墙面应保持垂直，距离宜在500 mm左右，匀速平行移动（400～600 mm/min），重叠宽度宜控制在喷涂宽度的1/3。为避免对周围环境造成污染，尽量不采用喷涂方式。

（3）地面涂饰施工

用于地面涂饰工程的材料种类很多，如聚氨酯地坪漆、丙烯酸地坪漆、环氧树脂地坪漆等，其中环氧树脂地坪漆具有漆面光滑平整、防滑耐磨、耐脏等显著优势，故而最为常用，如图9-11所示。现就环氧树脂地坪漆为例介绍地面涂饰施工过程及要求。

①基层处理。老地坪依据地面状况做好打磨、修补、除污除尘，必要时可进行高压冲洗，确保地面坚硬、平整、洁净，以利于涂层与地面的黏结。若基层为新建地坪，则必须在养护28天后，且地面含水率不超过9％的前提下再对其做与老地坪相同处理。

②底涂施工。将配好的环氧封闭底漆或辊涂或刮涂或刷涂于处理后的基层表面，

并确保其充分湿润基层、渗入基层内。

③中涂施工。待底涂层干固后，将环氧双组分加入适量腻子粉调匀，用镘刀均匀涂布，提高地面平整度。

④面涂施工。待中涂层干固后进行面涂。若为溶剂型环氧树脂地坪漆，属薄涂型，需要先用面涂材料配石英细粉批涂，填补较大颗粒间的空隙，待固化完全后，再用无尘打磨机打磨平整，吸尘器吸尽灰尘，随后将混合均匀的环氧色漆及固化剂镘涂或刷涂或辊涂或喷涂其上，获得平整均匀的表面涂层；若为无溶剂型环氧树脂地坪漆即自流平型，则待地坪漆流出 500 mm 且已自流平后，使用带齿镘刀施工，一次施工厚度 0.5 mm，再可用消泡滚筒进行第二遍梳理、除泡。面涂施工完成经检验合格后，需封闭现场、防尘保养至少 72 小时才可使用。

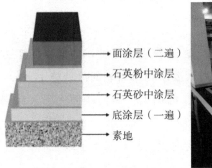

面涂层（二遍）
石英粉中涂层
石英砂中涂层
底涂层（一遍）
素地

（a）构造示意 （b）效果图

图 9-11 环氧地坪漆涂饰地面

9.4.4 涂饰工程常见质量问题与防治

涂饰工程常见质量问题：产生气泡、开裂或空鼓、起皮、起皱；颜色不匀，接槎明显；流坠、刷纹等。

主要防治措施：

①应待基层充分干燥后并清理干净才开始施工，且相邻两遍涂刷之间要预留合适时间以免前一遍漆未干透，漆中溶剂挥发造成后一遍漆膜起皱。同时，涂饰时要求相对湿度不宜过高，故雨期尽量不安排涂饰作业。当气温高于 35 ℃ 时，应有遮阳设施。

②面层漆应选择柔韧性更强的能适应变形要求的涂料。

③专人施工、专人负责，配合比计量要准确。

④尽量避免二次修补。

⑤涂刷时应上下顺刷，后一排笔紧接前一排笔，尤其是大面积涂刷时应配足人员，互相衔接，以免间隔时间过长导致接槎明显。

⑥合理控制涂料黏度和涂膜厚度。

9.5 幕墙工程

幕墙是建筑的外墙围护,不承重,像幕布一样挂上去,故又称为"帷幕墙",是现代大型和高层建筑常用的带有装饰效果的轻质墙体。由面板和支承结构体系组成,包围在主体结构的外围,与主体结构相对独立,具有一定变形或位移能力。幕墙主要包括玻璃幕墙、金属幕墙、石材幕墙和人造板材幕墙,又以玻璃幕墙最为常见,由于篇幅有限,本节重点介绍玻璃幕墙。

9.5.1 玻璃幕墙的类型与组成

(1)玻璃幕墙的类型

玻璃幕墙按结构形式不同可分为框支撑幕墙、全玻璃幕墙、点支撑幕墙三种类型。

框支撑幕墙中玻璃由金属框支撑。全玻璃幕墙的支撑结构和面板都是玻璃,面板是由玻璃肋支撑。点支撑幕墙的玻璃面板靠金属连接件在四角支撑,金属连接件是具有艺术性的不锈钢制品。

(2)玻璃幕墙的组成

通用的玻璃幕墙基本由三种材料组成:骨架、玻璃、封缝材料。

组成玻璃幕墙的骨架材料主要有各种型材,以及各种连接件、紧固件。型材如果采用钢材,多采用角钢、方钢管、槽钢等。如果采用铝合金材,多是经特殊挤压成型的幕墙型材。紧固件主要有膨胀螺栓、铝拉钉(铝铆钉)、射钉等。连接件多采用角钢、槽钢、钢板加工而成。之所以用这些金属材料,主要是易于焊接,加工方便,较之其他金属材料强度高、价格便宜等。因而在玻璃幕墙骨架中应用较多。至于连接件的形状,可因不同部位、不同的幕墙结构而有所不同。

组成玻璃幕墙的玻璃应是安全玻璃,玻璃的厚度不应小于 6 mm,全玻璃幕墙肋玻璃的厚度不应小于 12 mm。玻璃材料的品种,主要采用热反射玻璃、其他如吸热玻璃、浮法透明玻璃、夹层玻璃、夹丝玻璃、中空玻璃、钢化玻璃等,亦用得比较多。

用于玻璃幕墙工程中的玻璃装配及块与块之间缝隙处理的封缝材料,一般主要由填充材料、密封材料、防水材料三种材料组成。其中填充材料常见聚乙烯泡沫胶系、聚苯乙烯泡沫胶系及氯丁二烯胶系,可呈片状、板状或圆柱状等各种规格,能用于框架凹槽内的底部,起填充间隙和定位作用;密封材料俗称锁条,多为橡胶密封条,其规格和截面形式多样化,玻璃安装时将其嵌在玻璃两侧,可起密封缓冲、固定压紧作用;防水材料以聚硫橡胶封缝料和硅酮橡胶封缝料两种为主,能对缝隙进行防水封闭并增强黏结,又因硅酮系密封胶性能优良、耐久性好,且多为管装,使用时以胶枪注入间隙内即可,十分便利,所以更为常用。

9.5.2 玻璃幕墙施工工艺

（1）有框玻璃幕墙施工

有框玻璃幕墙按框隐形式分为明框、隐框和半隐框三种形式。按幕墙安装施工方法不同又可分为单元式玻璃幕墙和构件式玻璃幕墙。其中单元式幕墙与构件式幕墙的最大不同是，单元式幕墙的板块加工制作均在工厂内完成，加工精度有保证，而现场只负责板块的安装，工序相对简单，施工效率更高。但加工制作与安装的分离带来新的施工问题，由于单元板块的公母构造，要求现场安装必须按确定顺序进行，否则无法顺利完成，即使安装上也会使幕墙存在极大的漏水隐患，影响幕墙整体防水性能。构件式玻璃幕墙则现场施工工序更烦琐，主要流程及要求如下，构造示意如图 9-12 所示。

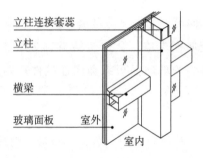

图 9-12 框支撑式玻璃幕墙构造示意

1）测量放线

测量放线的目的是确保玻璃幕墙框架安装位置准确，放线时应确保风力不大于 4 级，以免造成偏差。在放线之前，应检查主体结构的施工质量，若主体结构的垂直度与外表面的平整度以及结构尺寸偏差过大，满足不了幕墙安装的基本条件时，应采取措施及时处理。

由于框架横梁是固定在立柱上，与主体结构并不直接相关联，故应在立柱通长安装完毕后，再将横梁安装位置线弹在立柱上。

2）框架立柱安装

立柱安装的准确与否和质量好坏，影响到整个幕墙的安装质量，它是幕墙安装的关键工序之一。

立柱在主体结构上的固定方法有两种：一种是利用连接件与主体结构上的预埋件相焊接；另一种是在主体结构上钻孔，然后用膨胀螺栓将连接件与主体结构相连。为保证幕墙与主体结构连接的牢固可靠性，应尽量采用埋设预埋件的固定方法。安装立柱时，应先将立柱与连接件连接，然后连接件再与主体结构的预埋件连接、固定。

3）框架横梁安装

横梁为水平构件，分段在立柱中嵌入连接。由于不同金属材料（一般立柱和横梁分别为钢、铝合金型材）接触时必须用绝缘垫片分割，以防止电化学反应的发生，又为适应和消除横向温度变形要求，横梁两端与立柱之间的连接处应设具有压缩性为20%～35%的弹性橡胶垫。

同一层的横梁安装应由下向上进行。当安装完一层高度时，应进行检查、调整、校正、固定，使其符合安装质量要求。

4）避雷、防火保温安装

幕墙的整个金属构架安装完毕，构架体系的非焊接连接处应按设计要求做防雷接地并设置均压环，使构架成为导电通路，并与建筑物的防雷系统可靠连接。防火保温材料的安装应严格按设计要求施工，固定防火、保温材料的衬板应安装牢固，且不宜在雨、雪或大风天气进行防火保温材料的安装施工。

5）玻璃安装

玻璃应自上而下安装，不同类型的玻璃幕墙，玻璃的固定方法各异。

对于型钢框架幕墙，由于型钢没有镶嵌玻璃的凹槽，故是先将玻璃安装在铝合金框上，然后再将框格锚固在型钢框架上。

对于铝合金型材框架明框幕墙，玻璃可以直接安装在框格的凹槽内，安装时应注意下列事项：

①玻璃安装时一般都用吸盘将玻璃吸住，然后提起送入金属框内。故应在玻璃安装前，将玻璃表面尘土和污物擦拭干净，以避免吸盘发生漏气现象，保证施工安全。

②热反射玻璃安装时应将镀膜面朝向室内，非镀膜面朝向室外，否则，不仅会影响装饰效果，且会影响热反射玻璃的耐久性和物理耐用年限。

③玻璃与构件不得直接接触。玻璃四周与构件凹槽底应保持一定空隙，每块玻璃下部应设不少于两块弹性定位垫块；垫块的宽度与槽口宽度应相同，长度不应小于100 mm；玻璃两边嵌入量及空隙应符合设计要求，左右空隙宜一致，能使玻璃在建筑变形及温度变形时，在橡胶条的夹持下能做竖向和水平向滑动，消除变形对玻璃的影响。

④玻璃四周橡胶条应按规定型号使用，镶嵌应平整，橡胶条长度宜比边框内槽口长1.5%～2%，其断口应留在四角；斜面断开后应拼成预定的设计角度，并应用胶粘剂黏结牢固嵌入槽内。

⑤玻璃幕墙应采用耐候硅酮密封胶进行嵌缝。耐候硅酮密封胶应采用低模数中性胶。其性能应符合规定要求，过期的不得使用。

（2）全玻璃幕墙施工

全玻璃幕墙是指由玻璃肋和玻璃面板构成的玻璃幕墙，有吊挂式全玻璃幕墙和座装式（也称落地式）全玻璃幕墙两种不同支撑形式，两者的施工工艺基本相同，区别在于吊挂式支撑结构在上部，而座装式的在下部。下面以吊挂式全玻璃幕墙（见图9-13）为例说明施工流程及要求。

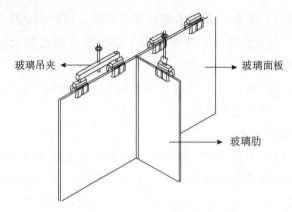

图 9-13 吊挂式全玻璃幕墙示意

①放线定位。吊挂式全玻璃幕墙是直接将玻璃与主体结构固定，可先将玻璃幕墙的位置弹到地面上，再根据外缘尺寸确定锚固点。

②安装上部承重钢构。注意检查预埋件或锚固钢板的牢固，选用的锚栓质量要可靠，锚栓位置距离钢筋混凝土构件边缘要满足设计要求，钻孔孔径和深度要符合锚栓厂家的技术规定，孔内灰渣要清吹干净；每隔构件安装位置和高度都应严格按照放线定位和设计图纸要求进行，最主要的是承重钢横梁的中心线必须与幕墙中心线相一致，并且椭圆螺孔中心要与设计的吊杆螺栓位置一致；内金属扣夹安装必须通顺平直，要分段拉通线校核，对焊接造成的偏位要进行调直，外金属扣夹要按编号对号入座式拼装，同样要求平直，内外金属扣夹的间距应均匀一致，尺寸符合设计要求。

③安装下部、侧边边框。要严格按照放线定位和设计标高施工，所有钢制件表面及焊缝刷防锈漆，将下部边框内的灰土清理干净，并在每块玻璃的下部放不少于两块氯丁橡胶垫块，垫块与槽口同宽，长度不应小于 100 mm。

④安装玻璃（含面板和肋板）。先用电动吸盘机将单块玻璃吸附牢固（可在玻璃适当位置安装手动吸盘、拉索等），吸附点处于玻璃中心略偏上方且左右对称为宜，在上下边框的内侧粘贴低发泡间隔方胶条，胶条宽度同设计的胶缝宽度，接着用吊车起吊至定位点，安装玻璃吊夹具，并通过反复调节吊杆螺栓，使玻璃提升、准确就位后，再安装上部外金属夹扣，填塞上下边框外部槽口内的泡沫塑料圆条，使玻璃得以临时固定。

⑤注密封胶、表面清洁。注胶前先要将玻璃擦净（不能用湿布，常用"二甲苯"和脱脂棉纱擦拭），确保干燥洁净，注胶要内外侧同时进行，先横向后竖向，竖向胶缝应自上而下进行。注胶应连续、匀速匀厚、不夹气泡，不能在风雨天进行，同时不宜在低于 5℃低温天气下进行。注胶后可用专用工具刮胶，使胶缝呈微凹曲面，最后将玻璃内外表面清洗干净，再依次检查胶缝并进行必要的修补。胶缝宽度按设计确定，最小宽度为 6 mm，常用宽度为 8 mm，对受风荷载较大或地震设防要求较高时，可采用 10 mm 或 12 mm。耐候硅酮嵌缝胶的厚度应介于 3.5～4.5 mm，太薄的胶缝不利于密

封、防水。

（3）点支撑玻璃幕墙施工

点支撑玻璃幕墙由玻璃面板、点支撑装置（驳接爪或夹具，形式多样。驳接爪别称玻璃爪，见图9-14。）和支撑结构构成，相较其他结构形式的玻璃幕墙，该类型最大限度地表现了玻璃的通透性，更符合大众对公共建筑外观形象的需要。其支撑结构形式有玻璃肋支撑（与全玻幕墙类似，但多了驳接爪连接），单根型钢或钢管支撑，桁架支撑及张拉杆索体系支撑结构。点支撑玻璃幕墙施工相关要求与其他结构形式玻璃幕墙无异，施工基本流程简图如图9-15所示。

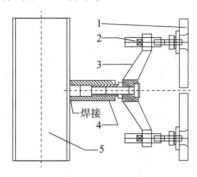

图 9-14　驳接爪示意图

1—玻璃；2—驳接头；3—驳接爪；4—转接件；5—钢支撑构件

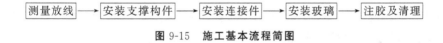

图 9-15　施工基本流程简图

9.5.3 玻璃幕墙工程常见质量问题及防治

玻璃幕墙工程常见质量问题有：钢化玻璃自爆；玻璃幕墙开启扇脱落；玻璃幕墙渗水等。

主要防治措施：

①弃用普通钢化玻璃，采用超白玻璃，内部杂质少，自爆概率小。

②摩擦型开启扇脱落主要是设计质量问题，设计人员应足够重视开启扇受力计算，对局部玻璃面积较大的，开启扇要单独计算、单独选型，不能不论开启扇的实际情况而全部选用同一型号铰链；挂钩式开启扇应设置强度足够的限位块及确保开启扇上横梁的挠度不超过《建筑幕墙》规定的 3 mm 限值。

③充分协调好设计与施工，针对性出具收边收口方案，选择优质密封胶，在使用前根据相关标准进行相容性试验，严格按照技术要求施工，保证胶缝的质量。

④在开启窗上口加设防水条。

⑤在进行玻璃幕墙设计时，设计合适的泄水通道，以便集水后由管道排出，大量的水及时排离幕墙，减少水向幕墙内渗透的机会。

课后习题

1. 简述建筑装饰装修工程的主要作用与特点。

2. 抹灰为什么要分层施工？各层主要作用有哪些？一般抹灰各抹灰层的厚度有何要求？

3. 简述常用饰面板（砖）的施工工艺。

4. 简述建筑涂料分类与组成。

5. 简述环氧树脂地坪漆施工要点。

6. 简述玻璃幕墙的类型与组成。

7. 对某学校新建教学楼进行装饰装修时，内墙及外墙内表面均先抹灰后刷涂料，外墙外表面则以刷涂料为主、局部粘贴饰面板。全部完工后，内墙出现许多不规则的网状裂纹及部分放射状裂纹，外墙涂料出现析白，另外发现部分墙面涂料有明显接槎痕迹。根据前述工程背景完成下列题目：

（1）室内外抹灰工程施工环境温度不应低于（　　　）℃。

A. 0　　　　　　　　　B. 2　　　　　　　　　C. 4　　　　　　　　　D. 5

（2）抹灰用的石灰膏的熟化期不应少于（　　　）天。

A. 7　　　　　　　　　B. 10　　　　　　　　C. 15　　　　　　　　D. 20

（3）罩面用的磨细石灰粉的熟化期不应少于（　　　）天。

A. 2　　　　　　　　　B. 3　　　　　　　　　C. 4　　　　　　　　　D. 5

（4）在抹灰工程中，下列说法不正确的是（　　　）。

A. 罩面石膏灰不得抹在水泥砂浆层上

B. 室内柱面的阳角应采取加强措施

C. 抹灰总厚度大于或等于 30 mm 时，应采取加强措施

D. 水泥砂浆不得抹在石灰砂浆层上

（5）室内墙面．柱面和门洞口的阳角做法，当设计无要求时，（　　　）。

A. 应采用 1：2 水泥砂浆做暗护角，其高度不应低于 2 m

B. 应采用 1：3 水泥砂浆做暗护角，其高度不应低于 2 m

C. 应采用 1：2 混合砂浆做暗护角，其高度不应低于 2 m

D. 应采用 1：3 混合砂浆做暗护角，其高度不应低于 2 m

（6）饰面板（砖）工程中不须进行复验的项目是（　　　）。

A. 外墙陶瓷面砖的吸水率　　　　　　B. 室内大理石的放射性

C. 粘贴用水泥的安定性　　　　　　　D. 寒冷地区外墙陶瓷的抗冻性

（7）抹灰工程无需对水泥的（　　　）进行复验。

A. 凝结时间　　　　B. 强度　　　　　　C. 细度　　　　　　D. 安定性

（8）试分析内墙出现裂纹的原因并提出相应的防治措施。

（9）试分析外墙涂料出现析白的原因并提出防治措施。

（10）简要阐述防治明显接槎的措施。

第10章

建筑节能技术

本 章 提 要

本章内容包括建筑节能技术基础知识、墙体保温隔热技术、太阳能光热系统节能工程施工、太阳能光伏节能工程施工、地源热泵换系统节能工程施工。

【教学目标】

（1）知识目标

①掌握建筑节能技术基础知识；

②掌握墙体保温隔热技术；

③掌握太阳能光伏节能工程施工；

④了解太阳能光热系统节能工程施工；

⑤了解地源热泵换系统节能工程施工。

（2）能力目标

①能应用所学理论知识正确表达、描述和分析建筑节能工程相关问题；

②掌握土木工程专业知识，具有就土木工程复杂问题进行分析性研究的基础能力，在解决土木工程复杂工程问题时具有综合分析能力。

（3）素质目标

①熟悉与土木工程相关的职业和行业的标准、政策和法律法规，能够对土木工程项目的设计、施工和运行的方案对社会、健康、安全、法律以及文化的影响作出评价。

②理解在工程项目全过程中，土木工程师在公众健康、公共安全、社会和文化，以及法律等方面应承担的责任。

（4）情感价值提升

①培养文明诚信、团结协作的职业素养；

②培养严谨务实的工作作风。

【思维导图】

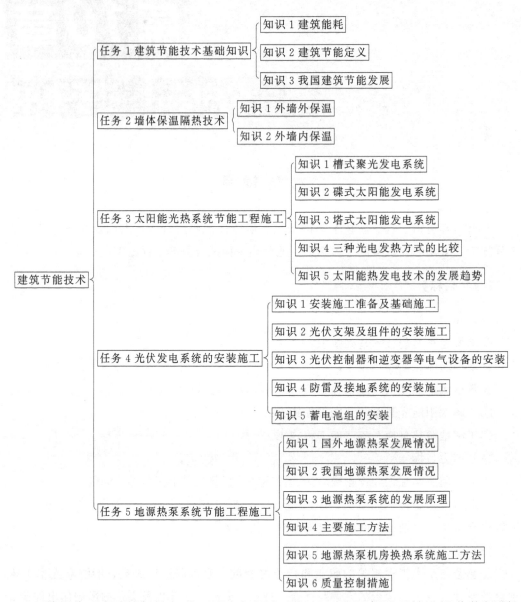

环境污染、全球性气候变暖、石油危机出现以后，世界各国开始重视节能问题，以西方发达国家为代表，开始大力研究和推广建筑节能技术。我国也于 20 世纪 80 年代开始了建筑节能工作。随着可持续发展观的出现，节能正成为社会实现可持续发展的最重要途径之一。建筑既是人类活动的基本场所，也是大量消耗能源、资源的重要环节。建筑能耗占我国社会能耗的 28％左右，目前我国已有的 400 亿平方米建筑中，95％以上是高能耗建筑，给社会造成了沉重的能源负担和严重的环境污染，因此大力开展节能工作是解决我国能源短缺问题的关键。

10.1 建筑节能技术基础知识

10.1.1 建筑能耗

对建筑能耗的界定范围，有广义和狭义两个方面。从广义上，建筑能耗包括建筑全生命周期内发生的建造能耗和使用能耗两个方面。建造能耗属于生产能耗，系一次性消耗，其中包括建筑材料和设备生产能耗、建筑施工和安装能耗；建筑使用能耗属于民用生活领域，系多年长期消耗，其中又包括建筑采暖、空调、照明、热水供应等能耗。从狭义上，建筑能耗是在建筑正常使用期限内，为了维持建筑正常功能所消耗的能耗。

广义建筑能耗定义使建筑用能跨越了工业生产和民用生活两个不同的领域，而国际上建筑能耗的范围仅限于建筑使用能耗，即民用建筑使用过程中的能耗，主要包括供暖、空调、通风、热水供应、照明、炊事、家用电器、电梯等方面的能耗，其中供暖、空调、通风能耗约占 2/3。可见我国广义建筑能耗定义与国际上通用的统计口径不符。近年来，有关专家经过研究认为，我国建筑能耗的范围应当与国际口径接轨，因此，目前我们一般使用的建筑能耗是指狭义的建筑能耗，即建筑的使用能耗。但由于我国新建建筑规模很大，所以也应同时注重节约建造能耗。

10.1.2 建筑节能定义

建筑节能含义的发展经历了三个阶段：从最初强调"建筑节能"，到随后又提出"在建筑中保持能源"，意思是减少建筑中能源的散失，直到近来普遍称为"提高建筑中的能源利用效率"，也就是说，并不是消极意义上的节省，而是从积极意义上提高利用效率，主要表现为基于循环经济的理论，大量使用可再生能源，充分利用建筑的功能保持热能并且减少能耗，用有限的资源和最小能源代价获取最大的经济和社会效益，既满足人类对资源日益增长的需求，又减少建筑耗能对环境质量的不利影响，进而推动全球经济、社会的可持续发展。进入 21 世纪后建筑节能的主题是建筑能源的可持续性，如今欧洲已出现了极为严格的零能耗住宅标准、零 CO_2 排放标准和能源自给标准，并且已有少数达到上述节能标准的居住建筑投入使用，西方发达国家在建筑节能领域已遥遥领先。

10.1.3 我国建筑节能发展

在中国，建筑节能的含义也应该逐步发展到第三个层次，即在建筑中合理使用和有效利用能源，不断提高能源利用效率。

随着我国经济的快速发展，城市化进程的加快，建筑业也呈现出前所未有的繁荣景象，其发展速度超过了中国历史上任何一个时期。由于建筑物是一个高耗能的产品，建设速度加快和片面追求高利润导致社会环境质量下降，资源严重消耗。因此，我们必须思考在无限的需求愿望和有限的资源供给之间寻找一个适当的结合点，把推广和使用能维护生态平衡，提高能源、资源利用效率，减少环境影响的建筑节能技术作为根本目标。

我国的建筑节能工作从 20 世纪 80 年代展开，建筑节能工作起步较晚。主要经历 3 个发展阶段：1986 年《民用建筑节能设计标准》（采暖居住建筑部分），提出在 1981 年建筑节能标准上提高 30% 的目标，其后又根据气候状况将全国分为北方地区、夏热冬冷地区和夏热冬暖三个区域，分别制定不同地区的建筑节能设计标准，并于 1992 年减免了固定资产投资方向调节税（5%），以此推动建筑节能技术的发展；1995 年又提出节能 50% 的目标；2005 年提出节能 65% 的目标。这标志着我国建筑节能事业正快速的发展。

我国目前广泛开展节能示范项目，并且取得了相当大的节能效果，起到了良好的节能示范作用。

节约能源是我国的一项基本国策，建筑节能是我国节能工作的重要组成部分，深入持久地开展建筑节能工作具有十分重大的意义。

（1）有利于缓解能源供给的紧张局面。目前我国建筑能耗已占到社会总能耗的 28% 左右，并有上升的趋势，建筑节能成为影响能源安全、优化能源结构、提高能源利用的关键因素。

（2）有利于改善大气环境，实现可持续发展。在提高建筑物室内舒适性的同时，提高能源利用效率，合理处理和再利用废弃物，使建筑用能的总水平不断下降，是实现我国国民经济和社会可持续发展的重要内容，也是保护资源，减少环境污染、改善大气环境的重要举措。

（3）有利于提高人民生活水平。有利于提高建筑物室内舒适性，且提高房屋使用价值。

10.2 墙体保温隔热技术

建筑物的耗热量主要是由围护结构的传热损失引起的，建筑围护结构的传热损失占总耗热量的 73%～77%。在围护结构的传热损失中，外墙约占 25% 左右，减少墙体的传热损失能显著提高建筑的节能效果。在我国节能标准中，不仅对围护结构墙体的主体部分提出了保温隔热要求，而且对围护结构中的构造柱、圈梁等周边热桥部分也提出了保温要求。

外墙的保温构造，按其保温层所在的位置不同分为单一保温外墙、外保温外墙、内保温外墙和夹芯。

10.2.1 外墙外保温

外墙外保温是指在建筑物外墙的外表面上设置保温层。其构造由外墙、保温层、保温层的固定和面层等部分组成。外墙外保温即将保温材料置于主体围护结构的外侧，是一种最科学、最高效的保温节能技术。

（1）外墙外保温的构造

1）保温层

保温层是导热系数小的高效轻质保温材料层，外保温材料的导热系数通常小于0.05W/（K·m）。保温层的厚度需要经过节能计算确定，要满足节能标准对不同地区墙体的保温要求，保温材料应具有较低的吸湿率及较好的黏结性能。常用的外保温材料有膨胀型聚苯乙烯板（EPS）、挤塑型聚苯乙烯板（XPS）、岩棉板、玻璃棉毡以及超轻保温浆料等。

2）保温层的固定

不同的外保温体系，固定保温层的方法各不相同，有的采用粘贴的方式，有的采用钉固的方式，也可以采用粘贴与钉固相结合的方式。采用钉固方式时，通常采用膨胀螺栓或预埋筋等固件将保温层固定在基层上。国外常用不锈蚀而耐久的不锈钢、尼龙或聚丙烯等材料作锚固件。国内常用经过防锈处理的钢质膨胀螺栓作为锚固件。超轻保温浆可直接涂抹在外墙表面上。

3）保温层的面层

保温层的面层具有保护和装饰作用，其做法各不相同，薄面层一般为聚合物水泥胶浆抹面，厚面层则采用普通水泥砂浆抹面，有的则用在龙骨上吊挂板材或在水泥砂浆层上贴瓷砖覆面。

（2）外墙外保温的特点

与内保温墙体比较，外保温墙体有下列优点：

①外墙外保温系统不会产生热桥，因此具有良好的建筑节能效果。

②外保温对提高室内温度的稳定性有利。

③外保温墙体能有效地减少温度波动对墙体的破坏，保护建筑物的主体结构，延长建筑物的使用寿命。

④外保温墙体构造可用于新建的建筑物墙体，也可以用于旧建筑外墙的节能改造。

⑤外保温有利于加快施工进度，室内装修不致破坏保温层。

10.2.2 外墙内保温

（1）外墙内保温构造

外墙内保温构造由主体结构与保温结构两部分组成，主体结构一般为砖砌体、混凝土墙等承重墙体，也可以是非承重的空心砌块或加气混凝土墙体。保温结构由保温板和空气层组成，常用的保温板有 GRC 内保温板、玻纤增强石膏外墙内保温板、P-GRC 外墙内保温板等，空气层的作用既能防止保温材料变潮，也能提高墙体的保温能力。

外墙内保温大多采用干作业施工，使保温材料避免了施工水分的入侵而变潮。

内保温复合外墙在构造中存在一些保温上的薄弱部位，对这些地方必须加强保温措施。常见的部位有：

①内外墙交接处；

②外墙转角部位；

③保温结构中龙骨部位。

（2）外墙内保温构造优缺点

外墙内保温的优点有：

①外墙内保温的保温材料在楼板处被分割，施工时仅在一个层高内进行保温施工，施工时不用脚手架或高空吊篮，施工比较安全方便，不损害建筑物原有的立面造型，施工造价相对较低。

②由于绝热层在内侧，在夏季的晚上，墙的内表面温度随空气温度的下降而迅速下降，减少闷热感。

③耐久性好于外墙外保温，增加了保温材料的使用寿命。

④有利于安全防火。

⑤施工方便，受风、雨天影响小。

外墙内保温主要存在如下缺点：

①保温隔热效果差，外墙平均传热系数高。

②热桥保温处理困难，易出现结露现象。

③占用室内使用面积。

④不利于室内装修，包括重物钉挂困难等；在安装空调、电话及其他装饰物等设施时尤其不便。

⑤不利于既有建筑的节能改造。

⑥保温层易出现裂缝。由于外墙受到的温差大，直接影响到墙体内表面应力变化，这种变化一般比外保温墙体大得多。昼夜和四季的更替，易引起内表面保温的开裂，特别是保温板之间的裂缝尤为明显。

10.3 太阳能光热系统节能工程施工

能源与环境问题是当今世界面临的两个重要问题，随着化石能源的日趋枯竭，一次能源的利用成本也不断增加，由于大量的燃烧矿石燃料，使环境问题日益严重，温室效应、空气污染越来越引起人们的重视。近年来一些可再生能源受到了人们的推崇，为各国所重视。太阳能是一种取之不尽、用之不竭的清洁能源，利用太阳能直接发电是缓解甚至解决能源问题的一种有效方式，世界各国也都在做积极的努力，已经有很多太阳能发电项目投入运行，太阳能发电技术在未来有着广阔的发展前景。太阳能热发电技术就是利用光学系统聚集太阳辐射能，用以加热工质，生产高温蒸汽。驱动汽轮机组发电，简称光热发电技术。他与光伏发电相比，具有效率高、结构紧凑、运行成本低等优点。

根据聚光方式的不同，光热发电技术可分为三种方式：塔式太阳能热发电、槽式太阳能热发电和碟式太阳能热发电技术。三种聚光集热方式的不同在数量上的直接体现就是聚光比的不同。聚光比即吸收体的平均能流密度和入射能流密度之比。这三种方式都可以大致地分为太阳能集热系统、热传输和交换系统、发电系统三个基本系统。但是因为他们各自聚光比不同，导致能够达到的集热温度也不同，所以三种聚光方式对应的三个组成系统也有不同程度的差异。

10.3.1 槽式聚光发电系统

10.3.2 碟式太阳能发电系统

太阳能光热
系统节能
工程施工

10.3.3 塔式太阳能发电系统

10.3.4 三种光热发电方式的比较

10.3.5 太阳能热发电技术的发展趋势

10.4 光伏发电系统的安装施工

光伏发电系统的安装施工分为三大类：一是光伏支架基础、配电室、电缆；沟等土建类施工；二是光伏组件方阵支架及光伏组件在屋顶或地面的安装，及汇流箱、配电柜、逆变器、避雷系统等电气设备的安装；三是光伏组件间的线缆连接及各设备之间的线缆连接与敷设施工，以及连接用电负载（用电户）和连接电网的高低压配电线路的敷设施工。光伏发电系统安装施工的主要内容如图 10-3 所示。

10.4.1 安装施工准备及基础施工

（1）安装位置的确定

在光伏发电系统设计时，就要在计划施工的现场进行勘测，确定安装方式和位置，测量安装场地的尺寸，确定光伏组件方阵的朝向方位角和倾斜角。光伏组件方阵的安装地点不能有建筑物或树木等的遮挡，如实在无法避免，也要保证光伏方阵在9时到16时能接收到阳光。光伏方阵与方阵的间距等都应严格按照设计要求确定，确保前排方阵对后排方阵无阴影遮挡。按照行业规范，在我国北方地区，以冬至日当天15时前不被遮挡为设计原则；在南方地区，以冬至日当天16时前不被遮挡为设计原则。

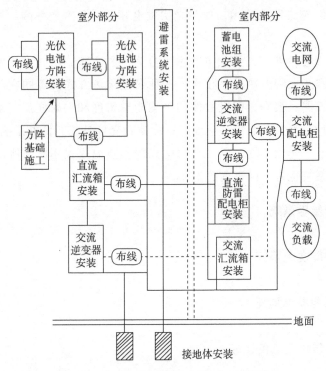

图 10-3　光伏发电系统安装施工内容示意图

（2）对安装现场的基本要求

①现场土地或屋顶面积要能满足整个电站所用面积的需要，一般每 10 kW 光伏电站占地面积为 $70 \sim 100$ m²。要尽可能利用空地、荒地、劣地及空闲屋顶，不能占用耕地。

② 现场地形要尽可能平坦，要选择地质结构及水文条件好的地段，尽可能远离有断层、滑坡、泥石流及容易被水淹没的地段。

③安装现场要尽可能处于供电中心，以利于输电线路的架设和传输，使输电线路距离最短、施工容易、维护管理方便。

④若施工现场地处山区，要尽可能选择开阔地带，并尽量避开东面和南面高山对太阳的遮挡。若在屋顶施工，也要尽量避开四周的树木、高楼、烟囱等的遮挡。

（3）施工准备

无论是屋顶施工还是地面施工，施工负责人及施工人员都要根据不同施工现场的具体情况，提前做好工程所需要的一切工具和材料的准备，最好列出详细的清单。施工人员要根据工程设计图纸确定施工范围，并确定具体施工方案、施工流程和施工进度。

1）施工流程

光伏发电系统的项目施工流程如图 10-4 所示，一般包括施工现场勘测与确认，工程规划与技术准备，工具、材料准备、基础、配电土建施工，光伏支架制作、安装、调平，电池组件安装调整，逆变器、汇流箱、控制器、储能蓄电池组、升压变压器等电气设备的安装调试，各类交直流线缆的铺设，系统调试、试运行，正式投入运行、进行竣工验收。

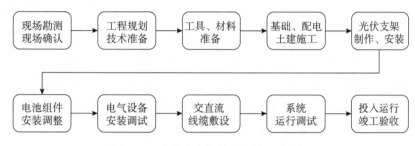

图 10-4 光伏发电系统项目施工流程图

2）技术准备

技术准备的详尽与否是决定施工质量的关键因素，一般有以下几个方面的工作。

①项目技术负责人会同设计部门核对施工图样，并对施工作业人员进行安装施工技术交底。项目技术负责人要充分熟悉、了解设计文件和施工图样的主要设计意图，明确工程所采用的设备和材料，明确设计图样所提出的施工要求，以便尽早采取措施，确保项目施工顺利进行。

②项目施工负责人要熟悉与工程有关的其他技术资料，如施工合同，施工技术规范、验收规范，质量检验评定等强制性文件条文。准备好施工中所需要的各种规范文件、作业指导书、施工图册、有关资料及施工所需要的各种记录表格。

③项目经理要根据工程设计文件和施工图样的要求，结合施工现场的客观条件、材料设备供应和施工人员数量等情况，编制施工组织设计，并针对有特殊要求的分项工程编制专项施工方案，安排施工进度计划和编制施工组织计划，做到合理有序地进行施工。施工计划必须详细、具体、严密和有序，便于监督实施和科学管理。

3）现场准备

现场准备的好坏是决定工程施工效率的关键因素。通常，为了确保工程施工顺利进行，必须首先高质量完成施工现场各种辅助设施的建设。

①根据施工工作量大小及施工现场平面布置情况，建设临时的办公和生活设施。

②建设临时周转仓库，用于存放设备、部件、施工工器具、辅助材料、劳保用品，库存物品要分类存放、专人管理。

③要准备施工供电设施，条件许可时，尽量采用市电供电。无有市电时，要自备燃油发电机组。燃油发电机尽量选用高效环保型的设备。

④尽量利用施工现场周边道路进行施工运送，没有道路的地方要根据现场地域条件提前开辟简易道路。开辟道路和施工运送都要尽量避免破坏施工地域的生态环境和树木植被。

除上述几个主要环节外，施工准备通常还包括施工队伍准备、施工物资准备、施工作业准备、设备及材料进场计划等内容。

（4）光伏方阵基础的施工

光伏方阵基础主要有混凝土预埋件基础、混凝土配重块基础、螺旋地桩基础、直接埋入式基础、混凝土预制桩基础和地锚式基础等几类，这几种基础可以根据设计安装要求及地质土壤情况等选择。其中混凝土块配重基础、混凝土预埋件基础经常应用于屋顶光伏发电系统建设或改造中，这样可以有效地避免破坏屋顶防水层等结构；预埋件基础、螺旋地桩基础、直接埋入式基础、混凝土预制桩基础和地锚式基础都可以应用到任何地面光伏电站中，具有稳固、可靠性高的优点。

1）场地平整

基础施工前首先进行场地平整，平整面积应考虑除光伏电站本身占地面积外还应留有余地，平地四周应预留 0.5 m 以上，靠山面应预留 0.5 m 以上，沿坡面应预留 1 m 以上，靠山面的坡度应在 60°以下，且应做好防护工作。

2）定位放线

在平整过的场地上，按设计施工要求的方法和位置进行定位，主要根据光伏电站现场方位、各项工程施工图、水平基准点及坐标控制点确定基础设施、避雷接地及各种设备、设施的排布位置。具体方法是利用指南针确定正南方的平行线，配合角尺，按照电站设计图样要求找出横向和纵向的水平线，确定各个基础立柱的中心位置，并依据施工图样要求和基础控制轴线，确定基础开挖线。

3）基坑开挖

采用螺旋桩和地锚式基础的基础施工一般不需要挖基坑，只需要用专业的机械设备在确定好的基础中心点将螺旋桩或地锚桩旋入或压入地下即可，在施工的过程中要注意地桩露出地面部分的高度符合设计要求，使各个地桩顶平面保持一致。

采用预埋件法基础、直埋法基础以及混凝土预制桩基础时，都需要进行基坑的开挖施工。当然不同类型的基础，基坑开挖的大小和深度都不一样。对于混凝土预制桩基础，需要根据预制桩的横截面尺寸，以及施工地土质情况的不同，用专用设备开挖一个较小的引导孔，以方便预制桩的打入，引导孔的具体尺寸按照施工设计要求确定。预埋件法基础、直埋法基础都需要根据设计要求利用机械或人工开挖基坑，施工过程中要注意控制基坑的开挖深度，以免造成混凝土材料的浪费，开挖尺寸应符合施工图纸要求，遇砂土或碎石土质挖深超过 1 m 时，应采取相应的防护措施。

预埋件法和直埋法基础要按设计要求的位置制作浇注光伏方阵的支架基础，基础预埋件要平整牢固。将预埋件或直埋桩放入基坑中心，用 C20 混凝土进行浇注，浇注到与地平面一致时，用振动棒夯实。在振动过程中要不断地浇注混凝土，保证振实后的水平面高度一样。完成后的基础要保证预埋件螺丝的高度或直埋桩的高度符合图样要求。浇筑前要用保护套或胶带对预埋件螺栓进行包裹保护。

10.4.2 光伏支架及组件的安装施工

（1）光伏支架的地面安装

光伏支架有角度固定的钢结构支架、自动跟踪支架及铝合金支架等，其中，铝合金支架一般用在小规模屋顶光伏发电系统中和大型钢结构支架中固定电池组件的部分支架，铝合金支架具有耐腐蚀、重量轻、美观耐用的特点，但承载能力低，且价格偏高；自动跟踪支架由于成本、效率等原因，应用也还不普遍；钢结构支架性能稳定，制造工艺成熟，承载力高，安装简便，可以广泛应用于各类光伏电站中。

光伏支架按照连接方式不同，可分为焊接和拼装式两种。焊接支架对型钢（槽钢和角钢）生产工艺要求低，连接强度较好，价格低廉，但焊接支架也有一些缺点，如连接点防腐难度大，如果涂刷油漆，则每 1～2 年油漆层就会发生剥落，需要重新涂刷，后续维护费用较高。焊接支架一般采用热镀锌钢材或普通角钢制作，沿海地区可考虑采用不锈钢等耐腐蚀钢材制作。热镀锌钢材镀锌层平均厚度应大于 $50\ \mu m$，最小厚度要大于 $45\ \mu m$。支架的焊接制作质量要符合国家标准《钢结构工程施工质量验收规范》（GB 50205－2001）的要求。普通钢材支架的全部及热镀锌钢材支架的焊接部位，要进行涂防锈漆等防腐处理。

拼装式支架以成品型钢或铝合金作为主要支撑结构件，具有拼装、拆卸方便，不需要焊接，防腐涂层均匀，耐久性好，施工速度快，外形美观等优点，是目前普遍采用的支架连接方式。

光伏支架的安装顺序是：

①安装前后立柱底座及立柱，立柱要与基础垂直，拧上预埋件螺母，吃上劲即可，先不要拧紧。如果有槽钢底框时，先将槽钢底框与基础调平固定或焊接牢固，再把前后立柱固定在槽钢底框上的相应位置。

②安装斜梁或立柱连接杆。安装立柱连接杆时应将连接杆的表面放在立柱外侧，无论是斜梁或连接杆，都要先把固定螺栓拧至 6 分紧。

③安装前后横梁。将前后横梁放置于钢支柱上，与钢支柱固定，用水平仪将横梁调平调直，再次紧固螺栓，用水平仪对前后梁进行再次校验，没有问题后，将螺栓彻底拧紧。

不同类型的支架其结构及连接件款式虽然有差异，但安装顺序基本相同，具体安装方法可参考设计图样或支架厂家提供的技术资料。图 10-5 所示为一种拼装式支架工程实例图，图 10-6 所示为一种焊接式支架的工程实例图，供支架安装施工时参考。

图 10-5 拼装式支架工程实例图　　　　　图 10-6 焊接式支架工程实例图

光伏支架与基础之间应焊接或安装牢固，立柱底面与混凝土基础接触面要用水泥浆添灌，使其紧密结合。支架及光伏组件边框要与保护接地系统可靠连接。

（2）光伏支架的屋顶安装

光伏支架屋顶安装的主要类型有钢筋混凝土屋顶、彩钢板屋顶和瓦片屋顶等，不同的屋顶类型，有着不同的支架结构和安装固定方法。

1）钢筋混凝土屋顶的安装

在混凝土平面屋顶安装光伏支架，主要有两种安装方式，一种是固定预埋件基础方式，另一种是混凝土配重基础方式。当采用固定预埋件基础方式时，如果是新建屋顶，可以在建屋顶的同时，将基础预埋件与屋顶主体结构的钢筋牢固焊接或连接，并统一做好防水处理。

如果是已经投入使用的屋顶，需要将原屋顶的防水层局部切割掉，刨出屋顶的结构层，然后将基础预埋件与屋顶主体结构的钢筋牢固焊接或通过化学植筋等方法进行连接，然后进行基础制作，完成后再将切割过防水层的部位重新进行修复处理，做到与原屋顶防水层浑然一体，保证防水效果。

当屋顶受到结构限制无法采用固定预埋件基础方式时，应采取混凝土块配重基础方式，通过重力和加大基础与屋顶的附着力将光伏支架固定在屋顶上，并可采用前面介绍的铁线拉紧法或支架延长固定法等措施对支架进行加强固定。特别是在东南沿海台风多发地，配重基础直接关系到光伏发电系统的安全，使光伏方阵抗台风能力不足，存在被大风掀翻的安全隐患，所以，配重块基础的设计施工都要再增加负重，并进一步加固，也可以在支架后立柱区域及支架边缘区域多使用混凝土配重压块增加负重，使这些区域的配重质量达到其他区域的 1.3 倍以上。负重不足的配重基础还有被局部移动的风险，可能会导致支架变形，组件损坏等。屋顶基础制作完成后，要对屋顶被破坏或涉及部分按照国家标准《屋面工程质量验收规范》（GB 50207—2012）的要求做防水处理，防止渗水、漏雨现象发生。

混凝土屋顶支架的安装与地面支架安装的方法、步骤基本相同，可参考前述方式进行。需要特别注意的是，在光伏方阵基础与支架的施工过程中，要杜绝出现支架基础没有对齐，造成支架前后立柱不在一条线上以及组件方阵横梁不在一个水平线上，出现弧形或波浪形的现象。还应尽量避免对相关建筑物及附属设施的破坏，如因施工需要不得已造成局部破损，应在施工结束后及时修复。

2）彩钢板屋顶的安装

在彩钢板屋顶安装光伏方阵时，光伏组件可沿屋顶面坡度平行铺设安装，也可以设计成一定倾角的方式布置。目前的彩钢板屋顶多为坡面形，常见的坡度为5％和10％，屋面板为压型钢板或压型夹芯板，下部为檩条，檩条搭设在门式三角形钢架等支撑结构上。组件方阵支架一般都是通过不同的夹具、紧固件与屋顶彩钢板的瓦楞连接，夹具的固定位置要尽可能选择在彩钢板下有横梁或檩条的位置，尽量通过屋顶钢结构承受光伏方阵的重量。两个夹具之间的固定间距一般在1.2m左右，两根横梁之间的间距根据电池组件长度的不同，在1～1.1m（60片板）或1.2～1.4m（72片板）之间，具体尺寸要根据设计图纸要求进行确定。

彩钢板屋顶支架安装的步骤是，根据设计图纸进行测量放线，确定每一个夹具的具体位置，逐一安装固定夹具，然后进行方阵横梁的安装。在安装过程中要保证横梁在一条直线，如图10-7所示。在屋顶边缘区域，在受风情况下容易产生乱气流，可通过增加夹具数量来增强光伏方阵的抗风能力。

图10-7 夹具的放线排布图　　图10-8 明钉型彩钢板连接件固定方式

常见的彩钢板屋顶瓦楞有直立锁边型、角驰（咬口）型、卡扣（暗扣）型、明钉（梯形）型等。其中直立锁边型、角驰型和卡扣型都可以通过夹具夹在彩钢板楞上，不对彩钢板造成破坏。明钉型则需要用固定螺丝穿透彩钢板表面对夹具进行固定，如图10-8所示。在选用夹具时，不仅要确定夹具类型，还需要将夹具带到现场进行锁紧测试，确认夹具与屋顶瓦楞的尺寸是否合适。

在彩钢板屋顶安装光伏组件方阵时，其安装方式与支撑彩钢板屋顶的钢架结构、屋顶架结构、檩条强度与数量及屋面板形式等有着直接的关系，对于不同承重结构的彩钢板屋顶将采取不同的安装方式。

①钢架、屋顶支架、檩条的承重强度和屋顶板刚性强度都能满足安装要求。这种情况是最合理的安装条件,光伏支架及方阵可以直接进行安装。把光伏支架采用连接件与屋顶板连接,并尽可能靠近檩条位置进行固定。

②钢架、屋顶支架、檩条的承重强度能满足安装要求,但屋顶板刚性强度较小,变形较大。这种类型的彩钢屋顶主要应用在简易车间、车棚、公共候车厅、养殖场等一些要求程度不太高的场所。光伏支架可以采用连接件与檩条处的屋顶板直接连接,也可以采用将连接件通过穿透屋顶板与檩条进行连接。

③仅钢架和屋顶支架能满足安装要求,檩条和屋顶板承载能力小。这种情况,只能采用连接件直接与钢架或屋顶支架连接,具体连接安装方式也是将连接件通过穿透屋顶板的方式进行。还有一种方式是将固定支架位置的屋顶板割开,用角钢槽钢等做支柱焊接到钢架或屋顶支架上。

在上述几种方式中,凡是涉及穿透屋顶的连接方式,必须带有防水垫片或采用密封结构胶进行处理,保证防水能力。若钢架、屋顶支架、檩条和屋顶板强度均不能满足安装要求时,是不能进行光伏方阵安装的。如果非要安装,就需要先对彩钢屋顶的整个钢结构重新进行加固。

3) 瓦片屋顶的安装

在瓦片屋顶安装光伏发电系统,需要了解瓦屋顶的几种形式,以便确定哪些屋顶可以安装,哪些屋顶不能安装。常见的屋顶瓦片有空心瓦、双槽瓦、鱼鳞瓦、平屋面瓦、平板瓦、油毡瓦、石棉瓦等几种,屋顶结构有檩条屋顶、混凝土屋顶、土层屋顶、石棉瓦屋顶等。单层的石棉瓦屋顶,由于承重较差,施工难度大,施工安全不好保证,一般不考虑安装。尽管各种瓦片的形状、颜色和性能特点不同,屋顶结构也不一样,但安装方式都是采用专用挂钩,与屋顶内部结构进行连接,并从瓦片的上下接缝处伸出来,然后在各个挂钩上固定横梁。由于挂钩的固定点都在建筑结构上,且基本不破坏瓦的防水结构,所以能保证方阵支架固定的可靠性,同时确保屋顶的防水性能不受破坏。

屋顶瓦片类型和结构的不同,所适用的挂钩也有些细节上的不同,挂钩的材质一般为不锈钢或热镀锌碳钢。

瓦片屋顶光伏组件的具体安装步骤:

①把确定好挂钩安装位置的瓦片揭开,将挂钩固定在屋顶上,然后把瓦片按原样铺上去;

②在横梁方向每隔1.2 m左右安装一个挂钩,竖排方向(两根横梁之间)根据电池组件长度的不同,每隔0.9~1.1 m(60片板)或1.2~1.4 m(72片板)安装一个挂钩,具体安装间隔尺寸可根据设计图样要求确定;

③将横梁导轨安装在挂钩上;

④将电池组件摆放到横梁上,用固定组件的中压块和边压块加以固定。

不同的屋顶结构，需要采用不同的方法进行固定，对于揭开瓦片就能看到檩条的屋顶，

一般将挂钩直接用木螺丝固定在檩条上，每个挂钩至少要用3个以上的木螺丝。对于比较粗壮结实的檩条，挂钩间距可以在1.2 m左右。如果檩条较细小，支撑度不够，可以减小挂钩之间的横向间距。

对于混凝土瓦屋顶，屋顶的结构组成一般是瓦片＋（防水层）＋混凝土层＋芦苇层或薄木板＋檩条（或横梁），若混凝土结构密实且厚度超过10 cm，可以用膨胀螺栓直接打入混凝土中，对挂钩进行固定。若混凝土层较薄或结构疏松（例如俗称的沙子灰），则不宜使用膨胀螺栓固定，要将固定点的土层轻轻砸开挖出，将挂钩固定在檩条或者横梁上。固定完成后，用混凝土将挖开部位填充抹平，将瓦片恢复原样铺好。

有些混凝土屋顶是将瓦片直接铺在水泥上的，无法揭开，需要在相应位置通过切割破坏瓦片才能固定挂钩，进行安装。这种情况需要在安装完挂钩后，对破坏部位进行修补和防水处理。

还有一种农村常见的瓦屋顶是平瓦＋（防水层）＋薄土层＋薄木板＋圆木横梁的结构，这种结构的挂钩固定方法与沙子灰结构方法一样，挂钩要固定在圆木横梁上，不能固定在薄木板上。

对于屋顶载荷强度不够，横梁太少、固定点不够以及一些拱形屋顶等，可采取先在承重墙上搭建钢结构，然后在钢结构上固定导轨支架的施工方法。

在光伏方阵基础与支架的施工过程中，应尽量避免对相关建筑物及附属设施的破坏，如因施工需要不得已造成局部破损，应在施工结束后及时修复。

（3）光伏组件的安装

①光伏组件在存放、搬运、安装等过程中，不得碰撞或受损，特别要注意防止组件玻璃表面及背面的背板材料受到硬物的直接冲击。禁止抓住接线盒来搬运和举起组件。

②组件安装前应根据组件生产厂家提供的出厂实测技术参数和曲线，对光伏组件进行分组，将峰值工作电流相近的组件串联在一起，将峰值工作电压相近的组件并联在一起，以充分发挥光伏组件的整体效能。光伏组件的测量最好在正午日照最强的条件下进行。如组件厂商提供的是经过生产线测试调配好的组件，可直接进行安装。

③光伏组件的安装应自下而上逐块进行，螺杆的安装方向为自内向外，将分好组的组件依次摆放到支架上，并用螺杆穿过支架和组件边框的固定孔，将组件与支架固定。固定时要保持组件间的缝隙均匀，横平竖直，组件接线盒方向一致。组件固定螺栓应有弹簧垫圈和平垫圈，紧固后应将螺栓露出部分及螺母涂刷防锈漆，做防松动处理。

④地面或平面屋顶安装组件的时候若单排组件比较长，可以从中间往两边依次安装，这样可以将组件安装得更水平。

⑤按照光伏方阵组件串并联的设计要求，用电缆将组件的正负极进行连接，在进行作业时需认真按照操作规范进行，先串联后并联。对于接线盒直接带有连接线和连接器的组件，在连接器上都标注有正负极性，只要将连接器接插件直接插接即可。电缆连接完毕，要用绑带、钢丝卡等将电缆固定在支架上，以免长期风吹摇动造成电缆磨损或接触不良。

⑥斜面彩钢板屋顶和瓦屋顶安装组件时要提前考虑好组件串的连接方式和组串数，在安装下一块组件时要先将这块组件与上一块组件的连接器端子提前插接好，即边安装边连接，否则组件安装好后，就无法连接组件之间的连线了。

⑦安装中要注意方阵的正负极两输出端不能短路，否则可能造成人身事故或引起火灾。在阳光下安装时，最好用黑塑料薄膜、包装纸片等不透光材料将光伏组件遮盖起来，以免输出电压过高影响连接操作或造成施工人员触电的危险。

⑧安装斜坡屋顶的建材一体化光伏组件时，互相间的上下左右防雨连接结构必须严格施工，严禁漏雨、漏水，外表必须整齐美观，避免光伏组件扭曲受力。屋顶坡度超过10°时，要设置施工脚踏板，防止人员或工具物品滑落。严禁下雨天在屋顶面施工。

⑨光伏组件安装完毕之后要先测量各组串总的电流和电压，如果不合乎设计要求，就应该对各个支路分别测量。当然为了避免各个支路互相影响，在测量各个支路的电流与电压时，各个支路要相互断开。

⑩光伏方阵中所有光伏组件的铝边框之间都要用专用的接地线进行连接，光伏方阵的所有金属件都应可靠接地，防止雷击可能带来的危害，同时为工作人员提供安全保证。光伏方阵仅通过组件的铝边框和支架的接触间接接地时，接地电阻大且不可靠，铝边框有漏电的危险。在实际工程中，多数光伏系统的负极都接到设备的公共地极上。系统其他的绝缘及接地要求看参考相应的设计方案和国家标准中有关内容。

10.4.3 光伏控制器和逆变器等电气设备的安装

（1）控制器的安装

①控制器安装前，应先开箱检查，按照装箱单和技术手册进行逐项检查，检查外观有无损坏，内部连接线和螺钉有无松动，还要核对设备型号是否符合实际要求，零部件和辅助线材是否齐全等。

②安装控制器时，要将光伏电池方阵用塑料布进行遮挡，或在早晚太阳光较弱时进行，或断开光伏组串相应断路器，以免高压拉弧放电。断开负载以保护设备及人员安全，按照要求连接线路。

③控制器接线时要将工作开关放在关的位置，接线步骤是先连接蓄电池，再连接逆变器，然后对系统进行检查和试运行，具备通电使用条件后，最后连接光伏组串或方阵。

④控制器应尽量安装在阴凉通风的地方，以防止散热部件温度过高。要特别注意出风口的灰尘问题，有过滤网的通风口要注意定期进行清理。中功率控制器可固定在墙壁或者摆放在工作台上，大功率控制器可直接在配电室内地面安装。控制器若需要在室外安装时，必须符合密封防潮要求。

⑤不同类型的蓄电池对充放电电压的要求有差异，安装连接后需要对预置电压进行核对或调整。

（2）逆变器的安装

①逆变器在安装前同样要进行外观及内部线路的检查，检查无误后先将逆变器的输入开关断开，然后进行接线连接。接线时要注意分清正负极极性，并保证连接牢固。接线内容包括，直流侧接线、交流侧接线、接地连接、通信线连接等。

②接线完毕，可接通逆变器的输入开关，待逆变器自检测正常后，如果输出无短路现象，则可以打开输出开关，检查温升情况和运行情况，使逆变器处于试运行状态。

③逆变器的安装位置确定可根据其体积、重量大小分别放置在工作台面、地面等，若需要在室外安装时，要考虑周围环境是否对逆变器有影响，应避免阳光直接照射，并符合密封防潮通风的要求。过高的温度和大量的灰尘会引起逆变器故障和缩短使用寿命。同时要确保周围没有其他电力电子设备干扰。

④逆变器的安装应与其周围保持一定的间隙，方便逆变器散热，同时便于后期逆变器的维护操作。如果逆变器本身无防雷功能，还要在直流输入侧配置防雷系统，并且保持良好接地。

⑤在大功率离网光伏系统中，逆变器安装要尽量靠近蓄电池组，但又不能和蓄电池组同处一室，一是防止蓄电池散发的腐蚀性气体对逆变器等设备的侵蚀，二是防止逆变器开关动作产生的电火花引起腐蚀性气体爆炸。

⑥逆变器安装要合理选择并网点，在某一区域安装3台以上逆变器时，要选择接入不同相位的相线并网，防止用电低峰时因电网电压高造成逆变器过电压保护而间隙工作。在农村电网末端严禁安装大容量光伏发电系统。

⑦安装中所使用的线缆质量必须合格，连接要牢固，直流光伏线缆连接器必须用专用压线钳压制，以避免后期因接触不良引起故障或着火事故。

根据光伏系统的不同要求，各厂家生产的控制器和逆变器的功能和特性都有差别。因此欲了解控制器和逆变器的具体接线和调试方法，要详细阅读随机附带的技术说明文件。

（3）直流汇流箱的安装

①直流汇流箱安装前也应开箱检查，首先按照装箱清单检查汇流箱所带的产品使用手册、合格证、保修卡及箱门钥匙等配件、资料齐全。检查汇流箱内元器件应完好，连接线应无松动，所有开关和熔断器应处于断开状态。

②汇流箱的安装位置应符合设计要求，安装支架及紧固螺钉等都应为防锈件。汇

流箱防护等级虽然能满足户外安装的要求，但也要尽量安装在干燥、通风和阴凉的地方，避免安装在阳光直射和环境温度过高的区域。

10.4.4 防雷与接地系统的安装施工

（1）防雷器的安装

1）安装方法

防雷器的安装比较简单，防雷器模块、火花放电间隙模块及报警模块等，都可以非常方便地组合并直接安装到配电箱中标准的 35mm 导轨上。

2）安装位置的确定

一般来说，防雷器都要安装在根据分区防雷理论要求确定的分区交界处。B 级（Ⅲ级）防雷器一般安装在电缆进入建筑物的入口处，如安装在电源的主配电柜中；C 级（Ⅱ级）防雷器一般安装在分配电柜中，作为基本保护的补充；D 级（Ⅰ级）防雷器属于精细保护级防雷装置，要尽可能地靠近被保护设备端进行安装。防雷分区理论及防雷器等级是根据 DIN VDE0185 和 IEC61312-1 等相关标准确定的。

3）电气连接

防雷器的连接导线必须保持尽可能短，以避免导线的电阻和感抗产生附加的残压降。如果现场安装时连接线长度无法小于 0.5 m 时，则防雷器必须使用 V 字形方式连接，如图 10-9 所示。同时，布线时必须将防雷器的输入线和输出线尽可能地保持较远距离排布。

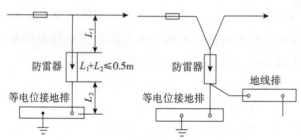

图 10-9 防雷器连接方式示意图

另外，布线时要注意已经保护的线路和未保护的线路（包括接地线）绝对不要近距离平行排布，它们的排布必须有一定空间距离或通过屏蔽装置进行隔离，以防止从未保护的线路向已经保护的线路感应雷电浪涌电流。

防雷器连接线的截面积应和配电系统的相线及中性线（A、B、C、N）的截面积相同或按照表 10-3 选取。

表 10-3　防雷器连接线截面积选取对照表

	导线截面积/mm² （材质：铜）		
主电路导线截面积	≤35	50	≥70
防雷器接地线截面积	≥16	25	≥35
防雷器连接线截面积	10	16	25

4）中性线和地线的连接

中性线的连接可以分流相当可观的雷电流，在主配电柜中，中性线的连接线截面积应不小于 16 mm²，当用在一些用电量较小的系统中，中性线的截面积可以相应选择的较小些。防雷器接地线的截面积一般取主电路导线截面积的一半，或按照表 10-3 选取。

5）接地和等电位联结

防雷器的接地线必须和设备的接地线或系统保护接地可靠连接。如果系统存在雷击保护等电位联结系统，防雷器的接地线最终也必须和等电位联结系统可靠连接。系统中每个局部的等电位排也都必须和主等电位联结排可靠连接，连接线截面积必须满足接地线的最小截面积要求，如图 10-10 所示。

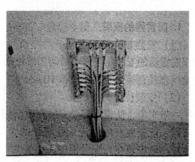

图 10-10　等电位联结示意图

6）防雷器的失效保护方法

基于电气安全的原因，任何并联安装在市电电源相对零或相对地之间的电气元件，为防止故障短路，必须在该电气元件前安装短路保护器件，如断路器或熔断器。防雷器也不例外，在防雷器的入线处，也必须加装断路器或熔断器，目的是当防雷器因雷击保护击穿或因电源故障损坏时，能够及时切断损坏的防雷器与电源之间的联系，待故障防雷器修复或更换后，再将保护断路器复位或将熔断的熔丝更换，防雷器恢复保护待命状态。

为保证短路保护器件的可靠起效，一般 C 级防雷器前选取安装额定电流值为 32A（C 类脱扣曲线）的断路器，B 级防雷器前可选择额定电流值约为 63A 的断路器。

（2）接地系统的安装施工

1）接地体的埋设

在进行配电室基础建设和光伏方阵基础建设的同时，在配电机房附近选择一地下无管道、无阴沟、土层较厚、潮湿的开阔地面，根据接地体的形状和尺寸一字排列挖直径 0.3～1 m、深 2～2.5 m 的坑 2～3 个（其中的 1 或 2 个坑用于埋设电器、设备保护等地线的接地体，剩余的一个坑用于单独埋设避雷针地线的接地体），坑与坑的间距应为 3～5 m，如图 10-11 所示。

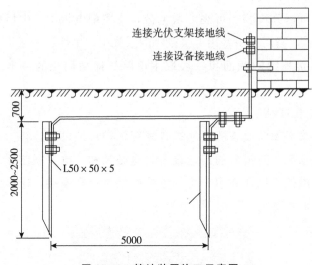

图 10-11　接地装置施工示意图

坑内放入专用接地体或设计制作的接地体，接地体应根据要求垂直或水平放置在坑的中央，其上端离地面的最小高度应不小于 0.7 m，放置前要先将引下线与接地体可靠连接。引下线与接地体的连接部分必须使用电焊或气焊，不能使用锡焊。现场无法焊接时，可采取铆接或螺栓连接，确保有不少于 10 cm² 的接触面。

埋设引下线和接地体应尽量放在人们不走或很少走过的地方，避免受到跨步电压的危害，还应注意使接地体与周围金属体或电缆之间保持一定的距离。

将接地体放入坑中后，在其周围填充接地专用降阻剂，直至基本将接地体掩埋。填充过程中应同时向坑内注入一定的清水，以使降阻剂充分起效。最后用原土将坑填满夯实。电器、设备保护等接地线的引下线最好采用截面积为 35 mm² 的接地专用多股铜芯电缆连接，避雷针的引下线可用直径为 8 mm 圆钢或截面积不小于 40 mm² 的镀锌扁钢连接。

占用面积比较大的发电系统场站，接地系统要采用环网接地的形式，如图 10-12 所示。环网各接地体之间也可用直径为 8 mm 镀锌圆钢或截面积不小于 40 mm² 镀锌扁钢连接。

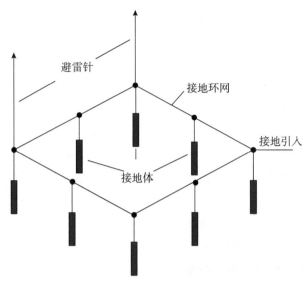

图 10-12　**环网接地示意图**

2）避雷针的安装

避雷针的安装最好依附在配电室、光伏支架等建构筑物旁边，以利于安装固定，并尽量在接地体的埋设地点附近。避雷针的高度根据要保护的范围而定，条件允许时尽量单独做地线。

10.4.5 蓄电池组的安装

蓄电池的安装质量直接影响蓄电池组运行的可靠性。蓄电池安装总的原则是：在小型光伏发电系统中，蓄电池的安装位置应尽可能靠近光伏组件和控制器。在中大型光伏发电系统中，蓄电池最好与控制器、逆变器及交流配电柜等分室而放。蓄电池的安装位置要保证通风良好，排水方便，防止高温，防止阳光直射，远离加热器或其他辐射热源，环境温度应尽量保持在 10～25℃ 之间，最大不超过 0～35℃ 范围。

（1）安装前的检测

①安装前应首先对蓄电池的外观进行检查，防止因生产和运输过程中搬运不当造成对蓄电池外壳及内部结构的影响和伤害。应检查外观有无破裂、漏酸。检查接线端子极柱是否有弯曲和损坏，弯曲和损坏的端子极柱会造成安装困难或无法安装，并有可能使端子密封失效，产生爬酸、渗酸现象，严重时还会产生高的接触电阻，甚至有熔断的危险。在检查过程中，如果外壳上有湿润状的可疑点，可用万用表一端连 接蓄电池极柱，另一端接触湿润处，若电压为零，说明外壳未破损；若电压大于零，说明该处存在酸液，应进一步仔细检查。

②安装前要检查蓄电池的出厂时间，验证生产与安装使用之间的时间间隔，逐只测量蓄电池的开路电压，确定是否需要进行充电。新蓄电池一般要在 3 个月以内投入

使用。如搁置时间较长，开路电压将会很低，这样的蓄电池不能直接安装使用，应先对其进行充电后才能进行安装。

（2）安装注意事项

①蓄电池与地面之间应采取绝缘措施，一般可垫木板或其他绝缘物，以免蓄电池与地面短路而放电。如果蓄电池数量较多时，可以安装在蓄电池专用支架上，且支架要可靠接地。在安装多组蓄电池之间的连接器之前，必须将单体蓄电池排列整齐，使连接器安装顺畅，不要吃力扭劲，以免蓄电池极柱受力使密封处发生泄漏。

②蓄电池在充放电过程中，会产生一定的热量，所以安装时蓄电池与蓄电池的间距一般要大于 50 mm，以保证蓄电池散热良好。蓄电池间要有良好的通风设施，以免因蓄电池损坏产生可燃气体引起爆炸及燃烧。

③置于室外的蓄电池组要设置防雨水措施，当环境温度低于 0℃ 或高于 35℃ 时，蓄电池组应设置防冻、防晒和隔热措施。

④蓄电池间的连接线应符合放电电流的要求，对于并联的蓄电池组连接线，其阻抗要相等。蓄电池与充电装置及负载之间的连接线不能过细过长，以免电流传输过程中在线路上产生过大的电压降和由于电能损耗产生热量，给安全运行造成隐患。

⑤蓄电池串联连接的回路组中应设有断路器以便维护。并联组最好每组有一个断路器，以方便日后维护更替操作。

⑥一个蓄电池组不能采用新老结合的组合方式，而应全部采用新蓄电池或全部采用原来为同一组的旧蓄电池，以免新老蓄电池工作状态之间不平衡，影响所有蓄电池的使用寿命和效能。对于不同容量的蓄电池，也绝对不能在同一组中串联使用，否则在大电流充放电工作状态时将有安全隐患存在。

⑦蓄电池极柱与接线之间必须保证紧密接触，安装前要用铜丝刷去除极柱表面的氧化层，使极柱的接线部位露出金属光泽，并用软布擦拭电池表面的铅屑和灰尘。并在极柱与连接点涂一层凡士林油膜，以防天长日久腐蚀生锈造成接触不良。

（3）蓄电池支架的安装

①电池柜或架要放在预先确定的位置并找平，要求水平度误差不超过 ±1 mm/m，垂直度误差不超过 ±1.5 mm/m。注意电池柜与电池柜、墙壁及其他设备之间要留有 50～70cm 的维修距离，并注意地板的承重能力是否能满足要求。

②先将支架侧框架平稳放置在地面，然后将搁梁摆放在侧框架上，对好两侧安装螺孔，拧上螺丝但先不要拧紧。

③用连接板分别将左右侧梁和侧框架连接，拧上固定螺丝但不拧紧。

④调整好各零部件相互间的配合，若无错位现象，将各处螺丝拧紧。

⑤若电池支架需要与地面固定时，将电池支架就位，做好固定孔标记，挪开支架在标记处钻孔，并清理现场。

⑥在孔中放入膨胀螺栓，然后挪回支架就位，将支架固定。

（4）蓄电池的安装

①蓄电池安装时需要人工将蓄电池搬抬到支架上摆放整齐，同排同列的蓄电池应摆放一致、排列整齐，符合连接顺序。蓄电池的连接要参照设计图样和出厂说明。

②使用蓄电池附带的专用连接器或连接线，按设计要求连接蓄电池的正负极，串联、并联成蓄电池组。连接时严禁造成极柱短路，工具也要进行绝缘处理，以免发生电池短路和对人员的伤害。

③蓄电池连接好后应将极柱端盖扣好或者用凡士林油、耐高温油脂涂抹，以防止端子被酸液侵蚀。

④当蓄电池组输出电压较高时，将存在触电危险，拆装接线是要注意防护，并使用绝缘工具。

⑤蓄电池在多只并联使用时，按电池标识正、负极性依次排列，且连接点要拧紧，以防产生火花和接触不良。

⑥电池间的安装距离通常为 10 ～ 15 mm，以便对流冷却。

⑦蓄电池应放在远离热源和容易产生火花的地方（如变压器、电源开关或熔丝等），安全距离为 0.5 m 以上，不能在电池系统附近吸烟或使用明火。

⑧将蓄电池（组）和外部设备连接之前，要使设备处于关断状态，并再次检查蓄电池的连接极性是否正确，然后再将蓄电池（组）的正极连接设备的正极端，蓄电池（组）的负极连接设备的负极端，并紧固好连接线。

⑨蓄电池或电池组若需要并联使用，一般不能超过 4 只（组）并联。

⑩不要单独增加电池组中某几个单体电池的负载，否则将造成单体电池间容量的不平衡。

⑪蓄电池间连接电缆应尽可能短，不能仅考虑容量输出来选择电缆的大小规格，电缆的选择还应考虑不能产生过大的电压降。

⑫特别提示：不同容量、不同厂家或不同新旧程度的蓄电池严禁连接在一起使用。

⑬条件许可的较大型光伏发电场（站），蓄电池室最好配备空调和净化通风设备，使环境温度维持在 20 ～25 ℃。

（5）安装后的检测

蓄电池安装结束后的检测项目包括安装质量检查、容量测试、内阻测试等几个方面。

①安装质量检查：首先要根据上述注意事项内容逐项检查安装是否符合要求，保证接线质量；其次测量蓄电池的总电压和单只电压，单只电压大小要相等。

②容量测试：用安装完好的蓄电池组对负载在规定的时间内放电，以确定其容量是否合理。新安装的系统必须将容量测试作为验收测试的一项内容。

③负载测试：用实际在线负载来测试蓄电池系统，通过测试的结果，可以计算出一个客观准确的蓄电池容量及大电流放电特性。要求测试时，尽可能接近或满足实际

负载放电电流和放电时间的要求。

④内阻测试：蓄电池内部电阻大小是反映蓄电池工作状态的最佳标志，测量内阻的方法虽然没有负载测试那样绝对，但通过测试内阻也至少能检测出 $80\% \sim 90\%$ 有问题的蓄电池。

（6）线缆的敷设与连接

光伏发电系统工程的线缆工程建设费用也较大，线缆敷设方式直接影响着建设费用。所以合理规划、正确选择线缆的敷设方式，是光伏线缆设计选型工作的重要环节。

光伏发电系统的线缆敷设方式要根据工程条件、环境特点和线缆类型、数量等因素综合考虑，并且要按照满足运行可靠、便于维护的要求和技术经济合理的原则来选择。光伏发电系统直流线缆的敷设方式主要有直埋敷设、穿管敷设、桥架内敷设、线缆沟敷设等。交流线的敷设与一般电力电气工程施工方式相仿。无论哪种敷设都要在整体布线前应事先考虑好走线方向，然后开始放线。当地下管线沿道路布置时，要注意将管线敷设在道路行车部分以外。

1）光伏发电系统连接线缆敷设注意事项

①在建筑物表面敷设光伏线缆时，要考虑建筑的整体美观。明线走线时要穿管敷设，线管要做到横平竖直，应为线缆提供足够的支撑和固定，防止风吹等对线缆造成机械损伤。不得在墙和支架的锐角边缘敷设线缆，以免切割、磨损伤害线缆绝缘层引起短路，或切断导线引起断路。

②线缆敷设布线的松紧度要均匀适当，过于张紧会因四季温度变化及昼夜温差热胀冷缩造成线缆断裂。

③考虑环境因素影响，线缆绝缘层应能耐受风吹、日晒、雨淋、腐蚀等。

④线缆接头要特殊处理，要防止氧化和接触不良，必要时要镀锡或锡焊处理。同一电路馈线和回线应尽可能绞合在一起。

⑤线缆外皮颜色选择要规范，如相线、零线和地线等颜色要加以区分。敷设在柜体内部的线缆要用色带包裹为一个整体，做到整齐美观。

⑥线缆的截面积要与其线路工作电流相匹配。截面积过小，可能使导线发热，造成线路损耗过大，甚至使绝缘外皮熔化，产生短路甚至火灾。特别是在低电压直流电路中，线路损耗尤其明显。截面积过大，又会造成不必要的浪费。因此，系统各部分线缆要根据各自通过电流的大小进行选择确定。

2）线缆的铺设与连接

光伏发电系统的线缆铺设与连接主要以直流布线工程为主，而且串联、并联接线场合较多，因此施工时要特别注意正负极性。

①在进行光伏方阵与直流汇流箱之间的线路连接时，所使用线缆的截面积要满足最大短路电流的需要。各组件方阵串的输出引线要做编号和正负极性的标记，然后引入直流汇流箱。

②线缆在进入接线箱或房屋穿线孔时，要做如图 6-11 所示的防水弯，以防积水顺线缆进入屋内或机箱内。当线缆铺设需要穿过楼面、屋面或墙面时，其防水套管与建筑主体之间的缝隙必须做好防水密封处理，建筑表面要处理光洁。

③对于组件之间的连接电缆及组串与汇流箱之间的连接电缆，一般都是利用专用连接器连接，线缆截面积小、数量大，通常情况下敷设时尽可能利用组件支架作为线缆敷设的通道支撑与固定依靠。

④在敷设直流线缆时，有时需要在现场进行连接器与线缆的压接。连接器压接必须使用专用的压接钳进行，不能使用普通的尖嘴钳或者老虎钳压接，以免留下隐患。连接器压接后从外观上检查，应该无断丝和漏丝，无毛边，左右匀称。

⑤当光伏方阵在地面安装时要采用地下布线方式，地下布线时要对导线套线管进行保护，掩埋深度距离地面在 0.5 m 以上。

⑥交流逆变器输出的电气方式有单相二线制、单相三线制、三相三线制和三相四线制等，要注意相线和中性线的正确连接，具体连接方式与一般电力系统连接方式相仿。

⑦线缆敷设施工中要合理规划线缆敷设路径，减少交叉，尽可能地合并敷设以减少项目施工过程中的土方开挖量以及线缆用量。

10.5 地源热泵系统节能工程施工

地源热泵系
统节能工程
施工

10.5.1 国外地源热泵发展情况

10.5.2 我国地源热泵发展情况

10.5.3 地源热泵系统的基本原理

10.5.4 主要施工方法

10.5.5 地源热泵机房换热系统施工方法

10.5.6 质量控制措施

课后习题

1. 什么是建筑能耗？
2. 外墙外保温的特点有哪些？
3. 光热发电技术有哪几种方式？
4. 简述光伏发电系统的安装施工分类。
5. 简述地源热泵系统的基本原理。

第11章

施工组织概论

本 章 提 要

本章内容包括建筑产品及其生产的特点、组织施工的基本原则、施工组织设计相关内容。施工组织设计相关内容主要包含施工组织设计的任务和作用、施工组织设计的分类和内容、施工组织设计的编制依据及编制方法。

【教学目标】

（1）知识目标

①了解建筑产品及其生产的特点；

②了解组织施工的基本原则；

③了解施工组织设计的任务和作用及分类。

（2）能力目标

①能根据项目建设做出阶段做好各阶段项目建设的准备工作；

②能根据已知工程资料编制施工组织设计的大纲；

③能根据工程特点运用 BIM 技术编制施工组织总设计应用框架；

④能将本知识点简单的用于工程实践环节。

（3）素质目标

①培养理论结合实践的应用能力；

②提升相应的专业技术及工程项目管理能力；

③提高学生表达沟通能力；

④培养学生团队协作精神和卓越工匠精神；

⑤树立学生的职业观和道德观。

（4）情感价值提升

①培养文明诚信、团结协作的职业素养；

②培养严谨务实的工作作风。

【思维导图】

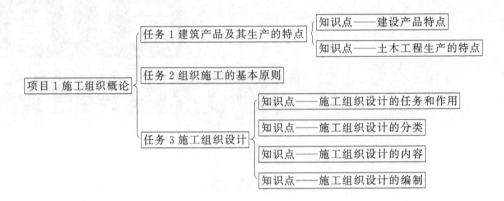

11.1 建筑产品及其生产的特点

11.1.1 建筑产品特点

由于建筑产品的使用功能、平面与空间组合、结构与构造形式等特殊性，以及建筑产品所用材料的物理力学性能的特殊性，决定了建筑产品的特殊性。其具体特点如下。

（1）建筑产品在空间上的固定性

一般的建筑产品均由自然地面以下的基础和自然地面以上的主体两部分组成（地下建筑全部在自然地面以下）。基础承受主体的全部荷载（包括基础的自重），并传递给地基；同时，将主体固定在地球上。任何建筑产品都是在选定的地点上建造和使用，与选定地点的土地不可分割，从建造开始直至拆除均不能移动，所以建筑产品在空间上是固定的。

（2）建筑产品的多样性

建筑产品不但要满足各种使用功能的要求，而且还要体现出地域和民族的特点，同时受到地区的自然条件诸因素的限制，使建筑产品在规模、结构、构造、形式和装饰等诸方面变化纷繁，因此建筑产品的类型多样。

（3）建筑产品体型庞大

无论是复杂的建筑产品，还是简单的建筑产品，为了满足其使用功能，需要耗费大量的物质资源，并占据广阔的空间，因而建筑产品的体型庞大。

11.1.2 土木工程生产的特点

（1）产品的固定性与生产的流动性

土木工程产品地点具有固定性，它决定了产品生产的流动性。例如，同一单位工程的不同部位组织工人、机械围绕着同一土木产品进行生产。因此，土木产品的生产在地区之间、现场之间和单位工程不同部位之间流动。

（2）产品的多样性与生产的单件性

土木产品类型具有多样性，其产品的生产具有单件性。土木工程在选定的地点上单独施工，即使是选用标准设计、通用构件或配件，由于土木产品所在地区的自然、技术、经济条件的不同，也使土木产品的结构或构造、建筑材料、施工组织和施工方法等也要因地制宜加以修改，从而使各土木产品生产具有单件性。

（3）生产的综合性、协作性

土木产品生产的涉及面广，它涉及工程力学、建筑结构、建筑构造、地基基础、水暖电、机械设备、建筑材料和施工技术等学科的专业知识，要在不同时期、不同地点和不同产品上组织多专业、多工种的综合作业。施工生产中，涉及各不同类型的专业施工企业及城市规划、土地管理、勘察设计、消防、"七通一平"、公用事业、环境保护、质量监督、科研试验、交通运输、财政金融、机具设备及物质材料供应、水暖电气供应、劳务等社会各部门、各领域的复杂协作配合，从而使土木产品生产的组织协作关系综合复杂。

（4）产品生产周期长

土木产品的固定性和体型庞大的特点决定了建筑产品生产周期长。因为建筑产品体型庞大，使得最终建筑产品的建成必然耗费大量的人力、物力和财力。同时，建筑产品的生产全过程还要受到工艺流程和生产程序的制约，使各专业、工种间必须按照合理的施工顺序进行配合和衔接。又由于建筑产品地点的固定性，使施工活动的空间具有局限性，从而导致建筑产品生产具有生产周期长、占用流动资金大的特点。

（5）产品生产的露天作业多

土木产品地点的固定性和体型庞大的特点，决定了建筑产品生产露天作业多。因为形体庞大的建筑产品不可能在工厂、车间内直接进行施工，即使建筑产品生产达到了高度的工业化水平的时候，也只能在工厂内生产其各部分的构件或配件，仍然需要在施工现场内进行总装配后才能形成最终建筑产品。

11.2 组织施工的基本原则

在组织建筑施工的过程中，一般应遵循以下几项基本原则。

①认真执行基本建设程序。遵循建设程序时，基本建设就能顺利进行，当违背这个程序时，不但会造成施工的混乱，影响工程质量，而且还可能造成严重的浪费或工程事故。因此，认真执行基本建设程序，是保证建筑安装工程顺利进行的重要条件。

②保证重点，统筹安排。根据拟建工程项目的重要程度和工期要求等，进行统筹安排，分期排队，把有限的资源优先用于国家和建设单位急需的重点工程项目，使其

早日建成、投产或使用。同时，也应该安排好一般工程项目，注意处理好主体工程和配套工程，准备工程项目、施工项目和收尾项目之间施工力量的分配，从而获得总体的最佳效果。

③遵循建筑施工工艺和技术规律，坚持合理的施工程序和施工顺序。建筑施工工艺及其技术规律，是分部分项工程施工固有的客观规律。分部分项工程施工中的任何一道工序也不能省略或颠倒。因此在组织建筑施工中必须严格遵循建筑施工工艺及其技术规律。

④采用流水施工方法和网络计划技术组织施工。采用流水施工方法组织施工，不仅能使拟建工程的施工有节奏、均衡和连续地进行，而且还会带来显著的技术经济效果。网络计划技术是当代计划管理的最新方法。它是应用网络图形表达计划中各项工作的相互关系，具有逻辑严密、层次清晰、关键问题明确，可以进行计划方案优化、控制和调整，有利于电子计算机在计划管理中的应用等优点。它在各种计划管理中得到广泛的应用。实践证明，在建筑工程施工计划管理中，采用网络计划技术，可以缩短工期和节约成本。

⑤科学地安排冬、雨季施工项目，保证全年生产的连续性和均衡性。建筑施工一般都是露天作业，易受气候影响，严寒和下雨的天气都不利于建筑施工的正常进行。如不采取相应的技术措施，冬季和雨季就不能连续施工。目前，随着施工技术的发展，已经有了成功的冬雨季施工措施，可以保证施工正常进行，但是使施工费用增加。科学地安排冬雨季施工项目，就是要求在安排施工进度计划时，根据施工项目的具体情况，留有必要的适合冬雨季施工的、不会过多增加施工费用的储备工程，将其安排在冬雨季进行施工，以此增加全年的施工天数，尽量做到全面均衡、连续地施工。

⑥充分利用现有机械设备，提高机械化程度。在大面积的平整场地、大型土石方工程、大批量的装卸和运输、大型钢筋混凝土构件或钢结构构件制作和安装等工作中，进行机械化施工，对于改善劳动条件，减轻劳动强度，提高劳动生产率及经济效益。

⑦尽量减少暂设工程，合理地储备物资，减少物资运输量，科学地布置施工平面图。在组织工程项目施工时，对暂设工程和大型临时设施的用途、数量和建造方式等方面，要进行技术经济的可行性研究，在满足施工需要的前提下，使其数量最少和造价最低。这对于降低工程成本和减少施工用地都是十分重要的。

11.3 施工组织设计

施工企业的现代化管理主要体现在经营管理素质和经营管理水平两个方面。施工企业的经营管理素质主要体现在竞争能力、应变能力、盈利水平、技术开发能力和扩大再生产能力等几方面；施工企业的经营管理水平主要体现在计划与决策、组织与指挥、控制与协调和教育与激励等方面。经营管理素质和水平是企业经营管理的基础，也是实现企业的贡献目标、信誉目标、发展目标和职工福利目标等经营管理目标的保证。同时经营管理又是发挥企业的经营管理素质和水平的关键过程。对于一个拟建工程，施工企业经营管理素质和经营管理水平主要通过施工组织设计的编制、贯彻、检查和调整来实现。由此可见，施工企业的经营管理素质和水平的提高，经营管理目标的实现，都离不开施工组织设计从编制到实施的全过程。这充分体现了施工组织设计对施工企业的现代化管理的重要性。

11.3.1 施工组织设计的任务和作用

（1）施工组织设计的任务

施工组织设计要根据国家的有关技术政策和规定、业主的要求、设计图纸和组织施工的基本原则，从拟建工程施工全局出发，结合工程的具体条件，合理地组织施工，采用科学的管理方法，不断地革新施工技术，有效地使用人力、物力，安排好时间和空间，以期达到耗工少、工期短、质量高和造价低的最优效果。

（2）施工组织设计的作用

施工组织设计是对拟建工程施工全过程合理安排，实行科学管理的重要手段和措施。通过施工组织设计的编制，可以全面考虑拟建工程的各种施工条件，扬长避短，制订合理的施工方案、技术经济和组织措施，制订最优的进度计划（包括确保实施的准备工作计划），提供最优的临时设施以及材料和机具在施工场地上的布置方案。只有这样，才能保证施工的顺利进行。

施工组织设计统筹安排和协调施工中的各种关系。它把拟建工程的设计与施工、技术与经济、施工企业的全部施工安排与具体工程的施工组织工作更紧密地结合起来；它把直接参加施工的各单位、协作单位之间的关系，各施工阶段和过程之间的关系更好地协调起来。

施工组织设计为有关建设工作决策提供依据。它为拟建工程的设计方案在经济上的合理性、在技术上的科学性和在实际施工上的可能性提供论证依据。它为建设单位编制基本建设计划和施工企业编制企业施工计划提供依据。

实践证明，拟建工程的施工组织设计编制得合理，并且在施工过程中认真地贯彻执行，就可以保其施工的顺利进行，取得好、快、省和安全的效果，早日发挥基本建设投资的经济效益和社会效益。

11.3.2 施工组织设计的分类

施工组织设计按设计阶段的不同、编制对象的范围不同，使用时间的不同和编制内容的繁简程度不同，有以下几种分类。

（1）按设计阶段分类

施工组织设计的编制一般是同设计阶段相配合。

①设计按两阶段进行。施工组织设计分为施工组织总设计和单位工程施工组织设计两种。

②设计按三个阶段进行。施工组织设计分为施工组织设计大纲（初步施工组织设计）、施工组织总设计和单位工程施工组织设计三种。

（2）按编制对象范围分类

施工组织设计按编制对象的不同可分为施工组织总设计、单位工程施工组织设计、分部分项工程施工组织设计三种。

①施工组织总设计。施工组织总设计是以一个建筑群或一个建设项目为编制对象，用以指导整个建筑群或建设项目施工全过程的各项施工活动的技术、经济和组织的综合性文件。施工组织总设计一般在初步设计或扩大初步设计被批准之后，在总承包企业的总工程师领导下进行编制。

②单位工程施工组织设计。单位工程施工组织设计是以一个单位工程（一个建筑物、构筑物或一个交工系统）为编制对象，用以指导其施工全过程的各项施工活动的技术、经济和组织的综合性文件。单位工程施工组织设计一般在施工图设计完成后，在拟建工程开工之前，在工程处的技术负责人领导下进行编制。

③分部分项工程施工组织设计。分部分项工程施工组织设计是以分部分项工程为编制对象，用以具体指导其施工全过程的各项施工活动的技术、经济和组织的综合性文件。分部分项工程施工组织设计一般是同单位工程施工组织设计的编制同时进行，并由单位工程的技术人员负责编制。

施工组织总设计、单位工程施工组织设计和分部分项工程施工组织设计之间有以下关系：施工组织总设计是对整个建设项目的全局性战略部署，其内容和范围比较概括；单位工程施工组织设计是在施工组织总设计的控制下，以施工组织总设计和企业施工计划为依据编制的，针对具体的单位工程，把施工组织总设计的有关内容具体化；分部分项工程施工组织设计是以施工组织总设计、单位工程施工组织设计和企业施工计划为依据编制的，针对具体的分部（项）工程，把单位工程施工组织设计进一步具体化，它是专业工程具体的组织施工的设计，也叫作分部分项工程作业计划。

（3）按使用时间长短分类

施工组织设计按使用时间长短不同，可分为长期施工组织总设计、年度施工组织设计和季度施工组织设计三种。

①长期施工组织总设计。拟建工程的施工时间在一年以上时，应该编制跨年度的长期施工组织总设计。

②年度施工组织设计。以拟建工程的长期施工组织总设计为依据，在充分考虑每年施工情况的变化和国家或地区每年基本建设投资数额不同等原因的基础上，必须编制适应每年具体情况的年度施工组织设计，用以指导当年的拟建工程项目施工活动。

③季度施工组织设计。季度施工组织设计是以长期施工组织总设计和年度施工组

织设计为依据编制的，用以指导每个季度的拟建工程项目的具体施工活动。

（4）按编制内容的繁简程度分类

施工组织设计按编制内容的繁简程度不同可分为完整的施工组织设计和简单的施工组织设计两种。

①完整的施工组织设计。对于工程规模大，结构复杂，技术要求高，采用新结构、新技术、新材料和新工艺的拟建工程项目，必须编制内容详尽的完整施工组织设计。

②简单的施工组织设计。对于工程规模小，结构简单，技术要求一般和工艺方法不复杂的拟建工程项目，可以编制通常仅包括施工方案、施工进度计划和施工平面布置图等内容的简单施工组织设计。

11.3.3 施工组织设计的内容

施工组织设计的任务和作用，决定施工组织设计的内容。一般来说，施工组织设计的内容包括以下几个主要方面：

①施工项目的工程概况；

②施工部署或施工方案的选择；

③施工准备工作计划；

④施工进度计划；

⑤各种资源需要量计划；

⑥施工现场平面布置图；

⑦质量、安全和节约等技术组织保证措施；

⑧各项主要技术经济指标；

⑨结束语。

由于施工组织设计的编制对象不同，以上各方面内容所包括的范围也不同。结合施工项目的实际情况，可以有所变化。

11.3.4 施工组织设计的编制

（1）施工组织设计的编制依据

①设计资料。包括已批准的设计任务书、初步设计（或扩大初步设计）、施工图纸和设计说明书等。

②自然条件资料。包括地形、工程地质、水文地质和气象资料。

③技术经济条件资料。包括建设地区的建材工业及其产品、资源、供水、供电、交通运输、生产、生活基地设施等资料。

④施工合同规定有关指标。包括建设项目交付使用日期，施工中要求采用的新结构、新技术及有关的先进技术指标等。

⑤施工企业及相关协作单位可配备的人力、机械、设备和技术状况，以及施工经

验等资料。

⑤国家和地方有关现行规范、规程和定额标准等资料。

（2）施工组织设计的编制方法

①拟建工程项目的施工任务下达后，负责编制施工组织设计的单位，要确定主持人和编制人员，并召开由建设单位、设计单位、承担施工的基层单位和有关的协作单位参加的设计要求和施工条件的交底会。根据建设单位的工期要求及资源状况等问题进行广泛认真地讨论，拟定大的施工部署，形成初步方案，落实施工组织设计的编制计划。

②对结构复杂、施工难度大以及采用新工艺和新技术的工程项目，要进行专业性的研究。必要时组织专门会议邀请有经验的专业工程技术人员参加，集中群众智慧，为施工组织设计的编制和实施打下坚实的群众基础。

③在施工组织设计编制过程中，要充分发挥各职能部门的作用，吸收他们参加编制和审定；充分利用施工企业的技术素质和管理素质，统筹安排，扬长避短，发挥施工企业的优势，合理地进行工序交叉和配合的程序设计。

④当比较完整的施工组织设计方案提出之后，要组织参加编制的人员及有关单位进行讨论，逐项逐条地研究和修改，最终形成正式文件，送主管部门审批。

本章在分析建筑产品特点与土木工程生产的特点的基础上，指出了组织施工的原则，最后介绍了施工组织设计的分类、内容和编制依据。

课后习题

1. 建筑产品特点与土木工程生产的特点分别是什么？
2. 在组织建筑施工的过程中，一般应遵循哪几项基本原则？
3. 施工组织设计的分类有哪些？
4. 施工组织设计的编制依据有哪些？

第12章

流水施工原理

本 章 提 要

本章主要内容有流水施工的概念、流水施工的基本参数、流水施工的表达方式、流水施工的组织方式及流水施工组织应用。在流水施工的概念中，主要阐述依次施工、平行施工、流水施工三种施工组织方式的特点，流水施工的基本参数重点介绍了工艺参数、空间参数、时间参数及其确定方法，流水施工的组织方式主要包含等节奏流水、异节奏流水和无节奏流水。并结合具体工程实例对流水施工组织应用研究。

【教学目标】

（1）知识目标

① 了解流水施工的基本概念、分类；

② 熟悉依次施工、平行施工和流水施工的优缺点及适用范围；

③ 掌握流水施工主要参数的内容及计算方法；

④ 掌握流水施工的基本组织方式及流水施工在工程中的应用。

（2）能力目标

① 能应用流水施工原理编制横道图式进度计划；

② 知道横道图的表示方式及参数之间的关系；

③ 能独立完成各种流水施工方式的组织设计计算；

④ 各种流水施工方式的组织设计在建筑工程中的初步应用。

（3）素质目标

① 培养理论结合实践的应用能力；

② 提升相应的专业技术及工程项目管理能力；

③ 提高学生表达沟通能力；

④ 培养学生团队协作精神和卓越工匠精神；

⑤ 在工程实践中能自觉遵守职业道德和规范，具有法律意识。

（4）情感价值提升

① 培养注重实践的务实意识；

② 提升专业爱岗的奉献精神；

③ 培养追求真理、实事求是、勇于探究与实践的科学精神；

④ 提升敬业爱岗和团队合作精神。

【思维导图】

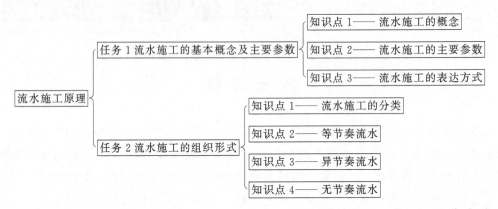

流水作业法是一种诞生较早、组织生产行之有效的科学组织方法。生产实践表明，在所有的生产领域中，它是组织产品生产的理想组织方式。流水施工是由固定组织的工人在若干个工作性质相同的施工环境中依次连续地工作的一种施工组织方法。它建立在分工协作和大批量生产的基础上，充分利用工作时间和操作空间，使生产过程得以连续、均衡、有节奏地进行，能提高劳动生产率、缩短工期、节约施工费用。

流水施工既可以在全部单位工程中总体组织，又可以在一个单位工程内部各分部工程间组织，还可以细化到分部分项工程中组织。通过科学合理的工艺划分、时间安排和空间布置，实现专业化生产，工人连续单一作业，施工机械、设备和劳动力得到合理、充分利用，有利于资源的供应与充分利用，减少现场临时设施和机械，提高施工单位的经济效益。

12.1 流水施工的基本概念及主要参数

在组织多幢同类型房屋或将一项土木工程分成若干施工区段进行施工时，对于同一施工对象，采用不同的作业组织方法，其技术经济效益也各不相同。

12.1.1 流水施工的概念

在拟建工程的施工过程中，常用的施工组织方式有依次施工、平行施工和流水施工三种。

（1）依次施工

依次施工组织方式是将拟建工程项目的整个建造过程分解成若干施工过程，按照一定的施工顺序，前一个施工过程完成后，后一个施工过程才开始施工。对建筑群而言，系指前一个工程完成后，后一个工程才开始施工。

【例12-1】拟建三幢相同建筑物，编号分别为Ⅰ、Ⅱ、Ⅲ。每幢建筑物的基础工程量均相等，都由挖基槽、垫层、砌基础和回填土等四个施工工程组成，各施工过程的工作时间和施工人数如表12-1所示。若按依次施工组织生产，其施工进度计划如图12-1所示。

表 12-1 各基础工程施工过程的工作时间和施工人数

序号	施工过程	工作时间 / 天	施工人数
1	挖基槽	3	8
2	垫层	1	6
3	砌基础	3	10
4	回填土	2	4

从图12-1和图12-2可以看出，依次施工组织方式具有以下特点。

① 不能充分利用工作面进行施工，工期长。

② 各专业队不能连续作业，产生窝工现象。

③ 单位时间内投入的资源量较少，有利于资源供应的组织工作。

④ 施工现场的组织、管理较简单。

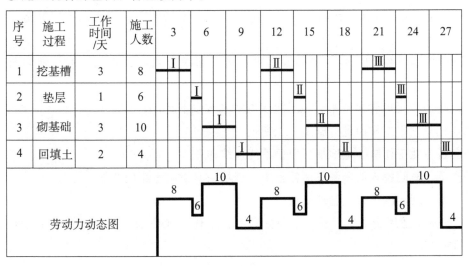

图 12-1 依次施工进度计划之一

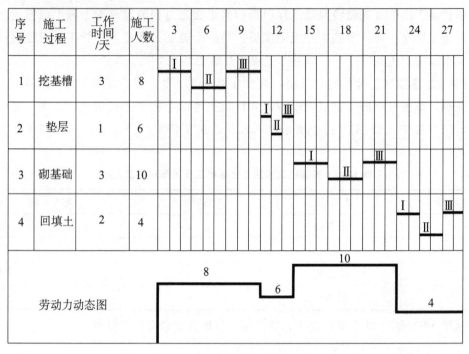

序号	施工过程	工作时间/天	施工人数	3	6	9	12	15	18	21	24	27
1	挖基槽	3	8	I	II	III						
2	垫层	1	6				I II III					
3	砌基础	3	10					I	II	III		
4	回填土	2	4								I	II III

图 12-2　依次施工进度计划之二

（2）平行施工

平行施工是在拟建工程任务十分紧迫、工作面允许且资源能保证供应的条件下，组织几个相同的工作队，在同一时间、不同空间上平行施工；或将几幢建筑物同时开工，平行施工。

【例 12-2】在例 12-1 中，如果采用平行施工组织方式，其施工进度计划如图 12-3 所示。

从图 12-3 可以看出，平行施工组织方式具有以下特点。

① 充分利用工作面进行施工，工期短。

② 各专业工作队数量增加，但仍不能连续作业。

③ 单位时间投入的资源量消耗集中，现场临时设施也相应增加。

④ 施工现场的组织、管理复杂。

平行施工适用于拟建工程任务十分紧迫、工作面允许以及资源能保证供应的工程项目的施工。

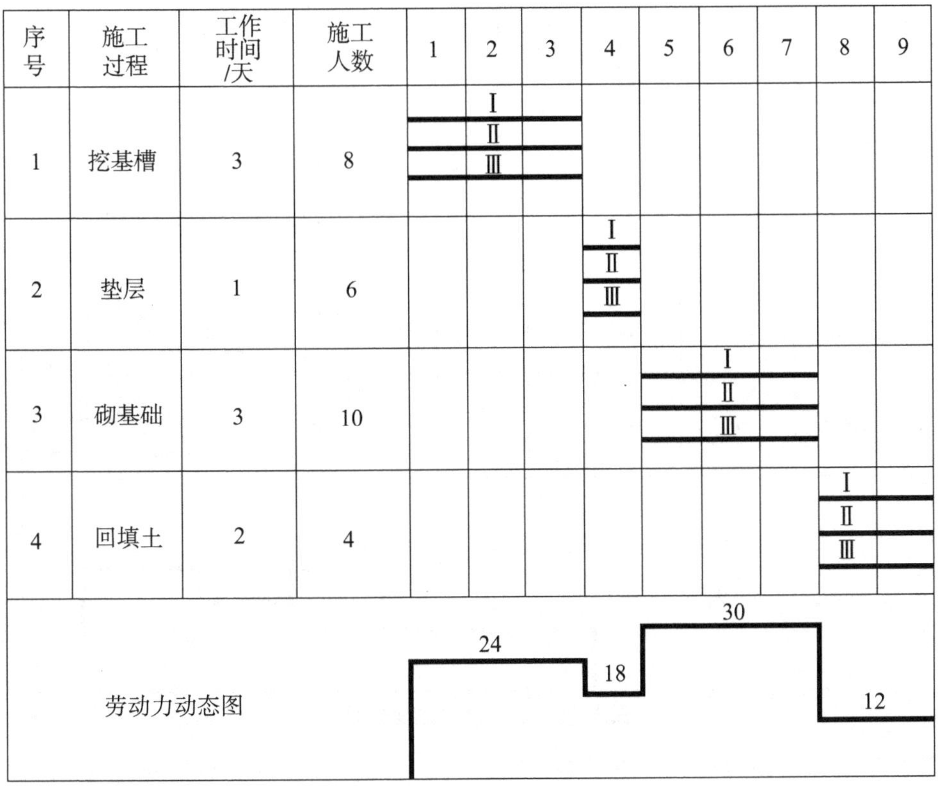

序号	施工过程	工作时间/天	施工人数	1	2	3	4	5	6	7	8	9
1	挖基槽	3	8	I / II / III								
2	垫层	1	6				I / II / III					
3	砌基础	3	10					I / II / III				
4	回填土	2	4								I / II / III	
劳动力动态图				24			18	30				12

图 12-3 平行施工进度计划

（3）流水施工

流水施工是将拟建工程项目的全部建造过程，根据工程特点和结构特征，划分为若干个施工过程；同时将拟建工程在平面上划分为若干个施工段；在竖向上划分为若干个施工层；按照施工过程分别建立相应的专业工作队；各专业队按照一定的施工顺序进行施工，依次在各施工区段上重复完成相同的工作内容，使施工连续、均衡、有节奏地进行。

【例12-3】在例12-1中，如果采用流水施工组织方式，其施工进度计划如图12-4所示。

通过上述三种施工组织方式的比较可以看出，流水施工在工艺划分、时间安排和空间布置上都体现出了科学性、先进性和合理性。确保了各施工过程生产的连续性、均衡性和节奏性。从图12-4可以看出，流水施工组织方式具有以下特点。

① 工作队及工人实现了专业化生产，有利于提高技术水平和技术革新，有利于保证施工质量，减少返工浪费和维修费用。

② 工人实现了连续性单一作业，便于改善劳动组织、操作技术和施工机具，增加熟练技巧，有利于提高劳动生产率(一般可提高30％～50％)，加快施工进度。

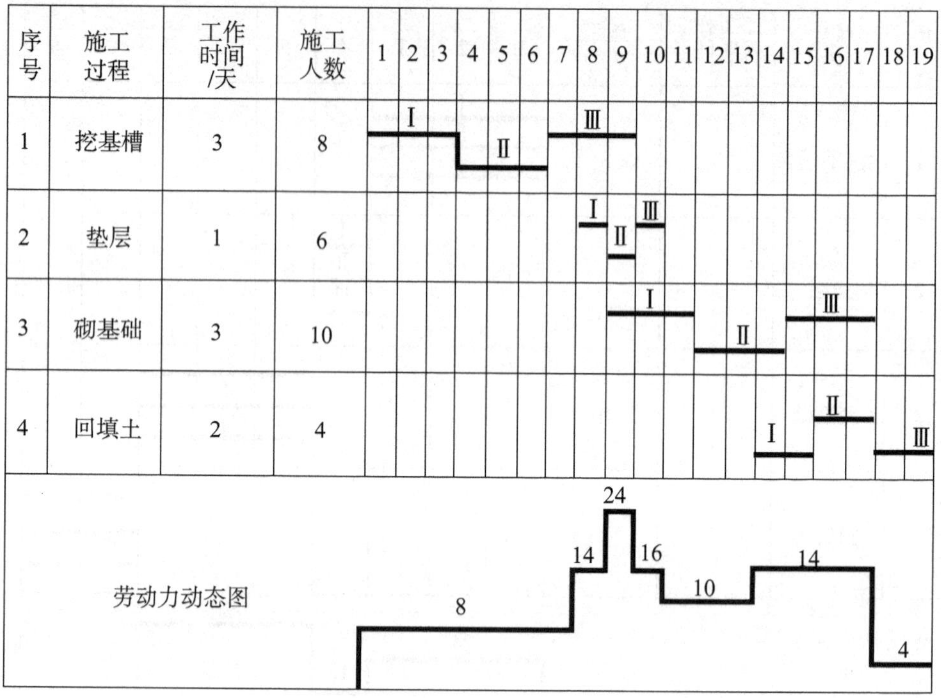

序号	施工过程	工作时间/天	施工人数	1	2	3	4	5	6	7	8	9	10	11	12	13	14	15	16	17	18	19
1	挖基槽	3	8		I			II			III											
2	垫层	1	6								I	II	III									
3	砌基础	3	10										I			II			III			
4	回填土	2	4														I	II		III		

劳动力动态图　8　14　24　16　10　14　4

图 12-4　流水施工进度计划

③ 由于资源消耗均衡，避免了高峰现象，有利于资源的供应与充分利用，减少现场临时设施和机械，可有效降低工程成本(一般可降低 6% ~ 12%)。

④ 施工具有节奏性、均衡性和连续性，减少了施工间歇，可缩短工期(比依次施工可缩短 30% ~ 50%)，尽早发挥工程项目的投资效益。

⑤ 施工机械、设备和劳动力得到合理、充分利用，减少浪费，有利于提高施工单位的经济效益。

12.1.2 流水施工的主要参数

在组织流水施工时，用以表达流水施工在工艺流程、空间及时间方面开展状态的参数，统称为流水参数。按其性质分为工艺参数、空间参数和时间参数等三类。

(1)工艺参数及其确定

工艺参数是用以表达流水施工在施工工艺上的开展顺序及其特性的参数。通常，工艺参数包括施工过程数和流水强度。

1)施工过程数 n 及其确定

① 施工过程数。

在组织流水施工时，用以表达流水施工在工艺上开展层次的有关过程，统称为施工过程。每一施工过程所包含的施工范围可大可小，既可以是分项工程，也可以是分部工程或单位工程。按工程的性质和特点，施工过程分为三类：制备类、运输类和建造类。制备类是为制造建筑制品和半成品而进行的施工过程，如构件制作、砂浆或混凝土的拌制、钢筋成形等；运输类是把材料、制品运送到工地仓库或现场使用地点的施工过程；建造类是在施工对象的空间上直接进行砌筑、安装与加工，最终形成土木工程产品的施工过程。

施工过程的数目一般用 n 表示。根据组织流水的范围，施工过程的范围可大可小。划分时，应根据工程的类型、进度计划的性质、工程对象的特征来确定。

② 施工过程数 n 的确定。

施工过程数的划分应适量，不宜太多、太细，以免使流水施工组织复杂化，造成主次不分；也不能太粗、太少，以免计划过于笼统，失去指导施工的作用。一般来讲，应以主导施工过程为主，力求简洁，占用时间很少的施工过程可以忽略，工作量较小且由一个专业队组同时或连续施工的几个施工过程可合并为一项，以便于组织流水。

施工过程数 n 的确定，与该单项工程的复杂程度、施工方法等有关。从施工过程的性质考虑，建造类施工过程在施工中占有主导地位，直接占用施工对象的空间，影响工期的长短，因而在编制流水施工计划时必须列入；制备类和运输类施工过程一般不占用施工对象的工作面，不影响工期，故在流水施工计划中可以不列入；需占用工期或工作面而影响工期的运输过程或制备过程，应列入流水施工的组织中，如装配式单层厂房的现场制作、构件运输等。

施工过程划分后，应找出主导施工过程(工程量大、对工期影响大或对流水施工起决定性作用的施工过程)，以便抓住流水施工的关键环节。此外，还应分析、处理好技术间歇或组织间歇的不连续施工过程，以及有穿插的施工工程的关系。在流水施工组织中进行合理搭接、穿插和安排间歇时间，以达到整体优化的目的。

2) 流水强度及其确定

在组织流水施工时，某一施工过程在单位时间内所完成的工程量，称为该施工过程的流水强度，或称为流水能力、生产能力，一般用 V_i 表示。

① 机械操作流水强度计算公式为：

$$V_i = \sum_{j=1}^{x} R_j \cdot S_j$$

式中，V_i——某施工过程 i 的机械操作流水强度；

R_j——投入施工过程 i 的第 j 种施工机械的台数；

S_j——投入施工过程 i 的第 j 种施工机械的产量定额；

x——投入施工过程 i 的施工机械种类数。

② 人工操作流水强度计算公式为：

$$V_i = R_i \cdot S_i$$

式中，V_i——投入施工过程 i 的人工操作流水强度；

R_i——投入施工过程 i 的专业工作队人数(应小于工作面上允许容纳的最多

人数）；

S_i——投入施工过程 i 的专业工作队平均产量定额。

（2）空间参数及其确定

在组织流水施工时，用以表达流水施工在空间布置上所处状态的参量，称为空间参数。它包括工作面、施工层和施工段等。

1）工作面 A 及其确定

在组织流水施工时，某专业工种施工时所必须具备的活动空间，称为该工种的工作面。它表明施工对象上可能安置多少工人操作或布置施工机械地段的大小，反映了施工过程（工人操作、机械布置）在空间上布置的可能性，应根据该工种的产量定额和安全施工技术规程的要求来确定工作面，一般用 A 表示。工作面确定得合理与否，将直接影响工人的劳动生产效率和施工安全。常见工种工程的工作面如表 12-2 所示。

表 12-2　常见工种工程所需工作面参考依据

序号	工作项目	每个技工的工作面
1	砌 740 厚基础	4.2 m/人
2	砌 240 砖墙	8.5 m/人
3	砌 120 砖墙	11 m/人
4	砌框架间墙	6 m/人
5	浇筑混凝土柱、墙基础	8 m³/人（机拌、机捣）
6	现浇钢筋混凝土柱	2.45 m³/人（机拌、机捣）
7	现浇钢筋混凝土梁	3.2 m³/人（机拌、机捣）
8	现浇钢筋混凝土楼板	5 m³/人（机拌、机捣）
9	外墙抹灰	16 m²/人
10	内墙抹灰	18.5 m²/人
11	卷材屋面	16 m²/人
12	门窗安装	11 m²/人

2）施工层数 j 及其确定

组织流水施工时，为了满足结构构造及专业工种对施工工艺和操作高度的要求，需将施工对象在竖向划分为若干个操作层，称为施工层。施工层的划分，要按施工工艺的具体要求及建筑物楼层和脚手架的高度来确定。例如，一般房屋的结构施工、室内抹灰等，可将每一楼层作为一个施工层；单层厂房的围护墙砌筑、外墙抹灰、外墙面砖等，可将每步架或每个水平分格作为一个施工层。

3）施工段数 m 及其确定

① 施工段的概念。在组织流水施工时，通常把施工对象在平面上划分成劳动量大致相等的若干个独立区段，称为施工段或流水段。

② 施工段划分的目的。划分施工段是流水施工的基础。分段的目的是保证各专业工作队有自己的工作空间，避免工作中的相互干扰，使得各专业工作队能够同时在不同的空间上进行平行作业，以达到缩短工期的目的。施工段的划分数目是流水施工的基本参数之一，称为施工段数，用 m 表示。

③ 划分施工段的原则。施工段数要适当。过多，势必要减少工人数而延长工期；过少，将会造成资源供应过分集中，不利于组织流水施工。为了使施工段划分更科学、合理，通常应遵循以下原则。

a. 施工段的分界线应尽可能与结构的自然界线（如沉降缝、伸缩缝等）相一致，或设在对结构整体性影响较小的门窗洞口等部位，凡不允许留设施工缝的部位均不能作为施工段的分界线。

b. 同一专业工作队在各个施工段上的劳动量应大致相等，相差不宜超过 15%。

c. 施工段大小应满足工作面的要求，以保证施工效率和安全。

d. 分段要以主导施工过程为主，段数不宜过多，以免使工期延长。

e. 当施工有层间关系，分段又分层时，若要保证各队连续施工，则每层施工段数应大于或等于施工过程数（或施工队组数），即 $m \geqslant n$。

（3）时间参数及其确定

在组织流水施工时，用以表达流水施工在时间排列上所处状态的参数称为时间参数。时间参数包括流水节拍、流水步距、技术间歇、组织间歇和搭接时间等。

1）流水节拍 t

组织流水施工时，每个专业队在各个施工段上完成相应的施工任务所必需的工作持续时间，称为流水节拍，以 t 表示。流水节拍的长短直接关系着投入的劳动力、机械和材料量的多少，决定着施工的速度和施工的节奏性。其确定方式主要有以下三种。

① 定额计算法。

定额计算法又称顺排进度法。其确定过程为：先计算施工过程的工程量，依据劳动定额、补充定额等，计算公式为：

$$t_{ij} = \frac{Q_{ij} \cdot H_i}{R_{ij} \cdot N_i} = \frac{P_{ij}}{R_{ij} \cdot N_i}$$

式中，t_{ij}——施工过程 i 在施工段 j 上的流水节拍，其中 $i=1$, 2, $\cdots$, n, $J=1$, 2, $\cdots$, m^3；

$\qquad Q_{ij}$——施工过程 I 在施工段 J 上的工程量；

$\qquad H_i$——施工过程 i 专业工作队的计划时间定额；

$\qquad R_{ij}$——施工过程 i 在施工段 j 上的工人班组人数（或机械台数）；

$\qquad N_i$——施工过程 i 专业工作队的工作班次（或台班数）；

$\qquad P_{ij}$——施工过程 i 在施工段 j 上的劳动量或机械台班数量。

【例 12-4】某框架结构第一施工段砌砖工程量为 56 m^3，砌砖工人数为 10 人，计划时间定额为 0.937 工日 /m³，工作班次 $N=1$，试确定其流水节拍。

解：

$$t = \frac{56 \times 0.937}{10 \times 1} = 5.25 \approx 5（天）$$

② 经验估算法。根据以往的施工经验进行估算。为提高准确度，往往需要先估算出该流水节拍的最长、最短和正常（即最可能）三种时间，然后根据下式计算期望时间作为专业工作队的流水节拍。

$$t = \frac{a + 4c + b}{6}$$

式中，t—— 某施工过程在某施工段上的流水节拍；

a—— 某施工过程在某施工段上的最短估算时间；

b—— 某施工过程在某施工段上的最长估算时间；

c—— 某施工过程在某施工段上的正常估算时间。

③ 工期计算法。工期计算法又称倒排进度法，适用于某些在规定工期内必须完成的工程项目。可根据工期要求，用式 $t = \dfrac{T}{m}$ 反算出所需要的人数（或机械台班数）。在这种情况下，必须检查劳动力、材料和机械供应的可能性，工作面是否足够等。式中，t 为某施工过程在某施工段上的流水节拍；T 为某施工过程的工作持续时间；m 为某施工过程划分的施工段数。

当施工段数确定后，流水节拍大，则工期长；流水节拍小，则工期短。

因此，从理论上讲，流水节拍越小越好。但实际施工中由于受工作面的限制，每一施工过程在各施工段上都存在最小流水节拍，其数值计算公式为：

$$t_{min} = A_{min} \cdot u \cdot H$$

式中，t_{min}—— 某施工过程在某施工段上的最小流水节拍；

A_{min}—— 每个工人所需的最小工作面；

u—— 单位工作面的工程量；

H—— 时间定额。

确定流水节拍时，应注意如下问题。

① 确定专业队人数时，应尽可能不改变原有的劳动组织，使其具备集体协作的能力，并应考虑工作面的限制。

② 确定机械数量时，应考虑机械设备的供应情况、工作效率及其对场地的要求。

③ 受技术操作或安全质量等方面限制的施工过程（如砌墙受每日施工高度的限制），在确定其流水节拍时，应满足其作业时间长度、间歇性或连续性等限制的要求。

④ 必须考虑材料和构配件供应能力和储存条件对施工进度的影响和限制。

⑤ 为便于组织施工、避免工作队转移时浪费工时，流水节拍值最好是半天的整数倍。

2）流水步距 k

组织流水施工时，相邻两个专业工作队（或施工过程）相继投入施工的最小时间间隔，称为流水步距。流水步距一般用 $k_{i,i+1}$ 表示；流水步距的个数取决于参加流水作业的施工过程数，若施工过程数为 n，则流水步距的数为 $n-1$。

流水步距的大小直接影响工期，步距越大，工期越长；反之，则工期越短。

确定流水步距时，通常应满足以下几项原则。

① 应始终保持两个相邻施工过程的先后工艺顺序。

② 应保持相邻两个施工过程在各施工段上都能够连续作业。

③ 应保持相邻两个施工过程，在开工时间上实现最大限度、合理的搭接。

④ 应保证工程质量，满足安全生产。

3）间歇时间

组织流水施工时，除要考虑相邻专业工作队之间的流水步距外，有时还需根据技术要求或组织安排，留出必要的等待时间，即间歇。间歇按位置不同，可分为施工过程间歇和层间间歇。在组织流水施工时必须分清工艺间歇或组织间歇是属于施工过程间歇还是属于层间间歇，以便争取组织流水施工。

① 工艺间歇和组织间歇。间歇按其性质不同，可分为工艺间歇和组织间歇。

a. 工艺间歇时间 S。根据施工过程的工艺特点，在流水施工中，除考虑相邻两个施工过程之间的流水步距外，还需要考虑增加一定的工艺间隙时间。例如，楼板混凝土浇筑后，需要一定的养护时间才能进行后续工序的施工；屋面找平层完成后，需等待一定时间，使其彻底干燥，才能进行屋面防水层施工等。

b. 组织间歇时间 G。根据组织因素要求，相邻两个施工过程在规定的流水步距以外需增加必要的间歇时间，如质量验收、安全检查等，即组织间歇时间。

② 施工过程间歇和层间间歇。

a. 施工过程间歇时间 Z_1。在同一施工层内，相邻两个施工过程之间的工艺间歇或组织间歇统称为施工过程间歇时间；层内所有间歇时间之和记为 $\sum Z_1$，易知有 $\sum Z_1 = \sum S + \sum G$。

b. 层间间歇时间 Z_2。在相邻两个施工层之间，前一施工层的最后一个施工过程与后一施工层相应施工段上的第一个施工过程之间的工艺或组织间歇统称为层间间歇。

4）搭接时间 C

组织流水施工时，为了缩短工期，在前一施工过程的专业队撤出某一施工段前，后一施工过程的专业队提前进入该段施工，两者在同一施工段上同时施工的时间称为搭接时间。

5）流水工期 T

流水工期是指从第一个专业队投入流水施工开始，直到最后一个专业队完成流水施工的整个持续时间。

12.1.3 流水施工的表达方式

流水施工的指示图表，主要有水平指示图表和垂直指示图表两种。

（1）水平指示图表

水平图表又称横道图，是表达流水施工最常用的方法。其表达方式如图 12-5 所示。其横坐标表示流水施工的持续时间（施工进度）；纵坐标表示开展流水施工的施工过程、专业队的名称、编号和数目；图中的水平段和圆圈中的编号，表示施工段数及各施工段投入施工的先后顺序。

【例 12-5】某项目有甲、乙、丙、丁四栋房屋的抹灰工程。天棚抹灰、内墙抹灰和楼面抹灰的流水节拍均为 3 天。内墙抹灰后有 3 天的组织间歇。其流水施工的横道图表达有两种形式：即在进度线上标注工作内容或施工对象。水平指示图表表达方式如图 12-5(a) 和图 12-5(b) 所示。其中，以在进度线上标注施工对象的图 12-5(b) 更为常用。

序号	栋号	1	2	3	4	5	6	7	8	9	10	11	12	13	14	15	16	17	18	19	20	21
1	甲	天棚抹灰			内墙抹灰						楼面抹灰											
2	乙				天棚抹灰			内墙抹灰						楼面抹灰								
3	丙							天棚抹灰			内墙抹灰						楼面抹灰					
4	丁										天棚抹灰			内墙抹灰						楼面抹灰		

(a)

序号	施工过程	1	2	3	4	5	6	7	8	9	10	11	12	13	14	15	16	17	18	19	20	21
1	天棚抹灰	甲			乙			丙			丁											
2	内墙抹灰				甲			乙			丙			丁								
3	楼面抹灰										甲			乙			丙			丁		

(b)

图 12-5　进度线上标注工作内容的横道图

（2）垂直指示图表

在流水施工垂直指示图表中，横坐标表示流水施工的持续时间，纵坐标表示施工段的编号；每条斜线段表示一个施工过程或专业队的施工进度，其斜率不同表达了进展速度的差异。例12-5的垂直指示图表表达方式如图12-6所示。

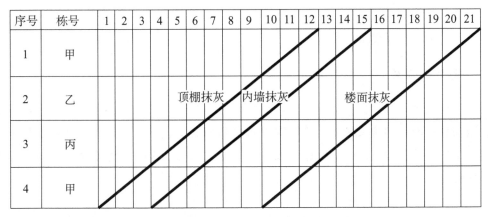

图12-6　流水施工垂直指示图

12.2 流水施工的组织形式

12.2.1 流水施工的分类

流水施工可按其范围、节拍特征、空间特点等划分为不同类别。

（1）按照流水施工的范围分类

① 分项工程流水。又称为细部流水，指一个专业队利用同一生产工具依次连续不断地在各个区段完成同一施工过程的施工。如模板工作队依次在各施工段上连续完成模板的支设任务，即称为细部流水。

② 分部工程流水。又称为专业流水，即在一个分部工程的内部，各分项工程之间组织的流水施工。该施工方式是各个专业队共同围绕完成一个分部工程的流水，如基础工程流水、主体结构工程流水、装修工程流水等。

③ 单位工程流水。指在一个单位工程内部，各分部工程之间组织的流水施工，即完成单位工程而组织起来的全部专业流水的总和。

④ 群体工程流水。又称为大流水施工，是为完成工业企业或民用建筑群而组织起来的全部单位工程流水的总和。

（2）按组织流水的空间特点分类

按组织流水的空间特点不同，可分为流水段法和流水线法。流水段法常用于建筑、桥梁等体形宽大、构造较复杂的工程；流水线法常用于管线、道路等体形狭长的工程，其组织原理与流水段法相同。

（3）按流水节拍和流水步距的特征分类

在土木工程流水实践中，组织工程项目施工时，根据各施工过程时间参数的不同特点，流水施工可划分为有节奏流水和无节奏流水。有节奏流水，根据各施工过程之间流水节拍是否相等，又可以划分为等节奏流水（全等节拍流水）和异节奏流水；异节奏流水施工的特例是成倍节拍流水。

12.2.2 等节奏流水

等节奏流水，亦称全等节拍流水，指流水组中各个施工过程在各施工段上的流水节拍全部相等的一种流水施工。等节奏流水是最理想的流水组织形式，在可能情况下应尽量采用。等节奏流水施工根据流水步距特点，可分为等节奏等步距和等节奏不等步距两种情况。

（1）单层房屋等节奏流水

首先考虑 n 个施工过程、m 个施工段、无间歇和搭接时间的单层房屋流水组织问题。设施工过程 $i(i=1, 2, \cdots, m)$ 在施工段上 $j(j=1, 2, \cdots, m)$ 的节拍为 t_{ij}。

1）组织条件

设流水节拍 t_{ij}，满足如下条件：

$t_{i1}=t_{i2}=\cdots=t_{ij}=\cdots=t_{im}=t_i$，即同一施工过程在不同施工段上的流水节拍相等；

$t_1=t_2=\cdots=t_i=\cdots=t_n=t$，即不同施工过程在同一施工段上的流水节拍也彼此相等，为一固定值。

2）组织方法

施工段数、施工过程数、流水节拍数等参数确定后，关键工作是要确定相邻施工过程依次开始施工的时间间隔，即流水步距 $k_{i, i+1}$。针对流水节拍特征，采取各施工过程均安排一个专业工作队，总工作队数等于施工过程数的做法，即 $b_i=1$、$\sum b_i=n$；取定各相邻施工过程间的流水步距，$K_{1,2}=K_{2,3}=K_{3,4}=\cdots=K_{i, i+1}=\cdots=K_{n-1, n}=t$，即各流水步距等于流水节拍。

3）等节奏流水施工的特点和效果

等节奏流水施工组织方式中，时间和空间都得到了充分利用，施工效果良好。

经进一步分析可知，组织等节奏流水施工时，条件 $t_{i1}=t_{i2}=\cdots=t_{ij}=\cdots=t_{im}=t_i$ 较易满足，只需在划分施工段时给予适当考虑即可。但由于各施工过程的性质、复杂程度不同，条件 $t_1=t_2=\cdots=t_i=\cdots=t_n=t$ 有时无法满足。因此，等节奏流水是一种组织条件较为严格的方式。其流水施工特点和效果如下。

① 同一施工过程在不同施工段上的流水节拍相等，且各施工过程的流水节拍彼此相等，为一固定值，即 $t_{ij}=t_i=t$。

② 流水步距均相等，且等于流水节拍，即 $K_{i, i+1}=K=t$。

③ 施工的专业队数 $\sum b_i$，等于施工过程数 n，即每一个施工过程成立一个专业队，完成所有施工段上的任务。

④ 同一专业工作队连续逐段转移，无窝工。

⑤ 不同专业工作队按工艺关系对施工段连续加工，无工作面空闲。

4）工期计算公式

等节奏流水的工期，计算公式为：

$$T = (n-1)k + mt$$

因 $t = K$，可得式：

$$T = (m+n-1)k$$
$$T = (m+n-1)t$$

【例 12-6】某单层房屋施工划分为 Ⅰ、Ⅱ、Ⅲ、Ⅳ 共四个施工过程，分四个施工段组织施工，各施工过程的流水节拍均为 2 天，无间歇和搭接时间。试绘制其流水施工的横道图。

解：

① 确定流水节拍 t：等节奏流水，$t = 2$ 天；

② 流水段数 m：$m = 4$；

③ 计算流水工期 T：

$$T = (m+n-1)k = (4+4-1) \times 2 = 14（天）$$

④ 按等节奏等步距流水施工组织方法，绘制流水施工的横道图如图 12-7 所示。

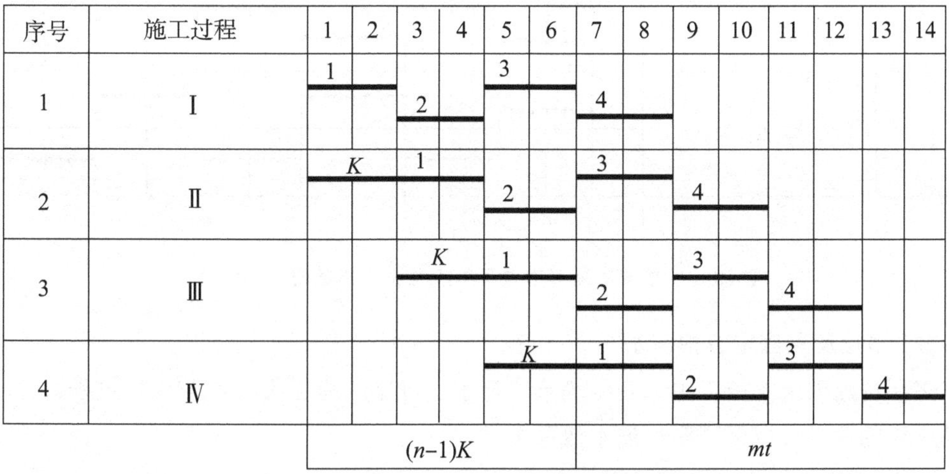

序号	施工过程	1	2	3	4	5	6	7	8	9	10	11	12	13	14
1	Ⅰ	1		2		3		4							
2	Ⅱ	K		1		2		3		4					
3	Ⅲ					K 1		2		3		4			
4	Ⅳ							K 1		2		3		4	
		$(n-1)K$						mt							

图 12-7 单层房屋等节奏等步距流水横道图

有间歇和搭接时间的单层房屋流水施工，计算流水工期时，当某施工过程要求有间歇时间时，应将施工过程与其紧后施工过程的流水步距加上相应的间歇时间，作为紧后施工过程开始施工的时间间隔进行绘制；若有平行搭接时间，则应从流水步距中扣除搭接时间。流水工期计算公式为：

$$T = (m+n-1)k + \sum Z_1 - \sum C$$

式中，$\sum Z_1$——层内间歇时间之和；

$\sum C$——层内搭接时间之和。

【例 12-7】 某单层房屋施工划分为 Ⅰ、Ⅱ、Ⅲ 共三个施工工程，分四个施工段组织施工。各施工过程的流水节拍均为 2 天。施工过程 Ⅰ、Ⅱ 间有 1 天搭接时间，施工过程 Ⅱ、Ⅲ 间有 2 天间歇时间。试绘制其流水施工的横道图。

解：

① 确定流水节拍 t：等节奏流水，$t = 2$ 天；

② 流水段数 m：$m = 4$；

③ 计算流水工期 T：

$$T = (m+n-1)k + \sum Z_1 - \sum C = (4+3-1) \times 2 + 2 - 1 = 13（天）$$

④ 按等节奏不等步距流水施工的组织方法，绘制流水施工的横道图如图 12-8 所示。

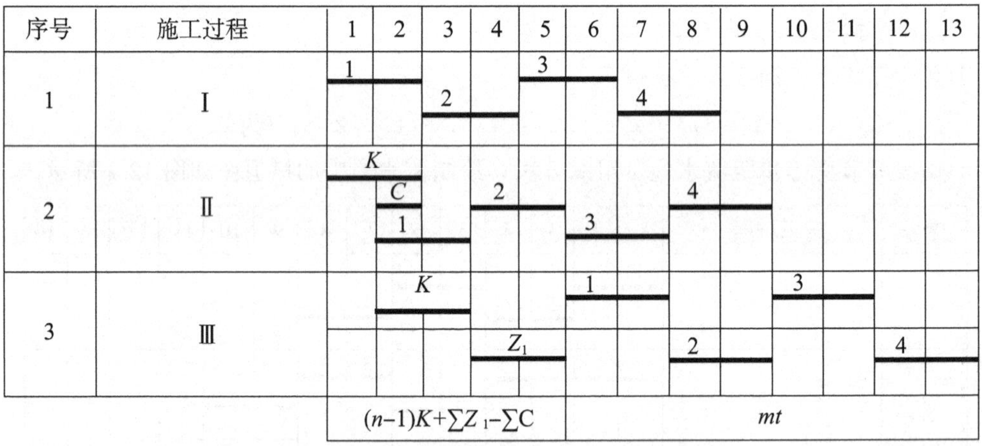

图 12-8 单层房屋等节奏不等步距流水横道图 $(m > n)$

（2）多层房屋固定节拍流水

多层房屋的流水施工中，安排等节奏流水，每层的施工段数 m 与施工过程数，n 应保持一定的关系，以保证实现流水效果。

1）施工段数 m 与施工过程数 n 的关系

【例 12-8】某二层现浇钢筋混凝土结构建筑物的主体施工，有支模板、绑扎钢筋和浇筑混凝土三个施工过程；在竖向上划分两个施工层，$j = 2$。以下分别讨论 $m > n$、$m = n$、$m < n$ 等三种情况下等节奏流水施工。

本工程有三个施工过程，按照划分施工段的原则，在平面上分为四个施工段，即 $m=4$，$n=3$。各施工过程在各段上的流水节拍均为 2 天。组织等节奏流水，如图 12-9(a) 所示。由图可见，当 $m>n$ 时，各专业工作队能够连续作业，但施工段有空闲。图 12-9(a) 中，各施工段在第一层浇完混凝土后均空闲 2 天。工作面空闲，可用于弥补由于技术间歇、组织管理间歇和备料等要求所必需的时间，因此，可以接受。

施工层	施工过程	1	2	3	4	5	6	7	8	9	10	11	12	13	14	15	16	17	18	19	20
一层	支模板	1		2		3		4													
	绑扎钢筋			1		2		3		4											
	浇筑混凝土					1		2		3		4									
二层	支模板									1		2		3		4					
	绑扎钢筋											1		2		3		4			
	浇筑混凝土													1		2		3		4	

(a)

施工层	施工过程	1	2	3	4	5	6	7	8	9	10	11	12	13	14	15	16
一层	支模板	1		2		3											
	绑扎钢筋			1		2		3									
	浇筑混凝土					1		2		3							
二层	支模板							1		2		3					
	绑扎钢筋									1		2		3			
	浇筑混凝土											1		2		3	

(b)

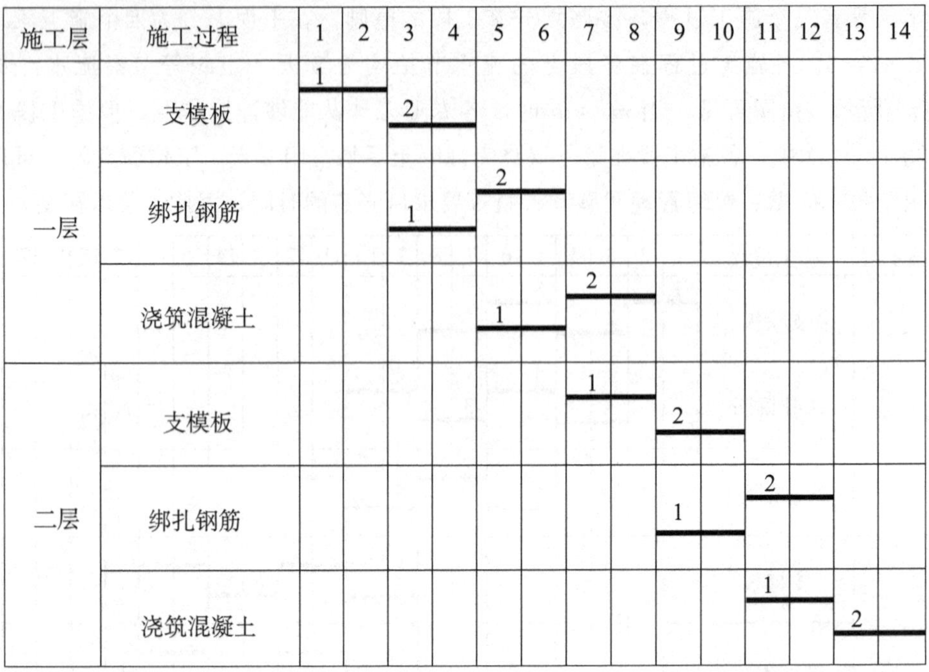

施工层	施工过程	1	2	3	4	5	6	7	8	9	10	11	12	13	14
一层	支模板	1	1	2	2										
一层	绑扎钢筋			1	1	2	2								
一层	浇筑混凝土					1	1	2	2						
二层	支模板							1	1	2	2				
二层	绑扎钢筋									1	1	2	2		
二层	浇筑混凝土											1	1	2	2

(c)

图 12-9 多层房屋等节奏流水横道图

按照划分施工段的原则，在平面上也可划分为三个施工段，即 $m=3$、$n=3$。各施工过程在各段上的流水节拍仍为 2 天(各段投入的资源较 $m=4$ 将增大)。组织等节奏流水，如图 12-9(b)所示。由图可知，当 $m=n$ 时，各专业工作队能连续施工，施工段没有空闲，效果最理想。

按照划分施工段的原则，在平面上也可划分为两个施工段，即 $m=2$、$n=3$。各施工过程在各段上的流水节拍仍为 2 天(各段投入资源较 $m=4$ 进一步增大)；组织等节奏流水，如图 12-9(c)所示。由图可知，当 $m<n$ 时，各专业工作队不能连续作业，施工段没有空闲；但特殊情况下施工段也会出现空闲，以致造成大多数专业工作队停工。因一个施工段只供一个专业工作队施工，超过施工段数的专业工作队就无工作面而停工。图 12-9(c)中，支模工作队完成第一层的施工任务后，需停工 2 天方可进行第二层第一段的施工；其他队组均需停工 2 天，使得工期延长。

从上述的三种情况可以看出：施工段数的多少，直接影响工期的长短。

当 $m>n$ 时，专业工作队连续施工，施工段出现空闲状态，可能会影响工期，但若能在空闲工作面上安排一些准备或辅助工作，如运输类施工过程，则可为后继工作创造条件，属于较合理的安排。

当 $m=n$ 时，专业工作队连续施工，施工段上始终有工作队在工作，即施工段无空闲状态，是理想情况。

而 $m<n$ 时，专业工作队在一个工程中不能连续工作而出现窝工现象，是施工组

织中不可取的安排。

因此，要保证专业工作队能够连续施工，必须满足 $m \geqslant n$ 的条件，即每层的施工段数 m 应不小于施工过程数 n；组织固定节拍流水时，应满足 $m \geqslant n$。应注意：当无层间关系或无施工层（如单层建筑物、基础工程等）时，则施工段数不受上述限制。

2）无间歇和搭接时间的多层专业流水的工期公式

由图 12-9（b）可知，对于无间歇和搭接时间的多层专业流水，其等节奏流水的总工期按下式计算：

$$T = (n-1)k + jmk = (n-1+jm)k$$

式中，j—— 施工层数。其他符号含义同前。

（3）有间歇和搭接时间多层专业流水的施工段数及工期公式。

由图 12-9（a）进一步分析可知，在实际施工中若某些施工过程之间要求有间歇时间，组织固定节拍流水时，每层的施工段数应大于施工过程。此时，每层施工段空闲数为 $m-n$，一个空闲施工段的时间为 t，则每层的空闲时间为：$(m-n)t = (m-n)K$。

若一个楼层内各施工过程之间的技术、组织间歇时间之和为 $\sum Z_1$，施工层间技术、组织间歇时间之和为 Z_2；如果每层的 $\sum Z_1$、Z_2 均相等，且为了保证连续施工，施工段上除了 $\sum Z_1$ 和 Z_2 外无空闲，则 $(m-n)K = \sum Z_1 + Z_2$。

因此每层的施工段数计算公式为：

$$m_{\min} = n + \frac{\sum Z_1}{K} + \frac{Z_2}{K}$$

式中，$m_{\min}$—— 每层需划分的最少施工段数；

$\quad\quad n$—— 施工过程数；

$\quad\quad \sum Z_1$—— 层内间歇时间之和；

$\quad\quad Z_2$—— 层间间歇时间；

$\quad\quad K$—— 流水步距。

有时某些施工过程之间还要求有搭接时间，则应减少施工段数。

因此，有间歇和搭接的多层专业流水，拟组织等节奏流水，每层的最少施工段数计算公式为：

$$m_{\min} = n + \frac{\sum Z_1}{K} + \frac{Z_2}{K} - \frac{\sum C}{K}$$

式中，$\sum C$—— 层内搭接时间之和。其他符号含义同前。

进一步可知，有间歇和搭接时间的多层固定节拍流水，总工期计算公式为：

$$T = (jm + n - 1)k + \sum Z_1 - \sum C$$

【例 12-9】 某二层建筑物由四个施工过程组成，流水节拍均为 2 天。施工过程 I 与 II 之间有组织间歇 2 天，施工过程 III 与 IV 之间有技术间歇 l 天。要求第一层施工完毕停歇 1 天再进行第二层施工。试组织流水施工、计算总工期，并绘制横道图。

解：由题意知：

$n=4$, $j=2$, $t=2d$, $\sum Z_1 = \sum S + \sum G = 1 + 2 = 3(d)$, $Z_2 = 0$, $\sum C = 0$

① 由流水节拍的特征，可确定流水步距为

$$K = t = 2d$$

② 确定施工段数：

$$m_{\min} = n + \frac{\sum Z_1}{K} + \frac{\sum Z_2}{K} - \frac{\sum C}{K} = 4 + \frac{2 + 1 - 0 + 1}{2} = 6$$

要求 $m \geq m_{\min} = 6$，取 $m = 6$。

③ 确定流水总工期 T：

$$T = (jm + n - 1)k + \sum Z_1 - \sum C = (2 \times 6 + 4 - 1) \times 2 + 3 = 33(\text{天})$$

④ 绘制流水施工横道图，如图 12-10 所示。

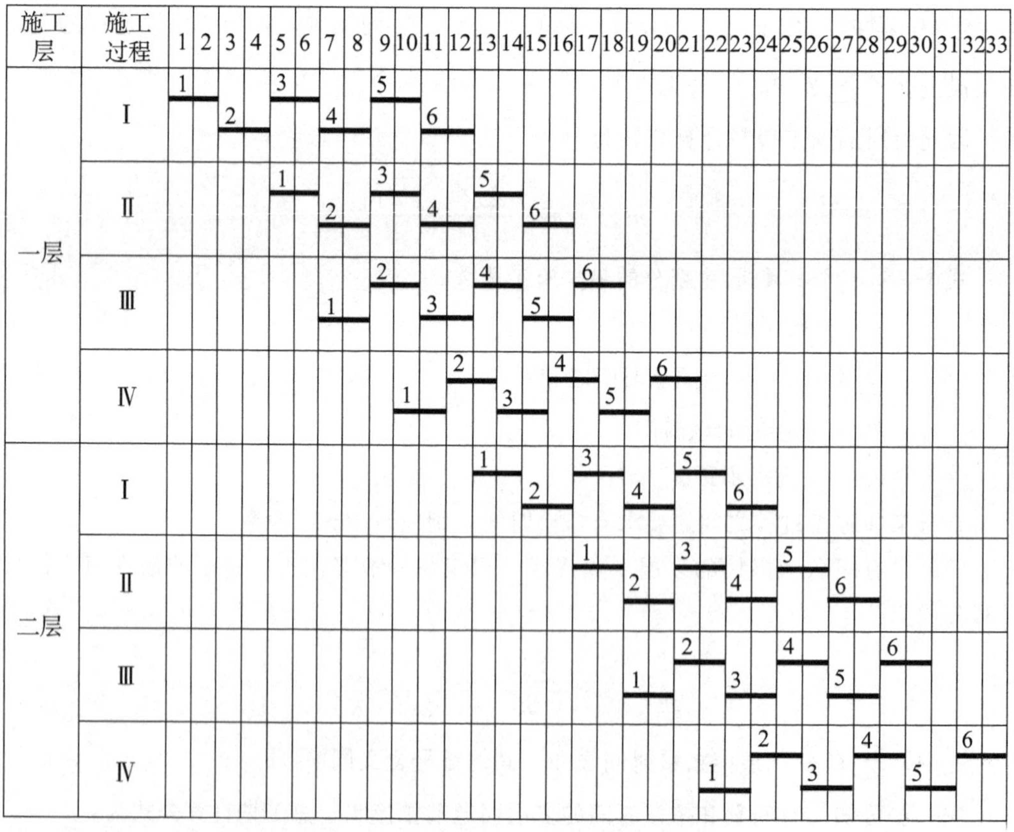

施工层	施工过程	1	2	3	4	5	6	7	8	9	10	11	12	13	14	15	16	17	18	19	20	21	22	23	24	25	26	27	28	29	30	31	32	33
一层	I	1		2		3		4		5		6																						
	II					1		2		3		4		5		6																		
	III							1		2		3		4		5		6																
	IV										1		2		3		4		5		6													
二层	I													1		2		3		4		5		6										
	II																	1		2		3		4		5		6						
	III																			1		2		3		4		5		6				
	IV																						1		2		3		4		5		6	

图 12-10　有间歇时间的等节奏流水施工图

12.2.3 异节奏流水

（1）异节奏流水的组织

异节奏流水是指同一施工过程在各施工段上的流水节拍相等，不同施工过程在同一施工段上的流水节拍不完全相等的流水形式。

以如下流水施工的组织问题为例，讨论异节奏流水的组织。某工程项目由 A、B、C 三个施工过程组成，共分为四个施工段。$t_A = 2$ 天，$t_B = 6$ 天，$t_C = 4$ 天。试组织异节奏流水施工、计算总工期，并绘制横道图。

根据流水施工组织特点，可绘制流水施工横道图如图 12-11 所示。由题意知，异节奏流水的工期计算公式为：

$$T = \sum K + m \cdot t_n$$

式中，$\sum K$—— 各施工过程之间的流水步距之和；

t_n—— 最后一个施工过程的流水节拍；

m—— 施工段数。

由流水的组织方法可知，安排流水首先要确定工作队数和流水步距两个基本参数。在图 12-11 的异节奏流水组织方式中，各施工过程均安排一个专业工作队，总工作队数等于施工过程数的做法，即 $b_i = 1$、$\sum b_i = n$。由于各施工过程流水节拍不同，必须安排不同的步距以满足施工工艺要求。异节奏流水过程中各施工过程间的流水步距不完全相等，计算工期时，应先确定流水步距。

分析图 12-11 各施工过程的相互关系，各相邻施工过程间的流水步距按下列两种情况确定。

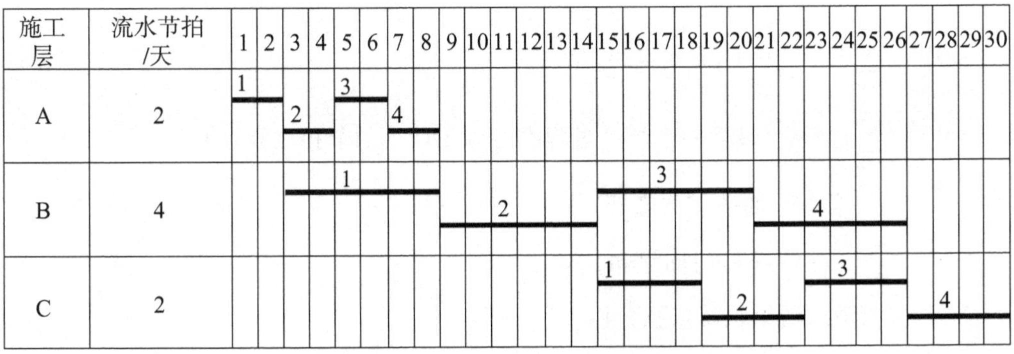

图 12-11 异节奏流水施工图

1）前一施工过程的流水节拍不大于后续施工过程的流水节拍

当 $t_i \leqslant t_{i+1}$ 时，前一施工过程的施工速度比后续施工过程的施工速度慢。只需在第一施工段上两施工过程能保持正常的流水步距（即第 i 施工过程的流水节拍），则各施工段均可满足流水施工要求，如图 12-11 中的施工过程 A 和 B。此时，其他施工段可能会出现流水施工中允许出现的空闲。其流水步距计算公式为：

$$K_{i,\ i+1} = t_i, \ t_i \leqslant t_{i+1}$$

如图 12-11 中施工过程 A 和 B，$t_A \leqslant t_B$，$K_{A,B} = t_A = 2d$，此时可以得到最短工期。尽管同一施工段上施工过程在时间上衔接不紧，但施工工艺是合理的。

2）前施工过程的流水节拍大于后续施工过程的流水节拍

当 $t_i \geqslant t_{i+1}$。时，前一施工过程的施工速度比后续施工过程的施工速度快。若仍按上述方法确定流水步距，则在第二个施工段上就会出现两相邻施工过程在一个施工段上同时工作、后一施工段上可能出现施工顺序倒置的现象。为避免发生这种不合理情况，同时要实现全部施工过程的连续作业，应按下式计算流水步距：

$$K_{i,\ i+1} = t_i + (t_i - t_{i+1})(m-1), \ t_i > t_{i+1}$$

因时间不能出现负值，所以上式规定：当 $t_i \leqslant t_{i+1} < 0$ 时取零，则异节奏流水的流水步距可以统一按此式计算。

如图 12-11 中施工过程 B 和 C，为满足施工工艺的要求，从第二施工段开始，后续施工过程必须推迟一段时间施工。若每一施工段上推迟时间取为 $t_B = t_C = 2d$，此时虽满足了施工工艺的要求，但施工过程 C 不能保持连续施工；为了施工过程连续作业，后续施工过程开始工作的时间必须继续推迟，从第 1 施工段就开始推迟各施工段开工 2 天，每一施工段上推迟施工的时间应视为流水步距 $K_{B,C}$ 的组成部分，各段推迟时间共计 $2 \times 4 = 8$（天），再加上正常的 $K_{B,C} = 6$ 天，则 $K_{B,C} = 10$ 天，即计算 $K_{B,C} = 6 + (6 - 4) \times (4-1) = 12$（天）。

从图 12-11 中可以看出，异节奏流水由于流水步距不同，工期计算公式为：

$$T = \sum_{i=1}^{n-1} K_{i,\ i+1} + \sum_{j=1}^{m} t_{nj} + \sum Z_1 - \sum C$$

式中，$\displaystyle\sum_{i=1}^{n-1} K_{i,\ i+1}$ —— 流水步距之和；

$\displaystyle\sum_{j=1}^{m} t_{nj}$ —— 最后一个施工过程在各施工段上的节拍之和；

$\displaystyle\sum Z$ —— 间歇时间之和；

$\displaystyle\sum C$ —— 搭接时间之和。

3）异节奏流水的组织特点及分析

一般异节奏流水的组织特点为：各个专业施工队能连续作业；施工段有空闲；各施工过程之间的流水步距不完全相等；专业施工队数与施工过程数相等。

（2）成倍节拍流水（加快成倍节拍流水）

在进行流水设计时，不同施工过程之间的流水节拍可能不完全相等，即不具备组织等节奏流水的条件；但各施工过程的节拍仍具有一定规律。例如，同一施工过程的节拍全都相等，且各施工过程之间的节拍虽然不等、但同为某一常数的倍数。

以上述异节奏流水施工的组织问题为例，讨论成倍节拍流水的组织。某工程项目由 A、B、C 三个施工过程组成，共分为四个施工段。$t_A = 2$ 天，$t_B = 6$ 天，$t_C = 4$ 天。试组织成倍节拍流水施工，计算总工期，并绘制横道图。

该工程的流水施工，可组织如图 12-12 所示的成倍节拍流水施工，或称为加快成倍节拍流水。

1）成倍节拍流水的形式

考虑上例施工组织方案可知，欲合理安排施工以缩短工程工期，可通过增加施工过程 B、C 的施工工作队的方法来达到加快施工速度的目的。

将施工过程 B 由原来的一个队增加到三个队，施工过程 C 的工作队由原来的一个队增加到两个队，施工过程 A 仍由一个工作队施工。由此可得图 12-12 所示的进度计划表，其工期为 18 天。

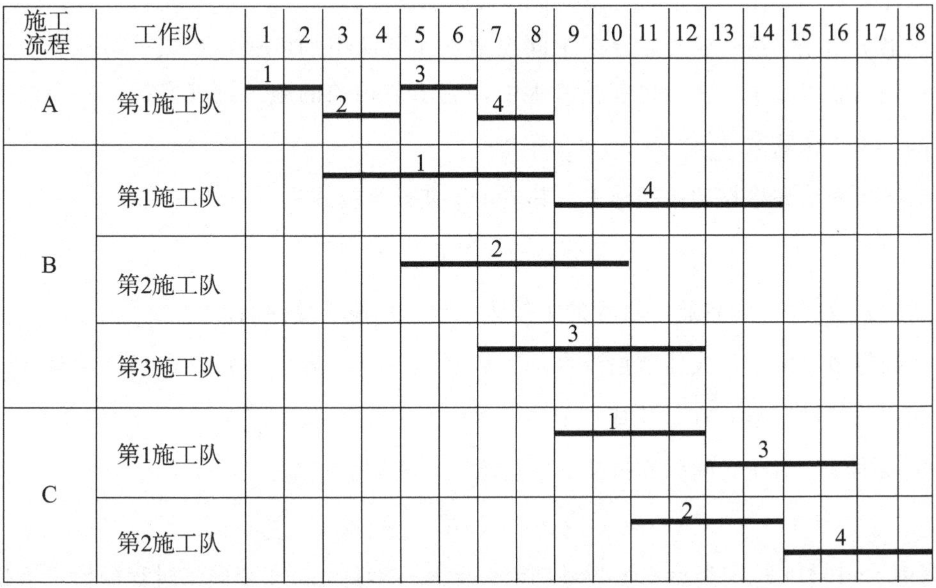

施工流程	工作队	1	2	3	4	5	6	7	8	9	10	11	12	13	14	15	16	17	18
A	第1施工队	1	—	2	—	3	—	4	—										
B	第1施工队			1	—	—	—	—	—	4	—	—	—	—	—				
	第2施工队					2	—	—	—	—	—								
	第3施工队							3	—	—	—	—	—						
C	第1施工队									1	—	—	—	3	—	—	—		
	第2施工队											2	—	—	—	4	—	—	—

图 12-12　成倍节拍流水横道图

2）成倍节拍流水的组织

由上述组织方法可知，对某些主要施工过程增加专业工作队，可达到既充分利用工作面又缩短工期的目的。因此，若要缩短施工工期，并保持施工的连续性和均衡性，可利用各施工过程之间流水节拍的倍数比关系，取其最大公约数来组建每个施工过程的专业施工队，构成一个工期短、保持流水施工特点、类似于等节奏流水的组织方案，即成倍节拍流水。在工程中采用加快成倍节拍流水组织施工可以缩短工期，充分利用工作面。

① 成倍节拍的单层专业流水。

组织成倍流水时，流水节拍较长的施工过程，需组织多个专业班组参加流水施工，以便与其他施工过程保持步调一致。各施工过程的工作队数计算公式为：

$$b_i = \frac{t_i}{K}$$

式中，b_i——第 i 施工过程所需的工作队数；

t_i——第 i 施工过程的流水节拍；

K——流水步距，可取各施工过程流水节拍 t_i 的公约数，为缩短工期，一般取最大公约数，且在整个流水过程中为一常数。

成倍节拍流水是在资源供应满足要求的前提下，对流水节拍较长的施工过程，安排几个同工种的专业工作队，以使其与其他施工过程保持同样的施工速度，最终可完成该施工过程在不同施工段上的任务。在同类型建筑中采用加快成倍节拍的组织方案，可以收到较好的经济效果，但需考虑实际施工时同一施工过程组织多个作业班组的可能性，否则会由于劳动资源不易保证而延误施工。

成倍节拍流水通过合理组建多个同类型工作队队组的做法，形成了与等节奏流水一样效果的流水施工。在成倍节拍流水中，流水节拍长的施工过程安排了一个以上的工作队，总工作队数 $\sum b_i > n$。

对于无间歇和搭接的单层施工，其流水工期计算公式为：

$$T = (m + \sum b_i - 1)K$$

式中，$\sum b_i$——各施工过程的工作队总数。其他符号同前。

比较等节奏流水与成倍节拍流水的工期表达式，二者的差别仅在于：等节奏流水的公式中施工过程数 n 在加快成倍节拍流水中为工作队总数 $\sum b_i$。

可以推知，对于有间歇和搭接的单层施工，工期公式为：

$$T = (m + \sum b_i - 1)K + \sum Z_1 - \sum C$$

【例 12-10】14 栋同类型房屋的基础组织流水作业施工，4 个施工过程的流水节拍分别为 6 天、6 天、3 天、6 天。若各项资源可按需要供应，规定工期不得超过 60 天。试确定流水步距、工作队数并绘制流水横道图。

解：因工期有限制，考虑采用加快成倍节拍流水施工。

流水节拍 6 天、6 天、3 天、6 天的最大公约数是 3，因此取流水步距 $K = 3$ 天。

各施工过程工作队数，$b_1 = 2$ 队。

同理 $b_2 = 2$ 队，$b_3 = l$ 队，$b_4 = 2$ 队，$\sum b_i = 7$ 队。

总工期为：

$$T = \sum_{i=1}^{n-1} K_{i,\,i+1} + \sum_{j=1}^{m} t_{nj} + \sum Z_1 - \sum C$$

$$= (14 + 2 + 2 + 1 + 2 - 1) \times 3 + 0 - 0$$

$$= 60(\text{天})$$

依次组织各工作队间隔一个流水步距 3 天，投入施工。绘制流水横道图，如图 12-13 所示。

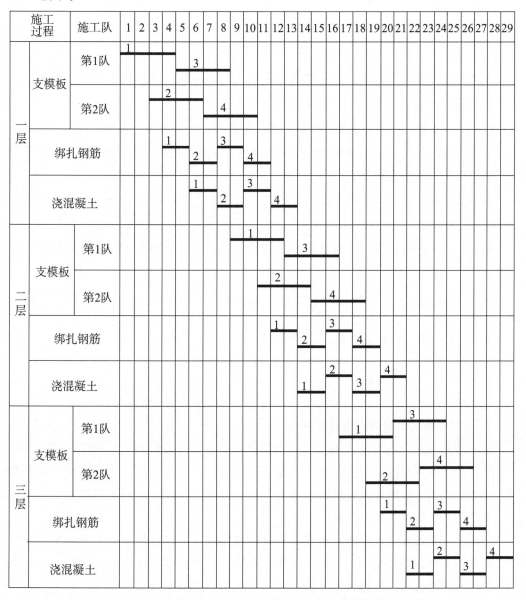

图 12-13　三层现浇钢筋混凝土框架主体结构成倍节拍流水横道图

② 成倍节拍的多层专业流水。

同理，多层施工如组织加快成倍节拍流水，要保证专业工作队能够连续施工，必须满足 $m \geqslant \sum b_i$ 的条件，即每层的施工段数 m 应不小于专业工作队数 $\sum b_i$；每层的最少施工段数应为：

$$m_{min} = \sum b_i + \frac{\sum Z_1}{K} + \frac{Z_2}{K} - \frac{\sum C}{K}$$

式中，$\sum b_i$—— 各施工过程的工作队总数。其他符号同前。

对于有间歇和搭接的多层施工，工期计算公式为：

$$T = (jm + \sum b_i - 1)K + \sum Z_1 - \sum C$$

等节奏流水施工中由于各施工过程均采用一个工作队，因此施工过程数等于工作队数；若将 n 视为总工作队数，即 $n = \sum b_i$。

【例 12-11】某三层现浇钢筋混凝土工程，支模板、绑扎钢筋、浇混凝土的流水节拍分别为 4 天、2 天、2 天，绑扎钢筋与支模板可搭接 1 天，层间技术间歇为 1 天。若资源可按需供应，试组织流水施工。

由题意可知，$j=3$，$n=3$，$t_支=4$ 天，$t_扎=2$ 天，$t_{混凝土}=2$ 天，$\sum Z_i=0$ 天，$\sum C=1$ 天，$Z_2=1$ 天。

根据流水节拍的特征，考虑采用成倍节拍流水。流水步距取各流水节拍的最大公约数，即 $K=2$ 天。

工作队队数为 b_i（支模板）$= \dfrac{t_支}{K} = \dfrac{4}{2} = 2$（队）

同理，b_2（绑扎钢筋）$=1$ 队，b_3（浇混凝土）$=1$ 队，$\sum b_i = 4$ 队

施工段数：$m = 4 + \dfrac{0}{2} + \dfrac{1}{2} - \dfrac{1}{2} = 4$（段）

总工期为：$T = (3 \times 4 + 4 - 1) \times 2 + 0 - 1 = 29$（天）。流水横道图如图 12-13 所示。

3）成倍节拍流水的组织特点及分析

成倍节拍流水的组织特点为：同一专业工作队连续逐段转移，无窝工；不同专业工作队按工艺关系对施工段连续施工，无工作面空闲；各施工过程之间的流水步距相等，等于各流水节拍的最大公约数；流水节拍长的施工过程要组建成倍的同类型工作队，专业施工队数大于施工过程数。

理论上只要各施工过程的流水节拍具有倍数关系，均可采用成倍节拍流水组织方法。但如果其倍数差异较大，往往难以配备足够的施工队组，或者难以满足各个队组的工作面及资源要求，使得这种组织方法失去了实际应用的可能。

12.2.4 无节奏流水

上述各种流水方式，都是比较理想情况下的安排。实际工作中，通常每个施工过

程在各个施工段上的工程量彼此不相等，或各个专业工作队的生产效率不同，从而导致大多数施工过程的流水节拍彼此不相等或没有倍数关系。在此情况下，只能按照施工顺序，合理确定相邻专业工作队之间的流水步距，使其在开工时间上争取最大搭接，组织成每个专业施工队都能够连续作业的无节奏流水施工。

（1）无节奏流水及其组织原则

所谓无节奏流水，是在工艺上互相有联系的分项工程，先组织成若干个独立的分项工程流水，然后再按施工顺序联系起来的组织方法。

无节奏流水，又称为分别流水，是指流水节拍既不相等，也不成比例，其流水步距也不相等。

组织无节奏流水的基本要求是保证各施工过程衔接的合理性；各工作队尽量连续工作和各施工段尽量不间歇或少间歇。当各施工过程在各个施工段上的流水节拍不相等，且变化无规律时，应根据上述原则进行安排。

一般来讲，无节奏流水采用各施工过程安排一个专业工作队的做法。

（2）无节奏流水的步距

无节奏流水组织的关键是确定流水步距。流水步距的确定有很多方法，以下是一种最简便的实用方法，称为"累加数列错位相减取大差"，其计算步骤如下。

① 求同一施工过程专业施工队在各施工段上的流水节拍的累加数列。

② 按施工顺序，将所求相邻的两个施工过程流水节拍的累加数列，向右错位相减。

③ 在错位相减结果中数值最大者，即相邻专业施工队组之间的流水步距。

注：该方法同样适用于一般加快成倍节拍流水的步距计算。

（3）无节奏流水的组织特点及分析

无节奏流水的组织特点是：各专业工作队都能连续施工，个别施工段可能有空闲；专业工作队数等于施工过程数；流水步距通常不相等。

无节奏流水方式在实际中是最常见、应用最普遍、最基本的组织方法，它不仅在流水节拍不规则的条件下使用；对于在固定节拍流水、成倍节拍流水的有规律条件下，当施工段数、施工队组数，以及工作面或资源状况不能满足相应要求时，也需要按分别流水法组织施工；而有节奏流水则是无节奏流水的特殊形式。

表 12-3　各施工过程流水拍表(天)

施工段	施工过程				
	Ⅰ	Ⅱ	Ⅲ	Ⅳ	Ⅴ
①	3	1	2	4	3
②	2	3	1	2	4
③	2	5	3	3	2
④	4	3	5	3	1

课后习题

1. 何谓依次施工? 其施工组织方式有何特点?

2. 何谓平行施工? 其施工组织方式有何特点?

3. 何谓流水施工? 其施工组织方式有何特点?

4. 何谓工艺参数? 何谓流水强度?

5. 何谓时间参数? 如何确定时间参数?

6. 何谓流水节拍? 何谓流水步距?

7. 何谓间歇时间? 何谓搭接时间? 何谓流水工期?

8. 简述流水施工的两种表达方式。

9. 何谓分项工程流水? 何谓分部工程流水? 何谓单位工程流水? 何谓群体工程流水?

10. 何谓等节奏流水? 简述单层房屋等节奏流水的施工特点和效果。

11. 何谓异节奏流水? 简述异节奏流水的组织特点。

12. 何谓成倍节拍流水? 简述成倍节拍流水的组织特点。

13. 某两层建筑物主体施工由三个施工过程组成,各施工过程的流水节拍均为 3 天。施工过程 Ⅰ 与 Ⅱ 之间有组织间歇 1 天,施工过程 Ⅱ 与 Ⅲ 之间有技术间歇 2 天。要求第一层施工完毕停歇 1 天再进行第二层施工。试组织流水施工,计算总工期并绘制横道图。

14. 五幢同类型房屋的基础组织流水作业施工,挖土、混凝土垫层、基础砌筑、回填土等四个施工过程的流水节拍分别为 6 天、2 天、6 天、4 天。由于工期有限,拟组织成倍节拍流水。试确定流水步距、各工作队数,并绘制流水横道图。

15. 某两层现浇钢筋混凝土工程,主体结构支模板、绑扎钢筋、浇混凝土的流水节拍分别为 4 天、4 天、2 天,绑扎钢筋与支模板可搭接 2 天,层间技术间歇为 1 天。试组织成倍节拍流水施工,绘制流水横道图。

第13章

网络计划技术

本 章 提 要

本章主要内容有网络图的基本概念、双代号网络计划、双代号时标网络计划、单代号网络计划及网络计划的优化。在网络图的基本概念中，主要阐述网络图的概念及其分类，网络图的特点；双代号网络计划介绍双代号网络图的组成、绘制、时间参数的计算及双代号网络计划的应用。双代号时标网络计划的绘制、时间参数的确定及双代号时标网络计划的应用。单代号网络计划的绘制、时间参数的确定及单代号网络计划的应用；网络计划的优化分别从工期、费用、资源三个方面分别进行阐述。

【教学目标】

（1）知识目标

① 了解网络计划的起源和发展、网络计划的相关知识、网络计划的基本概念、分类及表示方法。

② 熟悉网络计划的绘图规则；掌握双代号网络计划的特点，主要参数和参数的计算公式和计算方法；掌握双代号网络图时间参数计算方法；掌握关键线路的确定方法；培养学生的动手计算能力。

③ 掌握双代号时标网络图的绘制。

④ 理解和掌握单代号网络图的组成、特点、绘制和时间参数计算。

⑤ 掌握网络计划优化的定义、分类及实际操作，具体会做工期优化、费用优化、资源优化。

（2）能力目标

① 能独立完成双代号网络图的绘制，能熟练计算双代号网络计划各参数；

② 能应用双代号网络图及其参数解决简单的实际问题；

③ 能熟练应用网络计划技术进行网络进度计划的编制；

④ 掌握网络计划的优化。

（3）素质目标

① 培养理论结合实践的应用能力；

② 提升学生正确处理和分析信息，将理论转化为实践的应用能力；

③ 提升相应的专业技术及工程项目管理能力；

④ 培养学生追求真理、实事求是、勇于探究与实践的科学精神；

⑤ 在工程实践中能自觉遵守职业道德和规范，具有法律意识。

（4）情感价值提升

① 培养注重实践的务实意识；

② 提升专业爱岗的奉献精神；

③ 培养追求真理、实事求是、勇于探究与实践的科学精神；

④ 提升敬业爱岗和团队合作精神。

【思维导图】

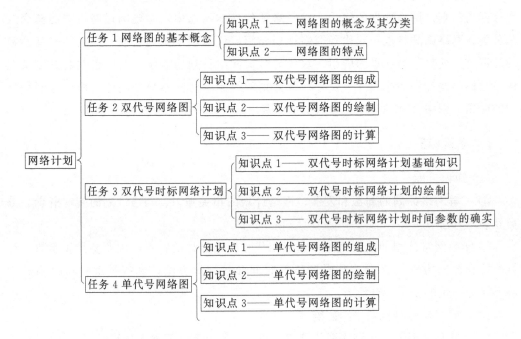

13.1 网络图的基本概念

13.1.1 网络图的概念及其分类

网络图是由箭线和节点组成的，用来表示工作流程的有向、有序网状的图形。一个网络图表示一项计划任务。网络图有很多分类方法，按表达方式的不同划分为双代号网络图和单代号网络图；按网络计划终点节点个数的不同划分为单目标网络图和多目标网络图；按参数类型的不同划分为肯定型网络图和非肯定型网络图；按工作之间衔接关系的不同划分为一般网络图和搭接网络图等。

13.1.2 网络图的特点

网络图把施工过程中的各有关工作组成了一个有机的整体，能全面而明确地表达各项工作开展的先后顺序及相互之间的关系；通过网络图的计算，能确定各项工作的开始时间和结束时间，并能找出关键工作和关键线路，便于计划管理者集中力量抓主要矛盾、确保工期，避免盲目施工；能够从许多可行方案中寻求最优方案；在计划的实施过程中进行有效的控制和调整，保证以最小的资源消耗取得最大的经济效果和最理想的工期。

13.2 双代号网络图

13.2.1 双代号网络图的组成

双代号网络图又称箭线网络图。它是指以箭线表示工作，以节点表示工作之间的连接点，并以箭线两端的节点编号代表一项工作，由一系列箭线和节点组成线路，许多这样的线路就构成了有向网络图。工作（工序或施工过程）、节点、线路是双代号网络图组成的三个基本要素，如图 13-1 所示。

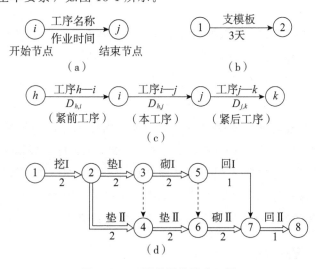

图 13-1 双代号网络图表示图

（1）工作

工作就是计划任务按需要粗细程度划分而成的一个消耗时间或同时消耗资源的子项目或子任务。它是网络图的组成要素之一，用一根箭线和两个圆圈来表示。工作的名称标注在箭线的上面，工作持续时间标注在箭线的下面，箭线的箭尾节点表示工作的开始，箭头节点表示工作的结束。箭线可以用直线、曲线、折线表示，其长短与工作的延续时间无关。

（2）节点

在网络图中箭线的出发和交汇处画上圆圈，用以表示该圆圈前面一项或若干项工作的结束和允许后面一项或若干项工作的开始的时间点称为节点。

在网络图中，节点不同于工作，它只标志着工作的结束和开始的瞬间，具有承上启下的衔接作用，而不需要消耗时间或资源。

箭线出发的节点称为开始节点，箭线进入的节点称为结束节点。

（3）线路

网络图中从起点节点开始，沿箭线方向连续通过一系列箭线与节点，最后到达终点节点的通路称为线路。每一条线路都有自己确定的完成时间，它等于该线路上各项工作持续时间的总和，也是完成这条线路上所有工作的总时间。持续时间之和最长的线路，称为关键线路。位于关键线路上的工作称为关键工作。关键工作没有机动时间，关键工作完成的快慢直接影响整个计划工期的实现，关键线路一般用粗箭线、双箭线或彩色箭线连接。关键线路在网络图中不止一条，可能同时存在几路，即这几条线路上的持续时间相同。短于关键线路持续时间的线路称为非关键线路。位于非关键线路上的工作称为非关键工作，它有机动时间。

关键线路、非关键线路并不是一成不变的，在一定条件下，关键线路和非关键线路可以互相转化。

如图13-1(d)所示为某一建筑物砖基础施工的双代号网络计划图。该基础施工划分为两个施工段，每个施工段包括挖基槽、做垫层、砌基础、回填土四项工序。图中工序表示如下：第1施工段挖基槽Ⅰ（1—2），做垫层Ⅰ（2—3），砌基础Ⅰ（3—5），回填土Ⅰ（5—7）。第Ⅱ施工段对应的工序分别为：（2—4）、（4—6）、（6—7）、（7—8）。箭线下数字为工序作业时间。图中每条实箭线表示实际工序，每项实际工序都要消耗一定的时间和资源。（3—4）、（5—6）两个虚箭线表示虚工序，虚工序是为了在网络图中表示相邻前后两项工序之间的逻辑关系而添加的工序，它不消耗时间和资源，作业时间为零。例如，虚工序3.4表示垫层Ⅰ完成后，垫层Ⅱ才能开始，即垫层Ⅰ是垫层Ⅱ的紧前工序。有时虚工序也用作业时间为零的实箭线表不。

13.2.2 双代号网络图的绘制

双代号网络图的绘制方法，视各人的经验而不同，但从根本上说，都要在既定施工方案的基础上，根据具体的施工客观条件，以统筹安排为原则。一般的绘图步骤如下。

① 任务分解，划分施工工作。

② 确定完成工作计划的全部工作及其逻辑关系。

③ 确定每一工作的持续时间，制定工程分析表。

④ 根据工程分析表，绘制并修改网络图。

为了正确地绘制网络图，需要先搞清楚工程项目计划中工作之间的逻辑关系有哪些，如何正确地表达各种逻辑关系，以及绘制双代号网络图应遵守的规则等，然后再通过实例掌握网络图的绘制方法。

（1）双代号网络图绘制的基本原则

① 对工程项目的工作进行系统分析，确定各工作之间的逻辑关系，绘制工作逻辑关系表。

逻辑关系是指工作进行时各工作间客观上存在的一种相互制约或依赖的关系，也就是先后顺序关系，包括工艺逻辑关系与组织逻辑关系两种。

a. 工艺逻辑关系。生产性工作之间由工艺过程决定的、非生产性工作之间由工作程序决定的先后顺序关系称为工艺逻辑关系。

b. 组织逻辑关系。工作之间由组织安排需要或资源（劳动力、原材料、施工机具等）调配需要而规定的先后顺序关系称为组织逻辑关系。

② 在一个网络图中，只允许有一个起始节点（没有一个箭线的箭头指向该节点）；在不分期完成任务的网络图中，应只有一个终止节点（没有箭线从该节点引出）；而其他所有节点均应是中间节点（既有箭头指向该节点，又有由它引出的箭头指向其他节点）。如图 13-2(a) 所示出现了两个起始节点 1、2，四个终点节点 11、13、14、15，这种情况在双代号网络图中是不允许的，必须加以改正。图 13-2(b) 为改正后的正确网络图。

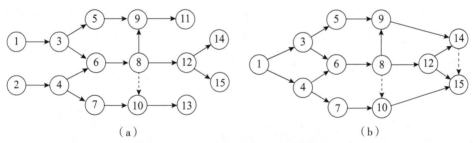

图 13-2　起始节点与终点节点表示法

③ 网络图中不允许出现循环回路（或闭合回路）。如图 13-3(a) 所示工作 H、J、R 形成了循环回路，即 R 的紧前工作为 I，J 的紧前工作为 H，H 的紧前工作为 R，形成循环关系。这种情形无法确定其先后顺序，在工艺顺序上是相互矛盾的，在时间安排上也是无法实施的。

④ 在网络图中不允许出现重复编号的箭线。即两个节点之间只允许有一个工作箭线，当有两个以上时应增加虚工作。如图 13-4(a) 工作 B、E 有相同的代号 $2-3$ 是不允许的，图 13-4(b) 为加虚工作后的正确网络图。

⑤ 在网络图中不允许出现没有箭头或箭尾节点的工作。

⑥ 在网络图中不允许出现带有双箭头或无箭头的工作，如图 13-3(b) 所示。

⑦ 绘制网络图时应尽量避免箭线交叉，当交叉不可避免时，可采用搭桥法或指向

法，如图 13-3（c）所示。

⑧ 网络图节点编号规则：从起始节点开始编号；每个工作开始节点编号应小于结束节点编号；在一个网络图中，不允许出现重复编号，可采用不连续编号的方法。

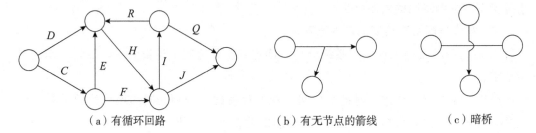

（a）有循环回路　　　　（b）有无节点的箭线　　　　（c）暗桥

图 13-3　循环回路与箭线交叉示例

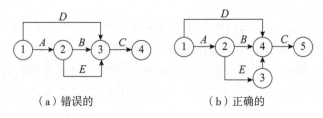

（a）错误的　　　　　　　（b）正确的

图 13-4　两个节点间有多个工作时的表示方法

（2）双代号网络图各种逻辑关系的正确表示方法

网络图中工作之间的逻辑关系，可以归纳为五种基本形式。五种基本形式的描述及其在双代号网络图中的表达方法列于表 13-1 中。

表 13-1　工作基本逻辑的描述及表达方法

序号	描述	表达方式	逻辑关系	
			工作名称	紧前工作
1	A 工作完成后，B 工作才能开始		B	A
2	A 工作完成后，B、C 工作才能开始		B	A
			C	A
3	A、B 工作完成后，C 工作才能开始		C	A，B
4	A、B 工作完成后，C、D 工作才能开始		C	A，B
			D	A，B
5	A、B 工作完成后，C 工作才能开始，且 B 工作完成后，D 工作才能开始		C	A，B
			D	B

13.2.3 双代号网络图的计算

双代号网络图的计算是指确定各工作的开始时间和结束时间，以及工作的时差，并以此确定整个计划的完成时间(工期)、关键工作和关键线路，为网络计划的执行、调整和优化提供依据。

双代号网络图的时间参数分为节点时间参数、工作基本时间参数和工作机动时间参数三部分，通常采用图上计算法进行计算，计算结果直接标注在图上。对于大型工程项目的网络计划多采用编制计算程序在计算机上进行计算。本节仅介绍网络时间参数计算的图上计算法。

(1) 节点时间参数的计算

每个节点有两个时间参数：节点最早时间和节点最迟时间，分别用 ET 和 LT 表示，其计算结果应标注在节点之上，如图 13-5 所示。

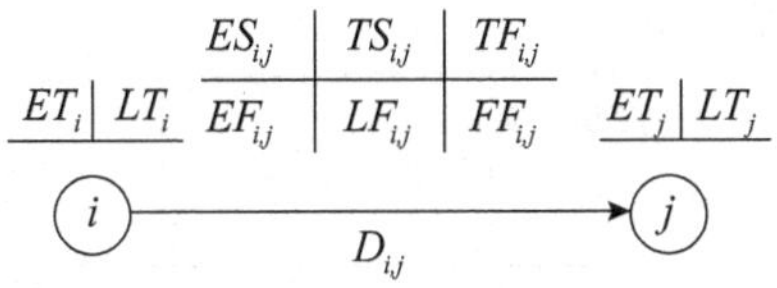

$$ET_i \mid LT_i \quad \begin{array}{c|c|c} ES_{i,j} & TS_{i,j} & TF_{i,j} \\ \hline EF_{i,j} & LF_{i,j} & FF_{i,j} \end{array} \quad ET_j \mid LT_j$$

$$(i) \xrightarrow{\quad D_{i,j} \quad} (j)$$

图 13-5　时间参数标注方式

1) 节点最早时间 ET 的计算

节点最早时间是以网络计划开始时间为零，相对于这个时间，沿着各条线路达到每一个节点的时刻。

显然，起始节点 Ⅰ 的最早时间为零，即：

$$ET_1 = 0$$

网络图中任一节点 j 的最早时间，是指以该节点为结束节点的紧前工作全部完成，以这个节点为开始节点的紧后工作最早开始的时间。因此，节点 j 最早时间应取紧前各工作开始节点 i 的最早时间与该工作作业时间 D_{ij} 之和(即紧前工作的结束时间)中的最大值。用公式表示为

$$ET_j = \max\{ET_i + D_{i,j}\}$$

ET 的计算顺序是从网络图的起始节点开始，顺着箭头方向逐点计算，最后至终点节点。

现以图 13-6 所示网络图为例，计算节点最早时间，计算结果标注在每个节点上方左侧的方框内，框内各数字计算过程见表 13-2。

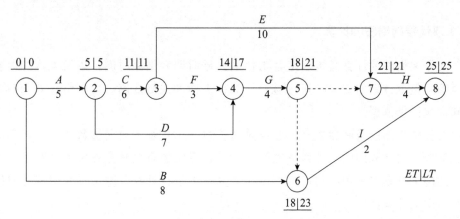

图 13-6　双代号网络图节点时间参数计算

表 13-2　节点最早时间计算过程

节点编号 j	紧前工作 $i-j$			计算过程（算式）$ET_j =$ $\max\{ET_i + D_{i,j}\}$	节点最早时间 ET_j
	工作代号 $i-j$	开始节点最早时间 ET_i	作业时间 $D_{i,j}$		
1	—	—	—	$ET_1 = 0$	0
2	$1-2$	0	5	$0+5=5$	5
3	$2-3$	5	6	$5+6=11$	11
4	4 4	5 11	7 3	$5+7=12$ $11+3=14$	14
5	$4-5$	14	4	$14+4=18$	18
6	$1-6$ $5-6$	0 18	8 0	$0+8=8$ $18+0=18$	18
7	$3-7$ $5-7$	11 18	10 0	$11+10=21$ $18+0=18$	21
8	$6-8$ $7-8$	18 21	2 4	$18+2=20$ $21+4=25$	25

　　由图 13-9 计算过程可知，若只有一个箭线的箭头指向该节点，如 2、3、5 节点的最早时间等于紧前工作开始节点最早时间加上该工作的作业时间；若有两个以上箭线的箭头指向该节点，如 4、6、7、8 节点的最早时间，应分别计算其紧前各工作开始节点最早时间与其作业时间之和，从中取最大值。也就是说沿着到达该节点的最长线路求 ET 值。

　　2）节点最迟时间 LT 的计算

　　节点的最迟时间是以该网络计划的计划工期作为网络图终点节点的最迟时间，逆

向推出各节点的最迟时间。因此，终点节点 n 的最迟时间为

$$LT_n = T_n（计划工期）$$

一般情况下，制订一项计划总希望能够尽早完成，故常取计划工期等于网络计划终点节点的最早时间 ET_n，即

$$LT_n = ET_n$$

网络图中任一节点 i 的最迟时间是指以这个节点为开始节点的紧后工作最迟开始的时间，以这个节点为结束节点的紧前工作的最迟完成时间，也就是说该节点的紧前工作最迟在这个时刻必须全部完工，如果迟于这个时刻则必然延误工期。

因此，节点最迟时间的计算与节点最早时间的计算顺序相反，是从网络图的终止节点开始，逆着箭头方向逐点计算，直至起始节点。其值等于该节点的各紧后工作结束节点 j 的最迟时间与该工作作业时间之差中的最小值，用公式表示为

$$LT_i = \min\{LT_i - D_{i,j}\}$$

图 13-6 中各节点的最迟时间列于节点上方右边的方框内，其计算过程见表 13-3。

表 13-3　节点最迟时间计算过程

节点编号 j	紧前工作 $i-j$			计算过程（算式）$LT_i = \min\{LT_j + D_{i,j}\}$	节点最迟时间 LT_i
	工作代号 $i-j$	结束节点最迟时间 LT_j	作业时间 $D_{i,j}$		
8	—	—	—	$LT_8 = ET_8 = 25$	25
7	$7-8$	25	4	$25-4=21$	21
6	$6-8$	25	2	$25-2=23$	23
5	$5-7$	21	0	$21-0=21$	21
	$5-6$	23	0	$23-0=23$	
4	$4-5$	21	4	$21-4=17$	17
3	$3-7$	21	10	$21-10=11$	11
	$3-4$	17	3	$17-3=14$	
2	$2-4$	17	7	$17-7=10$	5
	$2-3$	11	6	$12-6=5$	
1	$1-6$	23	8	$23-8=15$	25
	$1-2$	5	5	$5-5=0$	

由图 13-6 最迟时间的计算过程可知，若只有一个箭线从该节点引出，如 7、6、4 节点，其节点最迟时间等于紧后工作结束节点的最迟时间减去该工作的作业时间；若有两个以上箭线从该节点引出，如 5、3、2、1 节点，则分别按各紧后工作计算该节点的最迟时间，取其中的最小值。也就是说从该点到达终点节点的多余线路中，沿最长线

路求 LT 值。

（2）工作基本时间参数的计算

工作基本时间参数指工作的开始、完成时间。每个工作有四个基本时间参数，即最早开始时间（ES）、最早完成时间（ET）、最迟开始时间（LS）和最迟完成时间（LF）。

工作的四个基本时间参数可根据节点时间参数求出。若工作用 $i-j$ 表示，四个工作基本时间参数分别表示为 $ES_{i,j}$、$EF_{i,j}$、$LS_{i,j}$ 与 $LF_{i,j}$，其计算结果应标注在箭线之上，如图 13-7 所示。

1）工作最早开始时间 $ES_{i,j}$ 和最早完成时间 $EF_{i,j}$ 的计算

工作最早开始时间 $ES_{i,j}$ 取决于其紧前各工作的全部完成时间，因此它应等于该工作的开始节点 i 的最早时间；工作的最早完成时间 $ES_{i,j}$ 等于工作最早开始时间加上工作的作业时间。用公式表示为

$$ES_{i,j} = ET_i$$
$$EF_{i,j} = ES_{i,j} + D_{i,j}$$

2）工作最迟开始时间 $LS_{i,j}$ 和最迟完成时间 $LF_{i,j}$ 的计算

工作最迟完成时间 $LF_{i,j}$ 应等于它的结束节点 j 的最迟时间；工作最迟开始时间 $LS_{i,j}$ 等于工作最迟完成时间减去工作的作业时间。用公式表示为

$$LF_{i,j} = LT_j$$
$$LS_{i,j} = LF_{i,j} - D_{i,j}$$

工作的四个基本时间参数，直接在网络图上进行计算，其计算结果标注在工作箭线上方的方框内，如图 13-8 所示，框内各数字的计算过程见表 13-4 和表 13-5。如图 13-9 所示为一道工作 $i-j$ 的基本时间参数 $ES_{i,j}$、$EF_{i,j}$、$LS_{i,j}$、$LF_{i,j}$ 与工作开始、结束节点的节点时间参数 ET_i、LT_i、ET_j、LT_j 的对应关系。

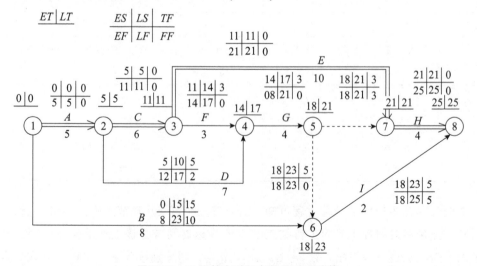

图 13-8　工作基本时间参数及时差计算

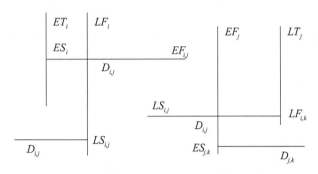

图 13-9　工作基本时参与节点时间参数对应关系

表 13-4　工作最早开始与完成时间计算过程

工作代号 $i-j$	开始节点最早时间 ET_i	工作最早开始时间 $ES_{i,j}(ES_{i,j}=ET_i)$	工作作业时间 $D_{i,j}$	工作最早完成时间算式 $EF_{i,j}=ES_{i,j}+D_{i,j}$	工作最早结束时间 $EF_{i,j}$
$1-2$	0	0	5	$0+5=5$	5
$1-6$	0	0	8	$0+8=8$	8
$2-3$	5	5	6	$5+6=11$	11
$2-4$	5	5	7	$5+7=12$	12
$3-4$	11	11	3	$11+3=14$	14
$3-7$	11	11	10	$11+10=21$	21
$4-5$	14	14	4	$14+4=18$	18
$5-6$	18	18	0	$18+0=18$	18
$5-7$	18	18	0	$18+0=18$	18
$6-8$	18	18	2	$18+2=20$	20
$7-8$	21	21	4	$21+4-25$	25

表 13-5　工作最迟开始与完成时间计算过程

工作代号 $i-j$	结束节点最迟时间 LT_j	工作最迟完成时间 $LF_{i,j}(LF_{i,j}=LT_j)$	工作作业时间 $D_{i,j}$	工作最迟开始时间算式 $LS_{i,j}=LF_{i,j}-D_{i,j}$	工作最迟必须开始时间 $LS_{i,j}$
$1-2$	5	5	5	$5-5=0$	0
$1-6$	23	23	8	$23-8=15$	15
$2-3$	11	11	6	$11-6=5$	5
$2-4$	17	17	7	$17-7=10$	10
$3-4$	17	17	3	$17-3=14$	14
$3-7$	21	21	10	$21-10=11$	11

工作代号 $i-j$	结束节点最迟时间 LT_j	工作最迟完成时间 $LF_{i,j}(LF_{i,j}=LT_j)$	工作作业时间 $D_{i,j}$	工作最迟开始时间算式 $LS_{i,j}=LF_{i,j}-D_{i,j}$	工作最迟必须开始时间 $LS_{i,j}$
$4-5$	21	21	4	$21-4=17$	17
$5-6$	23	23	0	$23-0=23$	23
$5-7$	21	21	0	$21-0=21$	21
$6-8$	25	25	2	$25-2=23$	23
$7-8$	25	25	4	$25-4=21$	21

从图13-11可以看出，每个工作的作业时间应该在最早开始时间 $ES_{i,j}$（或开始节点的最早时间 ET_i）与最迟完成时间 $LF_{i,j}$（或结束节点的最迟时间 LT_j）这一时域范围内完成。只有在这两个界线内完成，才会按时完成计划。如果这两个时间之差超过工作的作业时间，那么很明显在工作开工之前或完工之后有机动时间，可作为调节的备用时间。

（3）工作时差的计算

工作时差就是指工作的机动时间。按照其性质和作用，工作时差主要有三种：工作总时差 $TF_{i,j}$、工作自由时差 $FF_{i,j}$、工作相干时差 $IF_{i,j}$。

1）工作总时差 $TF_{i,j}$ 的计算

工作总时差是指在不影响工期的前提下，该工作可以利用的机动时间。这个时间就是上面提到过的，由于工作最迟完成时间与最早开始时间之差大于工作作业时间而产生的机动时间。利用这段时间延长工作的作业时间或推迟其开工时间，不会影响计划的总工期。

工作总时差用公式表示为：

$$TF_{i,j}=LF_{i,j}-ES_{i,j}-D_{i,j}$$

从上式可以看出，$LF_{i,j}-D_{i,j}=LS_{i,j}$，而 $ES_{i,j}+D_{i,j}=EF_{i,j}$，所以上式又可以写成：

$$TF_{i,j}=LS_{i,j}-ES_{i,j} \text{或} F_{i,j}=LF_{i,j}-EF_{i,j}$$

即工作两个开始时间之差（工作的最迟开始时间减去工作最早开始时间），或者工作两个完成时间之差（工作最迟完成时间减去工作最早完成时间）。后两个公式更方便在图上计算。图13-8的工作总时差值计算过程见表13-6。

表13-6　工作总时差计算过程

工作代号 $i-j$	工作最迟开始时间 $LS_{i,j}$	工作最早开始时间 ES_i	工作总时差算式 $TF_{i,j}=LS_{i,j}-ES_{i,j}$	工作总时差 $TF_{i,j}$
$1-2$	0	0	$0-0=0$	
$1-6$	15	0	$15-0=15$	15

续表

工作代号 $i-j$	工作最迟开始时间 $LS_{i,j}$	工作最早开始时间 ES_i	工作总时差算式 $TF_{i,j} = LS_{i,j} - ES_{i,j}$	工作总时差 $TF_{i,j}$
$2-3$	5	5	$5-5=0$	0
$2-4$	10	5	$10-5=5$	5
$3-4$	14	11	$14-11=3$	3
$3-7$	11	11	$11-11=0$	0
$4-5$	17	14	$17-14=3$	3
$5-6$	23	18	$23-18=5$	5
$5-7$	21	18	$21-18=3$	3
$6-8$	23	18	$23-18=5$	5
$7-8$	21	21	$21-21=0$	0

从计算结果可以看出，工作 1.2、2.3、3.7、7.8 总时差为 0，也就是说这些工作没有机动时间，由这些工作连接起来的线路就是从起始节点到终点节点的最长线路。因此，在执行网络计划时，要保证计划按期完成，必须使这些工作按计划时间进行。这些工作称为关键工作，这条线路称为关键线路，其他线路称为非关键线路。

工作总时差还具有这样一个特性，就是它不仅属于本工作，而且与前后工作都有密切的关系，也就是说它为一条线路或一段线路所共有。前一工作动用了工作总时差，其紧后工作的总时差将变为原总时差与已动用总时差的差值。以图 13-8 中的线路 $1-2-3-4-5-7-8$ 为例，各工作的作业时间与总时差如图 13-10 所示。

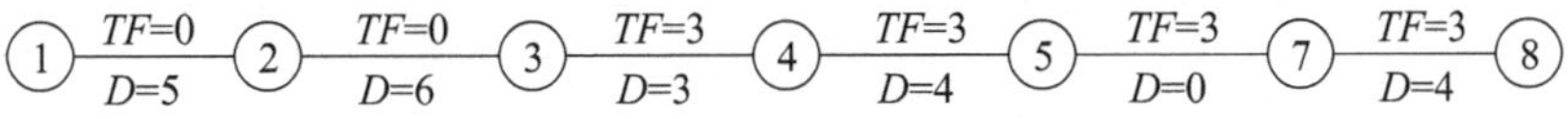

图 13-10 一条线路总时差分析示例

图 13-10 中线路的总时间为

$$5d + 6d + 3d + 4d + 0d + 4d = 22d$$

网络计划工期为

$$T = 25d$$

其差值为

$$25d - 22d = 3d$$

从上述数字看出，如果将该线路延长 3 天，就转变成关键线路了。也就是说在这条线路上各工作总时差的总和为 3 天。由于工作 $1-2$、$2-3$、$7-8$ 的工作总时差为 0，则工作 $3-4$、$4-5$、$5-7$ 具有的时差为 $3-4-5-7$ 线段上的时差。若工作 $3-4$ 动用了 2 天，则工作 $4-5$（$5-7$ 为虚工作）可利用的时差就只有 $3-2=1$（天）；若工作 $4-5$ 动用了 3 天，则工作 $3-4$ 就没有可动用的时差了；若动用的时差超过 3 天，则这条线路的总时间就超过了计划工期 25 天。

2）工作自由时差 $EF_{i,j}$ 的计算

工作自由时差是指在保证其紧后工作按最早开始时间开工的前提下，该工作可以利用的机动时间。也就是说工作可以在这个时间范围内自由地延长或推迟作业时间，不会影响其紧后工作按最早时间开工。如图 13-11(a) 所示，工作 $i-j$ 的各紧后工作的最早开始时间都相等，且等于其公共开始节点 j 的最早时间 $ES_{i,j}=ET_j$，j 为工作的结束节点。所以工作 $i-j$ 的自由时差等于其结束节点的最早时间减去其工作的最早完成时间，用公式表示为

$$FF_{i,j} = ET_j - EF_{i,j}$$

图 13-8 中的工作自由时差的计算过程如表 13-7 所示。

表 13-7　工作自由时差计算过程

工作代号 $i-j$	工作结束节点最早时间 ET_j	工作最早完成时间 EF_i, $_j$	工作自由时差算式 $FF_{i,j}=ET_j-EF_i$, $_j$	工作自由时差 $FF_{i,j}$
$1-2$	0	5	$5-5=0$	0
$1-6$	18	8	$18-8=10$	10
$2-3$	11	11	$11-11=0$	0
$2-4$	14	12	$14-12=2$	2
$3-4$	14	14	$14-14=0$	0
$3-7$	21	21	$21-21=0$	0
$4-5$	18	18	$18-18=0$	0
$5-6$	18	18	$18-18=0$	0
$5-7$	21	18	$21-18=3$	3
$6-8$	25	20	$25-20=5$	5
$7-8$	25	25	$25-25=0$	0

工作自由时差为工作总时差的一部分，如图 13-11(b) 所示。

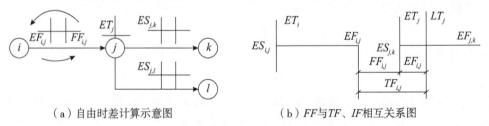

（a）自由时差计算示意图　　　　（b）FF 与 TF、IF 相互关系图

图 13-11　工作自由时差计算示意图

一个工作的自由时差隶属于该工作，与同一条线路上的其他工作无关。例如，图 13-10 中的线路 $1-2-4-5-7-8$，见图 13-12，若工作 $2-4$ 动用自由时差 2 天，则

表示工作 2—4 的最早完成时间由原来的第 12 天推迟到第 14 天，而其紧后工作 4—5 仍可按该工作的最早开始时间（第 14 天）开始施工。也就是说工作 2—4 使用了自由时差，对其紧后工作毫无影响，仅减少了工作 2—4 本身的总时差中属于本工作独立具有的部分，此时工作 2—4 的总时差只剩下 5—2=3（天）。

在网络图中，可以利用工作总时差与工作自由时差进行计划的调整与优化。例如，在计划安排中，某段时间内出现了劳动力或材料需要量的高峰，则可将出现在高峰期内某些有自由时差或总时差的工作推迟开始，在满足不超过其最迟开始时间的条件下，使高峰期的劳动力或材料需要量趋于均衡，且不影响工程的完工时间。

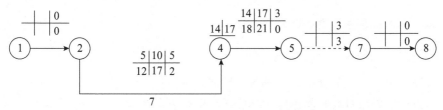

图 13-12　一条线路上工作自由时差分析示例

（4）关键线路

关键线路是指从网络图的起始节点到终点节点作业时间最长的线路，即由关键工作连成的线路。如图 13-8 中的 1—2—3—7—8 就是关键线路。关键线路具有下述特点。

① 关键线路为从网络图的起始节点到终点节点各条线路中，时间最长的线路，其长度就是网络计划的工期。

② 关键线路上各工作总时差为零（ET_n 等于计划工期）或为负值（ET_n 大于计划工期）或为最小正值（ET_n 接近或稍小于计划工期）。

③ 一个网络计划中可以有多条关键线路，且至少有一条关键线路。

关键线路明确指出了保证工程施工进度的关键工作，在工程项目管理中只有统筹安排，合理调配人力、物力，重点保证关键工作如期完工，才不致延误工期。另外，注意挖掘非关键工作的潜力，对降低工程成本也有着重要的意义。

13.3 双代号时标网络计划

13.3.1 双代号时标网络计划基础知识

（1）双代号时标网络计划

时标网络计划是以时间坐标为尺度编制的网络计划。它通过箭线的长度及节点的位置，可明确表达工作的持续时间及工作之间恰当的时间关系，是目前工程中常用的一种网络计划形式。

（2）双代号时标网络图的表示

① 实箭线表示工作，箭线的水平投影长度表示工作时间长短；

② 虚箭线表示虚工作；

③ 波形线表示工作的自由时差。

（3）双代号时标网络图的特点

① 能够清楚地展现计划的时间进程。

② 直接显示各项工作的开始与完成时间、工作的自由时差和关键线路。

③ 可以通过叠加确定各个时段的材料、机具、设备及人力等资源的需要。

④ 由于箭线的长度受到时间坐标的制约，故绘图比较麻烦。

13.3.2 双代号时标网络计划的绘制

（1）双代号时标网络计划绘制要求

① 时标网络计划需绘制在带有时间坐标的表格上。

② 节点中心必须对准时间坐标的刻度线，以避免误会。

③ 以实箭线表示工作，以虚箭线表示虚工作，以水平波形线表示自由时差或与紧后工作之间的时间间隔。

④ 箭线宜采用水平箭线或水平段与垂直段组成的箭线形式，不宜用斜箭线。虚工作必须用垂直虚箭线表示，其自由时差应用水平波形线表示。

⑤ 时标网络计划宜按最早时间编制，以保证实施的可靠性。

（2）双代号时标网络计划绘制方法

1）按时间参数绘制法

该法是先绘制出标时网络计划，计算出时间参数并找出关键线路后，再绘制成时标网络计划。

① 绘制时标表。

② 将每项工作的箭尾节点按最早开始时间定位在时标表上，其布局应与无时标网络计划基本相当，然后编号。

③ 用实箭线形式绘制出工作箭线，当某些工作箭线的长度不足以达到该工作的完成节点时，用波形线补足，箭头画在波形线与节点连接处。

④ 用垂直虚箭线绘制虚工作，虚工作的自由时差也用水平波形线补足。

2）直接绘制法

① 绘制时标表。

② 将起点节点定位于时标表的起始刻度线上。

③ 按工作的持续时间在时标表上绘制起点节点的外向箭线。

④ 工作的箭头节点必须在其所有的内向箭线绘出以后，定位在这些内向箭线中最晚完成的实箭线箭头处。

⑤ 某些内向实箭线长度不足以到达该箭头节点时，用波形线补足。虚箭线应垂直

绘制，如果虚箭线的开始节点和结束节点之间有水平距离时，也以波形线补足；

⑥ 用上述方法自左至右依次确定其他节点的位置。

绘图示例：某工程网络图如图 13-13 所示，直接绘制其时标网络图如图 13-14 所示。

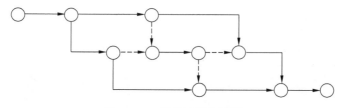

图 13-13　双代号网络计划

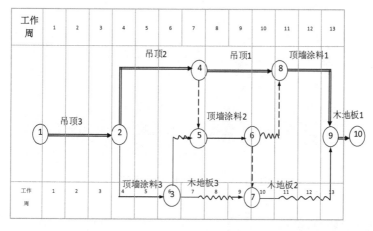

图 13-14　绘制双代号时标网络计划

某装修工程有三个楼层，有吊顶、顶墙涂料和铺木地板三个施工过程。其中每层吊顶确定为三周、顶墙涂料定为两周、铺木地板定为一周完成。试绘制时标网络计划。

13.4 单代号网络图

13.4.1 单代号网络图的组成

单代号网络图又称节点网络图。它是指以节点表示工作，以箭线表示工作之间的逻辑关系，每一节点的编号都可以独立代表一项工作的网络图。节点用圆圈或方框表示，工作名称、作业时间与节点编号都标注在节点的圆圈内或方框内。节点的编号就是工作的代号，如图 13-15 所示。紧前工作、紧后工作由箭线箭头指向标明。箭尾节点为紧前工作，箭头指向的节点为紧后工作，如图 13-15(d) 所示为前节叙述分两段施工的砖基础工程的单代号网络图。

任何一个网络计划都可以用双代号网络图或单代号网络图两种方式表达。目前两种方式应用都较为普遍。对于较复杂的大型工程项目的网络计划，后者更易表达。

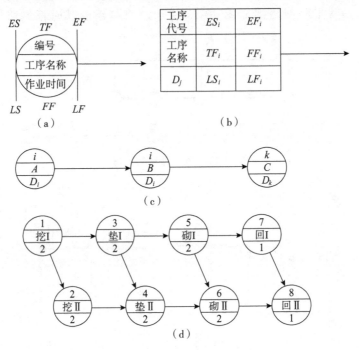

图 13-15 **单代号网络图表示法**

13.4.2 单代号网络图的绘制

由于单代号网络图和双代号网络图是网络计划两种不同的表达方式，因此关于双代号网络图的工作逻辑关系及绘图规则也基本适用于单代号网络图。

这里，仅对二者表达方式的不同之处加以叙述。

为便于对比，将单代号网络图五种基本的表达方式与前述双代号网络图表达方式对照列于表 13-9 中。

单代号网络图中，若有多个开始工作或多个结束工作，必须增加一个虚拟的工作（节点），将多个开始工作和多个结束工作归一，作为网络图的开始工作或结束工作，且令该工作的作业时间为零，如图 13-16 所示。

表 13-9 **五种基本逻辑关系单、双代号表达方式对照表**

序号	描述	单代号表达方法	双代号表达方法
1	A 工作完成后，B 工作才能开始	$A \rightarrow B$	$\xrightarrow{A} \xrightarrow{B}$

续表

序号	描述	单代号表达方法	双代号表达方法
2	A 工作完成后，B、C 工作才能开始		
3	A、B 工作完成后，C 工作才能开始		
4	A、B 工作完成后，C、D 工作才能开始		
5	A、B 工作完成后，C 工作才能开始，且 B 工作完成后，D 工作才能开始		

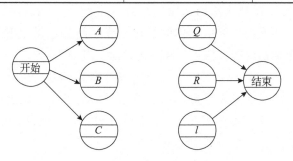

图 13-16　虚拟的开始工作和结束工作示例

【例 13-2】将例 13-1 改绘成单代号网络图。

解：通过作图绘成的单代号网络图如图 13-17 所示。

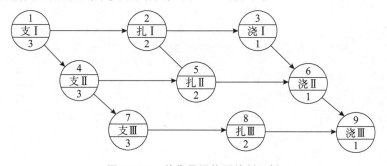

图 13-17　单代号网络图绘制示例

13.4.3 单代号网络图的计算

单代号网络图中节点即工作，因而单代号网络图只有四个基本时间参数和两个工作机动时间参数。各参数的含义与双代号网络图相同。为了便于比较，仍以图 13-9 所示双代号网络图为例,其单代号网络图如图 13-18 所示。下面介绍用图上计算法计算单代号网络图的时间参数。

(1) 工作基本时间参数的计算

1) 工作最早开始时间 ES_j 和工作最早完成时间 EF_j 的计算

工作最早时间的计算顺序从网络图起始节点开始,顺着箭头方向依次逐项进行。当起始节点(开始工作 1)的最早开始时间无规定时,其值应为零,即

$$ES_j = 0$$

任意一个工作 j 的最早开始时间 ES_j,等于其紧前各工作全部完成的时间,即紧前各工作最早完成时间中的最大值;最早完成时间 EF_j 等于最早开始时间加上工作作业时间。用公式表示为

$$ES_j = \max(EF_i),\ i < j$$
$$EF_j = ES_j + D_j$$

2) 工作最迟开始时间 LS_i 和工作最迟完成时间 LF_i 的计算

工作最迟时间的计算顺序从网络图的终点节点开始,逆着箭头方向依次逐项进行,直至起始节点。网络图的结束工作的最迟完成时间是在保证不致拖延总工期的条件下,本工作最迟完成的时间,所以,在无规定时,其值为

$$LF_n = EF_n,\quad n\ 为结束工作的编号$$

任意一个工作 i 的最迟完成时间 LF_i 一等于其紧后各工作最迟开始时间中的最小值;最迟开始时间 LS_i 等于其最迟完成时间减去工作的作业时间。用公式表示为

$$LF_i = \min(LS_j),\ i < j$$
$$LS_i = LF_i - D_i$$

工作的四个基本时间参数,直接在网络图上进行计算,计算结果标注在工作(节点)两侧的短线上下,如图 13-18 所示,各个数字的计算过程见表 13-10 和表 13-11。

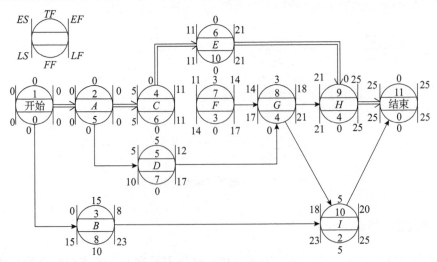

图 13-18　单代号网络图时参计算

表 13-10　工作最早时间计算过程

工作代号 j	紧前工作		工作最早开始时间 $ES_j = \max\{EF_i\}$	工作作业时间 D_j	工作最早完成时间算式 $EF_j = ES_j + D_j$	工作最早完成时间 EF_j
	工作代号 i	最早完成 EF_i				
1	—		0	0	0＋0＝0	0
2	1	0	0	5	0＋5＝5	5
3	1	0	0	8	0＋8＝8	8
4	2	5	5	6	5＋6＝11	11
5	2	5	5	7	5＋7＝12	12
6	4	11	11	10	11＋10＝21	21
7	4	11	11	3	11＋3＝14	14
8	5	12	14	4	14＋4＝18	18
	7	14				
9	6	21	21	4	21＋4＝25	25
	8	18				
10	3	8	18	2	18＋2＝20	20
	8	18				
11	9	25	25	0	25＋0＝25	25
	10	20				

表 13-11　工作自由时差计算过程

工作代号 j	紧前工作		工作最迟完成时间 $LF_i = \min\{LS_j\}$	工作作业时间 D_i	工作最迟开始时间算式 $LS_i = LF_i + D_i$	工作最迟开始时间 LS_i
	工作代号 i	最迟开始 LS_j				
11	—		$LF_{11} = EF_{11} = 25$	0	25－0＝25	25
10	11	25	25	2	25－2＝23	23
9	11	25	25	4	25－4＝21	21
8	10	23	21	4	21－4＝17	17
	9	21				
7	8	17	17	3	17－3＝14	14
6	9	21	21	10	21－10＝11	11
5	8	17	17	7	17－7＝10	10
4	7	14	11	6	12－6＝5	5
	6	11				
3	10	23	23	8	23－8＝15	15
2	5	10	5	5	5－5＝0	0
	4	5				
1	3	15	0	0	0－0＝0	0
	2	0				

（2）工作时差的计算

工作总时差的概念和计算方法与双代号网络图相同，不再赘述。

工作自由时差的概念与双代号网络图相同，但其计算方法稍有差异，其值等于其紧后工作 j 的最早开始时间 ES_j 中的最小值减去该工作的最早完成时间 EF_i，用公式表示为

$$FF_i = \min\{ES_i\} = EF_1$$

关键线路的确定方法与双代号网络图相同。

课后习题

1. 网络图的概念及其分类是什么？

2. 网络图的特点有哪些？

3. 双代号网络图的组成有哪些基本要素？

4. 何谓虚工作？

5. 单代号网络图的组成有哪些？

6. 绘制时标网络图的步骤有哪些？

7. 简述绘制网络计划横道图的步骤。

8. 何谓关键线路？何谓非关键线路？

9. 什么是工作自由时差？如何计算？

10. 什么是工作总时差？如何计算？

11. 双代号网络图的时间参数分几部分？

12. 计算如图 13-19 所示的双代号网络图时间参数，用双代号标出关键线路。

13. 将如图 13-19 所示的双代号网络图改为单代号网络图，并计算时间参数，用双线标出关键线路。

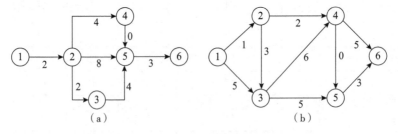

图 13-19　双代号网络图

第14章
施工组织总设计

本 章 提 要

本章内容包括施工组织总设计概述及施工组织总设计的编制。施工组织总设计的内容主要有：工程概况、总体施工部署、施工总进度计划、总体施工准备与主要资源配置计划、主要施工方法与措施、施工总平面布置、技术经济指标。通过具体工程实例分析，进一步了解对施工组织总设计的编制。

【教学目标】

（1）知识目标

① 了解施工组织设计的定义、特征、分类；

② 掌握施工组织设计的编制依据、主要内容；

③ 理解和掌握施工组织总设计的主要内容；

④ 通过实例分析，进一步加强本章的学习效果，加深理解程度，使学生基本掌握单位工程施工组织的设计基本内容和步骤；

⑤ 培养学生总结学习的习惯。

（2）能力目标

① 能熟练应用流水施工组织形式、网络计划技术编制进度计划；

② 能运用相关软件进行进度计划的编制；

③ 能参与编制施工部署、施工方案；

④ 培养学生总结学习的习惯；

⑤ 培养学生的动手能力，解决实际问题的能力。

（3）素质目标

① 培养理论结合实践的应用能力；

② 提升正确处理和分析信息、将理论转化为实践的应用能力；

③ 提升相应的专业技术及工程项目管理能力；

④ 培养追求真理、实事求是、勇于探究与实践的科学精神；

⑤ 在工程实践中能自觉遵守职业道德和规范，具有法律意识。

（4）情感价值提升

① 培养注重实践的务实意识；

② 提升专业爱岗的奉献精神；

③ 培养追求真理、实事求是、勇于探究与实践的科学精神；

④ 提升敬业爱岗和团队合作精神。

【思维导图】

施工总组织设计
- 任务1 施工组织总设计的内容
- 任务2 施工部署和施工方案
- 任务3 施工总进度计划
- 任务4 资源需要量计划
- 任务5 施工总平面布置图

14.1 施工组织总设计的内容

施工组织总设计是以整个建设项目为对象，根据初步设计和扩大初步设计图纸以及其他有关资料，结合现场施工条件与承包商自身资源进行编制，用以指导建设项目各项施工准备工作和施工活动的技术经济文件。

施工组织总设计的内容包括六个方面：

① 工程概况。

a. 工程特点。

b. 施工条件。

c. 项目管理特点。

② 施工部署。

③ 主要工程项目施工方案。

④ 施工总进度计划。

⑤ 施工资源需要量计划。

⑥ 总平面图和技术经济指标。

14.2 施工部署和施工方案

施工部署是对整个建设工程项目进行的统筹规划和全面安排。施工部署的内容根据建设项目的性质、规模和客观条件不同而有所不同。一般包括以下内容：

14.2.1 建立施工项目的组织

施工部署首先应建立施工项目的管理机构，明确各承包单位之间的任务，建立施工现场统一的组织领导机构及其职能部门，确定综合的和专业的施工队伍，划分施工阶段，明确各阶段主要项目。

14.2.2 编制施工准备工作计划

施工准备工作是顺利完成项目建设任务的一个重要阶段，其主要内容有：
① 施工项目管理机构准备。
② 施工项目技术准备。
③ 施工项目现场准备。
④ 施工项目施工资源准备。
⑤ 施工项目专项施工准备。

14.2.3 确定工程开展程序

根据建设项目总目标的要求，确定合理的工程建设项目开展程序，主要考虑以下几个方面：

（1）在保证工期的前提下，实行分期分批建设

其目的是施工的连续性和均衡性，以减少暂设工程数量，降低工程成本，充分发挥项目建设投资的效果。

一般大型工业建设项目应在保证工期的前提下分期分批建设。这些项目的每一个车间不是孤立的，它们分别组成若干个生产系统，在建设时，需要分几期施工，各期工程包括哪些项目，要根据生产工艺要求、业主要求、工程规模大小和施工难易程度、资金状况、技术资源情况等确定。同一期工程应是一个完整的系统，以保证各生产系统能够按期投入生产。

（2）各类项目顺序

各类项目的施工应统筹安排，保证重点，确保工程项目按期投产。一般情况下，应优先考虑的项目是：

① 按生产工艺要求，须先期投入生产或起主导作用的工程项目。
② 工程量大，施工难度大，需要工期长的项目。
③ 运输系统、动力系统。如厂内外道路、铁路和变电站。
④ 供施工使用的工程项目。如各种加工厂、搅拌站等附属企业和其他为施工服务的临时设施。
⑤ 生产上优先使用的机修、车库、办公及家属宿舍等生活设施。

（3）一般项目顺序

一般工程项目均应按先地下、后地上；先深后浅；先干线后支线的原则进行安排。

（4）应考虑季节对施工的影响

雨季避开土方施工，冬季避开室外作业。

14.2.4 主要项目施工方案

施工组织总设计中要对一些主要工程项目和特殊的分项工程项目的施工方案予以拟定。这些项目通常是建设项目中工程量大、施工难度大、工期长、在整个建设项目中起关键作用的单位工程项目以及影响全局的特殊分项工程。其目的是进行相应的技术和资源准备工作，以保证施工进程的顺利开展和现场的合理布置。其内容应包括：

① 施工方法，兼顾技术的先进性和经济的合理性。

② 施工工艺流程，兼顾各工种各施工段的合理搭接。

③ 施工机械设备，其主导机械满足工程需要，又能发挥其效能。使各大型机械在各工程上进行综合流水作业，减少装、拆、运的次数，辅助配套机械的性能，应与主导机械相适应。

14.3 施工总进度计划

施工总进度计划的编制方法包括以下方面。

14.3.1 项目划分及计算工程项目工程量

施工总进度计划主要起控制总工期的作用，因此在列工程项目一览表时，项目划分不宜过细。通常按分期分批投产顺序和工程开展顺序列出工程项目，突出每期投产系统中的主要工程项目。一些附属项目及临时设施可以合并列出。

根据批准的初步设计或扩大初步设计，按工程开展顺序和单位工程计算主要实物工程量。计算工程量的目的是选择施工方案和主要的施工机械；初步规划主要施工过程的流水施工；估算各项目的持续时间；计算劳动力及物资资源的需要量。因此，工程量只需粗略地计算即可。

计算工程量，常用的定额、资料有：

① 单位投资工程量、劳动力及材料消耗扩大指标。这种定额规定了某一种结构类型建筑，每单位投资中劳动力消耗数量、主要材料消耗量。根据图纸中的结构类型，即可估算出拟建工程分项需要的劳动力和主要材料消耗量。

② 概算指标。查定额时，分别按建筑物的结构类型、跨度、高度分类，查出这种建筑物按拟定单位所需的劳动力和各项主要材料消耗量，从而推算出拟计算项目所需要的劳动力和材料的消耗量。

③ 已建类似房屋，构筑物的资料。在缺少定额手册的情况下，可采用已建类似工程实际材料、劳动力消耗量，按比例估算。但是，由于和拟建工程完全相同的已建工程是比较少见的，因此在利用已建工程的资料时，一般都应进行必要的调整。

按上述方法计算出的工程量填入统一的工程量汇总表。

14.3.2 确定各单位工程的施工期限

由于施工条件的不同，各施工单位应根据工期定额及具体条件对各影响因素进行综合考虑确定工期。

影响单位工程施工期限的因素很多，如建筑类型、结构特征、现场地形、地质条件、气候条件、施工技术、施工方法、施工管理水平、机械化程度、各种资源供应情况等。

14.3.3 确定各单位工程的开、竣工时间和相互搭接关系

每一个单位工程的开工、竣工时间的具体确定，应在对各单位工程的工期进行分析之后。应考虑下列因素确定开工、竣工时间以及相互搭接关系。

① 保证重点，兼顾一般。在同一时期进行的项目不宜过多，以避免人力、物力的需求高峰。

② 满足连续性、均衡性施工的要求。组织好大流水作业，达到施工的连续性，尽量保证各施工段能同时进行作业，以避免施工段的闲置；使劳动力和物资资源消耗量在施工全程上均衡，以避免出现使用高峰或低谷。为实现施工的连续性和均衡性，需留出一些附属或辅助项目作为调节项目，穿插在主要项目的流水中。

③ 分期分批建设，发挥最大效益。在工厂第一期工程投产的同时，安排好第二期以及后期工程的施工，在有限条件下，保证第一期工程早投产，促进后期工程的施工进度。

④ 考虑施工总平面图的空间关系。建设项目的各单位工程考虑生产生活及节省用地的要求，布置比较紧凑，导致了施工场地有限，使场内运输、材料堆放、设备拼装、机械布置等产生困难。故应考虑施工总平面的空间关系，对相邻工程的开工时间和施工顺序进行调整，以免互相干扰。

⑤ 考虑各种条件限制。在考虑各单位工程开工、竣工时间和相互搭接关系时，还应考虑现场条件、施工力量、物资供应、机械化程度以及设计单位提供图纸等资料的时间、投资等情况及季节、环境的影响。对各单位工程的开工时间和施工顺序进行合理调整。

14.3.4 施工总进度计划的安排

施工总进度计划可以用横道图或者用网络图表达。施工总进度计划完成后，计算基期资源需要量，可根据情况，调整一些单位工程的施工速度或开工、竣工时间，以避免资源需要量的高峰，保证整个工程建设时期工作量达到均衡。

14.4 资源需要量计划

14.4.1 劳动力需要量计划

劳动力需要量计划是建设临时设施和组织劳动力进场的依据。编制时根据各单位工程工程量，查预算定额或有关资料即可求出各单位工程主要工种的劳动力需要量。将各单位工程所需的主要劳动力汇总，即可得出整个建筑工程项目劳动力需要量计划（见表 14-1）。

表 14-1　劳动力汇总表

序号	工种名称	用工时间													
		年							年						
		5	6	7	8	9	10	11	12	1	2	3	4	5	6
1	泥工														
2	木工														
3	钢筋工														

14.4.2 各种物资需要量计划

根据工种工程量汇总表和总进度计划的要求，查概算指标即可得出各单位工程所需的物资需要量，从而编制出物资需要量计划（见表 14-2）。

表 14-2 各种物资需要量计划

序号	类别	材料名称	单位	需要量计划													
				年							年						
				5	6	7	8	9	10	11	12	1	2	3	4	5	6
1	主要材料	钢筋															
		水泥															
		砖															
		……															

续表

序号	类别	材料名称	单位	需要量计划												
				年								年				
				5	6	7	8	9	10	11	12	1	2	3	4	5	6
2	半成品类	砂浆														
		混凝土														
		门窗														
		……														

14.4.3 施工机械需要量计划

主要施工机械的需要量，根据施工进度计划，主要建构筑物施工方案和工程量，用机械产量定额，计算主要机械台班需要量，辅助机械可安排与主要施工机械配套使用，从而编制出机械需要量计划(见表 14-3)。

表 14-3　施工机械需要量计划

序号	机械名称	型号	生产效率	数量	需要量计划													
					年								年					
					5	6	7	8	9	10	11	12	1	2	3	4	5	6	7	8

14.5 施工总平面图

14.5.1 施工总平面图设计的内容

设项目的建筑总平面图上一切地上、地下的已有和拟建建筑物、构筑物及其他设施的位置和尺寸。

一切为全工地施工服务的临时设施的布置位置，包括：

① 施工用地范围、施工道路；

② 加工厂、机械站、车库位置及各种材料仓库、堆场位置；

③ 有关施工机械的位置；

④ 办公、宿舍、文化福利设施等建筑的位置；

⑤ 水源、电源、变压器、临时给水排水管线、通信设施、供电线路及动力设

施位置；

⑥ 一切安全、消防设施位置；

⑦ 永久性测量放线标桩位置。

14.5.2 施工总平面图设计的原则

施工总平面图设计的原则是平面紧凑合理，方便施工流程，运输方便通畅，降低临建费用，便于生产生活，保护生态环境，保证安全可靠。

14.5.3 施工总平面图设计所依据的资料

设计资料：建筑总平面图、地形地貌图、区域规划图、建设项目范围内有关的一切已有的和拟建的各种地上、地下设施及位置图。

建设地区资料：当地的自然条件和经济技术条件，当地的资源供应状况和运输条件等。

建设项目的建设概况：施工方案、施工进度计划，以便了解各施工阶段情况，合理规划施工现场。

物资需求资料：建筑材料、构件、加工品、施工机械、运输工具等物资的需要量表，以规划现场内部的运输线路和材料堆场等位置。

14.5.4 施工总平面图的设计步骤

（1）库与材料堆场的布置

仓库和堆场的布置应考虑下列因素：

① 尽量利用永久性仓库，节约成本。

② 仓库和堆场位置距使用地尽量接近，减少二次搬运。

③ 砂、石、水泥等在搅拌站附近。

（2）加工厂布置

加工厂一般包括混凝土搅拌站、构件预制厂、钢筋加工厂、木材加工厂、金属结构加工厂等。布置这些加工厂时主要考虑来料加工和成品、半成品运往需要地点的总运输费用最小，且加工厂的生产和工程项目施工互不干扰。

（3）内部运输道路布置

根据各加工厂、仓库及各施工对象的相对位置，对货物周转运行图进行反复研究，区分主要道路和次要道路，进行道路的整体规划，以保证运输畅通，车辆行驶安全，造价低。在内部运输道路布置时应考虑：

① 尽量利用拟建的永久性道路。将它们提前修建，或先修路基，铺设简易路面，项目完成后再铺路面。

② 保证运输畅通。道路应设两个以上的进出口，避免与铁路交叉，一般厂内主干

道应设成环形，其主干道应为双车道，宽度不小于 6 m，次要道路为单车道，宽度不小于 3 m。

③ 合理规划拟建道路与地下管网的施工顺序。在修建拟建永久性道路时，应考虑路下的地下管网，避免将来重复开挖，尽量做到一次性到位，节约投资。

（4）临时性房屋布置

临时型房屋一般有：办公室、汽车库、职工休息室、开水房、浴室、食堂、商店、俱乐部等。布置时应考虑：全工地性管理用房（办公室、门卫等）应设在工地入口处。食堂可布置在工地内部或工地与生活区之间。

（5）临时水电管网的布置

临时性水电管网布置时，尽量利用可用的水源、电源。一般排水干管和输电线沿主干道布置；水池、水塔等储水设施应设在地势较高处；总变电站应设在高压电入口处；消防站应布置在工地出入口附近，消火栓沿道路布置；过冬的管网要采取保温措施。

14.5.5 施工总平面图的科学管理

① 施工总平面图设计审批后应严格执行。
② 统一施工总平面图管理制度。
③ 施工总平面布置实行动态管理。
④ 现场的清理和维护工作，经常性检修各种临时性设施，明确负责部门和人员。

课后习题

1. 施工部署包括哪些内容？
2. 试述编制施工总进度计划计算工程量的定额、资料？
3. 如何根据施工总进度计划编制各种资源供应计划？
4. 设计施工总平面图时应具备哪些资料？考虑哪些因素？
5. 试述施工总平面图设计的步骤和方法。

第15章

单位工程施工组织设计

本 章 提 要

本章内容包括单位工程施工组织设计概述及单位工程施工组织设计的编制。单位工程施工组织设计的内容主要有：工程概况、施工部署、施工进度计划、施工准备工作与资源配置计划、主要施工方案、施工现场平面布置、单位工程施工组织设计的技术经济分析。通过具体工程实例分析，进一步了解对单位工程施工组织设计的编制。

【教学目标】

(1) 知识目标

① 了解施工组织设计的定义、特征、分类；

② 掌握施工组织设计的编制依据、主要内容；

③ 理解和掌握单位工程施工组织设计的主要内容；

④ 通过实例分析，进一步加强本章的学习效果，加深理解程度，使学生基本掌握单位工程施工组织的设计基本内容和步骤。

(2) 能力目标

① 能参与编制施工部署、施工方案；

② 能熟练应用流水施工组织形式、网络计划技术编制单位工程施工进度计划；

③ 能熟练运用 BIM 软件计划编制软件进行进度计划的编制；

④ 能够进行单位工程施工平面图的布置；

⑤ 能熟练运用 BIM 施工现场布置软件建立施工现场布置 BIM 模型的方法；

⑥ 能编制主要资源配置计划；

⑦ 培养学生总结学习的习惯；

⑧ 培养学生的动手能力，解决实际问题的能力。

(3) 素质目标

① 培养理论结合实践的应用能力；

② 提升正确处理和分析信息、将理论转化为实践的应用能力；

③ 提升相应的专业技术及工程项目管理能力；

④ 培养追求真理、实事求是、勇于探究与实践的科学精神；

⑤ 在工程实践中能自觉遵守职业道德和规范，具有法律意识。

（4）情感价值提升

① 培养注重实践的务实意识；

② 提升专业爱岗的奉献精神；

③ 培养学生追求真理、实事求是、勇于探究与实践的科学精神；

④ 提升敬业爱岗和团队合作精神。

【思维导图】

单位施工组织设计
- 任务 1 单位工程施工组织设计概述
- 任务 2 工程概况及施工条件
- 任务 3 施工方案
- 任务 4 施工单位工程施工进度计划
- 任务 5 资源需要量计划
- 任务 7 单位工程施工平面布置图
- 任务 8 单位工程施工组织设计的技术经济分析
- 任务 9 施工组织设计的贯彻、检查与调整

15.1 单位工程施工组织设计的概述

单位工程施工组织设计是以一个单位工程（如一座楼房或一座桥梁等）为主要对象而编制的施工组织设计，其主要作用是对单位工程的施工过程进行相应的指导和制约。

单位工程施工组织设计是一个工程的战略部署，是宏观定性的，能体现指导性和原则性，是一个将建筑物的蓝图转化成实物的总文件，其内容包含了施工全过程的部署、选定的技术方案、进度计划及相关的资源计划安排和各种组织保障措施，是对项目施工全过程的管理性文件。其任务就是根据组织施工的原则和工程的实际特点及条件，从整个工程的施工全局出发，选择最有效的施工方案和方法，确定各分部分项工程的搭接和配合，以最少的劳动力、资金、材料、机械消耗作全面地、科学地、合理地安排。在规定的工期内保质、保量地完成或提前完成该项工程。

目前，在实际工程实践中，单位工程施工组织设计表现为两类：一类是用于施工单位投标的，另一类是用于指导施工的，二者的侧重点不同。前者以获得工程为目

的，其施工方案可能较为粗糙，而工程的质量、工期及单位的机械化程度、技术水平、劳动生产率等，则可能较为详细；而后者的重点是施工方案，是以指导实际工程为目的的。在本章我们主要介绍的是后一类。

15.1.1 单位工程施工组织设计编制依据

① 业主对工程的要求或所定的施工合同要求。如业主对施工组织设计有一定的要求或者在合同中明确提出的有关组织设计的规定。

② 持证设计单位设计的施工图、标准图集以及会审记录。

③ 施工现场的勘察资料和信息表。如地质、地形、气象、水文、现场障碍物或交通运输等情况，以及工程地形图及测量控制网。

④ 国家及地区的有关规定和相关规定。

⑤ 施工组织总设计。如果本单位工程是整个建设项目中的一个分项目，则应把施工组织总设计的总体施工部署以及对本工程施工的有关规定和要求作为编制依据。

⑥ 工程预算文件及有关定额。应有详细的分部、分项工程量，必要时应有分层分段或分部位的工程量，使用的预算定额和施工定额。

⑦ 主管部门的批示文件及有关要求。如上级机关对工程的指示，建设单位对施工的要求，施工合同中的有关规定等。

⑧ 施工企业年度施工计划。如本工程开、竣工日期的规定，以及其他项目穿插施工的要求等。

⑨ 建设单位对工程施工可能提供的条件。如供水、供电的情况以及可借用作为临时办公、仓库的施工用房等。

⑩ 有关的国家规定和标准。如施工验收规范、质量标准及操作规程等。

⑪ 本工程的施工条件。包括配备的劳动力、材料、施工机具等。

15.1.2 单位工程施工组织设计的内容

① 工程概况。工程概况主要包括工程特点、建筑地段的特征和施工条件等。

② 施工方案。施工方案包括确定总的施工顺序及确定施工流向，主要分部分项工程的划分及其施工方法的选择、施工段的划分、施工机械的选择、技术组织措施的拟订等。

③ 施工进度计划。施工进度计划主要包括划分施工过程和计算工程量、劳动量、机械台班量、施工班组人数、每天工作班次、工作持续时间，以及确定分部分项工程（施工过程）施工顺序及搭接关系、绘制进度计划表等。

④ 施工准备工作计划。施工准备工作计划主要包括施工前的技术准备，现场准备，机械设备，工具、材料、构件和半成品构件的准备，并编制准备工作计划表。

⑤ 技术经济指标分析。技术经济指标分析主要包括工期指标、质量指标、安全指

标、降低成本等指标的分析。

⑥ 施工平面图。施工平面图主要包括施工所需机械、临时加工场地、材料、构件仓库与现场的布置及临时水网电网、临时道路、临时设施用房的布置等。

⑦ 资源需要量计划。资源需要量计划包括材料需要量计划、劳动力需要量计划、构件及半成品需要量计划、机械需要量计划和运输量计划等。

15.1.3 单位工程施工组织设计编制程序

单位工程施工组织设计编制程序大致分为以下步骤。

① 计算工程量。计算工程量指通常可以利用工程预算中的工程量。工程量计算准确，才能保证劳动力和资源需求量计算的正确和分层分段流水作业的合理组织，故工程必须根据施工图纸和较为准确的定额资料进行计算。

② 确定施工方案。如果施工组织总设计已有原则规定，则该项工作的任务就是进一步具体化，否则应全面加以考虑。需要特别加以研究的是主要分部、分项工程的施工方法和施工机械的选择，因为它对整个单位工程的施工具有决定性的作用。

③ 组织流水作业，制定施工进度。根据流水作业的基本原理，按照工期要求、工作面的情况、工程结构对分层分段的影响以及其他因素，组织流水作业决定劳动力和机械的具体需要量以及各工序的作业时间，编制网络计划，并按工作日排出施工进度。

④ 计算各种资源的需要量和确定供应计划。依据采用的劳动定额和工程量及进度可以决定劳动量和每日的工人需要量。依据有关定额和工程量及进度，就可以计算确定材料和加工预制品的主要种类和数量及其供应计划。

⑤ 平衡劳动力、材料物资和施工机械的需要量并修正进度计划。根据对劳动力和材料物资的计算就可绘制出相应的曲线以检查其平衡状况。如果发现有过大的高峰或低谷，即应将进度计划做适当的调整与修改，使其尽可能趋于平衡，以便使劳动力的利用和物资的供应更为合理。

⑥ 施工设计平面图。施工设计平面图应使生产要素在空间上的位置合理、互不干扰且能加快施工进度。

具体的编制程序如图 15-1 所示。

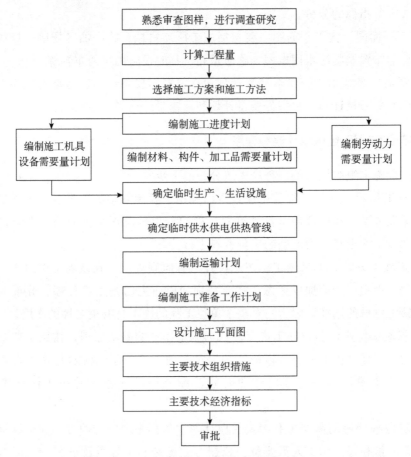

图 15-1　单位工程施工组织设计编制程序

15.2 工程概况及施工条件

单位工程施工组织设计首先应对拟建工程的工程特点、地点特征和施工条件作简要而重点突出的文字说明，同时附有拟建工程的平面、立面和剖面简图。其内容主要有以下几点。

15.2.1 工程概况

说明拟建工程的建设单位、建设地点、工程性质、用途和规模、开工日期及工期、施工单位、设计单位及其他应说明的内容。

15.2.2 建筑设计

说明拟建工程的平面尺寸、总高、层数、建筑面积、内外装饰工程的做法、门窗材料、楼地面做法、屋面防水做法，还有消防、空调和环保等内容。

15.2.3 结构设计

结构设计包括建筑物的地质情况和地下水位，基础构造和埋深，结构体系和类型，梁、板、柱和墙的材料及结构类型等内容。

15.2.4 施工条件

对施工特点、施工现场和施工单位的具体情况加以说明，其内容包括现场的地质、地貌情况、"三通一平"的情况、施工现场及周围环境的情况、当地的交通运输条件、预制构件生产及其供应情况、施工机械和机具的供应情况、劳动力的供应情况及现场临时设施的解决方法等。

15.3 施工方案

施工方案是根据一个施工项目的特点而制订的实施方案。其中包括组织机构方案（各职能机构的构成、各自的职责、相互关系等）、人员组成方案（项目负责人、各机构负责人、各专业负责人等）、技术方案（进度安排、关键技术预案、重大施工步骤预案等）、安全方案（安全总体要求、施工危险因素分析、安全措施、重大施工步骤安全预案等）、材料供应方案（材料供应流程、临时材料采购流程等），此外，根据项目大小还有现场保卫方案、后勤保障方案等。施工方案是根据项目的具体情况确定的，有些项目简单、工期短就不需要制订复杂的方案。

施工方案的拟订一般应包括：施工段的划分、安排施工顺序、选择主要分部分项工程的施工方法和施工机械、组织各项劳动力资源等，是一个综合而全面的分析和对比决策过程。它既要考虑施工的技术措施，又必须考虑相应的施工组织措施，并确保落实。

在拟订施工方案之前，还要解决下面一些问题：熟悉工程所在地的施工现场情况（临时供水供电情况、临时道路使用情况等），熟悉工程所在地的建筑材料市场情况（如采购、运输及价格情况），熟悉工程所在地的劳动力资源情况，熟悉工程所在地的工程机械及装备情况，熟悉工程资金来源及经费拨付情况等。

对于不同结构的单位工程，其施工方案拟订的侧重点不同。砖混结构房屋施工，以主体工程施工为主，重点为基础工程的施工方案；单层工业厂房施工，以基础工程、预制工程和吊装工程的施工方案为重点；多层框架则以基础工程和主体框架施工方案为主。另外，施工技术比较复杂、施工难度大，或者采用新技术、新工艺、新材料的分部分项工程，还有专业性很强的特殊结构、特殊工程，也应为施工方案的重点内容。

15.3.1 确定施工流向

施工流向是指单位工程在平面或空间上施工的开始部位及其展开方向，主要取决于生产需要、缩短工期和保证质量等一些要求。一般，对土木工程来说，只要按其工段、跨间，分区分段地确定平面上的施工流向，对多层建筑物，除确定每层平面上的施工流向外，还要确定其层间或单元空间上的施工流向。

施工流向的确定，牵扯到一系列施工过程的开展和进程，是组织施工的重要环节。为此，应考虑以下几个因素。

① 生产工艺或使用要求。这往往是确定施工流向的基本因素。一般情况下，生产工艺上影响其他工段试车投产的或生产使用上要求急的工段部分先安排施工。

② 单位工程各部分的繁简程度。对技术复杂、施工进度较慢、工期较长的工段或部位应先施工。例如，高层现浇钢筋混凝土结构房屋，主楼部分应先施工，裙房部分后施工。

③ 房屋高低层或高低跨。柱的吊装应从高低层或高低跨并列处开始，高低层并列的多层建筑物中，层数多的区段先施工，屋面防水层施工应先高后低，基础施工应先深后浅。

④ 工程现场条件和施工方案。施工场地大小、道路布置和施工方案所采用的施工方法及机械也是确定施工流向的主要因素。例如，土方工程施工中，边开挖边外运余土，则施工起点应确定在远离道路的部位，由远及近地开展施工。

⑤ 选用的施工机械。根据工程条件，挖土机械可选用正铲、反铲、拉铲等，吊装机械可选用履带吊、汽车吊、塔吊等，这些机械的开行路线或布置位置便决定了基础挖土及结构吊装的施工起点和流向。

⑥ 分部工程或施工阶段的特点。如基础工程由施工机械和施工方法决定其平面的施工流向，主体结构工程从平面上看，从哪一边先开始都可以，但竖向一般应自下而上施工。

另外，划分施工层、施工段的部位，如伸缩缝、沉降缝、施工缝，也是决定其施工流向应考虑的因素。装饰工程竖向的流向比较复杂，室外装饰一般采用自上而下的工程流向，室内装饰则有自上而下、自下而上及自中而下再自上而中三种流向。

15.3.2 确定施工程序

施工程序是指单位工程中各分部工程之间的先后顺序。在工程前期准备中，施工程序应根据该单位工程的各分部工程确定的展开方向以及每个分部工程的施工顺序这两个方面进行确定。

（1）施工程序确定的原则

① 按合同约定确定施工程序的原则。

② 按土建交付安装先后顺序及有关条件(图纸、设备)确定施工程序的原则。

③ 按各分部、分项工程搭接关系确定施工程序的原则。

④ 按各专业技术特点确定施工程序的原则。

(2) 施工阶段的划分

单位工程施工程序是从施工前期准备开始到联动调试和空载试运行完成为止的全过程施工活动,大致可分为施工准备阶段、施工阶段和竣工验收阶段。

1) 施工准备阶段

① 组织合同交底,明确合同条件,落实施工任务。

② 组织施工前期准备,为单位工程开工创造必要条件。

③ 组织相关专业工种开展配合土建施工,进行预埋预留管线和构件的工序施工。

2) 施工阶段

① 施工阶段指土建工程已交付,安装施工开始。它包括依据施工组织设计、施工方案、施工图纸及技术文件的规定要求,按已确定的各分部工程施工流程组织施工,并逐渐形成安装高峰期,一直到联动调试和空载试运行完成的全过程施工活动。

② 组织施工时一般应遵循程序如下:先地下后地上;厂房或楼房内同一空间处先里后外、顶部先高后低、底部先下后上;各类设备安装和各种管线安装应先大后小、先粗后精;各道工序未经检验和试验合格,不准进入下一道工序;先单机调试和试运转,后联动调试和试运转。

3) 竣工验收阶段

① 单位工程施工全部完成以后,各施工责任方内部预先验收,严格检查工程质量并合格,整理各项技术经济资料。

② 各施工责任方按规定要求提交工程验收报告,即各分包方向总承包方提交工程验收报告,总承包方经检查确认后,向建设单位提交工程验收报告。

③ 建设单位组织有关的施工方、设计方、监理方进行单位工程验收,经检查合格后,办理竣工验收手续及有关事宜。

(3) 影响施工顺序的主要因素

合理地确定施工顺序是确定施工程序的具体要求。它的确定既是为了按照客观的施工规律组织施工,也是为了解决工种在时间上的搭接和在空间上的配合问题。在保证质量与安全施工的前提下,充分利用空间,争取时间,实现缩短工期的目的。确定施工顺序时一般应考虑以下因素。

① 遵循施工顺序。施工顺序确定了施工阶段或分部工程之间的先后次序,确定施工顺序时必须遵循施工程序,例如先地下后地上的程序。

② 必须符合施工工艺的要求。这种要求反映出施工工艺上存在的客观规律和相互之间的制约关系,一般是不可违背的。如预制钢筋混凝土柱的施工顺序为支模板 → 绑钢筋 → 浇混凝土 → 养护 → 拆模,而现浇钢筋混凝土柱的施工顺序为绑钢筋 → 支模板

→ 浇混凝土 → 养护 → 拆模。

③ 与施工方法协调一致。如单层工业厂房结构吊装工程的施工顺序，当采用分件吊装法时，则施工顺序为：吊柱 → 吊梁 → 吊屋盖系统 → 第二节间吊柱、梁和屋盖系统 → …… → 最后节间吊柱、梁和屋盖系统。

④ 按照施工组织的要求。如安排室内外装饰工程施工顺序，可按照施工组织规定的先后顺序进行。

⑤ 考虑施工安全、质量及成品保护。如安全施工屋面采用卷材防水，外墙装饰安排在屋面防水施工完成后进行；为了保证质量，楼梯抹面在全部墙面、地面和天棚抹灰完成之后，自上而下一次完成。

⑥ 考虑受当地气候条件的影响。如冬季室内装饰施工，应先安装门窗和玻璃，后做其他装饰工程。

（4）确定施工顺序

建筑施工顺序是：基础工程（由下至上），装修和设备安装工程（由上至下）。施工原则是：先做基础后做饰面，这些工序安排原则的确定是为后续工作打下基础，以不干扰前期施工为宗旨，最大化做到规划有序，有条不紊地正常进行。

一般来说，各分项工程分别有自己的施工顺序。

1）基础工程的施工顺序

一般顺序为：桩基础 → 土方开挖、钎探验槽 → 做垫层 → 地下卷材防水施工 → 地下室底板 → 地下室墙柱 → 地下室顶板 → 墙体防水卷材、保护墙 → 回填土。如果有地下障碍物、坟穴、防空洞、软弱地基等，需要事先进行处理。

基础施工时应注意预留孔洞。一般回填土在基础完工后一次分层夯填，为后续施工创造条件。对零标高以下室内回填土，与基槽回填土同时进行，如不能也可留在装饰工程之前，与主体结构施工交叉进行。

2）主体结构工程的施工顺序

主体结构工程阶段：框架柱的施工顺序为柱子钢筋绑扎 → 柱子模板安装 → 柱子混凝土浇筑 → 混凝土养护；梁板的施工顺序为满堂脚手架的搭设 → 铺设梁底模板 → 梁钢筋绑扎 → 合梁侧模板 → 铺设顶板模板 → 铺设并绑扎顶板钢筋 → 浇筑梁板混凝土 → 混凝土养护。

3）屋面和装饰工程的施工顺序

该阶段具有施工内容多、劳动消耗量大、手工操作多和需要时间长的特点。

屋面工程施工顺序：基层清理 → 干铺加气混凝土砌块 → 加气混凝土碎渣找坡 → 水泥砂浆找平层 → 刷基层处理剂 → 铺贴 SBS 高聚物改性沥青防水卷材 → 蓄水试验 → 保护层，一般情况屋面工程和室内装饰工程可以搭接平行施工。

4）装饰工程分为室外装饰工程和室内装饰工程

室外装饰工程和室内装饰工程的施工顺序通常可分为先内后外、先外后内和室内外同时进行三种顺序。具体选用哪种顺序可根据施工条件和气候条件等确定。通常室外装饰应避开冬季和雨季。有时为了加速外脚手架材料的周转也采取先外后内的顺序。

室外装饰施工顺序一般按：外墙抹灰（或其他饰面）→ 勒脚 → 散水 → 台阶 → 明沟。外墙装饰一般是自上而下，同时安装落水斗、落水管和拆外脚手架。

室内装饰的主要内容有：天棚、地面和抹灰，门窗扇安装和油漆，门窗安玻璃、油墙裙、做踢脚线和楼梯抹灰等。

5）水、暖、电、卫等工程的施工顺序

水、暖、电、卫等工程不像土建工程那样分成几个明显的施工阶段，它一般是与土建工程中有关分部分项工程紧密配合，穿插进行的。其顺序如下：

① 基础工程施工时，在回填土之前，完成上下水管沟和暖气沟垫层和墙壁的施工。

② 主体结构施工时，应在砌砖砌墙或现浇钢筋混凝土楼板时，预留上下水和暖气管孔、电线孔槽、预埋木砖或其他预埋件，但抗震房屋除外，具体应按有关规范进行。

③ 装饰工程施工前，安装相应的各种管道和电气照明用的附墙暗管、接线盒等。水、暖、电、卫及其他设备安装均穿插在地面或墙面的抹灰前后进行，但采用明线的电线，则应在室内粉刷之后进行。

15.3.3 施工方法及施工机械

选择施工方法和施工机械是施工方案中的关键问题，它直接影响施工进度、质量、安全及工程成本。选择施工方法必然涉及施工机械的选择问题，机械化施工是改变建筑工业生产落后面貌、实现建筑工业化的基础。因此，施工机械的选择往往成为施工方法选择的中心环节。

选择施工方法及施工机械时，应重点考虑影响整个单位工程施工的分部分项工程的施工方法及施工机械。主要是选择工程量大且在单位工程中占有重要地位的分部分项工程，施工技术复杂或采用新技术、新工艺及对工程质量起关键作用的分部分项工程、不熟悉的特殊结构工程或由专业施工单位施工的特殊专业工程的施工方法，要求详细而具体，必要时应编制单独的分部分项工程的施工作业设计，提出质量要求及达到这些质量要求的技术措施，指出可能发生的问题，并提出预防措施和必要的安全措施。而对于按照常规做法和工人熟悉的方法进行的分项工程，则不必详细拟定作业指导书，提出应注意的一些特殊问题即可。

（1）主要工种工程施工方法的选择

① 测量放线。建筑工程测量放线的目的是将图纸上设计的建筑物的平面位置、形状和高程标定在施工现场的地面上，并在施工过程中指导施工，使工程严格按照设计

的要求进行建设。建筑工程施工测量工作不仅是工程建设的基础，而且是涉及工程质量的关键。近几年，许多外观造型复杂的超大超高规模的建筑物应运而生，在这些建筑工程施工过程中，测量工作显得尤为重要。

② 土石方工程。土石方工程主要包括选择土石方工程施工机械，确定土石方工程开挖或爆破方法，确定土壁放坡开挖的边坡坡度及土壁支护方案，地下水、地表水的处理方法及有关配套设备，计算土石方工程量并确定土石方平衡调配方案等。

③ 基础工程。基础工程包括确定浅基础的垫层、混凝土基础和钢筋混凝土基础施工的技术要求，以及地下室施工的技术要求及桩基础施工方法和施工机械选择。

④ 钢筋混凝土结构工程。钢筋混凝土结构工程主要有确定模板的类型及支模方法、拆模时间和有关要求，对复杂工程尚需进行模板设计和绘制模板放样图；钢筋的加工、运输和安装方法；选择混凝土的制备方案（商品混凝土或现场拌制混凝土），确定搅拌、运输及浇筑顺序和方法以及泵送混凝土和普通垂直运输混凝土的机械选择；确定混凝土搅拌、振捣设备的类型和规格及施工缝的位置；预应力钢材、锚夹具、张拉设备的选用和验收，成孔材料及成孔方法（包括灌浆孔、泌水孔），端部和梁柱节点处的处理方法，预应力张拉力、张拉程序以及灌浆方法、要求等；混凝土的养护及质量评定等。

⑤ 结构安装工程。结构安装工程主要有选择起重机械，确定结构安装方法，拟定安装顺序、起重机开行路线及停机位置；构件平面布置设计，工厂预制构件的运输、装卸、堆放方法；现场预制构件的就位、堆放的方法，吊装前的准备工作、主要工程量和吊装进度的确定。

⑥ 砌筑工程。砌筑工程主要有确定墙体的组砌方法和质量要求，砌块砌筑的排列图；确定脚手架搭设方法及安全网的布置；砌体标高及垂直度的控制方法；垂直运输及水平运输机具的确定；砌体的流水施工组织方式的选择等。

⑦ 屋面及装饰工程。屋面及装饰工程主要有确定层面及材料的运输方式，屋面工程各分项工程的施工操作及质量要求，装饰材料运输储存方式，各分项工程的操作及质量要求，新材料的特殊工艺及质量要求。

⑧ 设备安装工程。设备安装工程主要有给水排水、采暖、通风空调、电气、弱电、消防、电梯等工程，应说明其施工工艺、施工方法、主要材料、施工要求等。

⑨ 特殊项目。特殊项目应说明冬季施工的各主要分部分项工程的施工方法、主要应对措施和要求。说明"四新"（新结构、新工艺、新材料、新技术）项目的类别、名称、应用部位及成果使用情况。必要时应详细说明施工方法、工艺流程、劳动组织、施工进度、技术要求与质量、安全措施、材料、构件及机具设备需要量。

（2）正确选择施工机械

正确选择施工机械，保证其在使用中处于良好状态，减少闲置损失，提高使用效率及产出水平，施工项目机械设备的选择要求切合实际，经济合理。如果有多种机械的技术性能可以满足施工要求，还应对各种机械的工作效率、工作质量、使用费和维修费、能源耗费量、占用的操作人员和辅助工作人员、安全性、运输安装拆卸操作的难易程度和灵活性、机械的完好性和维修难易程度、对气候条件的适应性、对环境保护的影响等特性进行综合考虑。

15.4 单位工程施工进度计划

单位工程施工进度计划是在既定施工方案的基础上，根据规定的工期和各种资源的供应条件，对单位工程中各分部分项工程的施工顺序、施工起止时间及衔接关系进行合理安排的计划。

15.4.1 单位工程施工进度计划的编制步骤

① 划分工作项目。工作项目是包括一定工作内容的施工过程，它是施工进度计划的基本组成单元，应该根据计划的实际需要来决定工作项目内容的多少及划分的粗细程度。

② 确定施工顺序。确定施工顺序是为了按照施工的技术规律和合理的组织关系，解决各工作项目之间在时间上的先后和搭接问题，以达到保证质量、安全施工、充分利用空间、争取时间、合理安排工期的目的。一般来说，施工顺序受施工工艺和施工组织两方面的制约。当施工方案确定以后，工作项目之间的工艺关系也就随之确定。如果违背这种关系，将不可能施工，或者导致工程质量事故和安全事故的出现，或者造成返工浪费。工作项目之间的组织关系是由于劳动力、施工机械、材料和构配件等资源的组织和安排需要而形成的。它不是由工程本身决定的，而是一种人为的关系。组织方式不同，组织关系也不同。不同的组织关系会产生不同的经济效果，应通过调整组织关系将工艺关系和组织关系有机地结合起来，形成工作项目之间的合理顺序关系。

③ 计算工程量。工程量的计算应根据施工图和工程量计算规则，针对所划分的每一个工作项目进行。当编制的施工进度计划是已有预算文件，且工作项目的划分与施工进度计划一致时，可以直接套用施工预算的工程量，不必重新计算。若某些项目有出入，但出入不大，应结合工程的实际情况进行某些必要的调整或补充。

④ 计算劳动量和机械台班数。

⑤ 确定工作项目的持续时间。

⑥ 绘制施工进度计划图。绘制施工进度计划图，首先应选择施工进度计划的表达形式。目前，常用来表达建设工程施工进度计划的方法有横道图和网络图两种形式。横道图比较简单，而且非常直观，多年来被人们广泛地用于表达施工进度计划，并以此作为控制工程进度的主要依据。但是，采用横道图控制工程进度具有一定的局限

性，随着电子计算机的广泛应用，网络计划技术日益受到人们的青睐。

⑦ 施工进度计划的检查与调整。当施工进度计划初始方案编制好后，需要对其进行检查与调整，以便使进度计划更加合理，进度计划检查的主要内容包括：

a. 各工作项目的施工顺序、平行搭接和技术间歇是否合理。

b. 总工期是否满足合同要求。

c. 主要工种的工人是否能满足连续、均衡施工要求。

d. 主要机械、材料等的利用是否均衡和充分。

在上述四个方面中，首要的是前两个方面的检查，如果不满足要求，必须进行调整。只是在前两个方面均达到要求的前提下，才能进行后两个方面的检查和调整。前者是解决可行与否的问题，而后者则是优化的问题。

15.4.2 单位工程施工进度计划的编制依据

① 施工图。

② 施工方案。

③ 各种定额（包括预算定额、施工定额、劳动定额等）。

④ 当地的地质、水文、气象资料。

⑤ 建设单位要求的开工、竣工日期。

⑥ 资源供应情况等。

15.4.3 单位工程施工进度计划的编制程序

单位工程施工进度计划的编制程序是：收集编制依据 → 划分项目 → 计算工程量 → 套用施工定额 → 计算劳动量和机械台班需要量 → 确定持续时间 → 确定各项目之间的关系及搭接 → 绘制进度计划图 → 判别进度计划并作必要调整 → 绘制正式进度计划 → 检查、调整。

15.4.4 施工进度计划的安排

施工进度计划是施工组织设计的中心内容，它要保证建设工程按合同规定的期限交付使用。施工中的其他工作必须围绕着并适应施工进度计划的要求安排。施工进度计划的种类和施工组织相适应，分为总进度计划和单位施工进度计划。施工总进度计划包括建筑项目的施工进度计划和施工准备阶段的进度计划。它按生产工艺的建设要求，确定投产建筑群的主要和辅助的建筑物与构筑物的施工顺序、相互衔接和开竣工时间，以及施工准备工程的顺序和工期。单位工程施工进度计划是总进度计划有关项目施工进度的具体化，一般土建工程的施工组织设计还考虑了专业和安装工程的施工时间。

15.4.5 施工进度计划的检查与调整

施工进度计划在编制时，需考虑的因素有很多。因此，在初步进度计划编制完成后，还须对其进行检查和调整，主要检查各分部分项工程的施工时间、施工顺序及单位工程的工期是否合理，劳动力、材料、机械设备的供应能否满足且是否均衡。此外，对进度计划在绘制过程中是否有错误也要进行检查，经过检查发现的不合理的地方要给予调整，可以通过调整施工过程的工作天数、搭接关系或改变某些施工过程的施工方法等来调整进度计划，在调整某一分项工程时要注意它对其他分项工程的影响。通过调整可使劳动力、材料的需要量更为均衡，主要施工机械的利用更为合理，避免或减少短期内资源供应的过分集中。

15.5 资源需要量计划

为了明确各种技术工人和各种物质的需要量，在确定了单位工程施工进度计划以后，还需根据施工图样、工程量计算资料、施工方案、施工进度计划等有关技术资料，进行劳动力需要量计划和各种主要材料、构件和半成品需要量计划及各种施工机械的需要量计划的编制工作。这不仅是做好劳动力与材料的供应、调度、平衡和落实的依据，也是施工单位编制月、季生产作业计划的重要依据之一。

① 劳动力需要量计划的编制。劳动力需要量计划的编制方法是将施工进度计划表内所列的各施工过程(工序)每天(或旬、月)所需工人人数按工程汇总而得。

② 主要材料需要量计划的编制。主要材料需要量计划的编制方法是按材料名称、规格、数量及使用时间将施工进度计划表中各施工过程的工程量进行计算汇总。

③ 构件和半成品需要量计划的编制。编制建筑结构、配件和其他加工半成品的需要量计划，主要是为了确定加工订货单位，并按所需的规格、数量和时间进行运输、组织施工，确定仓库或堆场。

④ 施工机具设备需要量计划的编制。施工机具设备需要量计划的编制方法是将单位工程施工进度计划表中的每一个施工过程每天所需的机具设备类型、数量按施工日期进行汇总，即得出施工机具设备需要量计划。

15.6 单位工程施工平面布置图

单位工程施工平面图主要用于指导单位工程施工，它是施工方案在施工现场平面上、空间上的具体反映，是在施工现场布置仓库、施工机械、临时设施、堆场、道路等的依据。施工平面图是施工组织设计和施工准备工作的主要内容，是实现文明施工的基本条件。

15.6.1 单位工程施工平面图的设计依据

① 勘察设计依据。

② 施工部署和主要工程施工方案。

③ 施工总进度计划。

④ 施工场地情况。

⑤ 调查收集到的地区资料。

⑥ 资源需要量表。

⑦ 工地业务量计算。

⑧ 有关参考资料。

15.6.2 单位工程施工平面图的设计内容

① 施工现场内已建的和拟建的建筑物和构筑物的位置及平面轮廓。

② 施工用地范围，围墙、人口、道路的位置。

③ 资源仓库和堆场。

④ 钢筋、木材等加工场地。

⑤ 取土及弃土位置。

⑥ 大型机械设备的位置(塔吊的回转范围)。

⑦ 管理和生活用临时的房屋。

⑧ 供电、给水、排水等管线和设备。

⑨ 安全、消防设施。

⑩ 永久性、半永久性坐标的位置。

⑪ 山区建筑场地的等高线。

⑫ 特殊图例、方向标志及比例尺等。

15.6.3 单位工程施工平面图的设计原则

① 根据施工部署、施工方案、进度计划和区域划分，分阶段进行布置。

② 生产区、生活区和办公区相对独立的原则。

③ 尽可能地缩短场内运距，减少二次搬运，减少占地。

④ 有利于减少扰民、环境保护和文明施工。

⑤ 尽量利用已有设施或先行施工的成品，使临时工程投入最少。

⑥ 充分考虑劳动保护、职业健康、安全与消防。比如：施工现场的灰浆池和沥青锅应布置在生活区的下风，木工棚和易燃品仓库也应远离生活区，同时要注意防火。

15.6.4 单位工程施工平面图的设计步骤

① 设置大门、引入场地的道路。

② 布置大型机械。

③ 布置仓库、搅拌站、堆场的位置。

④ 布置加工厂。

⑤ 布置内部临时运输场地。

⑥ 布置临时设施，用于行政管理、文化、生活和福利之用。

⑦ 布置临时水电管网和其他动力设施。

15.6.5 单位工程施工平面图的设计方法

（1）施工总平面图设计要点

① 设置大门，引入场地道路。施工现场一般最少设置两个以上大门。有永久性铁路的建筑，可提前修建以便为工程服务，但应恰当确定起点和进场位置，同时考虑转弯半径和坡度限制，有利于施工场地的利用。

② 布置大型机械设备。布置塔吊时，应考虑其覆盖范围和可吊物件的运输和堆放；布置混凝土泵的位置时，应考虑至泵管的输送距离，使混凝土罐车行走方便。

③ 布置仓库、堆场。一般应接近使用地点，其纵向宜与交通线路平行，货物装卸需要时间长的仓库应远离路边。

④ 布置加工厂。总的指导思想是应使材料和构件的运输量最小，有关联的加工厂适合集中布置。

⑤ 布置内部临时运输道路。提前修建永久性道路的路基和简单路面为施工服务，临时道路要把仓库、加工厂、堆场和施工点贯穿起来。按货运量大小设计环形干道或单行支线。道路末端要设置回车场。道路要硬化，尽量避免临时道路与铁路、塔吊交叉。

⑥ 尽可能利用已建的永久性房屋为施工服务。临时房屋应尽量利用可装拆的活动房屋。有条件的应使生活办公区和施工区相对独立。无条件时，现场只设置办公用房。作业人员宿舍一般设置在场外，并避免设在不利于健康的地方，作业人员用的生活福利设施，宜设在人员较为集中的地方。食堂宜布置在生活区，也可视条件设置在施工区与生活区之间。为减少临时设施，也可采用送餐制。

⑦ 布置临时水电管线网和其他动力设施。临时总变电站应设在高压电进人工地处，避免高压线穿过工地。临时水池、水塔应设在用水中心和地势较高处。管网一般沿道路布置，供电线路应避免与其他管道设在同一侧，要将支线引到所有使用地点。

⑧ 绘制图例。正式施工总平面图按正式绘图规则、比例、规定代号和规定线条绘制，把设计的各类内容标绘在图上，标明图例，附必要的说明。正式的施工总平面图

随其他施工组织设计内容一起报批和管理。

（2）确定材料、构件、半成品的堆场及仓库的位置

根据施工阶段、施工部位和使用时间的不同，各种材料和构件的堆场的位置或仓库的位置要尽量与使用位置相靠近或尽量保证在塔式起重机服务范围之内，同时尽量保证运输和装卸的方便。置放水泥的仓库要尽量安置在较偏僻的地方，石子堆场的位置要尽量与冲洗水源相接近，同时还要考虑污水排放的方便。沥青堆放场应远离易燃物品。在基础施工时，为了防止将土壁压塌，施工所使用的各种材料（如标准砖）可以放在基础四周，但不宜距基坑（槽）边缘太近。随着施工阶段的不同，各种材料的布置要进行动态调整。

（3）现场运输道路的布置

现场运输道路在布置时，要根据运输的需要沿着仓库和堆场进行布置，尽可能利用永久性道路，保证车辆通畅行驶，有回转的可能。因此，最好围绕建筑物布置成一条环形道路，便于运输车辆回转调头。若无条件布置成一条环形道路，应在适当的地点布置回车场。

（4）布置行政、生活、福利用临时设施的位置

单位工程现场临时设施主要有办公室、工人宿舍、加工车间和仓库等，在布置时，通常首先考虑使用方便，但同时要符合消防要求，临时设施可以沿工地围墙布置以减少临时设施费用，方便的话最好将生活区与施工区分开，以避免相互干扰。

（5）布置水电管网

① 施工用的临时给水管。施工用的临时给水管，最好采用生活用水，沿着建筑物四周布置，同时使施工现场不留死角，尽量使管网总长度最短，管径的大小和龙头数目的设置需根据工程规模大小通过计算来确定，根据施工时当地的气候条件和使用期限的长短可将管道埋于地下，也可铺设于地面上。

② 为便于排除地面水和地下水，要及时修通永久性下水道，并结合现场地形在建筑物周围设置排泄地面水和地下水的沟渠。

③ 临时供电。应在施工总平面图中将单位工程的施工用电一并考虑，变压器的位置应布置在现场边缘高压线接入处，其四周要用铁丝网围住，不宜布置在交通要道路口。

建筑施工是一个复杂多变的生产过程，在这一过程中，各种施工机械、材料、构件等都会随着工程进展而逐步变动，同时，它们在工地的布置情况也会随时改变。为此，在设计不同阶段的施工总平面图时，不要为了节约费用而对施工期间所使用的各种临时设施、道路和水电管网系统轻易地进行变动，要广泛而积极地征求各专业施工单位的意见，充分协商，以达到最佳布置的目的。

15.7 施工组织设计的技术经济分析

15.7.1 施工组织设计技术经济分析的目的与步骤

施工组织设计技术经济分析的目的是考察所编制的施工组织设计从技术层面上看是否可行，从经济层面上看是否合理，并最终确定较为满意的设计方案。

施工组织设计进行技术经济分析的步骤如图 15-2 所示，共有五个步骤。其中，最后一个阶段是决策阶段，它是根据综合分析提出的。

图 15-2 施工组织设计技术的经济分析步骤

第一个阶段是对施工方案进行经济分析，主要目的是在保证质量的前提下对施工方案进行优化，从而确定较为满意的方案；第二个阶段是对施工进度计划进行分析，主要目的是将进度与搭接关系进行优化，从而确定工期和满意的施工进度计划；第三个阶段是对施工平面图进行分析，主要目的是保证施工平面图布置合理、方便使用；第四个阶段是综合技术经济分析阶段，其目的主要在于通过对各个主要指标进行分析，评价施工组织设计的优劣，并为领导批准施工组织设计提供决策依据。其程序如图 15-3 所示。

15.7.2 施工组织设计技术经济分析方法

（1）定性分析法

定性分析法也称为调查研究方法，是根据以前的经验，经过广泛的调查研究对施工组织设计的优劣进行分析。例如，在确定工期是否适当时，可按照一般规律或工期定额进行分析；在确定所选择的施工机械是否适当时，主要看它能否给流水施工带来方便。定性分析法比较方便，但不够精确，不能优化，决策易受主观因素的制约。

（2）定量分析法

定量分析法也称为理论研究法，它将数学计算和论证分析的方法进行了综合的运用。

1）多指标比较法

该法简便实用，应用较为广泛，比较时要选用适当的指标，要注意在消耗费用、价格指标及时间上的可比性。有两种情况要分别对待：其一是当一个方案在各项指标上均优于另一个方案时，其优劣是明显的；其二是通过计算，几个方案的指标优劣不同，互有穿插时，分析比较要进行加工，形成单指标，然后分析其优劣，常用的方法有评分法、价值法等。

2）评分法

评分法即组织专家对施工组织设计中的各个可比指标进行评分，采用加权的方法计算总分，分数高者为优。例如，某工程的流水段划分，安全性及施工顺序安排的评分结果如表 15-1 所示。

第一方案的总得分：$s_1 = 96 \times 0.30 + 90 \times 0.33 + 87 \times 0.37 = 90.69$

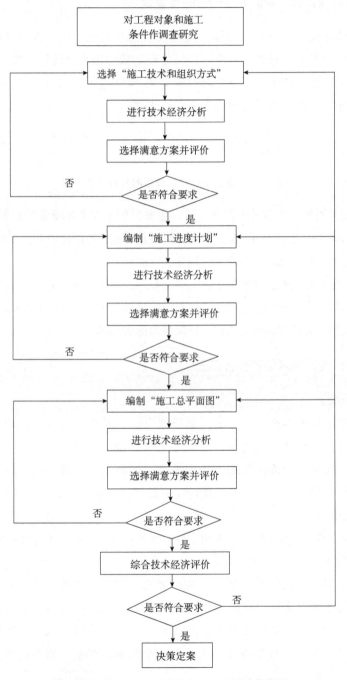

图 15-3　施工组织设计技术经济分析步骤框图

第二方案的总得分：$s_2 = 91 \times 0.30 + 95 \times 0.33 + 93 \times 0.37 = 93.06$

第三方案的总得分：$s_3 = 89 \times 0.30 + 97 \times 0.33 + 89 \times 0.37 = 91.64$

经过比较可以看出，第二方案分数最高，所以应选择第二方案。

表 15-1　评分法评分结果

指标	权数	第一方案	第二方案	第三方案
流水段	0.30	96	91	89
安全性	0.33	90	95	97
施工顺序	0.37	87	93	89

3）价值法

价值法即对各方案均计算出最终价值，用价值量的大小评定方案优劣，价值量小者为优。例如，表 15-2 是某工程焊接方法用价值法进行选择的实例。从计算结果来看，电渣压力焊的单个接头所耗用的价值最小，表明这种方法最省，故应采用电渣压力焊。

表 15-2　某工程焊接方法用"价值法"选择

项目	电渣压力焊		帮条焊		绑扎	
	用量	金额（元）	用量	金额（元）	用量	金额（元）
钢材	0.211 kg	0.105 5	4.24T kg	2.120 5	7.131 kg	3.565 5
材料（焊药、焊条、铅丝）	0.62 kg	0.436	1.29 kg	1.941	0.032 kg	0.033 5
人工	0.18 工日	0.36	0.27 工日	0.54	0.035 工日	0.07
电量消耗	2.3 kWh	0.184	26.1 kWh	2.038	—	—
合计	—	1.085 5	—	6.639 5		3.669

15.7.3 工程施工组织总设计经济技术分析

工程施工组织总设计的经济技术分析常以定性分析为主，定量分析为辅。进行定量分析时，主要的计算指标有劳动生产率指标、施工周期指标、工程质量优良率指标、成本降低率指标和安全指标等。

15.7.4 单位工程施工组织设计技术经济分析

（1）单位工程施工组织设计技术经济分析

① 要对施工所采用的技术方法、组合方法及经济效果进行综合而全面的分析。

② 作技术经济分析时应重点抓住施工方案、施工进度计划和施工平面图三大内容，并据此建立技术经济分析指标体系。

③ 在作技术经济分析时，要灵活运用定性方法和有针对性地应用定量分析的方法。在做定量分析时，应对主要指标、辅助指标和综合指标区别对待。

④ 技术经济分析应以设计方案的要求、有关国家规定及工程实际需要为依据。

（2）施工组织设计技术经济分析的指标体系

单位工程施工组织设计中技术经济指标应包括：工期指标、劳动生产率指标、质量指标、安全指标、降低成本指标、主要工程工种机械化程度指标、材料使用指标。这些指标应在施工组织设计基本完成后进行计算，并反映在施工组织设计的文件中，作为考核的依据。

15.8 施工组织设计的贯彻、检查与调整

15.8.1 施工组织设计的贯彻

通常为了保证施工组织设计能顺利地实施，需要做好以下几方面的工作。

① 做好施工组织设计交底。经过审批的施工组织设计，在开工前要召开各级生产、技术会议，逐级进行交底，详细讲解其内容要求、施工关键和保证措施；责成生产计划部门，编制具体的实施计划；责成技术部门，拟定实施的技术细则，保证施工组织设计的顺利贯彻执行。

② 制订各项施工组织设计的管理、规章制度。大量实践经验证明，只有施工企业具备了科学而健全的管理、规章制度，它才能维持正常的生产秩序，才能保证施工组织设计顺利实施。

③ 推行技术经济承包制。推行技术经济承包制，在施工的过程中，把技术经济责任同职工的物质利益结合起来，开展各种形式的劳动竞赛，是贯彻施工组织设计的重要手段之一。比如，推行节约材料奖、优良工程综合奖和技术进步奖等，都是非常有效的技术经济承包制的形式。

④ 统筹安排及综合平衡。在施工过程中出现的任何平衡都是相对的，也是暂时的，在这些平衡中，也势必存在着许多的不平衡因素。因此，在工程开工后，需要做好人力、财力和物力的统筹安排，保持合理的施工规模，及时分析研究各种不平衡因素，不断地进行施工条件的反复综合和各专业工种之间的综合平衡，这既能保证施工顺利进行，又能带来好的经济效果。

15.8.2 施工组织设计的检查

（1）检查主要指标的完成情况

采用比较法，将规定指标同各项指标的完成情况相对比，把主要指标的数量检查与其相应的施工内容、方法等检查相结合，发现其不同之处，然后采用分析法和综合

法，研究差异或问题的产生原因，从而找出影响施工组织设计贯彻的障碍，并拟订切实可行的改进措施。

（2）检查施工平面图的合理性

施工开始后，必须严格执行其管理、规章制度，加强施工平面图的管理工作，随时检查其合理性。

15.8.3 施工组织设计的调整

对施工组织设计的调整，主要是根据对其执行情况检查发现的问题及其产生原因进行分析，拟订相应的改进措施，并对其相关部分及其指标逐项进行调整，对施工平面图中的不合理部分，进行相应的修改。

总之，施工组织设计的贯彻、检查和调整工作是一项经常性工作，必须加强反馈，随时调整和决策，使其贯穿于整个施工过程的始终。

课后习题

1. 什么是单位工程施工组织设计？它的作用主要有哪些？
2. 单位工程施工组织设计的编制依据有哪些？
3. 单位工程施工组织设计包括哪些内容？
4. 单位工程施工进度计划的编制步骤是什么？
5. 单位工程各分部分项工程的工作日如何计算？
6. 什么是单位工程施工平面图？其内容主要有哪些？

第16章
BIM技术在施工过程中的应用

本 章 提 要

　　本章主要介绍建筑信息模型 BIM 的基本概念、BIM 在我国信息化施工管理中的应用；重点阐述了 BIM 模型建立的标准。并结合实例阐述 BIM 模型在工程建设各个过程中的应用。

【教学目标】

（1）知识目标

①了解建筑信息模型 BIM 的基本概念；

②掌握 BIM 在我国信息化施工管理中的应用；

③掌握 BIM 模型在工程建设各个过程中的应用。

（2）能力目标

①能应用 BIM 相关软件处理工程具体问题；

②能应用 BIM 技术在施工管理中实现信息化管理；

③能在工程建设全过程中应用 BIM 技术。

（3）素质目标

①培养理论结合实践的应用能力；

②提升相应的专业技术及工程项目管理能力；

③提高表达沟通能力；

④培养团队协作精神和卓越工匠精神；

⑤树立正确职业观和道德观。

（4）情感价值提升

①培养文明诚信、团结协作的职业素养；

②培养严谨务实的工作作风。

【思维导图】

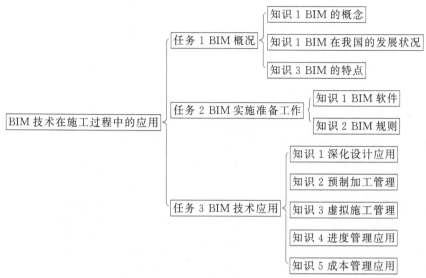

16.1 BIM 概况

BIM 概况

16.1.1 BIM 的概念

16.1.2 BIM 的特点

16.2 BIM 实施准备工作

16.2.1 BIM 软件

BIM 应用软件是指基于 BIM 技术的应用软件，一般来讲，它应该具备四个特点，即面向对象、三维几何模型、包含信息和支持开放式标准。

谈 BIM、用 BIM 都离不开 BIM 软件，通过对目前在全球具有一定市场影响或占有率，并且在国内市场具有一定认识和应用的 BIM 软件（包括能发挥 BIM 价值的软件）进行梳理和分类，对 BIM 软件的各个类型做一个罗列，如图 16-2 所示。

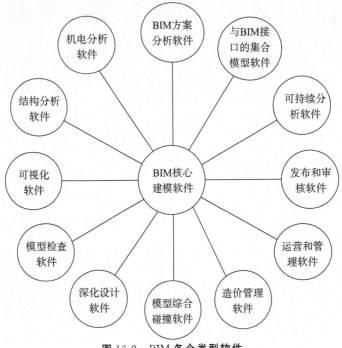

图 16-2　BIM 各个类型软件

按照功能分类，可分为下列三类：

①基于绘图的 BIM 软件（Drawing-based BIM Software）是指可用于建立数据信息模型、能为多个 BIM 应用软件使用的数据软件，例如能耗分析软件、钢构深化设计软件、机电设计（MEP）软件等这类软件均是以 Autodesk 出品的 Revit 等软件为代表。

②基于专业的 BIM 软件（Speciality-based BIM Software）是指利用 BIM 软件提供的 BIM 数据，开展各种工作的应用软件，例如机电支吊架计算软件、CFD 模拟软件等，还有如芬兰普罗格曼的 MagiCAD 软件等。我国基于 BIM 绘图软件的二次开发很多，有造价分析软件、进度管理软件等，如天正建筑；结构设计方面有中国建筑科学研究院的 PKPM 等。声学、光线、能耗、暖通、水电、弱电监控等也都有各自的专业软件。

③基于管理的 BIM 软件（Management-based BIM Software）是指能对各类绘图 BIM 软件及专业 BIM 软件产生的 BIM 数据进行分析、处理，以便于支持建筑全生命周期 BIM 数据的共享应用软件，这类软件一般是基于 Web、云端来开发的，能够支持建设工程各参与方及各专业人员之间通过互联网快速、高效地共享信息。现在这类的平台及软件比较多，特别是对于移动终端的支持软件不断出现，如 BIMx、BIM360 等移动终端软件。设施管理（全生命周期管理）领域在国内发展极少，而国外有很多，例如以美国的 Archibus 为代表的软件。

16.2.2 **BIM 规则**

16.2.3 **LOD 标准**

BIM 规则等

16.2.4 **IFC 标准的整体框架**

16.2.5 **IFC 标准的应用**

16.2.6 建筑工程设计信息模型交付标准

16.3 BIM 技术应用

BIM 技术应用

16.3.1 深化设计应用

16.3.2 预制加工管理

16.3.3 **虚拟施工管理**

（1）施工场地模拟

为了使施工现场布置合理，合理安排作业人员及机械，减少占用施工用地，减少材料周转次数，使平面布置紧凑合理，同时做到场容整洁、道路通畅，使机械使用效率得到提高，施工过程中应避免多个工种在同一场地、同一区域施工造成相互牵制、相互干扰。基于 BIM 技术三维模型，建立各种临时设备模型，可以对施工场地进行布置，合理安排塔吊等起重作业设备、库房、加工车间和临时办公区等位置，减少现场施工场地划分问题，通过与各分包单位可视化沟通协调，对施工现场进行优化，最终选择最佳施工方案。图 16-6 所示即为基于 BIM 模型的施工场地布置图。

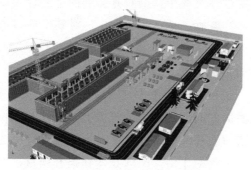

图 16-6　BIM 模型施工场地布置图

（2）施工方案优选

施工方案的选择与优化是施工组织设计的核心，对工程施工具有指导性作用。施工方案的优化包括施工程序、施工顺序、施工方法的优化和方案指标（进度、质量、安全和成本等）的优化。以 BIM 技术为基础，通过引入虚拟施工，将 BIM 技术与虚拟施工结合在一起，用 Revit 系列三维建模软件和 NavisWorks 模拟施工软件进行 3D 建模，并通过相关的信息模型从可视化协助施工和碰撞检测这两个角度对施工方案进行分析与研究，并且加入时间维度进行四维虚拟建造，形象地展示了施工的全过程。通过引入局势决策模型和关联模型对量化的施工方案指标进行优化，通过模型的对比得出最优的施工方案。

16.3.4 进度管理应用

（1）工程项目进度管理的定义

工程项目进度管理是指对工程项目建设各阶段的工作内容、工作程序、持续时间和衔接关系根据进度总目标及资源优化配置的原则编制计划并付诸实施，然后在进度计划的实施过程中经常检查实际进度是否按计划要求进行，对出现的偏差情况进行分析，采取补救措施或调整原计划后再付诸实施，如此循环，直到建设工程竣工验收交付使用。

进度计划是进度管理的依据，是实现工程项目工期目标的保证，因此进度管理首先要编制一个完备的进度计划。但进度计划实施过程中由于各种条件的不断变化，需要对进度计划进行不断的监控和调整，以确保最终实现工期目标。

进度的安排是否合理，直接关系到工程项目的成本、工期及质量。进度科学合理且满足合同规范要求，有助于确保工程质量及对工程成本的控制。一般而言，一味地赶工期，不仅会对工程质量带来影响，还可能导致工程成本失控，使承包商蒙受重大损失。

因此，安全控制及工程质量和施工进度辩证统一，只要对安全、质量进行然会有力地控制，必然会有力地控制工程的进度，加强工程进度管理。

在实际工程项目进度管理过程中，虽然有详细的进度计划以及网络图、横道图等技术做支撑，但是"破网"事故还是会经常发生，对整个项目的经济效益产生直接的影响。

（2）BIM 应用进度管理的优点

对于工程项目而言，进度管理是重中之重，因为这个关系整个工程的完成时间、成本、资金回笼等方方面面的问题，甚至是法律上的违约与赔偿。但是传统的进度管理模式显然已经不适合目前的复杂项目，BIM 的出视可以解决这个问题。BIM 技术在提升项目进度上有着非常出色的作用，BIM 技术在提升项目进度上的作用可以从以下几点体现出来：

1）提升全过程协同效率

一是基于 3D 的 BIM 沟通语言，简单易懂，可视化好，理解一致，大大提高了沟通效率，减少了理解不一致的情况；二是基于互联网的 BIM 技术可帮助我们建立起强大高效的协同平台：所有参建单位在授权的情况下，可随时、随地获得项目最新、最准确、最完整的工程数据，改变过去点对点传递信息的情况，而是一对多地传递信息，效率提升，图纸信息版本完全一致，从而减少传递时间的损失和版本不一致导致的施工失误；三是通过 BIM 软件系统的计算，减少了沟通协调的问题。传统靠人脑计算 3D 关系的工程问题探讨，易产生人为的错误，BIM 技术可减少大量问题，同时也减少协同的时间投入。还有现场结合 BIM 和移动智能终端拍照应用相结合，也大大提升了现场问题沟通处理效率。

2）加快设计进度

当前很多项目都是边设计边修改，有时就会影响整个工程进度。而 BIM 技术能加快设计进度，但现在大家的普遍认知是 BIM 设计减慢了设计进度。得出这样的结论原因有两个：一是现阶段设计当中所用的 BIM 软件确实生产效率还不够高；二是当前设计院交付的设计成果质量还普遍较低。

事实情况是，用 BIM 进行设计可以加快设计进度，前期设计时间虽然增加了，但交付成果质量大大提升了，事实上是提升了设计进度。而且在施工以前解决了更多问题，减少了将大量问题推送给施工阶段的情况，这对整个工程进度和质量保证都是非常有利的。

3）碰撞检测，减少变更和返工进度损失

BIM 技术强大的碰撞检查功能，十分有利于减少进度浪费。大量的专业冲突浪费了大量进度，大量的废弃工程、返工同时也造成了巨大的材料和人工浪费。当前的工程建设运行机制造成设计和施工的分家，一方面设计院为了经济效益，尽量降低设计工作的深度，交付成果很多是方案阶段的成果，而不是最终施工图，里面存在很多深入下去才能发现的问题，需要施工单位进行深化设计。而另一方面由于施工单位技术水平有限和理解上的问题，特别是当前三边工程较多的情况下，专业冲突现象十分普遍，返工现象时常发生。利用 BIM 系统实时跟进设计，第一时间反映出问题并解决问题，其带来的进度效益和其他效益都是十分可观的。

4）加快招投标组织工作

设计基本完成后，就需要组织一次高质量的招投标工作，此时只是编制高质量的工程量清单就要耗时数月。一个质量低下的工程量清单将导致业主方巨额的损失，利用不平衡报价很容易造成更高的结算价。利用基于 BIM 技术的算量软件系统，大大加快了计算速度和准确性，加快了招标阶段的准备工作，同时提升了招标工程量清单的质量。

5）加快支付审核

当前很多工程中，由于过程付款争议挫伤承包商积极性，影响到工程进度的情况并非少见。业主方缓慢的支付审核往往引起与承包商合作关系的恶化，甚至影响到承包商的积极性。业主方利用 BIM 技术的数据能力，快速校核反馈承包商的付款申请单，则可以大大加快期中付款反馈机制，提升双方战略合作成果。

6）加快生产计划、采购计划编制

工程中经常因生产计划、采购计划编制缓慢耽误了进度。急需的材料、设备不能按时进场，影响了工期，造成窝工损失很常见。BIM 改变了这一切，随时随地获取准确数据变得非常容易，生产计划、采购计划大大缩小了用时，加快了进度，同时提高了计划的准确性。

7）加快竣工交付资料准备

基于 BIM 的工程实施方法，过程中所有资料可随时挂接到工程 BIM 数字模型中，竣工资料在竣工时即已形成。竣工 BIM 模型在运维阶段还将为业主方发挥巨大的作用。

8）提升项目决策效率

当前工程实施中，由于大量决策依据、数据不能及时完整地提交出来，决策被迫延迟，或决策失误造成工期损失的情况非常多见。实际情况中，只要工程信息数据充分，决策并不困难，难的往往是决策依据不足、数据不充分，有时则导致领导难以决策，有时导致多方谈判长时间僵持，延误工程进展。

因此，BIM 技术在提升项目进度上的作用是非常巨大的。随着 BIM 技术的不断成熟，多技术、质量、安全和施工管理方面的 BIM 应用会被研发出来，BIM 技术将会从更多方面帮助各方提升项目进度。

（3）应用 BIM 编制施工进度计划的可行性

BIM 从 3D 模型发展出 4D（3D＋时间或进度）建造模拟功能，让项目相关人员都能够更加轻松地预见到施工建设的进度计划。Innovaya 是最早推出 BIM 施工进度软件的公司之一，支持 Autodesk 公司的 Primavera 及 Microsoft Project 施工进度软件。Visual Simulation 这个新型的进度计划和施工分析工具可将 MS Project 或者 Primavera 的施工计划与 3D BIM 模型关联起来，这样项目进度计划便通过 3D 构件在进度计划安排下的施工过程表现出来——这便是 4D（3D＋时间）施工模拟的含义。由此方式产生的相关任务可以自动地关联到 BIM 软件上，调整施工进度图后，进度安排也会自动变化，并在 4D 施工模拟时体现。该模型在项目建设的前期可以形成可视化的进度信息、可视化的施工组织方案以及可视化的施工过程模拟，在建设过程中可将工程变更结果及风险事件结果进行模拟。类似的软件还有 Navisworks 公司的 Timeliner。

对比建设行业编制施工进度计划的横道图、网络图，4D 模型的优点显而易见。传统的施工进度计划的编制和应用多适用于技术人员和管理层人员，不能被参与工程的各级各类人员广泛理解和接受，而 4D 模型将施工中每一个工作以可视化形象的建筑构件虚拟建造过程来显示，使建筑工程的信息交流层次提高了。

在工程施工中，利用 4D 模型可以使全体参建人员很快理解进度计划的重要节点。

同时进度计划通过实体模型的对应表示，可有利于发现施工差距，及时采取措施，进行纠偏调整。即使我们遇到设计变更、施工图更改，也可以很快速地联动修改进度计划。另外，在项目评标过程中，4D 模型可以使专家从模型中很快地了解投标单位对工程施工组织的编排情况，以及采取的主要施工方法、总体计划等，从而对投标单位的施工经验和实力做出初步评估。

现在常用的 BIM 施工进度管理系统或者进度模拟软件较多，其中斑马-梦龙进行施工进度计划绘制如图 16-7 所示。

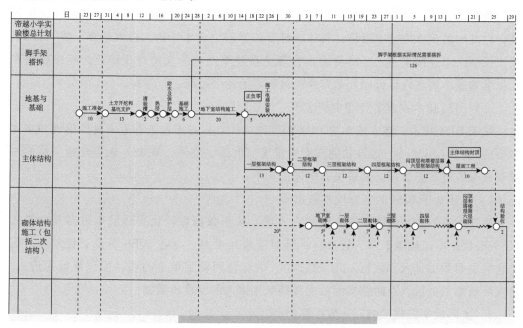

图 16-7　斑马-梦龙施工进度计划绘制

通过 4D 施工进度模拟，能够完成以下内容：基于 BIM 施工组织，对工程重难点的部位进行分析，制订切实可行的方案；依据模型确定方案、制订计划、划分流水段；BIM 施工进度利用季度来编制，将月和周结合在一起，假设后期需要任何时间段的计划，只需在这个计划中过滤一下即可自动生成；做到对现场的施工进度进行每日管理。

（6）云端、移动终端施工管理

①以云服务平台作为项目 BIM 团队数据管理、任务发布和信息共享的数据平台。实时收集项目运行中产生的数据，能实现数据云端存储、文件在线浏览、三维模型浏览、文档管理、团队协同工作等功能，提高信息资源管理能力、办公效率和协同工作能力。同时，在数据集成阶段，通过开放的接口，将不同建模软件建立的模型集成到同一平台，包括：建筑、结构、装饰、钢结构，机电模型。并将合约管理、图档管理、验收管理、计划管理、质量管理、安全管理等业务信息进行集成，为后期的系统集成应用提供巨大的数据支撑。

②该系统面向项目业务人员的基于网络、移动终端设备的 3D 可视化的 BIM 综合模型的信息录入、查询、浏览、统计、分析及成果检查等应用功能，包括工程量、预算、计划、进度、材料成本核算等信息的综合应用。

16.3.5 成本管理应用

（1）项目成本管理的定义

项目成本管理（Project Cost Management）：为使项目成本控制在计划目标之内所作的预测、计划、控制、调整、核算、分析和考核等管理工作。项目成本管理就是要确保在批准的预算内完成项目，具体项目要依靠制定成本计划、成本估算、成本预算、成本控制四个过程来完成。项目成本管理是在整个项目的实施过程中，为确保项目在已批准的成本预算内尽可能好地完成而对所需的各个过程进行管理。

（2）BIM 技术在成本管理中的应用

基于 BIM 技术，建立成本的 BIM 模型数据库，以各单位工程量人材机单价为主要数据进入成本 BIM 中，能够快速实行多维度（时间、空间、WBS）成本分析，从而对项目成本进行动态管理。其解决方案操作如下：

1）创建基于 BIM 的实际成本数据库

建立成本的 5D（3D 实体＋时间＋工序）关系数据库，让实际成本数据及时进入5D 关系数据库，成本汇总、统计、拆分对应瞬间可得。以各 WBS 单位工程量人材机单价为主要数据进入到实际成本 BIM 中。未有合同确定单价的项，按预算价先进入。有实际成本数据后，及时按实际数据替换原先进入的预算价数据。

2）实际成本数据及时进入数据库

一开始实际成本 BIM 中成本数据以采取合同价和企业定额消耗量为依据。随着进度的进展，实际消耗量与定额消耗量会有差异，要及时调整。每月对实际消耗进行盘点，调整实际成本数据。化整为零，动态维护实际成本 BIM，大幅减少了一次性工作量，并有利于保证数据准确性。材料实际成本要以实际消耗为最终调整数据，而不能以财务付款为标准。材料费的财务支付有多种情况，其中像未订合同进场的、进场未付款的、付款未进场的，按财务付款为成本统计方法将无法反映实际情况，会出现严重误差。仓库应每月盘点一次，将入库材料的消耗情况详细列出清单向成本经济师提交，成本经济师按时调整每个 WBS 材料实际消耗、人工费实际成本同材料实际成本。按合同实际完成项目和签证工作量调整实际成本数据，一个劳务队可能对应多个 WPS，要按合同和用工情况进行分解落实到各个 WBS。机械周转材料实际成本，要注意各WBS 分摊，有的可按措施费单独立项。管理费实际成本由财务部门每月盘点，提供给成本经济师，调整预算成本为实际成本，实际成本不确定的项目按预算成本进入实际成本。按本文方案，过程工作量大为减少，做好基础数据工作后，各种成本分析报表瞬间可得。

3）快速实行多维度（时间、空间、WBS）成本分析

建立实际成本BIM模型，周期性（月、季）按时调整维护好该模型，统计分析工作就很轻松，软件强大的统计分析能力可轻松满足我们各种成本分析需求。

（3）BIM技术在工程项目成本控制中的应用案例

1）快速精确的成本核算

BIM是一个强大的工程信息数据库。进行BIM建模所完成的模型包含了二维图纸中所有的位置长度等信息，并包含了二维图纸中不包含的材料等信息，而这些的背后是强大的数据库支撑。因此，计算机通过识别模型中的不同构件及模型的几何和物理信息（时间维度、空间维度等），对各种构件的数量进行汇总统计。这种基于BIM的算量方法，将算量工作大幅度简化，减少了因人为原因造成的计算错误，大量节约了人力的工作量和时间上的花费。有研究表明，工程量计算的时间在整个造价计算过程占到了50%～80%，而运用BIM算量方法会节约近90%的时间，误差也会控制在1%的范围之内。

2）虚拟施工及碰撞检查减少设计错误

BIM一个重要的应用点就是建模完成后的碰撞检查。通常在一般工程中，在建筑、结构、水暖电等各专业二维图纸设计汇总后，各方及工程师人工会审发现和解决不协调问题，该过程花费大量的时间精力并且不能保证完全无失误。未发现的错误中，设备管线碰撞等引起的拆装、返工和浪费是成本大幅提高的重要原因。而BIM技术中整合建筑、结构和设备水暖电等模型信息，能够彻底消除硬碰撞、软碰撞，检查和解决各专业的矛盾以及同专业间存在的冲突。减少额外的修正成本，避免成本的增加。另外施工人员还可以利用碰撞优化后的设计方案进行施工交底、施工模拟，业主能够更真实地了解设计方案，从而提高了施工人员与业主沟通的效率。

3）设计优化与变更成本管理、造价信息实时追踪

在传统的成本核算方法下，一旦发生设计优化或者变更，变更需要进行审批、流转，造价工程师需要手动检查设计变更，更改工程造价，这样的过程不仅缓慢，而且可靠性不强。建筑信息模型依靠强大的工程信息数据库，实现了二维施工图与材料、造价等各模块的有效整合与关联变动，使得设计变更和材料价格变动可以在BIM模型中进行实时更新。变更各环节之间的时间被缩短，效率得到提高，从而可以更加及时准确地将数据提交给工程各参与方，以便各方做出有效的应对和调整。目前BIM的建造模拟职能已经发展到了5D维度。5D模型集三维建筑模型、施工组织方案、成本及造价等三部分于一体，能实现对成本费用的实时模拟和核算，并为后续建设阶段的管理工作所利用，解决了阶段割裂和专业割裂的问题。BIM通过信息化的终端和BIM数据后台将数个工程的造价相关信息顺畅地流通起来，从企业级的管理人员到每个数据的提供者都可以监测，保证了对各种信息数据及时准确的调用、查阅、核对。

第17章

案例应用

本 章 提 要

本章内容包括单位工程施工组织设计编制依据、适用范围、编制目的等，总体施工顺序、施工进度计划、施工现场平面布置、劳动力安排计划、技术保证措施、工期保证措施、保证质量措施、安全生产保证措施。

【教学目标】

（1）知识目标

①掌握单位工程施工组织设计编制依据、适用范围、施工进度计划等；

②掌握施工现场平面布置；

③了解保证质量措施、安全生产保证措施；

④了解质量工程师的工作职责。

（2）能力目标

①能应用所学理论知识正确表达、描述和分析单位工程施工组织设计相关问题；

②掌握土木工程专业知识，具有就土木工程复杂问题进行分析性研究的基础能力，在解决土木工程复杂工程问题时具有综合分析能力。

（3）素质目标

①熟悉与土木工程相关的职业和行业的标准、政策和法律法规，能够对土木工程项目的设计、施工和运行的方案对社会、健康、安全、法律以及文化的影响做出评价；

②理解在工程项目全过程中，土木工程师在公众健康、公共安全、社会和文化，以及法律等方面应承担的责任。

（4）情感价值提升

①培养文明诚信、团结协作的职业素养；

②培养严谨务实的工作作风。

【思维导图】

案例应用 { 任务 1 单位工程施工组织设计
          任务 2 施工组织总设计

17.1 单位工程施工组织设计

单位工程施
工组织设计

17.1.1 编制依据

17.1.2 适用范围

17.1.3 编制目的

17.1.4 工程总目标

17.1.5 施工准备

17.1.6 总体施工顺序

17.1.7 施工进度计划

17.1.8 项目组织机构

17.1.9 施工现场平面布置

17.1.10 主要材料构件用量计划

17.1.11 主要机具使用计划

17.1.12 劳动力安排计划

17.1.13 主要分部分项工程施工方法

17.1.14 脚手架及垂直运输措施

17.1.15 技术保证措施

17.1.16 安全生产保证措施

17.1.17 工程半成品和成品保护措施

17.1.18 雨期施工措施

17.1.19 冬季施工措施

17.1.20 文明施工方案

17.2 施工组织总设计

施工组织
总设计

17.2.1 施工方案及技术措施

17.2.2 质量保证措施和创优计划

17.2.3 施工安全措施计划

17.2.4 文明施工、环境保护措施计划

17.2.5 施工总进度计划及保证措施

17.2.6 拟投入施工机械、检测设备及进场计划

17.2.7 拟投入劳动力计划

17.2.8 施工现场总平面布置

17.2.9 工程竣工后的保修措施

参考文献

[1] 周国恩. 建筑施工技术 [M]. 重庆：重庆大学出版社，2011.

[2] 严心娥. 土木工程施工 [M]. 北京：北京大学出版社，2010.

[3] 中国建筑科学研究院. JGJ 94－2008 建筑桩基技术规范 [S]. 北京：中国建筑工业出版社，2008.

[4] 中国建筑科学研究院. GB 50204－2015 混凝土结构工程施工及验收规范 [S]. 北京：中国建筑工业出版社，2015.

[5] 中华人民共和国国家质量监督检验检疫总局，中国国家标准化管理委员会. GB 1499.1－2017 钢筋混凝土用钢第一部分：热轧光圆钢筋 [S]. 北京：中国标准出版社，2017.

[6] 中华人民共和国国家质量监督检验检疫总局，中国国家标准化管理委员会. GB 1499.2－2018 钢筋混凝土用钢第二部分：热轧带肋钢筋 [S]. 北京：中国标准出版社，2018.

[7] 中华人民共和国建设部. JG 190－2006 冷轧扭钢筋 [S]. 北京：中国标准出版社，2006.

[8] 中华人民共和国住房和城乡建设部. GB 50010－2010 混凝土结构设计规范 [S]. 北京：中国建筑工业出版社，2011.

[9] 中华人民共和国建设部. JGJ/T27－2014 钢筋焊接接头试验方法标准 [S]. 北京：中国建筑工业出版社. 2014.

[10] 中华人民共和国住房和城乡建设部. JGJ 107－2016 钢筋机械连接技术规程 [S]. 北京：中国建筑工业出版社，2016.

[11] 中华人民共和国住房和城乡建设部. GB 50204－2015 混凝土结构工程施工质量验收规范 [S]. 北京：中国建筑工业出版社，2015.

[12] 中华人民共和国住房和城乡建设部. JGJ 162－2008 建筑施工模板安全技术规范 [S]. 北京：中国建筑工业出版社，2008.

[13] 中华人民共和国建设部，中华人民共和国国家质量监督检验检疫总局. GB 50119－2013 混凝土外加剂应用技术规范 [S]. 北京：中国建筑工业出版社，2014.

[14] 中华人民共和国住房和城乡建设部. GB 50496－2018 大体积混凝土施工规范 [S]. 北京：中国计划出版社，2018.

[15] 中华人民共和国住房和城乡建设部. JGJ/T 104－2011 建筑工程冬期施工规

程［S］.北京：中国建筑工业出版社，2011.

［16］中华人民共和国住房和城乡建设部.JGJ 130－2011建筑施工扣件式钢管脚手架安全技术规范［S］.北京：中国建筑工业出版社，2011.

［17］中华人民共和国住房和城乡建设部.JGJ 183－2019液压升降整体脚手架安全技术规程［S］.北京：中国建筑工业出版社，2019.

［18］中华人民共和国住房和城乡建设部.JGJ 254－2011建筑施工竹脚手架安全技术规范［S］.北京：中国建筑工业出版社，2012.

［19］李大华，杨博.现代建筑施工技术［M］.合肥：安徽科学技术出版社，2001.